材料与环境

节能优选法

[英] 阿诗笔（Michael F. ASHBY）著

[法] 张　葵（ZHANG Kui）译

Materials and the Environment

Eco-Informed Material Choice

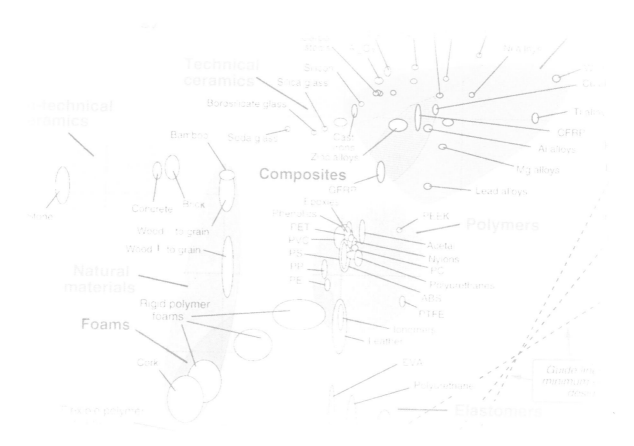

上海交通大学出版社

SHANGHAI JIAO TONG UNIVERSITY PRESS

内 容 提 要

本书是国际著名材料与工程权威、剑桥大学教授阿诗笔（Michael F. ASHBY）撰写的教科书。从天然资源的消费及其派生、产品材料的节能优选及其使用周期到符合环保标准的回收利用率和可持续性发展的前景，涉及内容广泛而深入。本书为 63 种原材料建立起世界上第一个基本性能和环保信息数据库，其中最具环保特色的新物理量"（原材料生产）隐焓能 H"值的引入，使得人们对"何为耗能材料"及其相应"排碳量的计算"有了更明确、更具体的理解。本书所提供的第一手大量详实的材料生态性能数据和评估方法可以使中国的环保事业少走许多弯路。

本书不仅适用于材料与工程学科的前沿教学，还可作为工程技术人员乃至决策机构的参考工具手册。

图书在版编目（CIP）数据

材料与环境/（英）阿诗笔（Ashby, M. F.）著；（法）张葵译. —上海：上海交通大学出版社，2016
ISBN 978 - 7 - 313 - 14831 - 5

Ⅰ. ①材…　Ⅱ. ①阿…　②张…　Ⅲ. ①材料科学　Ⅳ. ①TB3

中国版本图书馆 CIP 数据核字（2016）第 081156 号

材料与环境
——节能优选法

著　　者：〔英〕阿诗笔

出版发行：上海交通大学出版社
邮政编码：200030
出 版 人：韩建民
印　　制：上海锦佳印刷有限公司
开　　本：787mm×1092mm 1/16
字　　数：702 千字
版　　次：2016 年 6 月第 1 版
书　　号：ISBN 978 - 7 - 313 - 14831 - 5/TB
定　　价：198.00 元

译　　者：〔法〕张葵
地　　址：上海市番禺路 951 号
电　　话：021 - 64071208

经　　销：全国新华书店
印　　张：28.5

印　　次：2016 年 6 月第 1 次印刷

序

  材料是国民经济、社会进步与国家安全的物质基础与先导。材料技术已成为现代工业、国防和高科技发展的共性基础技术，是当前最重要、发展最快的科学技术领域之一。发展材料技术将促进高新技术产业的形成与发展，同时又将带动传统产业和支柱产业的改造及产品的升级换代。

  材料的使用与环境密切相关。材料的设计、制造、使用越来越需要考虑可持续发展这一重要因素。世界人口在不断增长，材料的消费也随之增长。我们赖以生存的环境受到的破坏越来越严重。我国"十三五"计划强调坚持绿色发展的道路，着力改善生态环境，造福于子孙后代。

  材料的使用都是以产品形式出现，任何材料产品要经历原材料提取、产品制造和加工并运输到使用部门，最后是废材料的回收或作为垃圾被填埋。在这些过程中，都会产生能源消耗和环境污染。作者创造性地提出，只要正确选择使用材料就可以最大限度地减少对环境的危害。

  在人类社会中材料与环境共存并互动。以往我们主要关注环境对材料使用的影响，即材料在环境作用下发生各种形态的腐蚀破坏，从而缩短材料的使用寿命。为了减轻材料腐蚀造成的巨大经济损失、资源损失和安全隐患，腐蚀与防护学科起着重要的作用。本书作者从另外一个角度，着重关注材料对环境的影响。怎样通过材料的设计和使用来设法补救其对环境和生态平衡所造成的破坏性影响。为了达到此目的，在书中提供了相应的研究方法、软件和翔实的数据，包括 63 种材料的基本性能和环保信息。作者列举了大量应用实例，反复强调能源消耗和二氧化碳排放在材料产品生命周期的各个阶段紧密相联但各不相同。我们只要抓住了这个"牛鼻子"就能在材料设计中做出准确判断，有助于材料优选决策的制定。

  《材料与环境——节能优选法》一书内容丰富，紧跟材料与环境领域研究的新进展，涉及面广而深，全书深入浅出，图文并茂，通俗易懂，是知识创新的范例，不仅适用于材料与工程学科的前沿教育，还可以作为材料科学家和工程师有用的参考书。

  毫无疑问，本书中译本的出版，一定会成为我国材料与工程领域的优秀教科书，使广大学生和工程技术人员受益匪浅。

潘健生

2016.5.28

作者序

环境是一个系统(system),人类社会也是一个系统,这两个系统共存并互动。其交互作用时强时弱,但如此复杂的两个系统互动的后果是很难预测的,其中一个众所周知的事实即人类社会的不断工业化对人类赖以生存的环境和生态平衡造成了巨大的破坏。一个多世纪以来,在社会不停步地迅速发展工业的同时,人们也在想尽补救办法以减少这些显而易见的负面影响。尽管其中有些获得了成功,但总是有新的破坏现象出现,其中一个最令人意想不到的结果便是整个地球的气候变化。倘若这样继续下去,这一破坏性的后果所造成的危害将是非常可怕的。环境和人类社会互动的结果以及其他许多生态问题均与我们使用能源和使用材料的方式有关。因此,如果我们要承担起管理和控制这两个因素的责任,则必须事先了解人类使用能源和材料的起因、规模和后果,而这一切均需要用事实来说话。

关于本书 本书旨在对能源和材料使用的起因、规模以及对自然环境所产生的负面影响给出一个严谨的答案,并对这方面的许多研究中所存在的"问题过分简单化"和"信息误传"等现象给予纠正。本书首先解释我们为何赖以材料而生存和使用材料的后果,然后介绍设计各种新材料的方法。这些方法尤其适用于在设计环保新材料时需要考虑的主要因素——如何"最大限度地减少对环境的负面影响",而这一因素往往与设计时需要考虑的另一重要因素"最大限度地降低成本"发生冲突"。本书的目的不是要提供最终的解决方案——这是未来科学家、工程师、设计师、乃至政治家们应该考虑的问题。我们仅试图提供研究背景、研究方法、前景展望以及研究所需要的庞大数据库。换句话说,我们仅试图为在能源和材料使用领域的研究者和决策者们提供一个**"环保工具箱"**。每位读者可以根据自身对能源和材料的需求以及自身环境的特性,借助本书所提供的方法、工具和数据,逐渐培养自己的独特判断,并建立起自己特有的"环保工具箱"。

《材料与环境》一书最初是作为材料与工程学院的大学教材而编写的。它分为两个部分:第一部分(第1至13章)主要是向未来的材料科学家和工程师们介绍"应对环境所需要的材料之背景和研究工具"。第二部分(第14章)主要提供分析具体材料所需要的具体数据。这两部分的共同使用有助于读者对具体实例进行分析,帮助学生自行解答每章末尾的习题,甚至借此进一步探讨自我研究领域中与环保相关的材料问题。

温故而知新。本书第1章将回顾历史,介绍人类社会越来越依赖于能源和材料的演变过程。大部分天然材料的形成都是来自于不可再生的资源,来自于在地质和生物时代所形成的物质。如同保护所有人类遗产一样,保护自然资源并将其完好地传给下一代,使我们的子孙后代能够像我们一样,从这些宝贵的人类遗产中得到直接的启发并满足自己的意愿——是我们每个人都必须尽到的职责。尽管自然资源的数量是巨大的,但人类消耗使用它们的速率也高得惊人。因此,正确规划"资源使用"的未来需要建立模型和阐述原因。这将是第2章的内容。

社会上所有销售和使用的产品都离不开原材料的生产和加工。如同植物和动物，产品也是有"生命周期"的，它可以分为几个阶段：首先是"出生阶段"，即原材料的萃取和提炼；然后是"成熟阶段"，即产品的加工制造和运输至使用部门；最后是"死亡阶段"，即废料的回收或垃圾填埋。一个公认的事实是：产品整个生命周期中总有某一阶段上的能量耗损和废物(气)排放量要比其他阶段之总和还要大。关键问题是要找出这种现象发生在哪一阶段上。适用于节能减排、设计环保新产品的"生命周期评估方法(简称 LCA)"由此在国际上应运而生。然而，具体实施"完整 LCA"价格昂贵且速度缓慢，加之这种评估方法所给出的结果对工程设计人员帮助甚微，所以其使用范围并不广泛。另一种为环保而创建的产品评估方法是将评估重点放在破坏环境的两个主要因素上：把"耗能"作为资源枯竭的主要原因，把"二氧化碳排放"作为环境污染的罪魁祸首。就材料本身而言，"原材料的生产制造阶段"需要消耗大量能源，与此同时不可避免地释放二氧化碳。当然，产品生命周期中的其他阶段也会耗能排碳。在一个工业化程度很高的社会中，任何与"加热"、"制冷"以及"运输"相关的部门都是能量吞噬和二氧化碳释放的大户。正确地选择和使用材料，可以做到最大限度上的节能减排。这是我们在第3和第4章要讨论的问题。顺延这一思路并制定材料环保的有关战略决策，将是本书其他章节的主要内容。

世界上各国政府在制定环保政策时所采取的策略大都为"胡萝卜加大棒"[1]——用官方语言来说，是"指挥加调控"，并借用"市场手段和方法"为其作补充。其结果是越来越多的立法条文出现。不管人们赞同与否，法律条文总是要遵守的。这部分内容将在第5章中进行回顾和综述。

作为工程师和科学家，我们的首要职责是运用所学到的专业技能，在新材料的设计阶段就最大限度地减少乃至消除产品对生态环境的破坏。要做到这一点，关键是要对所选材料的属性有一个精确、正确和全面的了解，特别需要掌握这些材料的"生态特性"第一手数据和资料。需要指出的是，尽管能源的耗损、二氧化碳的排放、废料的回收以及材料的毒性等等都与生态平衡息息相关，但是我们在做工程材料设计时，着重需要考虑的却不是这些显而易见的问题，而是如何减少新材料的机械性能、热性能或电性能对环境所产生的负面影响。本书第二部分(第14章)的数据图表即为材料设计时所需要考虑的种种工程和环境因素而提供的。人人皆知，查看一大堆的数据表格是非常枯燥的事情。倘若把它们转换成相应的图表，则会给人以良好的视觉感，枯燥的数据之研究也许会变得有趣些。本书第6章的内容即介绍一些典型的材料性能图表的使用方式。

接下来让我们来谈新材料的"设计"问题。在进行具体规划前，设计师的头脑中一定会有不同的设计方案，但他们不可能等待(或负担不起)每个设计方案的完整 LCA 评估结果，再来决定哪种方案为最佳。产品设计师们需要的是一个"生态审计"工具，这一工具应能满足对新产品的生命周期中每一阶段都能进行快速评估的需要，还必须具有迅速应变的能力。当某一设计方案被否定后，生态审计方法能够迅速地对其替代品进行新的评估。本书第7章将介绍一些生态审计方法，第8章将给出相应的实例分析。

生态审计的目的是为了筛选出产品生命周期中最为耗能和最多排放二氧化碳气体的阶段。一旦这一阶段被确认，我们应该做些什么以达到降低产品对环境破坏程度的目标呢？本

---

[1] 原文"大棒加胡萝卜(sticks and carrots)"—英语成语，即"软硬兼施"之意(译者注)。

书第 9 章主要介绍相关的材料优选法(这一战略主题已经在第 3 章中提及到了),第 10 章则专门给出具体的实例分析(随后的练习题是实例分析的继续),以帮助读者从理论学习的课堂走向实际应用的场所。

本书截止第 10 章,其内容主要是介绍经过实践检验而完整建立起来的一整套分析方法和解决问题的答案。它们通俗易懂,适用于任何一个有工程学科背景、同时关注环境保护的读者。在此基础上,我们可以拓展知识面,并研究更广泛的材料与环保问题。比如,可持续发展的问题和可持续发展的关键问题——"如何提供高效低碳的能源问题"将在第 11 章中讨论。继而在第 12 章中,我们将深入探讨如何最大限度地提高材料效率以促使可持续发展。最后在第 13 章中,我们以"未来发展的选择"为主题,探讨人类社会未来发展的种种驱动力以及可能产生的相关后果。

本书的第二部分(第 14 章)由 63 种工程材料(如金属、塑料、陶瓷、复合材料和天然材料)的综合数据和图表组成,主要介绍这些材料的机械、热、电性能以及与环境问题相关的生态属性。这些数据和图表有助于读者解答习题并将该书的分析方法运用到其他领域。

CES 软件[1]为配合本书内容的理解和应用,剑桥格兰塔(Granta)教育软件公司特意制作了名为 CES 的教学软件。本书中的"生态审计"和"材料优选"等内容均可借助于该软件进行电化教学,工程师们也可以利用 CES 软件进行具体的产品材料设计。软件中所提供的材料性能数据和图表比本书所介绍的范围要广泛得多、数量也要大得多,而且使用软件可以迅速给出评估结果,这是仅靠读教科书并手动心算而力所不能及的。当然,CES 软件只是一个非常有效的辅助工具,理解和运用本书的内容与 CES 软件的配备是既相辅相成、又相互独立的。

本书是《材料与环境》的第 2 个版本(发行于 2013 年)。那么,它与 4 年前发行的第 1 个版本有何不同呢?应当说,这两个版本的基本结构是一样的,但作者根据第 1 版发表后的读者信息反馈,在第 2 版中补添了许多新内容,主要是为了适应材料与环境研究领域的迅速发展。补添内容综述如下:

- 所有章节都被重新修订、扩大,并更新了数据库。

- 对书中所列举的实例分析和理论公式给予了进一步的解释和推导。

- 每章末尾习题的内容大大增加。

- 在所有章节中新添加了"新闻剪辑"的内容[2]。这些内容是从世界各大媒体 2011 年所发表的信息中精选出来的,它们有助于读者从更广泛的角度上去研究材料问题。

- 新添的第 8 章主要介绍快速审计方法和实例。

- 新添的第 11 章主要介绍研发"低碳能源"需要使用的基本材料(这一专题本身就是材料与环境研究领域中的一个范例)。

- 新添的第 12 章主要探索材料的高效使用问题,这与材料的设计和加工管理有关。

---

〔1〕 剑桥格兰塔教育软件公司联系方式:Granta Design, 300 Rustat House, 62 Clifton Road, Cambridge CB1 7EG, UK. www.grantadesign.com 。

〔2〕 为读者讨论方便,译者把"新闻剪辑"的内容均纳入"实例分析"中,并对每一章的实例分析进行了排序。

- 第 14 章的数据表格已全部更新,并添加了天然和人造纤维的基本性能及其生态特性。
- 每一章末尾的"拓展阅读"内容补添了 2009、2010 和 2011 年的信息。

毫无疑问,读者对本书第 1 版的反馈意见是促使第 2 版问世的主要驱动力。作者殷切地希望读者们能够及时反馈您对第 2 版内容的批评和建议,以推动材料与环境这一重大命题的研究和教学的进一步发展。

鸣谢

该教科书的出版倘若没有他人的建设性批评意见和无私帮助是不可能取得成功的。我的众多同事为之慷慨地奉献出自己的宝贵时间和独特见解。我尤其希望感谢的是以下诸位(他们直接或间接地为本书的写作提供了卓有成效的建议和启示):剑桥大学的 Dr. Julian Allwood, Prof. David Cebon, Dr. Patrick Coulter, Dr. Jon Cullen, Prof. David MacKay, Dr. Hugh Shercliff,法国格勒诺布尔综合理工学院的 Prof. Yves Bréchet,美国达特茅斯学院的 Prof. Ulrike Wegst,密歇根大学的 Prof. John Abelson,伦敦南岸大学的 Dr. Deborah Andrews,以及剑桥大学的研究生 Julia Attwood,Fred Lord,James Polyblank。我同样需要感谢的是剑桥格兰塔(Granta)教育软件设计公司的成员们,他们创建的 CES 材料教育软件为本书图表的制作和实例分析提供了巨大的帮助。

2011.9 于剑桥

译者前言

我对环保问题的真正重视和行动源于 2010 年仲夏的北极之行。当世界（核动力）破冰船之最——俄国《卫国战争胜利 50 周年》号耀武扬威地载着考察学者和探险者们朝北极点快速行驶时，我们惊诧地发现北极圈内那厚厚浮冰的绝美景色已不多见，温度也升至接近冰点……毫无疑问，气候的确在逐步变暖！那么，作为材料领域的科研工作者，我能够为环保具体做些什么呢？带着这种焦虑的思考，我参加了 2012 年 4 月英国剑桥大学工程系组织举办的"国际材料工程教育研讨会"。会上，我不仅发现世界许多领军大学已开始把环保教育纳入了工程技术学科的教学大纲，还有幸拜读了剑桥的两本新作：能源专家 D. Mackay 的《可持续能源——不讲空话》[1]和材料大师 M. Ashby（中文译名：阿诗笔）的《材料与环境——节能优选法》（以下简称《材料与环境》）。我如获至宝，当即向阿诗笔教授表达了将这本前沿教科书译成中文的愿望。大师不仅欣然接受，还毫无保留地把他刚刚脱稿的《材料与环境》第二版电子稿以及所有的图片原件全部邮寄来法国（据出版社行家们讲，能够同步跟进国际前沿信息并同时得到图片原版，是件很不容易的事情）。

初看本书的题目，一般人会认为这是一本"仅与材料学界有关"的教科书，其实不然。首先，发达西方国家的工程教育涉及面极广，学生们不仅要了解工程造物所必须依赖的各种原材料的资源储备情况及其机械、物理、化学等性能，还要培养丰富的想像和设计新产品的能力，而后者与文化底蕴以及工程师们的创造性是分不开的（巴黎中央理工大学毕业的埃佛尔为 1889 年世博会创建闻名遐迩的铁塔就是典型的一例）。相比之下，目前国内大多数院校的教学专业化分过细，以至于稍稍偏离本专业即显示出知识匮乏，走出校门后学非所用的现象比比皆是。其次，当今世界已完全进入环保阶段，无论是新材料的科技研发、还是工程领域的人才培养，若与保护战略物资和节能环保相脱节，顶多只能在科学杂志上发表数篇论文，造就一批"学术带头人"，但对于人们赖以生存的自然环境以及对于国家战略资源的保护则毫无贡献。正因为如此，享有材料工程领域头号国际大师盛誉的阿诗笔教授近 10 年来主动放弃了提高专一材料性能的纯学术研究，竭尽全力投入了保护地球环境与资源的大事业中。

何类材料（包括元素）属于战略物资？ 如何进行节能环保？《材料与环境》一书从地球上的资源分布、各国的优势与劣势给出一系列的综合数据分析，目的是使读者清醒地意识到：一个材料的性能再好，如果其原材料供应链无法得以保证（或因其价格昂贵而失去商业价值），则工程师是不会采用其来设计生产新产品的。而一个有社会责任心的工程师在着手设计新产品的

---

〔1〕 该书 2009 年出版后颇受国际学术界和政府部门的青睐，被哈佛、剑桥等世界名校用做教材。网上可以免费下载英文全文 http://www.withouthotair.com，也可以购买其中文版《可持续能源——事实与真相》https://www.amazon.cn，由中国科学院组织翻译、《科学出版社》2013.10. 出版发行。

材料优选过程中,还必须预估原材料生产、部件加工、产品运输和使用、直至废品处理这5个阶段上的耗能和排碳情况,以便在最大程度上优选产品原材料,从而实现"节能减排"的目标——这就是书中重点介绍的国际前沿环保手段之一:"产品整个生命周期耗能排碳评估法(简称LCA)"。

使用LCA及其衍生的各种"产品生态审计评估"方法来进行科学意义上的"定量"环保评估,是需要有大量数据作支撑的。鉴于全世界的环保研究尚处于起步阶段,极有英明预见的阿诗笔教授数年来一直在通过各种渠道(阅读国际公约、国际和欧盟组织的标准和指令、英美等国的权威资料,乃至英、美、法各大报刊的环保信息报道)收集环保数据,并为63种原材料建立起世界上第一个基本性能和环保信息数据库,其中最具环保特色的新物理量"(原材料生产)隐焓能 H 值的引入,使得人们对"何为耗能材料"及其相应"排碳量的计算"有了更明确、更具体的理解。举例来说,"炼钢炼铁即耗能又排碳"是人人皆知的事实,岂不知同样大量使用的铝合金之提炼要比炼钢炼铁更耗能更排碳,因为 $H_{低碳钢}=25\sim28$ MJ/kg , $H_{铝合金}=200\sim220$ MJ/kg ; $CO_{2低碳钢}=1.7\sim1.9$ kg/kg ; $CO_{2铝合金}=11\sim13$ kg/kg。总之,用上海交大出版社余志洪老师的话来说,**本书所提供的第一手大量宝贵数据与资料可以使中国的环保事业少走许多弯路**——译者初衷即如此。

如何进行以环保为目的的材料优选？是《材料与环境》一书的另一个重要主题(参见第3、9、10章的内容),更适合于做具体工作的工程师和科研工作者们学习使用。您不仅会从实例分析中得到许许多多的启发,也许还会领悟到"创造性思维是从哪里来的?"这一中国人苦苦思索而依旧颇感困惑的问题之答案。正如上海交通大学化工学院老教授(本书中译本的科学审稿人)黄永昌先生所说:**该书本身即知识创新的范例**。"作为工程师和科学家,我们首要的责任是运用所学到的专业技能,在新材料的设计阶段就最大限度地减少、乃至消除产品对生态环境的破坏。要做到这一点,关键是要对所选材料的工程属性有一个精确、正确和全面的了解,以尽量减少新材料的机械性能、热性能或电性能对环境所产生的负面影响"(参见本书的《作者序》)。人人皆知,查看一大堆的数据表格是非常枯燥的事情。倘若把它们转换成相应的图表,则会给人以良好的视觉感,枯燥的数据研究和对外显示也会变得有趣和更具吸引力一些。阿诗笔大师正是将信息如海、读来令人眼花缭乱而又理不出头绪的各种材料数据分类转换成近10个"材料性能图表"的第一人——国际同行称之为"**阿诗笔地图**"。它正在领军指导着世界新材料研究领域的方向和创新。

最后要提到的是阿诗笔教科书的写作风格:"该书涉及面广而深,深入浅出、图文并茂、通俗易懂"(黄永昌教授语);"作为编辑,我发现国际名牌大学的教科书并不追求表面上的内容深奥,而是化繁为简、化难为易。而国内大多数教科书的写作风格与之正相反"——该书责任编辑崔霞老师如是说。我本人不仅非常赞同以上两位专家的观点,而且执教法国大学27年来为学生们所选的教科书多为英、美和法国精英们"化繁为简、化难为易"后的杰作,因为法国的物理、乃至材料物理教科书中均大量使用数学语言来描述和推导定律及现象,自然培养出一批十分严谨的理论学家,但却让普通学生望而生畏,达不到预期的效果。搞工程的人知识面要宽,搞科研的人可以适当的"专"(但千万不要以为"窄=精")。《材料与环境》二者兼有,表达风格也自始至终是"深入浅出"。但读者要留心:"魔鬼藏身在于细节中(The devil is in the details)"。

鸣谢

《材料与环境》中文版一书，如果没有上海交通大学出版社余志洪、崔霞老师的伯乐识马，如果没有上海交通大学材料学院王敏老师、北京科技大学高等工程师学院李欣欣老师、中国科学院金属研究所沈阳材料科学国家(联合)实验室卢柯院士、南京大学物理系都有为院士的鼎力相助，如果没有加拿大马克马斯特大学材料系 Embury 院士、法国巴黎中央理工大学 William Yu 同学的科技辅佐……是不可能成功问世的。

北京科技大学高等工程师学院、重庆科技大学冶金与材料工程学院、上海交通大学材料学院以及英国剑桥 Granta 教育软件公司也对本书出版给予了大力支持，是对我们旨在尽最大努力将此书制作成教育精品、并借机向海外显示中国人实力的最大鼓励和鞭策。在此深表谢意！

张葳

2016.4 于巴黎

目 录

第1章

导论:人类社会对材料的依赖

以上两图给出"可再生"(印第安人的部落村庄)和"不可再生"(日本东京的住所)性房屋的建造

(上图由 Kevin Hampton 提供 http://www.wm.edu/niahd/journals,下图见 http://www.photoeverywhere.co.uk index)

1.1　概述

本书从环境角度研究材料:我们将把材料的生产、制作、运输、使用和废料处理均与它们对环境的影响联系起来。人类社会的工业化发展会对环境造成危害是众所周知的事实。如何通过正确的方式和理念来设计新材料以便最大限度地减少对环境的负面影响,是我们应该重点考虑的问题。18 世纪被称为"黑色地带"的英国中部地区因加工制造业昌盛而污染严重;19 世纪被称为"豌豆汤"的伦敦大雾在电影《福尔摩斯侦探记》中被贝克街和那盏在雾中若隐若现的昏黄煤气灯表现得淋漓尽致。但这些还都属于局部的环境污染问题,而且英国在 20 世纪里已在很大程度上纠正了这些偏差。令人意想不到的是,21 世纪工业化的继续发展已开始在全球范围内对环境造成重大破坏。材料领域自然对其有负面影响。作为一个有社会责任感的材料工程师或科学家,我们应该首先试着去搞懂问题的本质——这本身就不是一个简单的问题,然后去探索各种建设性的方案以达到环保的目的。

本章首先介绍材料在先进技术领域所起到的关键作用以及发展新技术对材料的"依赖性"。发展新技术对材料的依赖性,也许应该说是对材料的"上瘾"要求,因为在许多情况下新材料的产生意味着新技术的发现。对研发新材料的上瘾要求,加之世界人口的持续增长,导致了不断增速的资源消耗、乃至资源短缺。该问题在早些年代并不明显存在,毕竟地球上的资源是非常巨大的。但是,如今人们越来越清醒地认识到自然资源的存在不是无止境的,我们正在接近某些极限,而适应这种现状将不是一件容易的事情。

1.2　材料发展简史

材料的发展伴随并促进了人类的发展和进步。的确,人类发展史的最初阶段就是以当时所使用的主导材料来划分的:石器时代,铜器时代,青铜时代和铁器时代(见图 1.1)。而距今约 30 万年前的人类所使用的工具和武器主要是用骨和石制成的。石头可以打造成工具,特别是燧石(flint)和石英(quartz),制成片状后用做刀具,而这类刀具比任何其他天然刀具都更坚硬、更锐利、更耐用。用天然材料制作的建筑结构往往既简单又惊人地持久耐用:用石头和泥砖砌成墙壁,用木头制作屋梁,用树皮、芦藤和兽皮制作屋顶。

金、银、铜是 3 种唯一可以以纯态存在于自然界的金属,人类对它们的使用应早于公元前 5500 年。但发现金、银、铜有韧性(ductility)(因为将其弯曲后可以打造成各种形状的器皿)以及发现弯曲后的金属会变得更加坚硬之现象,似乎是公元前 5500 年左右的事情。到了公元前 4000 年,有证据表明,冶炼和铸造金、银、铜的技术已经存在(因为已有形状更为复杂的 文物出土)。然而,自然界中的原生铜资源很少。铜大多存在于蓝铜矿(azurite)和孔雀石矿物(malachite)中。公元前 3500 年,用于制造陶器的窑炉温度已可以达到还原铜矿的温度,使得从蓝铜矿和孔雀石矿中提炼纯铜成为可能,于是有了铜质工具、武器和装饰品 —— 这就是人类发展史中所说的"铜器时代"。

但是,铜器即便经过加工也还是不够坚硬。硬度差的材料其耐磨性也差,因此,铜质武器和工具很容易被用坏。大约在公元前 3000 年左右,人们偶然发现了夹杂在铜矿里的一个锡基矿物——锡石(cassiterite),由此改变了铜器时代的材料性能——铜锡合金"(青铜 bronze)"

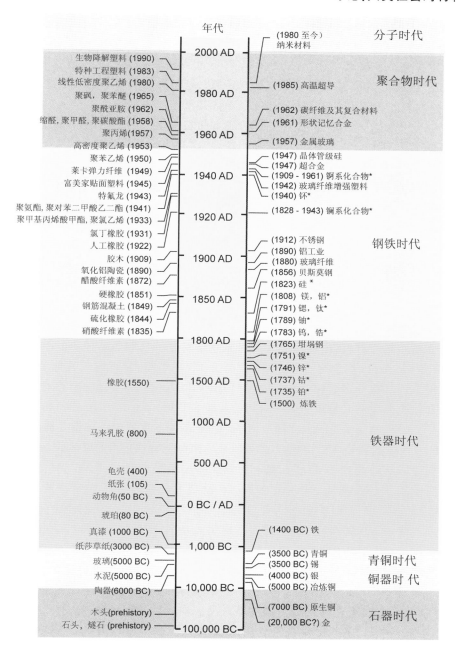

图 1.1　材料发展史

（注意：该图的比例非线性。图中年代的表示：BC 代表"公元前"，AD 代表"公元后"。带星号的元素之年代表示该元素首次被确认的时间。未加星号的材料之年代表示该材料被大量使用的年月。）

诞生了。铜器中加入锡给纯铜带来了很高的硬度，于是更优越的工具和武器产生了。这一发现大大激发了当年的技术进步，所以那个时代被命名为"青铜时代"。

　　"过时"这一词汇听起来像是 20 世纪的语言。其实，"过时"现象与技术的发展并存。公元前 1450 年，将氧化铁还原成铁的技术已成熟，于是一种具有更高刚度（stiffness）、强度

(strength)和硬度(hardness)的材料——金属铁诞生了,显然"青铜时代"已过时。然而,金属铁并不是公元前 1450 年的一个崭新发现,它可以在宇宙流星散落到地球表面的陨石(meteorite)中找到。铁的氧化物,特别是赤铁矿(hematite,Fe_2O_3),在地球上的含量是很丰富的。赤铁矿在 1 100℃的高温下很容易被碳所还原,但因为该温度不足以使铁熔化,因此碳还原后所产生的材料是海绵状的混合铁渣体,需要将其重新加热和锤炼以排出炉渣,然后制成所需形状。铁——作为新材料的诞生,对当时的战事和农业是一场革命,所以铁曾一度比黄金更有价值。铁,特别是铸铁,制造需要 1 600℃的高温,这在当时是一个巨大的技术挑战。有证据表明,早在公元前 500 年,中国的工匠们就掌握了这一技术。但铸铁的广泛使用是在两千年之后,即公元 1500 年,人们开始大量使用高炉(blast furnace)来冶炼铸铁。铸铁在当时是一种新型的建筑材料。19 世纪初的大型桥梁、火车站和民用建筑都是铸铁被广泛使用的最好见证。但它在工业发展中所起的主导作用要归功于"钢(steel)"的出现和使用,特别是 1856 年英国工程师贝斯默(Bessemer)创立了贝斯默高炉,使得工业化大规模炼钢、炼铁成为可能。在随后的 150 年间,金属在制造业中一直占绝对优势。直至 20 世纪 50 年代,随着飞机行业的发展,对轻合金(铝、镁和钛合金)和能够经受住燃气涡轮机燃烧室的超高温材料之需求才提上议事日程。金属材料的应用范围后来还扩大到其他领域,如化工、石油和核工业。

聚合物(又称"高分子")材料(polymers)的发展史与金属材料的发展史不同。木材,作为一种天然聚合物的复合材料,很早就被人类用来建造房屋。具有美丽色彩的琥珀(一种石化树脂)和动物犄角、龟壳等,作为聚合物角质,自公元前 80 年至 19 世纪一直颇受设计师们的青睐。如今在伦敦仍然有一个名叫"犄角指南(Horners' Guild)"的贸易协会存在,会员们继续做着动物犄角和龟壳的生意。橡胶(rubber)因硫化现象(vulcanization,cross-linking by sulfur),自 1550 年它从广泛使用地墨西哥引入欧洲后,在 19 世纪的工业发展中占有重要地位。它们既可以被用来制造弹性很强的乳胶材料(latex),也可以被用来制造硬性很大的硬橡胶(ebonite)。

真正的聚合物革命起始于 20 世纪初,1909 年出现了胶木(bakelite,一种酚醛树脂),1922 年首次人工合成了丁基橡胶(butyl rubber)。20 世纪中叶是高分子科学飞速发展的时期,图 1.1 左上角的"密集发现年代"数据即可证实这一点。可以说,如今我们所使用的大部分聚合物材料都是在 1940 至 1960 年的 20 年跨度里研制成功的。其中的主要产品有:聚丙烯(polymers polypropylene,简称 PP),聚乙烯(polyethylene,简称 PE),聚氯乙烯(polyvinyl chloride,简称 PVC),聚氨酯(polyurethane,简称 PU)。现在,聚合物材料每年的生产吨位已接近钢材的生产吨位。设计师们及时抓住聚合物材料"价格低廉、色彩鲜艳并且易制成复杂形状"之特点,创造出了一批令人喜爱但使用期短暂的新产品。在以后的年代里,高分子材料的设计使用逐渐走向成熟期。如今,这类材料在家庭用品和汽车工业中已享有与金属材料同等重要的地位。

然而,若想把聚合物材料推广应用到尖端性能产品里尚需要进一步的研发。"纯"聚合物材料不具备尖端产品所需的刚度和强度,它们必须与陶瓷(ceramics)、玻璃(glass)或纤维(fiber)填料相结合,以"复合材料(composite)"的形式被使用。复合材料的炮制和使用也有其发展历史。用稻草来增加泥砖的性能而形成的"土坯(adobe)"是最早的合成建筑材料之一,它在非洲和亚洲的民房建筑中依然可见。用钢材来增加水泥的性能而形成"钢筋混凝土"(steel-reinforced concrete)复合材料仅在 1850 年左右出现。钢筋混凝土的诞生使得原本没有任何抗拉强度(tensile strength)的水泥之性能发生巨变,继而带来的是建筑设计史上的革命。钢筋混凝土现在的使用量比其他任何人造材料的使用量都大,主要用于修建公路和桥梁、建造公寓楼和购物中心等等。相反,研制超高强金属基复合材料的历史也不短了,但即使在今天,金属基复合材料也很少见。

我们现在居住的时代,如果不是因为与另一个材料革命——"硅材料"的时代并存,也许可以被命名为"聚合物时代"。硅(silicon),于1823年首次作为一种元素被确认,但它在随后的120多年间却很少有真正的使用价值,直至1947年人们发现了掺杂微量元素的硅可以作为整流器(rectifier)材料而使用。这一发现奠定了电子工业和现代计算机科学的基础,革新了信息的存储(storage)、进接(access)和传送(transmission)以及成像(imaging)、传感驱动(sensing actuation)、自动化(automation)和同步监控(real-time process control)等众多过程。

20世纪也是多种材料引人注目的发展时期。超导现象(superconduction)于1911年在冷却到超低温4.2 K($-269℃$)下的汞和铅中被发现,但直到20世纪80年代中期,对这一现象的研究仍处在一个"科学的好奇心"阶段。1986年,"高达"30 K的超导转变温度在含有钡(barium)、镧(lanthanum)、铜(copper)的复杂氧化物中被发现,随后的一年里,铜氧化物的超导转变温度已被世界各地的科学家们提高到120 K以上,液氮的"温度壁垒"(77 K)被突破,超导体作为材料而被实际应用有了乐观的前景——尽管目前它们的应用领域还很受局限。

20世纪90年代初,人们逐渐认清了又一个事实:材料的性能还取决于尺寸效应(scale effect),最明显的例子即为纳米(10^{-9}m)材料的性能。尽管"纳米科学"是近20年来才发展起来的新兴科学领域,但"纳米技术"却史有记载。中世纪教堂里彩色玻璃中的红宝石色以及"光亮釉(lustre)"的遇光反射现象就是因为其玻璃基体中含有金的纳米颗粒。航天工业中大量使用的高强轻合金就是通过纳米级的弥散金属间化合物颗粒来得到的。纳米碳颗粒多年来被用于增强汽车轮胎的性能,而近年来所发现的具有各种不同组织形态(如球形的C_{60}大分子和杆状的纳米碳管等)的碳性能大大推动了现代纳米技术的发展和突破。如今,随着分析检测技术的高度发展,人们已经可以在原子精度上操作器件和材料加工。因而,制造原子和分子级人工材料的时代已经不远了。

让我们回过头来再次研究图1.1中所积累的历史信息,可以发现"群体活动"频发的时代显然有3:罗马时代,18世纪末至19世纪初以及20世纪中叶。那么,是什么原因引发了这些群体活动频发呢?当然是科学进步。18世纪末至19世纪初是无机化学迅速发展的年代,特别是电化学的发展使得许多新的化学元素被分离和鉴定。20世纪中叶,高分子化学诞生了,这不仅促使了随后的聚合物产品层出不穷,而且为揭示天然材料的特性提供了重要的理论突破依据。利益冲突乃至战争也会有刺激科学进步和技术发展的作用。18世纪末至19世纪初恰逢拿破仑战争时期(1796~1815),当时的科技在法国迅猛发展。而第二次世界大战(1939~1945)中科学技术所发挥的作用比在以往任何一次冲突中的作用都大。从历史角度看,新材料发展的主要驱动力来自于国家的国防需要。然而,人们应该期望未来的科技进步和材料发展是发生在没有任何战争的情况下,经济市场的自由竞争应该同样成为材料技术发展的驱动力。鉴于材料科学属于20世纪中叶的新兴科学,目前还有四分之三的老前辈们健在。无论是科学家还是工程师,大家的一个共同目标是研发出性能更佳的材料并且合理地使用它。有一点可以肯定:愈来愈多的材料领域新突破正在来临。

1.3　人类对不可再生材料的依赖

现在,让我们回到本书重点要讨论的问题:如何正确使用材料以达到环保的目的。"使用"一词已被大家泛泛使用了,听起来好像我们可以选择"使用"或者"不使用"。但残酷的现实却是:我们不仅"使用"材料,还完全"依赖"于材料而生存。只是随着时间的推移,人类已逐步从依赖于"可再生材料(renewable materials)"——这个千百年来维持人类生存的资源,转变到依赖于能源消耗类材料,而后者是不可以再生的。

300年前的人类之生存几乎完全依赖于可再生资源:石头、木材、皮革、骨头、天然纤维。那时,极少量可以使用的非再生材料(如 铁、铜、锡等),因其矿产相对丰富,似乎是取之不绝、用之不尽的资源。然而,近300年间,人类对材料依赖的属性发生了转折性变化(见图1.2)。非再生资源逐渐地替代了可再生资源,到了20世纪末,人类的发展几乎完全依赖于非再生材料了。

"依赖"是一个很危险的事情,它犹如"瓶中魔鬼"[1]。当你需要不断获取你所依赖的物质之时,也就是你的生活没有它会变得非常困难之际。"依赖"还是向外开发的驱动力之一。当一种自然资源十分充裕时,市场竞争规则足以按该资源的实际获利成本而决定它的(公平)市场价格。但一些极为重要的资源,如石油(许多产品可从石油中提炼出来),仅在世界上少数几个国家里大量存在。尽管这些国家在石油定价上有一定的自主权,但总的来说原油价格还是与生产成本挂钩的。然而,当需求大于供应或者石油生产国之间达成交易而阻碍它的正常生产时,石油价格与其开发成本之间的关系就会脱钩,这时"魔鬼就要从瓶中爬出来了"。

总之,"依赖"是一个不可忽视的现象。在随后的章节中,我们会继续讨论"依赖"是如何左右人类社会发展的。

实例:危险的石油依赖性　"石油瘾正在让我们任外人摆布。西方各国一直以来主要依靠沙特阿拉伯的原油进口,而原油价格已经上涨到了威胁西方国家繁荣的地步。本月初在例行的欧佩克会议上,面对石油生产国本土需求的上升,沙特要求进一步增加原油产量,但此建议被拒绝了。输出冻结意味着国际市场的供应紧张和价格上涨。目前,在运输业尚没有一种可以替代石油的新能源出现。因此,我们不得不继续对不同制度或不稳定的国家、乃至敌对国家有依赖性。"

——摘自英国2011年6月19日版的《泰晤士报》

这种状况对一些稀有材料的供应同样存在,因为它们是现代制造工业中必不可少的资源。

1.4　材料与环境

可以说,所有人类的活动都会对我们赖以生存的环境产生负面影响。当然,环境有一定的能力来应对这一侵噬。小范围程度上的破坏可以被环境所吸收,而不会导致永久性的损害。但任何事物都是有极限的。超过极限,量变就会成为质变。当今地球上人类的活动已超过极限,随着活动频率的增加,质量必然下降,并且会威胁到子孙后代的福祉。这一恶果部分来自产品制造和产品的使用以及废料处理——它们无一不与材料本身有关。

---

〔1〕　见《一千零一夜》中"渔夫与魔鬼的故事"。译者注。

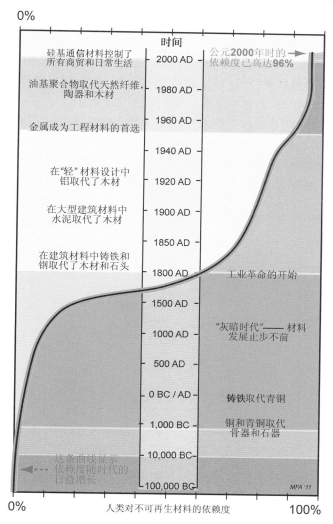

图 1.2 人类对不可再生材料的依赖程度与日俱增

（当自然资源十分丰盛时，这种依赖程度不显重要。但当它们已日渐稀缺时，问题就暴露出来了。

本图部分数据来自美国地质调查局 2002 年公布的资料。）

美国目前对材料的消费使用已超过每年每人 10t 的数量，而全球的平均年消费量大约是美国的八分之一，但消费速度的增长却是美国的两倍。要知道，原材料和其加工制造所需要的能源均来自于自然资源：矿体、矿藏和碳氢化石。地球上的资源不是无限可取的，但直到现在人们还是有这种错觉，因为 18、19 世纪直到 20 世纪初，加工制造业所消耗的资源量相对于地球所能提供的数量是微不足道的，而且近两百多年间新发现的资源总量远远超过消费水平。然而，这种意识现在已过时了。人们似乎很惊奇地发现，当今地球上自然资源耗费之快已使其贮藏量接近某些极限值了。其实，早在 1798 年，英国经济学家托马斯·马尔萨斯（Thomas Malthus）就悲观地预测了人口增长与资源消耗之间的关系，并警告说：人口增长不能永远持续下去，因为人口增长会超越食物供应，必将导致人均占有食物的减少。马尔萨斯建议，只有通过非正常死亡（事故、战争、瘟疫及各类饥荒等）或道德限制（如节育等）才能够节制人口的过度膨胀。继马尔萨斯人口论近两百年之后(1972年),一组被称为"罗马俱乐部"的科学家们发表了关于人口增长与资源枯竭和环境污染相互作用的建模理论,并得出结论:"如果目前的趋势继续保持不变……人类注定要在未来的100年间达到发展的自然极限"。这一报道招来了惊愕的反响和批评,主要是指责"罗马俱乐部"之模型过于简单,必将导致正在飞速发展的科学技术的滞留。但在近10年中,对这一重大命题的思考又重新回到桌面上来了。一些权威的文献报道综述了一个已被公众日益接受的事实:"发达社会的许多方面已接近饱和,因为它们已经发展到了接近极限值的阶段。当然,这并不意味着发达社会的进步将在未来的10年内停止,但是,负增长率的现象将会被还在世的许多人所目击。在一个有着连续300年正增长率发展的社会里,衰败是一种新现象,这将迫使发达社会做出相当大的自我调整。"

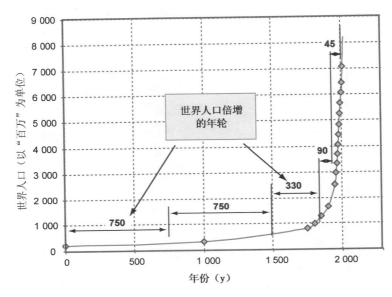

图1.3　过去2000年中全球人口的增长情况

社会衰败的原因是复杂多样的,但一个关键因素仍是人口过分增长。图1.3显示在过去2000年里世界人口的增长情况。这个趋势看起来像是一个简单的"指数型增长(exponential growth)"(这将是我们在第2章中深入探讨的内容),但事实并非如此简单。"指数增长"本身已经够糟糕的了,因为时间越推进人口越激增,但这还是远比实际情况要好得多。指数型增长的表征值为"倍增时间"(doubling time,用 t_D 表示):在同等的时间间隔内,每次增值为上一次的翻倍。如图1.3所示,全球人口在前1500年中,倍增时间段大约在750年左右;但从此之后,随着工业革命的到来,倍增时间缩短了一半,然后再减半、再减半……这种增长被称为"爆炸式增长(explosive growth)"。而人口学中愈加困难的问题是如何预测随时可能出现的突发性变化之后果。尽管马尔萨斯和罗马俱乐部可能在其预测建模细节上有误,但他们预测的大体结果和趋势是正确的。

全球资源枯竭的快慢与人口数量和人均消费有直接的关系。人均消费水平在发达国家里已趋于稳定,但在新兴经济体(emerging economies)里则飞速地增长。图1.4显示出25个人口大国的人口分布情况,要知道这25个国家的人口总和占全球人口总和的75%。仅头两名——中国和印度,就占了37%,这两个国家的物质消费增长率也是全球最快的。

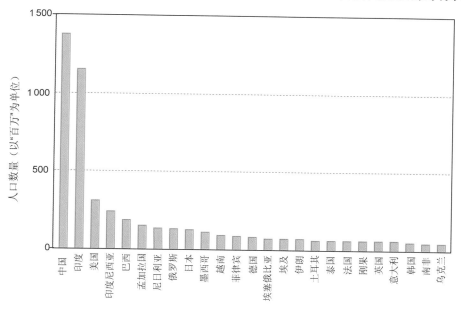

图 1.4   世界上 25 个人口大国的人口数量(2010 年的数据)

鉴于以上对自然资源的"负面"分析,我们有责任在设计新材料时加入"保护生态环境"这一重要的苛求条件 。在下面的章节里,我们主要探讨这一核心问题。

1.5   本章小结

"智人(Homo Sapiens)",即我们这些"现代人",不同于其他物种(species)的地方在于我们有利用各种天然和人工材料来造物的本领。但在造物领域里我们并不是唯一的物种:白蚁会建塔,鸟类会筑巢,海狸还会筑坝——在某种程度上来说,几乎所有的生灵都会造物。人类的不同之处表现于其造物的智慧和"非凡的"视材造物之能力。的确,没有其他更好的形容词可以代替"非凡"来描述人类的创造能力。

图 1.1 从历史演变的角度给出了人类研发造物和不断进取的实证。大多数人误认为,这种造物进步是从英国的工业革命开始的,产生这种误解的主要原因是因为 18、19 和 20 世纪的工业发展势如破竹、日新月异。实际上,造物技术和材料发展之历史要比工业革命史更悠久、更有连续性。在古埃及、古中国、古希腊和罗马帝国的伟大时代,人类不仅能够运用石头、黏土和木材来造物,甚至还能够锻铸铜、锡、铅物品,而且还能探矿和采矿,并远距离地输运矿石。当年的罗马帝国从 3 300km 外的英国康沃尔郡把"锡"海运到罗马,从此揭开了人类对材料依赖的历史。这种依赖随着时间的推移越演愈烈,如今,人类几乎完全依赖于材料的生产制造了。回顾历史、展望未来,过去曾为我们服务过的"卑微仆人"—— 材料,如今在某种程度上讲,已成为我们的"主人"。

1.6   拓展阅读

[1] Delmonte,J. (1985),"Origins of materials and processes", Technomic Publishing

Company, Pennsylvania, USA. ISBN 87762－420－8(*A compendium of information about materials in engineering, documenting the history*)

[2] Flannery, T. (2010), "Here on earth", The Text Publishing Company, Victoria, Australia. ISBN 978－1－92165－666－8 (*The latest of a series of books by Flannery documenting man's impact on the environment*)

[3] Hamilton, C. (2010), "Requiem for a species: why we resist the truth about climate change", Allen and Unwin, NSW, Australia. ISBN 978－1－74237－210－5(*A profoundly pessimistic view of the future for mankind*)

[4] Kent, R. (2009), "Plastics timeline", www. tangram. co. uk. TL-Polymer-Plastics-Timeline. html/(*A web site devoted, like that of Material Designs, to the history of plastics*)

[5] Lomborg, B. (2010), "Smart solutions to climate change: comparing costs and benefits", Cambridge University Press, Cambridge UK. ISBN 978－0－52113－856－7 (*A multi-author text in the form of a debate-"The case for ...", "The case against..."-covering climate engineering, carbonsequestration, methane mitigation, market and policy-driven adaptation*)

[6] Lovelock, J. (2009), "The vanishing face of Gaia", Penguin Books, Ltd. , London, UK. ISBN 978－0－141－03925－1(*James Lovelock reminds us that humans are just another species, and that species have appeared and disappeared since the beginnings of life on earth*)

[7] Malthus, T. R. (1798), "An essay on the principle of population", London, UK. (http://www. ac. wwu. edu/~stephan/malthus/malthus) (*The originator of the proposition that population growth must ultimately be limited by resource availability*)

[8] Material Designs (2011) "A timeline of Plastic"http://materialdesigns. wordpress. com/2009/08/06/a-timeline-of-plastics/(*A website devoted, like that of Kent, to the history of plastics*)

[9] Meadows D. H. , Meadows D. L. , Randers J, and Behrens W. W. (1972), "The limits to growth", Universe Books, New York, USA. (*The "Club of Rome" report that triggered the first of a sequence of debates in the 20th century on the ultimate limits imposed by resource depletion.*)

[10] Meadows, D. H. , Meadows, D. L. and Randers, J. (1992), "Beyond the Limits", Earthscan, London, UK. ISSN 0896－0615(*The authors of "The Limits to Growth" use updated data and information to restate the case that continued population growth and consumption might outstrip the Earth's natural capacities*)

[11] Nielsen, R. (2005), "The little green handbook", Scribe Publications Pty Ltd, Carlton North, Victoria, Australia. ISBN 1－920769－30－7(*A cold-blooded presentation and analysis of hard facts about population, land and water resources, energy and social trends*)

[12] Plimer, I. (2009), "Heaven and Earth-Global warming: the missing science",

Connor Publishing, Ballam, Victoria, Australia. ISBN 978－1－92142－114－3 (*Ian Plimer, Professor of Geology and the University of Adelaide, examines the history of climate change over a geological time-scale, pointing out that everything that is happening now has happened many times in the past. A geo-historical perspective, very thoroughly documented*)

[13] Ricardo, D. (1817), "On the principles of political economy and taxation", John Murray, London, UK. http://www.econlib.org/library/Ricardo/ricP.html (*Ricardo, like Malthus, foresaw the problems caused by exponential growth*)

[14] Schmidt-Bleek, F. (1997), "How much environment does the human being need-factor 10-the measure for an ecological economy" Deutscher Taschenbuchverlag, Munich, Germany. ISBN 3－936279－00－4 (*Both Schmidt-Bleek and von Weizsäcker, referenced below, argue that sustainable development will require a drastic reduction in material consumption*)

[15] Singer, C., Holmyard, E. J., Hall, A. R. and Williams, T. I., and Hollister-Short, G., editors (1954～2001) "A history of technology" (21 volumes), Oxford University Press, Oxford, UK. ISSN 0307－5451 (*A compilation of essays on aspects of technology, including materials*)

[16] Tylecoate, R. F. (1992), "A history of metallurgy", 2ndedition, The Institute of Materials, London, UK. ISBN 0－904357－066 (*A total-immersion course in the history of the extraction and use of metals from 6 000 BC to 1976, told by an author with forensic talent and love of detail*)

[17] L. W. Wagner (2002), "Materials in the economy-material flows, scarcity and the environment" USGS Circular 2112, www.usgs.gov (*A readable and perceptive summary of the operation of the material supply chain, the risks to which it is exposed, and the environmental consequences of material production*)

[18] vonWeizsäcker, E., Lovins, A. B. and Lovins, L. H. (1997), "Factor four: doubling wealth, halving resource use", Earthscan publications, London, UK. ISBN 1－85383－406－8; ISBN－13：978－1－85383406－6 (*Both von Weizsäcker and Schmidt-Bleek referenced above, argue that sustainable development will require a drastic reduction in material consumption*)

1.7 习题

E 1.1 使用互联网(请注明出处)查询以下其中一个材料的历史和使用情况:

- 锡(tin)
- 玻璃(glass)
- 水泥(cement)
- 胶木(bakelite)

- 钛（titanium）
- 碳纤维（carbon fiber）
- 钴（cobalt）
- 钕（neodymium）

将查询结果写成一个简短的报告（英文约大半页纸）。设想你的报告听众是学童，你应该介绍的内容有①历史上谁最早发明或使用了这种材料及缘由，②这种材料有哪些优越性，③为什么我们现在还继续使用这种材料，④我们现在舒适地生活是否对此材料有依赖性……

E 1.2 国际协议要求减少全球的能源消耗。众所周知，通过矿石和其他原料来"生产"材料需要耗能，这一能量被称之为"隐焓能"（embodied energy，其定义和评估方法将在后续章节中详细讨论）。下表列出了 5 种典型的工程材料单位重量耗能和年总消费数据。如果每种材料的消费量都减少 10%，试求减少哪种材料的用量可以获得最大的节能效果？减少哪种获益最小？

材料类型	隐焓能（MJ/kg）	年消费吨位（t/y）
钢	26	2.3×10^9
铝合金	200	3.7×10^7
聚乙烯	80	4.5×10^7
水泥	1.2	1.5×10^{10}
设备级硅	3000	5×10^3

E1.3 自然资源的使用极限值原则上是可以预测的，但对于大多数资源来说"准确"估算极限值是难以做到的。好在其中的一个资源有明确的极限值，即人类可以使用的土地面积。地球表面积为 $5.11 \times 10^8 km^2$，其中仅有一小部分为陆地，而可以使用的土地又仅占其中的一部分。最佳估算的地球表面"可耕种面积"仅为 $1.1 \times 10^8 km^2$。工业化国家一般需要人均 0.06 km^2 的可耕种面积才能维持目前的消费水平。又知，2011 年的全球人口约为 67 亿（6.7×10^9）。你从这些数据中可以得出何种结论？

使用 CES 二级软件可做的习题

E1.4 在 CES 二级数据库有一个域（field）名为"首次使用日期（date first used）"，其中"-"代表公元前（BC）。进入此域后，你可以探讨材料的发展历史。请运用该软件分别绘出对应于①石器时代（公元前 10000 年），②罗马帝国晚期（公元 300 年），③工业革命时代（1800年）和④当今所使用的材料"屈服强度-密度（$\sigma_y - \rho$）"关系图。提示：你可双击域名，并在"科学解释（science note）"里找到如何绘图的方式。

E1.5 制表探索材料指数 σ_y/ρ 是如何随着时间的推移而增加的。请用 x 轴表示首次使用日期，y 轴表示材料指数。x 和 y 轴均使用线性比例刻度。

第 2 章

自然资源的消耗缘由及其定量评估

内 容

上图：美国犹他州 Bingham Canyon 的铜矿（1 200m 深、4 000m 宽）外景

下图：用来挖掘矿石的设备之一：Caterpiller 巨型卡车

（图片资料由 Kennecott Utah Copper 公司提供）

2.1 概述

本章将从"数量级(orders of magnitude)"的角度介绍自然资源的消耗程度和速度。关于人类社会发展对环境的破坏这一命题,如果不用数字说话是很难得出无懈可击的定论的。正如我们在第1章中所指出的那样,当今的制造产业越来越依赖于原材料和能源的不间歇供应。那么,这种依赖程度到底有多大呢? 如果市场对材料和能源的需求量仅仅是随着时间而线性增加的,这个数量已十分庞大。更糟糕的是这种增值现象是非线性的。"增值"是现代社会"消费驱动型经济"之命脉。如果经济没有增长,就会被认为"步履蹒跚","停滞不前","处于病态"等(这些都是英国《泰晤士报》经济栏记者们经常使用的字眼)。商业性质的公司似乎也需要每年"增值"才能生存。

而所有这些增值需求均导致了原材料和能源的消耗不断上升(至少目前是这种状态)。增值可以是线性的(即以恒定的速率增长),也可以是指数型的(即增值速率与增值大小成正比)。指数型增值是很可怕的事情。原本一个玲珑可爱的东西,经指数型增值后,最终可能演变成一个令人难以接受的怪物。固定利率投资的本钱可以是指数型倍增,但是需要有一个漫长的时间周期(即倍增时间很长)。自然资源(如矿产、能源和水源)的消耗量也呈指数型增长,但其倍增时间要短暂得多。有些资源量(如铁矿和铝矿的储藏量)在地球上是如此的丰盛和分布广泛,所以,尽管我们使用它们的速率越来越高,但仍无须担心这些原材料的耗竭。然而,大多数矿产的储藏量并不那么丰盛、分布也不那么广泛,如果也是倍增式的使用,这些原材料很快就会丧失殆尽。从另一方面来说,提取和冶炼矿石,无论其品位高低(见下一节中的定义),都需要消费大量的能量,继而是能源短缺情况的加剧。

这些分析结果听起来骇人耸闻。然而,还有许多更可怕的预测。例如有关"铜矿耗竭"的预测:1930年有人预测这一耗竭时间大约为30年,但80年后的今天这一预测仍为30年。显然,预测结论不符合指数型增长规律。这是什么原因造成的呢? 本章将寻根求源给予解释,并介绍对自然资源的消耗趋势进行定量评估的方法。

首先,让我们回顾一下地球能够提供给人类消费的资源有多少及其开发成本。

2.2 天然材料来自何处

地球上共有92个天然可用的元素材料,它们中的大多数是金属元素。如果我们希望将金属材料用于工程,则必须开采含有这些元素的天然矿石。这些矿石大多以氧化物、硫化物或碳酸盐的形式存在,而且大都不纯,所以分离、提取是获取金属材料的第一步。然而,采矿、分离和提取都是需要消耗很大的能量的。越贫瘠的矿石开采量越大,分离、提取以及为此所消耗的能量需求也越大。矿石中的金属含量被称为矿石品位(ore grade,用 G 表示),它是以每吨矿石中的金属重量来计量的。

图2.1给出了地壳中各种元素的丰度(abundance)。读后可知,元素间的丰度之差可高达超过 10^{10} 倍。地壳中最丰富的是轻元素,如铝和镁。图中左上角的前8种元素丰度之和占总数的98.5%,其余元素的丰度均不超过0.1%。贵金属(在图中以黄色表示)的丰度则不超过0.000 01%(0.000 01%主要是银的丰度,金和铂的丰度比0.000 01%还低很多),而元素

铱(Ir)的丰度比银要低一万倍。地球表面的海洋里也含有各种元素(其丰度在图 2.2 中给出),但除了钠和镁之外,其余的含量甚微,没有很大的经济开发价值。

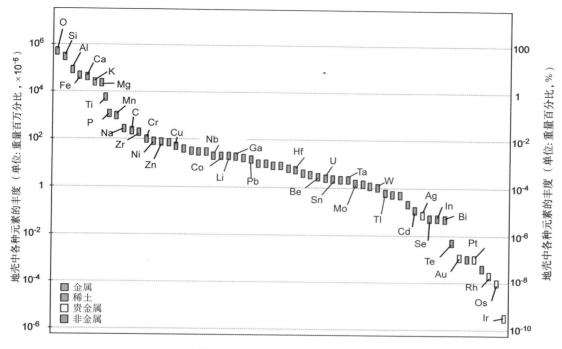

图 2.1　地壳中各种元素的丰度

(左上角的前 8 种元素含量之和占总含量的 98.5%。)

下面,让我们以半定量的方式来研究开发成本的问题。设 C_m(USD/kg)为提炼金属的造价,G(%)为矿石品位,则 C_m 与 G 之间的关系为

$$C_m \approx \frac{10}{G} \tag{2.1}$$

以铜为例。如果用地壳中铜的平均丰度 50×10^{-6} 来估算纯铜的提炼成本,根据上式,答案应为 2 000 USD/kg。但事实上,纯铜的市场价格连该理论估算值的百分之一都达不到:2011 年 5 月 20 日铜的生产成本报价为 9.43 USD/kg;2010 年 5 月 20 日的报价仅为 6.50 USD/kg。这一巨大的差价源于铜矿中的矿石品位远远高于地壳中铜的平均丰度。

接下来我们要问,品位高的富矿石是如何产生的呢? 当地球刚刚诞生时,它所含有的物质十分混杂并且处于极高的温度之下。那么,从何时起一些元素被逐渐分离出来了呢? 要回答这一问题,我们至少可以考虑以下 4 个不同的过程(它们的发生速度都非常缓慢):

(1) 火山爆发时,蒸馏出熔点较低的矿物质,同时蒸发一些易挥发的元素。后者遇冷后凝固。

(2) 由于风和水常年对地壳的侵蚀,部分物质剥落。而被强风和大水所席卷的剥离碎片又因引力作用和其本身的密度而自然分类成堆。

(3) 根据水源的 pH 值,水溶性矿物可以被自然分离。当有用的矿物蒸发浓缩后,被溶解的矿物即可以被处理掉了。

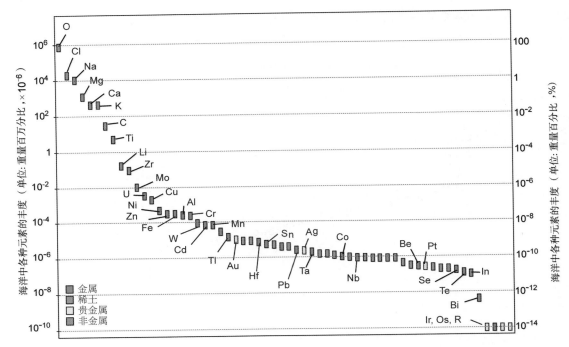

图 2.2 海洋中各种元素的丰度

（海洋中的元素丰度太低，没有很大的经济开发价值。）

（4）自然界中所存在的有机物体内都含有矿物质。煤炭、石油和天然气都是在漫长的地质年代里生物遗体逐渐分解而转换成的碳产物。早期的磷酸盐是从鸟和蝙蝠的粪便中提取的。

如今，人类依然在享用着这 4 个漫长的造物过程，它们给我们带来了无价之宝。可惜的是，人类社会消费使用这些宝藏的速度远远大于大自然重新造物的速度，这就迫使我们开采越来越贫瘠的矿源，而开采贫矿又需要改进提炼萃取技术。公式（2.1）已向我们表明，矿石品位越低，原材料造价越昂贵。

当我们对"自然材料从何处来"这一背景有了适当的了解后，在下面的章节里就可以讨论消费问题了。

2.3 自然资源的耗费

材料耗费 总体来说，世界上每年约需消耗 10^{10} t 的工程材料，相当于每年每人平均消耗 1.5t（虽然该量值不是在各国均匀分布的）。图 2.3 显示了世界上 26 种用量最大的原材料之年产量。为了比较的方便，图的左上角显示烃类燃料（hydrocarbon fuel，如石油和煤炭）庞大的年消耗量：9×10^9 t，即 90 亿吨。该图的目的旨在通过比较给出一些综合信息。首先让我们来看金属材料的年产量吨位。由于纵坐标为对数坐标，粗看起来似乎用量最多的钢产量仅比铝合金多一点。但事实上，钢的产量超过其他金属产量总和的 10 倍以上。钢，在现代工业中，可能缺乏如同钛合金、碳纤维增强复合材料（carbon fibre reinforced polymers，简称 CFRP）和最时髦的纳米材料等的高科技形象。但是，钢的多功能性、高强度、高韧性以及低成本和应用广泛等特性都是其他任何材料所无法替代的。所以,千万不要对钢材料产生误解。图 2.3 给出的另一个重要信息是铂族金属和稀土材料(后者主要由元素周期表底部的 15 个元素组成)的年产量。虽然它们的使用数量不大,但却起着关键性的作用。我们将在后面的章节中讨论这一问题。

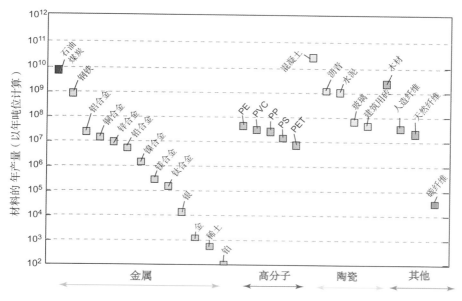

图 2.3　世界上 26 种材料的年产量

(需要指出的是,该图纵坐标为对数坐标。对数坐标往往会把很大的数字之间的差异掩盖起来。比如钢的年产量是铂的 1 000 万倍(10^7)。为比较方便,图的左上角还给出了石油和煤炭宠大的年消耗量数据。)

现在,再来看图 2.3 中高分子材料的需求情况。50 年前它们的产量(即需求量)还非常小,但如今聚乙烯(PE)、聚氯乙烯(PVC)、聚丙烯(PP)、聚苯乙烯(PS)和聚对苯二甲酸乙二醇酯(PET)这 5 种材料的生产总量已经可以与铝合金的年产量相提并论。如果材料的产量不是以吨位而是以立方米来计算的话,则高分子材料的产值已接近钢的年产值。如果我们把工程材料按其用途来分类统计的话,显然,建筑行业对材料的依赖性最大。钢是建筑材料之一,但木材作为建筑材料的使用量甚至超过钢材(见图 2.3)。鉴于木材比钢材轻 10 倍,若以 m³/y 的单位来比较二者,则木材的使用量遥遥领先于钢材。然而,图 2.3 显示,工程材料用量最大的当属混凝土(concrete),其产量超过所有其他材料的年产量总和。接下来,依次是用于修建公路的沥青(asphalt)、用来制作混凝土的水泥(cement)、砖(brick)和玻璃(glass)。工程材料对纤维的需求量也是很大的。天然纤维几万年来一直在人类的衣食住行中起着不可缺少的作用。如今,人造纤维在纺织业和其他工业中也占有越来越重要的地位。最后应该指出的是工程材料对碳纤维的需求(见图 2.3 中最右边的信息数据)。退回 30 年,碳纤维是不会被列入26 种使用量最大的原材料名单里的,而如今它的产量已接近钛合金产量,并且还在迅速增长。

图 2.4 用另一种数据对比方式——饼状图来对图 2.3 中的某些信息进行分析,它给出了家庭中对天然材料、金属、塑料和陶瓷这 4 种典型材料的应用比例。因为图 2.3 中所使用的对数坐标容易使人对数量级产生误解,而以饼状图方式显示数据,可以帮助读者更容易地了解数

据的真实幅度(尤其是显示混凝土和木材的年产量数据)。了解不同的数据对比方式之利弊十分重要,特别是当我们研究材料对环境的影响这一重大命题时,常常需要考虑消费量的影响规模。

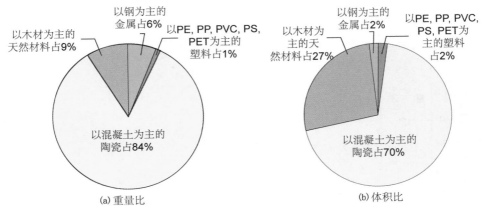

图 2.4　以饼状图显示材料在家庭中的使用情况

(a)图为重量比;(b)图为体积比

(可见陶瓷在家用材料中占主导地位。所以不难理解为什么每年世界上要消费大量的混凝土。)

能量耗费　虽然这本书是论及材料的,但材料问题与能量是不可分割的,因为从原材料的生产到产品的加工制造、从产品的使用直至废料处理,这其中的每一步都离不开能量的使用。能量的国际单位是焦耳(Joule,简称 J),但由于焦耳单位非常小,人们一般多用千焦(1 KJ $=$ 10^3 J)、兆焦(1 MJ $=$ 10^6 J)或吉焦(1 GJ $=$ 10^9 J)作为能量的计算或衡量单位。功率(power)的国际单位是焦耳/秒(J/s),即"瓦特(Watt)"。由于瓦特单位也很小,人们通常采用千瓦(kW)、兆瓦(MW)或吉瓦(GW)。我们日常生活中所消耗的电能单位为"千瓦时 (kWh, 1 kWh=3.6 MJ)。

我们首先要问:能量从何处而来呢? 回答是大致有 4 种基本来源:

(1) 太阳能。太阳可以驱动风、波、水和光而发电,还能通过光化学过程产生"生物质能 (biomass)"。

(2) 月亮能。月亮驱动潮汐生能。

(3) 地热能和核能。自地球诞生之日起因不稳定元素的核衰变而导致地热能和核能的产生。

(4) 碳氢燃料能。它属于化石型的太阳能。

如何选择材料以获取这些能量将是本书第 11 章的主题。这里,我们需要注意的是,这 4 种能量的储蓄期都是有限的。但从时间角度看,要耗尽前 3 种能量的岁月是如此的遥远,所以我们可以放心地把这 3 种能量的储蓄期看作是无限的。

那么,世界上每年的耗能量是多少呢? 要回答这一问题,首先需要引入定量估算耗能量的实用单位:艾焦(Exajoule,符号 EJ,1 EJ $=$ 10^{18} J)。比如,2011 年的人类耗能总量大约为 500 EJ。但这一数据每年都在上升。图 2.5 具体显示 2011 年的耗能细节:化石燃料占 86%(显然是占主导消费地位的),核能占 7% 左右,水能、风能、波浪能、生物质能、太阳热能和光伏能相加总和约占另一个 7%。需要指出的是,尽管这些由太阳所驱动的能源储藏是巨大的,但它们不像化石能源和核能那样集中在某些地点并且能够及时地输送和分配,这一致命的弱点使得太阳系列能源难以被大量捕获利用。

接下来我们还要问:能量都消耗到哪里去了呢？现代化社会的三大主要耗能领域为:运输、建筑(包括取暖、制冷和照明)和工业(包括原材料的生产和产品的加工制造)。图 2.6(b)形象地显示出材料耗能的原因。一个重要的数据为:与材料相关的耗能量约占全球总耗能量的 21%,同样比例的二氧化碳排放量也是由于材料制造业所造成的。

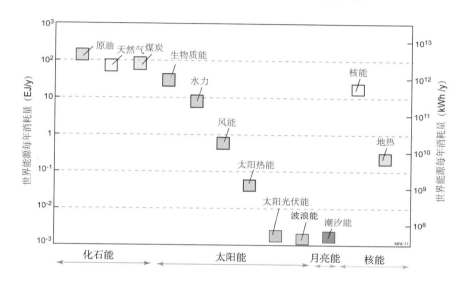

图 2.5　世界每年耗能量细节分析

(该图数据来自 Nielsen 2005 年的报道。)

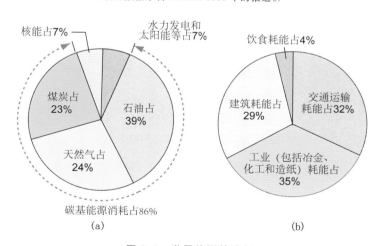

图 2.6　世界能源的消耗

(a) 按资源比较;(b)按使用领域比较

(由此可见,不可再生的碳基燃料如石油、天然气和煤炭的年消耗率占能源总消耗的 86%。)

实例 1. 钢铁企业对能量的需求　目前世界每年的钢产量为 $2.3×10^9$ t。已知生产每单位重量的钢需要 26MJ 的能量(即隐熔能 $H_m = 26$ MJ/kg)。如果世界的年耗能总量为 500 EJ,

试问钢铁企业对能源的年需求量为多少艾焦？它占总能耗的百分之多少？

答案：钢铁企业对能量的年需求量为

$$(2.3 \times 10^9 \times 1\,000) \times (26 \times 10^6) \approx 60 \times 10^{18}(\text{J}) = 60(\text{EJ})$$

它约占能量总消耗的 12%。

图 2.5 和 2.6 显示出各种可用能源和对世界每年的耗能量细节分析。要知道，能量"有用"之前提是必须使用它，而能量的"使用"几乎总是与能量的"转换"相关联的。图 2.7 显示 5 种可能的能量转换路径。然而，能量转换是以"能量丢失"为代价的。热力学第一定律告诉我们：能量守恒。所以丢失的能量并未化为乌有，它们在能量转换时变为热量。"高品位热 (high grade heat)"即高温下所产生的热量，可以被用来做功，如发电厂的燃烧气 (burning gas)，或内燃发动机 (IC engine) 和燃气涡轮机 (gas turbine) 的燃料都属于高品位热。"低品位的热 (low grade heat)"即低温下所产生的热量，一般是很难再利用的，所以大部分低品位热被"允许"散发到大自然中——从这个意义上讲，低品位的热是丢失的热(能)。通常，在定量计算能量转换效率 (η) 时，低品位热被视为副产品，它的存在使 η 值总是小于 100%。举例来说，金属是从它们的氧化物、硫化物或其他矿石中提炼出来的。这一过程从能量角度来看，是热能或电能转化为化学能的过程，并且这一转化过程还具有可逆性（理论上讲，通过金属的再氧化或再硫化过程，其化学能可以转换为热能或电能）。但是，金属的还原过程所造成的热损失比起金属的氧化过程要大得多，所以其能量转换率一般仅为 5%～35%。

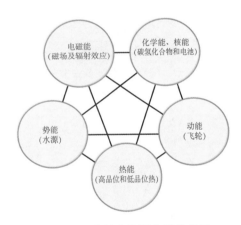

图 2.7 五种基本能源之间的关系

请注意，图 2.7 中的 5 种能量相互转换的可能性显而易见，但相互转换的效率则有很大的差异。即便所有的转换途径都是在严格符合物理学定律的"最理想"情况下进行的，差异也是巨大的。例如，热能转换为机械能的效率是由卡诺效率 (Carnot efficiency, η_c) 所决定的：

$$\eta_c = 1 - \frac{T_{\text{out}}}{T_{\text{in}}}$$

在这一定律中，T_{in} 代表蒸汽或热气进入热机时的温度，T_{out} 代表蒸汽或热气从热机排出时的温度。图 2.8 显示了卡诺热机的效率与温度之间的关系。一般来讲，蒸汽涡轮机的最大 T_{in} 值为 650℃，而燃气涡轮机的最大 T_{in} 值为 1 400℃。这两个极限值的确定均取决于制造发动机燃烧室、叶片和轮盘所使用的材料之特性。因此，要想达到约为 75% 的最大理论效率值，燃气机的排气温度至少应在 150℃ 以下。

事实上,热机的真正转换效率要比理论值小得多。19 世纪初的横梁引擎(beam engine)效率仅为 2% 左右。1882 年建于伦敦郊区 Holborn 的第一台发电设备的效率仅为 6%。如今一个现代化的蒸汽轮机发电效率已达到 38%(但在像英、美国这样的老牌工业国家里,平均发电效率低于该值,因为许多电站已老化),现代化的燃气轮机发电效率已可达到 50%,这是因为 T_{in} 温度的提高和 T_{out} 温度的降低之结果。

表 2.1 列出了主要能量之间相互转换的实际效率。可以看出,大多数值都很低。因此,一个比卡诺理论效率更为实用的效率估算被定义为

$$\eta = \frac{\text{单位时间内的能源输出}}{\text{单位时间内的能源获取}} \tag{2.2}$$

本书将采用这一定义来估算能量转化效率。

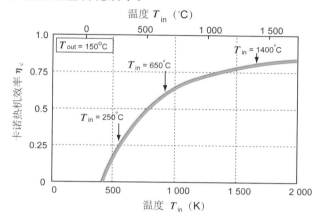

图 2.8　卡诺热机的效率与温度之间的关系

表 2.1　主要能量之间相互转换的实际转换效率[1]

能量转换途径	直接转换效率(%)	间接转换效率值(%)	派生 CO_2 量(kg/MJ)
气转电	37~40	37~40	0.18
油转电	36~38	36~38	0.2
煤转电	33~35	33~35	0.22
生物质转电	23~26	23~26	0
水力发电	75~85	75~85	0
核能发电	32~34	32~34	0
封闭系统的化石燃料发热	100	100	0.07
通风系统的化石燃料发热	65~75	65~75	0.10
通风系统的生物质发热	33~35	33~35	0
石油驱动机械(柴油发动机)	20~22	19~21	0.17
石油驱动机械(汽油发动机)	13~15	12~14	0.15

[1]　该表中"直接转换"效率值不考虑其他环节的能量损失,而"间接转换"效率值以封闭系统的化石燃料发热为标准(效率 100%),综合考虑了从原油获取到能源最终使用的各中间步骤的耗能量。所以,这里的"间接转换"效率值可以被视为能源的"实际"转换效率值。

（续表）

能量转换途径	直接转换效率(%)	间接转换效率值(%)	派生CO_2量(kg/MJ)
石油驱动机械(煤油燃气发动机)	27～29	25～27	0.15
电转热	100	37～40	0.20
电驱动机械(电马达)	80～93	30～32	0.23
电能转化学能(铅基电池)	80～85	29～32	0.24
电能转化学能(高级电池)	85～90	31～33	0.23
电能转成电磁辐射(白炽灯)	12～15	4～6	1.17
电能转成电磁辐射(发光二极管)	80～85	29～32	0.23
光转电(太阳能电池)	10～22	—	0

能量转换的过程多涉及一系列的相关步骤。图 2.9 给出一个实例[1]。

（1）原油（初级能量，设为 A）须打井而获取。这一过程会损失 3% 的能量，因此所剩可用能量 $B = 97\% A$；

（2）提炼后的原油变为可用石油（B），用其发电的转换效率为 38%，此后所剩可用能量 $C = 38\% B = 97\% \times 38\% A$；

（3）而电能（C）在输运到使用单位过程中，又要损耗 10%，此后所剩可用能量 $D = 10\% C = 97\% \times 38\% \times 90\% A$；

（4）如果将该电能（D）转换为机械能（E），其效率为 85%，此后所剩可用能量 $E = 85\% D = 97\% \times 38\% \times 90\% \times 85\% A$；

（5）如果使用电动机驱动液压泵（E），则又要损失 10%，此后所剩可用能量 $F = 90\% E = 97\% \times 38\% \times 90\% \times 85\% \times 90\% A$；

（6）而液压泵通过冲压过程变成动能（F），其效率约为 35%。所以最终所剩能量为 $G = 35\% F = 97\% \times 38\% \times 90\% \times 85\% \times 90\% \times 35\% A$

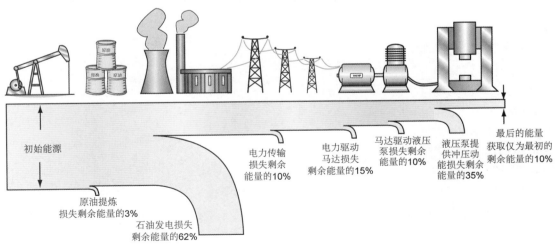

图 2.9 从能源的最初获取到能量的传输和各种转换来看各个环节的低品热耗损状况

[1] 图 2.9 解释段落中的 A，B，C 等是译者加注的，以便于读者更容易理解其内涵。

实例 2. 能量转换效率的计算　图 2.9 中的实际转换效率值 η 究竟为多少呢？

答案：$\eta = \dfrac{G}{A} = 0.97 \times 0.38 \times 0.9 \times 0.85 \times 0.9 \times 0.35 = 0.1$

可见，90% 的初始能量作为"低品位热"损失掉了，真正被使用的能量仅占最初的 10%。

使用能量来开采和提炼材料是能量转换的另一个例子。首先，让我们给出"隐熔能(embodied energy)"的定义：它代表从矿石或其他给料中提炼单位重量(或单位体积)的材料所需要消耗的能量，通常用 H_m(或 H_v)来表示。其实，"隐熔能"的定义是带有一定的误导性的，因为从矿石或其他给料中提炼材料所需要的能量大部分被消耗掉了，但另一部分却随着提炼过程而"隐身"嵌入材料中，因为矿材提炼和由此而产生的材料之间存在着自由能差。这一差值在废料处理时可使隐熔能得到一定的回收并重新利用。下面，我们将以金属铁为例，半定量分析在开采和提炼材料的过程中能量损耗情况。

金属铁的提炼是赤铁矿在高炉中氧化物还原的过程。热力学定律决定了这一过程所需要的最低能量值应为 6.1 MJ/kg——该值即为纯铁被氧化成 Fe_2O_3 所需要的最低生成自由能。原则上讲，这一能量(即理论隐熔能)在一定的受控条件下是可以通过铁的再氧化过程而回收的。但实际测量到的耗能值 $H_m \approx 18$ MJ/kg，为理论值的 3 倍，由此可以得出转换效率为 33%。那么，其余能量都跑到哪里去了呢？它们被冶炼高炉中所排出的气体以低品位热的形式带走了。冶炼铁如此，冶炼其他材料也有类似的能量损耗。低品位热的丢失使得能量转换的效率大大降低。

实例 3. 炼铜过程的表观生产效率(apparent production efficiency, η_{ap})

金属铜可以从天然存在的氧化铜(CuO)中被还原出来。已知，CuO 的生成自由能为 127 kJ/mol——这是生产 1 mol 的纯铜所需要的基本能量；又知，铜的摩尔重量为 63.6 g/mol。试估算提炼单位重量的铜所需要的基本能量和实际消耗能量($H_m = 71$ MJ/kg)之间的差别。

答案：首先让我们来计算还原单位重量的纯铜所需要的基本能量值：

$$H = \frac{127}{63.6 \times 10^{-3}} = 2\,000\,(kJ/kg) = 2\,(MJ/kg)$$

根据表观生产效率的定义 $\eta_{ap} = \dfrac{H}{H_m} \times 100 = 2.8\,\%$。

可见，生产效率值还不到 3%。这说明 97% 的能量均被其他过程所消耗，比如采矿和选矿的过程，以及提炼过程中的低品位热损失。

实例 4. 表观生产效率纵观　其他金属的提炼过程是否也像炼铜一样有如此低的表观效率呢？

答案：下表列出常用金属提炼效率值。可以看出从炼铁的 23% 到炼铅、镍、钛和炼铜的 2%~3%，金属提炼的效率都是十分低的。

表 2.2　金属提炼效率值

金属元素	生成自由能(kJ/mol)		隐熔能(MJ/kg)	表观效率(%)
Al	796	30	203	15
Cu	134	2.1	68	3
Fe	374	6.7	29	23

续表

金属元素	生成自由能(kJ/mol)		隐熔能(MJ/kg)	表观效率(%)
Mg	626	26	360	7
Ni	233	4.0	127	3
Pb	233	1.1	53	2
Sn	552	4.7	40	12
Ti	907	19	600	3
Zn	339	5.2	65	8

水,是人类生活中不可缺少的三大资源之一。那么,我们总共享有多少用水量呢?从表面上看,水资源十分丰富,但地球上97%的水是咸水,2.2%是冰水,淡水资源仅占水源的0.8%(见图2.10)。水是一种可再生性资源,但再生的条件取决于生态系统的变化速度。现代社会对水源需求的不断增加,使得供应水的压力越来越大:全球范围内对水的需求在过去50年间翻了3倍。预测表明,水源很可能会迅速成为与石油同样重要的短缺资源,2050年时人类将会有半数人口遭遇缺水困境。那么,水源是如何被消耗掉的

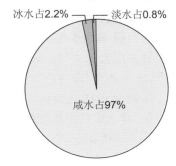

图 2.10 全球水资源的分配
(显然,只有很小一部分淡水为可用水。)

呢?首先,农业是最大的消费项,约65%的淡水用于农业(见图2.11)。工业消耗约占10%,其中的一半用于发电之需。到目前为止,材料生产行业用水比例不大,但如果更多地使用"生物衍生材料(bio-derived materials)",这一比例将会增大。这是一个不可忽略的趋势。

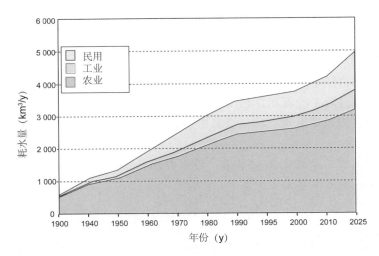

图 2.11 全球水资源的消耗纵观
(其中工业界用水一半与使用能源有关,另一半与生产材料有关。)

原材料的生产和加工制造业对水的需求量是可以通过对生产运行过程的分析来直接估算

的。例如,钢铁的生产首先需要使用水源来从矿石(铁矿石,石灰石等)中提炼金属,这一过程包括:材料清洗(去尘),污染控制(洗涤清理废气)和冶炼设备及淬火钢锭的冷却。工程材料的耗水量级约为 $10\sim1\,000$ L/kg。

当估算生物质天然材料的生长所需水量时,应区分灌溉用水和非灌溉用水两部分。需要灌溉水来生长的天然材料主要是一些生物塑料,如纤维素聚合物、聚羟基脂肪酸酯、聚乳酸、淀粉基热塑性塑料,还有喂牛饲料,因为牛皮是皮革业的来源;而不需灌溉水就能生长的天然材料主要包括木材、竹子、软木和纸张。基于这一区分,水源的消耗量计算又可分为两部分:商业用水量(即灌溉用水量)和总用水量(灌溉和非灌溉用水量之和)。对于大多数的材料生产来说,这两个值等同。但若原材料的生产来自树木和其他植物,就要区分二者的计算了。第 14章数据表中的数据均指商业用水量。

能量的传输过程也消耗水源。比如,需要使用水进行冷却循环(这一过程还因为水气的蒸发而损失水)、去尘和清洗。表 2.3 对 4 种主要使用能源及其相关的耗水量进行比较。

表 2.3 能源与耗水量

能源	耗水量(l/MJ)
输电电网	24
工业用电	11
煤炭发电	0.35
石油发电	0.3

2.4 指数型增长和倍增时间

现代工业化国家的发展严重依赖于原材料的稳定供应。大多数材料的生产需求量也是与全球人口的不断增长和生活水平的不断提高密切相连的。所以,首先让我们来分析材料生产的指数型增长及其后果。

设 P 为 t 年的材料生产吨位,并且 P 每年以固定的速率 r(单位为%)增值。那么,

$$\frac{dP}{dt} = rP \tag{2.3}$$

对式(2.3)在时间段 $t_0\sim t$ 进行积分可得出:

$$P = P_0\exp\{r(t-t_0)\} \tag{2.4}$$

式(2.4)中 P_0 表示在时间为 t_0 时的生产量。图 2.12(a)具体给出 P 值随时间而指数型加速的现状。若把式(2.4)用对数坐标显示,则

$$\log_e\left(\frac{P}{P_0}\right) = 2.3\log_{10}\left(\frac{P}{P_0}\right) = r(t-t_0)$$

即可得到

$$\log_{10}(P) = \log_{10}(P_0) + \frac{r}{2.3}(t-t_0) \tag{2.5}$$

则 $\log_{10}(P)$ 随时间 t 的增加呈线性关系,其斜率为 $r/2.3$[见图 2.12(b)]。

实例 5. 材料年增长速率(r)的估算 1950 年全世界银的生产总量为 4 000t,到了 2010 年总量已达 21 000t。试求银的年增长速率 r。

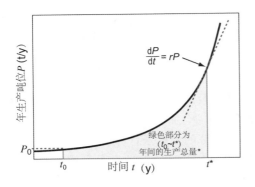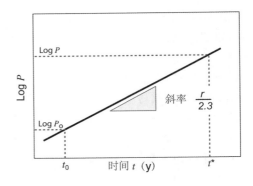

图 2.12　材料年产量随时间推移的指数型增长

答案：从式(2.3)和(2.4)已知，$P = 21\,000$ t/y，$P_0 = 4\,000$ t/y，因此 $t - t_0 = 60$，故

$$r = \frac{1}{(t - t_0)} \ln\left(\frac{P}{P_0}\right) = 2.8\%$$

图 2.13 给出了铝、铜、锌 3 种金属和碳纤维增强复合材料(CFRP)百余年间的生产量增长数据。对比图 2.12 的理论推算，可以看出两者的结果是十分吻合的。图 2.13(b)中虚线部分的计算表明铝、铜、锌的生产量每年分别以 10%，5% 和 2% 的速率增长。事实上，铝的年产量增长率已从最初的 7% 下降到现在的 3.5% 左右，而铜、锌的年增长率始终保持在 3% 左右。

我们在第 1 章中已经提到过，指数型增长的特征值为倍增时间 t_D。顾名思义，这一时间是指生产总量翻倍所需要的时间，即当 $P/P_0 = 2$ 时，式(2.5)变成：

$$t_D = \frac{1}{r} \log_e(2) \approx \frac{0.7}{r} \tag{2.6}$$

实例 6. 预测未来生产总量的增值　已知，碳纤维的生产正在以每年 10% 的速率增长和 2010 年的生产总量为 5.3×10^4 t。试预测 2020 年的碳纤维生产总量。

答案：根据式(2.4)，$P = P_0 \exp\{r(t - t_0)\} = 5.3 \times 10^4 \exp(0.10 \times 10) = 1.4 \times 10^5$ (t)

如果我们需要计算某时间段$(t^* - t_0)$内生产量的总和 Q_T，则应对式(2.4)进行积分：

$$Q_T = \int_{t_0}^{t^*} P\,dt = \frac{P_0}{r}(\exp\{r(t^* - t_0)\} - 1) \tag{2.7}$$

这一结果表明，全球的年增产率仅需 3%，就可以把未来 25 年的生产总量与自英国工业革命以来的 300 年间生产总量相"媲美"。这是一个令人震惊且值得深思的结论。

2.5　资源储量、基数和寿命

工业界所需材料的生产量在很大程度上取决于地球上的矿产量。我们首先定义"矿物储量（mineral reserve，用 R 表示）"为可以利用先进技术而合法开发并具有经济效益的矿藏量。人们通常对"矿物储量"的理解是，它代表地球上已勘探到的矿物总量，一旦消耗完毕则一去不复返了。但这一理解是不全面的。事实上，矿物储量 R 是一个巨大的经济体系，在不同的经济、技术和法律条件下，R 值可增大或减小。比如，改进提炼技术可以使 R 值增大，而环境立法或某国政策的变更则可以使 R 值减小。对材料需求的"上瘾"会刺激勘探行为的增加，因此

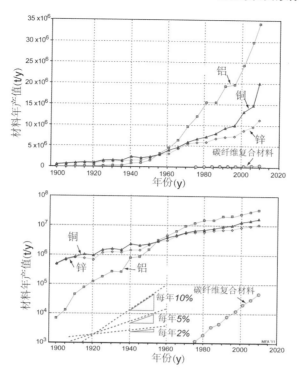

图 2.13 3 种金属和碳纤维增强复合材料(CFRP)生产量百余年间的增长数据
（上图纵坐标为线性，下图纵坐标为半对数。）

R 值也是随着消费的需求而同步增加的。再以世界上的铅储量为例，如今的 R 值为 1970 年的 3 倍，而该材料的年产量也同样地增长了 3 倍。

矿物的"储备基数(resource base 或简称为 resource)"是指该矿物在地球上的实际含量，它比"矿物储量"要大得多。储备基数不仅包括现有储量，也包括通过各种外推技术可预估的所有其他可能储量，还包括已知和未知的目前尚不能开采的储量——这部分资源在未来技术的更新或运输的改进后会使开采成本降低，而由"不可开采"变为"可开采"资源。尽管储备基数远大于 R，但其中的很大一部分是现有技术所不允许经济开发的，所以对它的评估带有很大的不确定性。

图 2.14 给出资源基数和资源储量之间的区别。这一区别可以用矿石品位与勘探不确定性之间的关系来描述。图中最大的蓝色矩形代表基数，左上角的绿色矩形代表储量（储量中的一小部分已被开发）。储量随着勘探行为的增加向图的右侧延伸，随着开采技术的改进（或不惜血本的开发政策）向图的下方推移。许多因素可以导致资源储量的重新分配。它们包括：

• 商品价格：随着原材料的价格上涨，商品价格也上涨。于是，开采低品位矿石也变得有利可图；

• 技术改进：随着技术的改进，新的采掘方法可增加低品位矿石的经济效益；

• 生产成本：原油或劳动力成本的上升可使开采业变得无经济效益可获；

• 环境立法：放松或收紧对环境的立法保护会相应减少或增加生产成本，乃至开启或剥夺采矿权利；

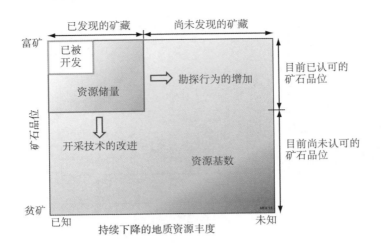

图 2.14　资源基数与资源储量的区别

（资源基数是一个固定值，而资源储量是其中的一部分。储量是基数中已被发现和可以被挖掘的
部分。图中左上角部分为储量，其余部分为基数。）

　　• 储量缩水：开采意味着消耗储量，勘探意味着扩大储量。如果原材料的生产速率超越其
矿石的发现速率，则势必导致储量缩水——这意味着其他问题的接踵而来；

　　• 出口限制：矿石市场因生产国出于经济或政治原因而限制其出口，这可以使原本无经济
效益的储量在进口需求国里变得有利可图。

　　由此可见，资源的储备量是有伸缩性的。但了解当今的储量值却依然十分重要，因为这一
数字可使矿业界能够正确评估其资产，也可使政府能够确保关键性材料物资的供给。幸运的
是，国际上有专门预估资源储量规模的组织。例如美国地质调查局（the US Geological Sur-
vey），他们每年公布一次预估结果。本书第 14 章提供了 2012 年的全球资源储量数据。

　　那么，如何预测一种材料的"极限储备值"或"资源储备临界值"呢？我们是否可以用该材
料的储备量除以其年产量来预测此数据呢？答案是，这种预测方法是不正确的。下面我们首
先来解释为什么，然后给出正确的预测方法。

　　资源储备临界值（resource criticality）：该值将用"最大储备时间"来表示。任何商品的
"易得性（availability）"都取决于其市场供应和需求之间的平衡。图 2.15 中勾勒出材料供应
链——从生产到库存直至使用的情况。市场对材料的需求会消耗库存。当某种材料匮乏时，
供应链就会被破坏（这种情况的出现有多种原因，但最直接的原因还是原材料的耗竭，或者继
续开发该材料的矿石已经失去了经济效益）。市场经济模式的稳定需要"供""求"双方保持长
期的平衡，但并不妨碍短期内可以有浮动现象出现，从而迫使"供应方"自我调整以满足需
求量。

　　预测资源储备临界值的方法与银行预估客户存款最低数额的方法类似。如果某客户有资
金 D 存在银行，而其每年的开销为 S，那么在 D/S 年到期前银行就会给该客户"预警"。这种
D/S 的预测方式即所谓的"静态预测（static index）"。资源储备临界值的静态预测可用静态储
备时间 $t_{ex,s}$ 来衡量：

$$t_{ex,s} = \frac{R}{P} \tag{2.8}$$

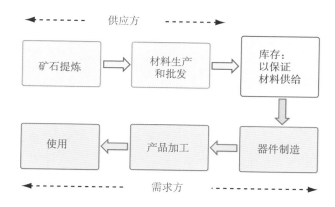

图 2.15　材料供应链
（交易市场的有效运作会使供求双方保持平衡。当供不应求时材料危机出现。）

式(2.8)中的 R 同样代表某资源的储备量，以吨位计算；P 代表该资源的年产量（在此相当于年消耗量），也以年吨位计算。静态预测方法简单易懂，但却忽略了"增产"这一重要因素。实际中的 P 不是一个固定值，它是随时间而增长的。如果年增长率为 $r(\%)$，那么预测某资源储备临界值的正确方法应为"动态预测（dynamic index）"，并使用动态储备时间 $t_{ex.d}$ 来衡量：

$$t_{ex.d} = \frac{1}{r}\ln\left(\frac{rR}{P}+1\right) \tag{2.9}$$

实例 7. 目前世界上铜的储备量为 5.5 亿吨，铜的年产量为 1 500 万吨，并以每年 3% 的速率增加。试求铜资源的静态和动态储备临界值。

答案：$t_{ex,s} = 37$ 年，$t_{ex,d} = 32$ 年。

图 2.16 给出了铜在过去 70 年间的静态和动态预测指数。可以看出，其静态指数一直徘徊在 40 年左右，而动态指数则徘徊在 30 年左右，但无论是静态还是动态预测值都不令人乐观。尽管这些临界值并不说明在 30 年之后人类可以使用的铜储量将耗竭殆尽，但却表明 30 年后铜资源的使用会随时出现危机。然而，如果说预测极限值为 30 年还可以令人高枕无忧的话，当该值下降到 30 以下时，人们就必须考虑铜的新开发和限量使用了。显然，我们需要寻求另一种方式来解决这一关键性的资源问题。

材料资源短缺导致供求平衡失调　市场上某种资源的短缺是供应不能满足需求而造成的。如果市场运作有效，则供求双方会保持平衡。市场上对某种资源需求量的增加会加速其前期的勘探开采、技术改进和产量提高，因而相应的材料上市价格会真实地反映出其开采提炼成本。但当市场运作失灵时又会是怎样一种情况呢？这是一个困扰工业界和政府部门的挠头问题。

地球上有些资源分布广泛，有些资源则含量不丰。我们且把矿物储量丰盛的少数几个国家称为"集中供应链（supply chain concentration）"国家。让我们首先来分析供应方的行为：如果在集中供应链国家出现了政治动荡、经济危机、暴乱或大的政策改变等情况，则该资源的国际市场供应必然出现失衡，因为市场不可能立即救市，它需要时间来建立新的开发系统并组建新的供应链。此外，哪怕是集中供应链的邻国出现了以上问题，也会影响供需平衡，因为矿物的向外输运必须经过邻国。还有一个造成资源市场危机的潜在因素,即少数供应商之间达成协议,限制供应从而哄抬价格——这一现象被称为"卡特尔行动(Cartel action)",联盟供应商们被称为"垄断利益集团(即卡特尔)"。

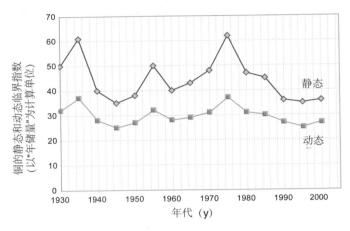

图 2.16 铜在过去 70 年间的静态和动态临界指数的变化趋势

现在,让我们再来分析需求方的行为。打个比喻来说,一个对某种酒极为钟爱的顾客,如果他常去的酒店因货源不足而关闭,他首先会去寻找另一家酒店而购买同一品牌的酒。但如果这些酒店都一一出现同样的货源危机,该顾客就会设法分批购买,以建立自家的"小金库"。然而,当供应商们已不能满足客户囤积的需求时,该客户就必须考虑减少消费,甚至不得不寻求替代品,以便把最钟爱的酒留用到特殊场合。市场需求方的行为与此类似:他们总在寻求更多的供应商、寻求囤积、寻求替代品,以保证"好钢用在刀刃上",有时还需要考虑材料的回收再利用(当然酒是不可能回收再利用的)。

实例 8. 原材料市场价格波动

"自昨日起智利铜矿罢工,铜的市场价格陡然上升"

——摘自 2011 年 7 月 31 日版的英国《星期日泰晤士报》

"白银已达到近 31 年来的最高价格 鉴于全球一半的银资源用于移动通信和太阳能电池板制造业,白银市场在近 6 个月内的价格上涨已超过 100%(每盎司 47 美元)。"

——摘自 2011 年 4 月 25 日版的法国《费加罗报》

"黄金在经济不景气时的避险功能 在过去的 10 年中,黄金的交易价格上涨了 7 倍(每盎司 1520 美元)

——摘自 2011 年 4 月 30 日版的法国《费加罗报》

由于贵金属的稀缺和随时应对货币不稳定性的需要,金、银原材料价格的上涨会使得依赖于其而制造产品的企业之经营变得十分困难。

那么,资源的短缺可否被预测呢?如果某资源的矿床分布广泛又有许多生产商和经销商在运作,则其供应链出现危机的可能性不大。相反,如果人为地限制供应量或操纵价格,则供应链出现危机的可能性会很大。

了解以上信息后,让我们回过头来探索临界值的真实评估问题。

更接近现实的临界指数评估 本书所介绍的评估方法考虑到诸多因子的交叉后果,因此评估程序较为复杂。参考示意图 2.17,将有助于读者对该方法的初步理解。我们从图 2.14

中的最大矩形已知,资源基数是有限的。图 2.17 中的绿色曲线显示了资源储备量是如何随着勘探和提取技术的不断改进而增加的,红色曲线代表开发生产的速率,蓝色曲线代表资源价格变化。可以发现,红色曲线自 C 点后已经开始吞噬绿色曲线了。好在最初的发现率高于开发率,所以不存在资源危机。但是,终归会有一天,新矿藏的发现和提取技术的进一步改善会变得十分困难,这时,尽管储备量仍在不断增加,但势必会落后于发现率。而发现率的下降终归会导致生产率的下降,这仅仅是一个时间的问题,即所谓的"滞后现象"。

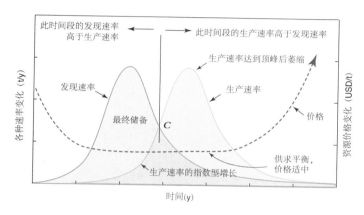

图 2.17　资源的发现速率、开采和生产速率以及资源价格随时间而变化的趋势

这一现象具体体现在矿物的价格变化上。最初的矿物发现和开发是昂贵的,随着采掘技术的提高以及勘探的新发现,矿物价格下降。在储备量保持着庞大势头时期,即便考虑到通货膨胀的影响,矿物价格也相对稳定(参见图中蓝色曲线平台)。随后,储备量下降,滞后一段时间后,生产率也下降了,资源的耗竭使得矿物价格攀升。图 2.17 中的交叉点 C 是临界点:一旦超过该点,储备量就开始萎缩了,而生产消费速率尚处在上升时期。显示临界点 C 来临的几个重要指标为:

- 发现率低于生产率;
- 生产率曲线达到峰值并开始下降;
- 矿石品位降低;
- 价格波动不再带有间歇性,而是持续性上涨了。

请注意,现实中的资源发现率、开采生产率等随时间变化的曲线不会像图 2.17 所显示的那样平滑,它们更像图 2.18 中所示的 1900～2008 年间石油勘探、生产和价格随着时间变化的情况。可以看出,重大发现不可能年年都有,勘探结果呈波动性。本书对 2008～2040 年重大发现的预测结果在图 2.18 中用灰色长条显示。值得指出的是,俄罗斯、挪威、加拿大和美国在北极地区的领土权争夺,表明该地区可能有大量的资源储藏。然而,这只是局部地区的个别现象。在图 2.18 中,淡绿曲线勾勒出石油勘探发现量的总趋势,黄红曲线描绘石油产量近 100 年间的逐年增加(当然,这并不排除某些年间产量会有波动),蓝色虚线则显示石油价格的浮动性。需要指出的是,如今的石油价格已不再与开采成本直接挂钩了,它受控于生产速率以维持某种人为的价格。一些石油消费大国,如美国和西欧国家,因本国的资源已不能自给自足或者原本就是贫油国,这些国家的石油供应依赖于进口和石油配给额,所以市场稳定性相对脆弱。

20世纪70年代发生的几次石油危机和2008年的价格高峰就是很好的例子。需要注意的是，由真实数据组成的图表往往很难直接用来得出普遍结论。但如果对10年间的数据进行综合评估，则可以从中发现某些规律。当我们越过发现曲线和生产曲线的交叉点C后，石油的价格除暂时的波动外，只会持续性上涨了。然而，事物都有两重性。石油价格的高涨使得人们不得不寻求新能量（如油砂，oil sand）或向原本开发成本昂贵的地区拓展（如北极圈）。这一新动向将会增加或延长图2.18中预测未来重大发现的尾部。

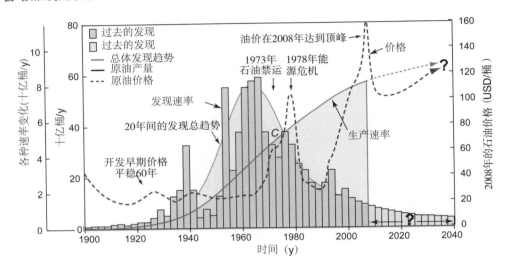

图2.18 1900～2008年间石油勘探、生产和价格随着时间的变化

值得庆幸的是，大部分工程材料所依赖的矿石发现率与其生产率的交叉点尚未到来。对于许多应用领域来说，C点仍很遥远。但我们至少知道了何种未来在等待着我们。

战略性物资 某些常用材料，如钢铁和铝的矿产资源十分丰富，分布也非常广泛，所以不存在供应链危机的问题。然而，作为至关重要的经济发展之基本材料，钢和铝的供应却可能受限于生产它们所需要的能源之匮乏。此外，某些材料的矿石储备，尤其是易得性，还受其他因素的影响。这些材料的矿石储量虽已明了，但主要集中在世界上少数几个国家里，所以不能保证全球的普遍供应。各国政府都把它们列入"战略性"或"关键性"物资一类。因此，这类材料的供应往往取决于生产国的政策或少数利益集团的决定，此外，还受约于该材料在国防和经济领域中的地位。

表2.4给出了一些被列为战略性物资的例子以及它们的主要用途和储藏地。第1组元素材料为常规工程所使用。比如，具有极佳导电性能的铜，在国民经济中的重要地位是任何其他元素所无法取代的，因为替代材料的电阻率都高于铜，因而能量损耗增加，相应的产品成本也增加；锰，作为碳钢和不锈钢中的合金元素，目前也没有令人满意的替代品；铌、钽、钒，作为高强度钢中形成非常稳定的碳化物之主要元素，也是必不可少的战略性物资；钛合金，因其轻质、高强以及耐腐蚀等特性，在战略性物资中享有独特的地位。

其他3组战略性物资的应用比较集中于一些特殊产业。比如，以半导体装置为主的电子工业正在使用越来越广泛的元素材料（据报道，移动电话的制作需要使用周期表中的大多元素）；化工和石油产业倚重于铂族催化剂；激光、磁铁和电池技术则越来越依赖于稀土元素。这

3 组元素在地球上的储藏量不仅稀少,而且还高度地区化,世界上 80％的铂族元素总产量来自南非,97％的稀土供应来自中国——正因为这些材料享有独特性能,并且被屈指可数的几个国家所垄断,物以稀为贵,使得它们自然而然地成为"战略性物资"。

表 2.4 "战略性"元素一览表

元素	关键性用途	主要储藏地*
常规工程用元素		
Cu	所有电机行业中必不可少的导电元素	加拿大、智利、墨西哥
Mn	钢铁工业中必不可少的合金元素	南非、俄罗斯、澳大利亚
Nb	微合金钢、高温合金、超导体	巴西、加拿大、俄罗斯
Ta	移动电子设备中的超小型电容器、微合金钢	澳大利亚、中国、泰国
V	高速工具钢,微合金钢	南非、中国
Co	钴基高温合金、微合金钢	赞比亚、加拿大、挪威
Ti	高强耐腐轻合金	中国、俄罗斯、日本
Re	高性能涡轮机	智利
电子工业用元素		
Li	锂离子电池,飞机用 Al-Li 合金	俄罗斯、哈萨克斯坦、加拿大
Ga	砷化镓光伏器件、半导体	加拿大、俄罗斯、中国
In	透明导体、InSb 半导体、发光二极管	加拿大、俄罗斯、中国
Ge	太阳能电池	中国
铂系元素		
Pt	化学工程和汽车尾气用催化剂	南非、俄罗斯、
Pd	化学工程和汽车尾气用催化剂	南非、俄罗斯
Rh	化学工程和汽车尾气用催化剂	南非
稀土元素		
La	高折射率的玻璃、储氢、电池电极、相机镜头、混合动力汽车	中国、日本、法国
Ce	催化剂,Al 合金中的微量元素	中国、日本、法国
Pr	稀土磁铁、激光器	中国、日本、法国
Nd	稀土永磁体、激光器	中国、日本、法国
Pm	核电池	中国、日本、法国
Sm	稀土磁铁、激光、中子捕获器、微波激射器	中国、日本、法国
Eu	红、蓝荧光粉、激光器、水银灯	中国、日本、法国
Gd	稀土类磁铁、高折射率的玻璃或石榴石、激光、X 射线管、计算机存储器、中子捕获器	中国、日本、法国
Tb	绿色磷光体、激光、荧光灯	中国、日本、法国
Dy	稀土磁铁、激光器	中国、日本、法国
Ho	激光器	中国、日本、法国
Er	激光器、钒钢	中国、日本、法国
Yb	红外激光、高温超导	中国、日本、法国
Lu	石油工业中的催化剂	中国、日本、法国

* 资料来源:参见 USGS (2002);US Department of Energy (2010);Jaffee and Price (2010)。

实例 9. 预防资源供应方停供　"美国正在深入挖掘其资源储藏,以应对中国对其发展未来技术的挑战。坐落在莫哈韦(Mojave)沙漠的一个 8 年前已关闭的矿床,是世界上目前已知的、除中国以外的最大稀土矿床。它也许会成为 21 世纪美国应对中国技术挑战之关键资源。目前,业主们已准备重新开矿,但需要得到联邦政府的批准。2010 年 12 月能源部的报告警告说,美国可能会失去对一系列新技术产品的控制权,因为从智能手机到智能炸弹、从电动汽车电池到风力涡轮机的生产,都需要稀土,而中国几乎垄断了稀土矿藏"

——摘自 2011 年 2 月版的英国《卫报》

的确,中国控制了全球稀土产量的 97%。任何对稀土这一战略物资的忽视,后果都将是十分严重的。2010 年 10 月,中国突然决定削减 70% 的出口量,致使日本、欧洲和美国的相关制造产业在一段时间内行情大乱。

实例 10. 应对资源需求方停需　"日本福岛核事故发生后危及铀矿工人的就业 铀矿工人目前忧心忡忡,担心投资者们会因日本的核危机而放弃或减少核能资源的开发。"

——摘自 2011 年 3 月 18 日版的英国《泰晤士报》

2011 年 3 月的铀股价下跌了 35%,铀矿的转让交易取消,中国暂停了本国对新核反应堆生产计划的审批,德国决定放弃核电站。可见,问题并不总是出现在供应一方。

实例 11. 拥有资源,是福还是祸?　"矿业集团支付土著居民 20 亿美元以获得当地土地的使用权 力拓集团已与资源丰盛的澳大利亚西部 5 个土著居民区达成一项价值为 20 亿美元、有效期长达 40 年的合同,以获得当地土地的使用权。"

——摘自 2011 年 6 月 4 日版的英国《泰晤士报》

然而,这笔巨大的交易是否会提高土著居民未来的生活水平呢?已有的经验表明,拥有资源,焉知非福。试看,自 1990 年以来的 20 年间,世界石油行业在非洲的勘探和开发投资超过 20 亿美元,但财富的来临摧毁了传统的生活方式并导致许多武装冲突,钻石和黄金的开发甚至带来了一些社会的瓦解。一个奇怪的现象是:拥有丰富自然资源,特别是矿产和石油的国家或地区,往往经济发展比不具丰富资源的国家要缓慢。这一现象被称为"资源厄运(resource curse)"。

2.6　材料—能源—碳排放的三角关系

国家级媒体常常会周期性地报道:某种材料的使用正在耗竭殆尽。但这一结论往往是建立在对材料储量极限值的错误评估基础上的(见我们在 2.3 节中的讨论)。"材料"一般是不会轻易耗竭殆尽的,但它们的市场价格会变得愈加昂贵。

当某种资源趋于枯竭时,需要更多、更大的投资和能量来获取它们——这是一个高能消费的过程。但倘若有大量廉价的并且不排放二氧化碳的能源可以使用,如许多材料可以从低品位矿石、海洋、垃圾填埋场或使用寿命已到头的产品中提取,哪怕它们的可提取量很小也是值得考虑的,因为积少成多,这些资源的综合规模是巨大的。要知道,我们目前能够使用的能源大多都是排碳的,而且它们也不是储量无限或廉价的,如英国北海的石油和天然气正日渐枯竭,现在只能考虑在 1 000 m 深海之下钻通几千米的岩石来继续开发。

如今世界的总趋势是设法寻求"无碳"——更准确的说,是寻求"低碳"能源(因为很难做到完全不排碳),从而逐步替代化石燃料。已有的做法是直接或间接地获取太阳能(光伏能、风能、水能和生物质能)、月球能(潮汐发电)或利用放射性元素的衰变来获得能量(核能和地热能)。然而,除核能外,其他能源的能量密度都很低,这意味着获取大量的能量需要有足够大的覆盖面积可以利用,而面积越大消耗材料越多。

因此,低碳能量的获取需要材料的高消费。我们在 2.3 节中已经看到,原材料的生产和加工制造本身就是能量高消费的过程。此外,当今的能量获取方式大都是以高密度二氧化碳的排放为代价的(见图 2.19)。所以,材料、能源和碳排放三者中的任何一项指标的确定都密切与其他两项相关联。降低其中任何一个指标,都会起到连锁反应之效果——这是多种目标相互冲突的一个典型例子。为了合理而有效地使用地球上有限的资源,摆脱资源日趋贫乏这一窘境,我们需要巧妙地找到三者之间的平衡。

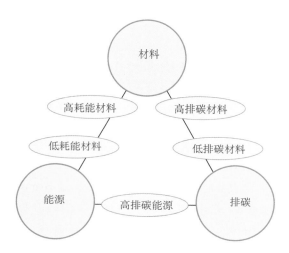

图 2.19　材料-能源-碳排放的三角关系

2.7　本章小结

全球人口和财富的增长,提高了社会对能量和原材料的需求。这一需求的增长趋势呈指数型,它意味着消费的增长趋势也呈指数型。对大多数材料来说,其年增长速率 γ 介于 3% 和 6% 之间。指数型增长会带来一些令人担忧的后果,其中之一即消费水平会在每 $0.7/r$ 年翻倍,这同时意味着在相同时间段里资源消耗的总量也翻倍。

大部分材料资源的获取来自于陆地和海洋中的矿物质,它们的储量基数虽然庞大但并不是无限的。储量基数的准确评估是不易做到的,但基数中的一小部分——储备量,在任何一个给定的时间段上都是可以预估的。当市场经济运转正常时,总有一定的储备量,它确保了供需平衡和价格的稳定。

然而,供需之间的平衡是很容易被打乱的。近于枯竭的资源基数必然会造成物资的市场稀缺和价格哄抬。一些仅产于少数国家的物资供应更敏感于当地政治、经济和自然环境的稳定。为避免市场供应链的中断而造成经济损失,预测和预储备都是十分必要的。而经济预测是基于对资源勘探和材料生产速率的跟踪,还需要鉴别资源的出处并且加强对稀缺物资生产国"外销失稳"可能性的战略评估。

值得引起我们重视的问题是,在自然资源的大量消费和濒临耗竭这一现实的背后,更大的难题是如何解决材料—能源—碳排放之间的三角关系。生产材料需要消耗能量,而生产能量又需要使用材料,并且材料和能量的制备过程都不可避免地要排放二氧化碳。本章的最后一图(见图2.19)揭示了这一三角耦合关系。

2.8 拓展阅读

［1］Allwood, J. M., Ashby, M. F., Gutowski, T. G. and Worrell, E. (2011), "Material efficiency, a White Paper", Resources, Conservation and Recycling. (*An analysis of the need for material efficiency, possible ways of achieving it, and the obstacles to implementing them. Much of the reasoning of this chapter follows arguments developed in this paper*)

［2］Alonso, E., Gregory, J., Field, F. and Kirchain, R. (2007), "Material availability and the supply chain: risks, effects and responses", Environmental Science and Technology, Vol. 41, pp 6649-6656(*An informative analysis of the causes of instability in material price and availability*)

［3］Battery technology: http://en. wikipedia. org/wiki/Rechargeable_battery # Comparison-of-battery-types(*Information on battery efficiencies*)

［4］Chapman, P. F. and Roberts, F. (1983), "Metal resources and energy", Butterworths Monographs in Materials, UK. ISBN 0—408—10801—0 (*A monograph that analyses resource issues, with particular focus on energy and metals*)

［5］Cullen, J. M. (2010), "Engineering fundamentals of energy efficiency", PhD Thesis, Engineering Department, Cambridge University, UK. (*Cullen analyses the big picture-the efficiency of the global use energy and the scope for improving this*)

［6］Cullen, J. M. and Allwood, J. M. (2010), "The efficient use of energy: tracing the global flow of energy form fuel to service", Energy Policy, Vol. 38, pp 75～81 (*A study of the "losses" associated with the energy-conversion and energy-transmission steps in energy-using processes*)

［7］Harvey, L. D. D. (2010), "Energy and the new reality 1: energy efficiency and the demand for energy services", Earthscan Ltd., London, UK. ISBN978—1—84971—072—5 (*An analysis of energy use in buildings, transport, industry, agriculture and services, backed up by comprehensive data*)

［8］Herendeen, R. A. (1998), "Ecological Numeracy: Quantitative Analysis of Environmental Issues"John Wiley & Sons, New York, USA. ISBN 0471183091 (*Mathematical modelling of environmental trends and problems*)

［9］Jaffe, R. and Price, J. (2010), "Critical Elements for New Energy Technology", American Physical Society Panel on Public Affairs (POPA) study, American Physical Society, USA.

［10］McKelvey, V. E. (1974), Technology Review, p. 13 (*The original presentation of the McKelvey diagram*）

[11] MRS（2010），"Energy critical materials-Securing Materials for Emerging Technologies"，A report by the APS Panel on Public Affairs & the Materials Research Society，American Physical Society，USA.（*An assessment of the metals that is critical for future energy production and use，and the security-or otherwise-of the supply chain*）

[12] Shell Petroleum（2007），"How the energy industry works"，Silverstone Communications Ltd. ，Towchester，UK. ISBN978－0－9555409－0－5（*Useful background on energy sources and efficiency*）

[13] Shiklomanov，I. A.（2010），"World water resources and their use"，UNESCO International Hydrological Programme，www. webworld. unesco. org（*A detailed analysis of world water consumption and emerging problems with supply*）

[14] US Department of Energy（2010），"Critical materials strategy for clean technology" www. energy. gov/news/documents/criticalmaterialsstrategy. pdf（*A report on the role of rare earth elements and other materials in low-carbon energy technology*）

[15] US Department of Energy（2010），"Critical materials strategy"，Office of Policy and International Affairs，materialstrategy@hq. doe. gov，www. energy. gov（*A broader study than MRS 2010，above，but addressing many of the same issues of material critical to the energy，communication and defense industries，and the priorities for securing adequate supply*）

[16] L. W. Wagner（2002），"Materials in the economy-material flows，scarcity and the environment"，USGS Circular 2112，www. usgs. gov（*A readable and perceptive summary of the operation of the material supply chain，the risks to which it is exposed，and the environmental consequences of material production*）

[17] USGS Mineral Information（2007），"Mineral yearbook" and "Mineral commodity summary"，http：// minerals. usgs. gov/minerals/pubs/commodity/（*The gold standard information source for global and regional material production，updated annually*）

[18] Wolfe，J. A.（1984），"Mineral Resources-A World Review"，Chapman & Hall，ISBN 0－4122－5190－6（*A survey of the mineral wealth of the World，both for metals and non-metals，describing its extraction and the economic importance of each*）

2.9 习题

E2.1 解释资源储量（reserve）和资源基数（resource）之间的区别。

E2.2 使用互联网来研究稀土资源。哪些是稀土元素？它们的市场易得性为何如此重要？

E2.3 铱（Ir）在地球上的丰度约为 $3×10^{-10}$ wt%。铱的市场价格为 14 000 USD/kg。试用方程（2.1）评估铱矿的品位，并与 $3×10^{-10}$ wt% 的平均丰度进行比较。

E2.4 2011 年全球的铂金产量为 178t，大部分来自于南非。铂金是生产汽车催化转化器的主要贵金属材料，每个转化器的制造大约需要 1 g 的铂。已知 2011 年汽车生产总量为 5 200

万辆。如果仅用铂来做催化剂,全球汽车行业每年要耗用多少铂金量(用百分比表示计算结果)? 倘若汽车的年产速率为 4%,而铂金的年产量恒定,在多少年后铂金的需求量将超过供应量?

E2.5 全球碳纤维材料的消费速率每年上升 10%,翻一番需要多长时间?

E2.6 试利用式(2.3)推导出资源储备的动态指数:

$$t_{ex,d} = \frac{1}{r}\ln(\frac{rR}{P_0} + 1)$$

E2.7 2008 年仅在中国就有 6.6 百万辆汽车售出,2011 年该值上升为 1 600 百万辆。汽车在中国销售的年增长率是多少? 如果继续保持这一增长速率,2020 年中国的汽车会有多少百万辆? 此估算忽略这个时间段里汽车报废的数量。

E2.8 下表列出 1995 至 2007 年的 13 年间世界产铜和储铜量的数据。

表 2.5

年份	价格(USD/kg)	全球年产量(10^6 t/y)	储量(10^6 t)	储量/产量
1995	2.93	9.8	310	
1996	2.25	10.7	310	
1997	2.27	11.3	320	
1998	1.65	12.2	340	
1999	1.56	12.6	340	
2000	1.81	13.2	340	
2001	1.67	13.7	340	
2002	1.59	13.4	440	
2003	1.78	13.9	470	
2004	2.86	14.6	470	
2005	3.7	14.9	470	
2006	6.81	15.3	480	
2007	7.7	16	480	

- 分析铜的价格、产量和储量的未来趋势。你的结论是什么?
- 绘制储量与产量的关系曲线,并预测铜材耗竭的静态指数。这一结果对铜的储备量有何影响?

E2.9 下表显示了 10 年间 5 种金属的年产量和储备量。试求各种金属的生产增长率和储备增长率,并由此推断每种材料的资源储备临界值。

表 2.6

金属	年份(y)	年产量(t/y)	储备量(t)	年增产率(%/y)	年储备增长率(%/y)
铂	2005	217	71×10^3		
	1995	145	56×10^3		

金属	年份(y)	年产量(t/y)	储备量(t)	年增产率 (%/y)	年储备 增长率(%/y)
镍	2005	1.49×10^6	64×10^6		
	1995	1.04×10^6	47×10^6		
铅	2005	3.27×10^6	67×10^6		
	1995	2.71×10^6	55×10^6		
铜	2005	15.0×10^6	480×10^6		
	1995	10.0×10^6	310×10^6		
钴	2005	57.5×10^3	7×10^6		
	1995	22.1×10^3	4×10^6		

E2. 10 根据钛的年产量随着时间变化的数据表并参考图 2.12,使用对数坐标绘制钛的消费量 随时间而变化的曲线。试求钛在 1960 至 2007 年间的平均消费增长率。何时 CFRP 的产值将超过钛的产值?

E2. 11 利用本书第 14 章所给出的数据,分析以下 4 种材料的情况:碳钢、聚乙烯、软木和水泥
(1)试将这些材料的全球年产量(t/y)与其密度(kg/m³)之间的关系绘成曲线;
(2)以 m³/y 为单位重新计算这些材料的年产量;
(3)前两个计算方法对这 4 种材料的指标排序有何影响?

E2. 12 在过去的 10 年中,钴、铜和镍的价格巨幅波动,而铝、镁和铁的价格基本保持稳定。为什么? 提示:问题的答案可通过查看这些金属的主要用途和它们的矿石生产国情况而得到。美国地质勘探局(USGS)网站上"拓展阅读(Further reading)"部分提供的信息非常值得参考。

E2. 13 1992~2006 年间锌的年产量增长率约为 3.1%,同期的锌储备量上升 3.5%。锌材供应是否有临界点问题? 您判断的根据是什么?

E2. 14 在过去的 10 年中,生产催化剂和催化转换器的重要材料铂金之产量已从每年的 145 t 升至 217 t。铂金矿藏高度集中在南非、俄罗斯和加拿大这 3 个国家里,其储量 10 年间也从 56 000 t 升至 71 000 t。铂金材料是否仍属于战略物质呢? 请引用 2005 年的铂金储量、生产速率和动态预测指数等数据,支持您的判断和结论。

E2. 15 全球用水量在过去的 50 年间翻了 3 倍。如果用水量的增长趋势为指数型,试求其增长速率 $r(\%)$。2012 至 2050 年全球用水量增加的幅度将有多大?

E2. 16 利用本书第 14 章的平均数据值,绘制全球金属年产量与其价格的关系曲线。何种趋势可以得到预测?

E2. 17 试证明此论点:"如果全球经济的年增长率为 3%,则我们在未来 25 年中开采、加工和出售的产品相当于自英国工业革命以来的 300 年间的消费总额。"

使用 CES Eco 软件(2 级)可做的习题

E2. 18 绘制全球金属年产量与其价格的关系曲线。何种趋势可以得到预测?

E2. 19 绘制典型金属耗竭的静态指数曲线。哪些金属的表观资源寿命最长? 为什么说静态指数不能用来衡量真正的资源寿命?

第 3 章

材料的生命周期

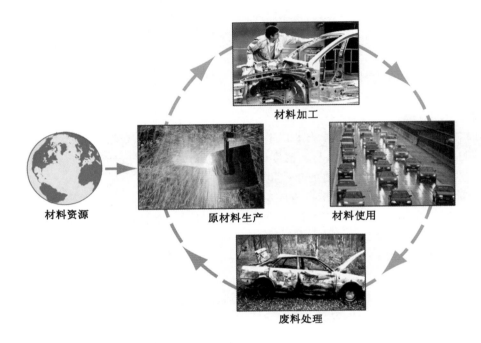

材料资源　　原材料生产　　材料加工　　材料使用　　废料处理

(图注:"原材料生产"部分的浇注图片由 Skillspace 公司提供;"材料加工"部分的汽车制造图片摘自美国能源部公众资料;"材料使用"部分的公路汽车图片由 Reuters.com 提供)

3.1　概述

工程材料有其生命周期。原材料是从矿石和原料中生产出来的,它们随后经过加工制造形成产品而被使用。产品如同人类,也具有有限的生命。当生命结束后,即成了废品。但产品中所包含的原材料仍然可以被回收再利用,从而进入材料的第二个生命周期。

生命周期评估(Life cycle assessment,简称 LCA)作为一种产品环境特征分析和决策支持工具技术,其内容是跟踪材料的发展和演变(从生产到使用直到废料)、记录原材料生产的资源消耗以及材料在生命周期每一阶段上的耗能和废气排放量。LCA 类似于编写材料的传记,首先需要说明该材料如何产生,然后报道它的各种用途,最后还要显示它的使用对环境所造成的影响。编写材料传记可以采取不同的形式:它可以是一个完整的、全面的、对材料生命的每一个环节都进行仔细审视的过程 。这一过程称为"完整 LCA"(它费时且昂贵),也可以是一个简化的特性素描。这一过程称为"简化 LCA"(它非常有实用性),还可以是介于两者之间的其他描述。

当今材料设计行业的总旨,不仅在于为客户提供安全、实惠的优选材料,同时也要最大限度地减少资源浪费和废气排放。要做到这一点,设计人员首先需要有一个跟踪材料发展演变的"动态生态审计(on-going eco-audit)"。这一审计的主要特点是可以快速给出结果,因而保证一旦材料出现问题时,设计人员可随时提供替代方式。显然,完整 LCA 因过程缓慢且昂贵,是不能很好地适应这一苛求的。尽管简化 LCA 是一种近似的评估方式,但它与生态审计法的结合足以弥补完整 LCA 的缺陷,极其有助于材料优选决策的制定。

本章内容是有关材料生命周期的描述及其评估:介绍 LCA 的各种方法及其评估精度,探讨实施 LCA 的各种困难以及如何绕过这些困难,巧妙地引领产品设计过程中的材料优选。本章首先简要介绍产品的设计过程,因为只有了解这一过程,才能很好地进行材料生命周期的评估和生态审计。本章末尾将引入一个新的 LCA 策略(该策略的内容将在接下来的章节中阐述),随后的附录描述当前可用的各种 LCA 软件。

3.2　产品的设计过程

任何产品设计的出发点,都是要满足市场需求或推陈出新。而产品设计的最终目的则是要制造出富有特色的产品或体现产品构思的完整规范。要达到这些目标,关键是要准确把握市场需求,换句话来说,就是首先要制订"需求条文(need statement)"。条文的通常内容为:"需要何种设备来完成何项任务",其答案则为"设计需求(design requirement)"。从需求条文的建立到产品规范的出笼,其过程有许多中间步骤:设计理念、实施方案和具体操作。图 3.1为此做出步骤性解释。

设计的第 1 步是理念开发,根据不同的"工作原理(working principle)"进行功能设计。在理念开发阶段,任何选择都是可能的:设计者需要考虑各种理念,并区分它们的个性和共性。设计的第 2 步是在确定"有前途"的理念后,初步分析实施该理念的可能性,其中包括设计产品的尺寸,在给定的应力、温度和环境条件下产品材料的选择,以及影响材料性能的各种因素和产品成本问题。设计的第 3 步,也就是最后一步,是要提供一个具体可行的设计布局,并将其

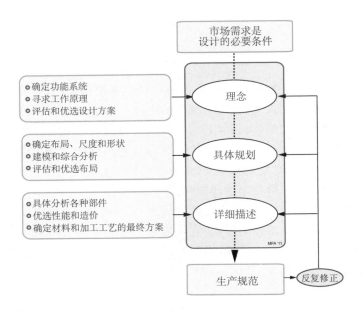

图 3.1 设计过程

详尽具体化。这需要为产品的每个组件都制定一个"规格（specification）"，对关键部件还要进行精密的机械性能或热性能分析。随后，需要对组件进行归类，并对各类组件中的每一组件进行优化，以便尽可能地显现出材料的最佳综合性能。一旦产品的几何形状和材料的最终选择确定后，还需要分析产品制造的各种方法并比较成本。详细的设计过程应给出详细的生产技术条件。

一个产品的使用对其周围环境的影响在很大程度上取决于设计过程中所作出的决定。理念的选择和实施，具体的设计细节和材料的优化，直至产品的制造过程，这其中的每一步都会对产品的生态性能起到影响作用。而对这一影响进行完整的评估，需要研究审查材料的整个生命周期。

3.3 产品的生命周期

"生命周期"的概念来自于生命科学——一个追踪生物的发展过程并研究它们与环境互动的自然科学领域。一个生命从诞生到死亡，总是要经过发展、成熟和衰老的中间步骤。这一演变过程是所有生物体都遵循的路径。但是，生物体发展、成熟的方式以及其行为和寿命取决于它们与赖以生存的环境之间的相互作用。

生命周期的概念逐渐被拓展应用于其他领域。在社会科学领域中，研究生命周期即研究人类个体与其社会环境之间的相互作用。在技术管理领域中，它类似于研究一项创新项目在商业环境中的诞生、成熟和走向衰落的过程。在产品设计领域中，它是研究产品与自然环境、社会环境和商业环境的交互作用。而在研究资源枯竭（如同在第 1 章中所描述的"罗马俱乐部"研究报告）、石油危机以及碳排放所造成的全球气候变暖这一重大综合领域时，它还包括对产品的生命周期评估以及产品与自然环境交互作用的研究。任何产品都需要由材料来制成，材料相当于产品的骨和肉，所以是制作产品的中心环节。一个新产品的开发及其相关材料的生命周期评估需要与研究材料对环境的影响紧密结合：从原材料的提取到废品的回归大自然（就像人类从出生到死亡，从摇篮到坟墓）。换句话说，就是要跟踪材料生命的每一步。下面，让我们来具体探讨这一过程。

图 3.2 给出材料生命周期的概况。从地球表面开采的矿石、给料和能源首先被用来提取原材料。原材料经过进一步处理后被加工制造成产品。再经批发、销售而进入使用阶段。等产品的使用寿命结束后，其中的一小部分（材料）可以被回收再利用，剩余部分则被焚烧后深埋或直接深埋。

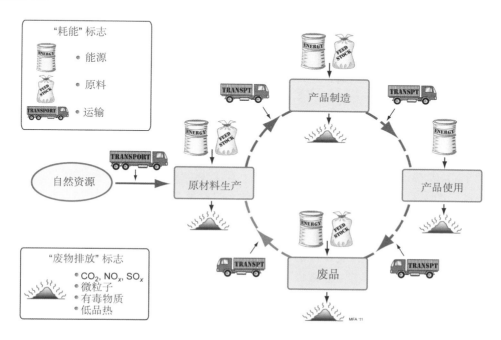

图 3.2　产品的生命周期

〔（原材料从矿石和给料中提取，然后经过加工制作成为产品。产品的使用周期结束后，废品会被回收处理并尽量再利用（有时废品刷新后还可直接重新利用）。产品的生命周期中每一步都要消耗能量和材料，从而衍生出废热、废气、废液体和废固体。）〕

产品生命周期中的每一步都要消耗能源和材料（如图 3.2 所示），从而逐步耗竭自然资源。与此同时，还有多种有害气体（CO_2，SO_x，NO_x 等）、液体、固体和低品位热排放到大自然中。当这些生产中的副产品浓度不太大时，对环境的破坏可以忽略。但任何事物都有一个极限值。当副产品的累积浓度超过了环境的承受能力，则对环境的破坏就是永远不可逆的了。如果对环境的破坏属局部性的，而造成这一破坏的厂家愿意承担责任并提供弥补和限制污染的成本，则这种环境成本被称为"内部化环境成本（internalized cost）"；反之，如果对环境的破坏属全球性的，而造成这一破坏的厂家、国家和地区不愿意承担直接责任，则这种环境成本会成为整个世界的负担，它被称为"外部化环境成本（externalized cost）"。一个产品对资源消耗、废物排放以及它们对环境所造成的影响是其生命周期评估所要研究的内容。

实例 1. 外部化环境成本的估算

"一项与氮污染有关的研究表明，欧盟地区每年每人为土地的氮污染所付出的代价高达

150～740 欧元。"

——摘自 2011 年 4 月 14 日版的法国《世界报》

硝酸盐(KNO_3)类化肥的使用可增加土地的生产效率，从而有助于满足随人口的增加人类对粮食的大量需求。但硝酸盐若流失到河流和沿海水域中，则会对生态环境造成破坏。这一事实早已确认无疑，但此负面影响迄今为止尚未列入到农业经济的成本估算之中。一般来说，人们只公布硝酸盐使农业总产值增加的数字，却只字不提该类化肥对环境所造成的危害。本项研究对此问题进行了广泛的调查，并对使用硝酸盐所取得的农业净收益给予初步的评估。然而，这一外部化环境成本，就目前而言，依然由所有欧盟居民集体承担着。期望有一天，它仅仅被计算在使用硝酸盐而生产的农产品价格中。

3.4　生命周期的评估（细节和难点）

对材料和产品进行生命周期评估的理念，来源于"国际环境毒理和化学学会（SETAC）"1991 年至 1993 年间组织举办的各种会议。1997 年，第一个 LCA 条文正式出台。该条文制订了一套进行生命周期评估的标准，并由国际标准化组织（International Standards Organization，简称 ISO）颁布，详见 ISO 14040 及其子段 14041、14042 和 14043。条文规定："LCA 需要明确评估目标和考核范围，编制相关产品投入系统的投资和效益清单；评估与投资和效益有关的潜在因素；并结合 LCA 的目标，对清单的分析结果和潜在因素的影响给予解释。"具体来说，LCA 必须跟踪产品生命周期中每一步的能源和材料消费：原材料的提取、加工和制造，产品的销售和储存（包括运输，冷藏等），部件的使用、保养和维修，废品的回收、管理和处理。

这些条文的内容极为丰富，还有许多亟待补充。下面，先让我们用通俗易懂的语言对 LCA 的方法和过程进行概括性介绍：

- 明确评估目标和考核范围：为什么要做该项产品的生命周期评估？什么是评估主题？该产品生命中的哪些环节需要进行评估？
- 编制评估清单：何类自然资源需要被消耗使用？何类排放物将进入环境中？
- 探讨资源消耗和废物排放对社会和环境的影响：指出其负面影响，进行具体评估。
- 解读评估结果：LCA 评估结果应如何理解？如果结果不好，应对产品的设计做怎样的修正？

接下来，让我们逐一回答以上的这些问题。

明确评估目标和考核范围　为什么要做预设计产品的生命周期评估呢？以下是一些可能的答案：

- 使新产品设计更加环保；
- 希望显示你是一个对环境负责的制造商；
- 让公众对你所设计的产品形成特殊印象；
- 希望显示你的产品比竞争对手的更环保；
- 为了能够符合国际规范条文中的标准（如 ISO 14040 和 PAS 2050）；
- 因为你所供应的企业或你作为企业的承包商，需要设计符合国际标准的产品。

进行一项生命周期评估的动机可以非常广泛。一般来说，单一的评估方法是不可能满足所有需求的。这就涉及到一个考核范围的问题：LCA 应该从哪里开始、到哪里结束？图 3.3

给出了产品生命的 4 个阶段,每一阶段可以被看作是一个独立自主的单元。在每一单元前后都有一个"门",从投资门(input)进去,从收益门(output)出来。举例来说,如果你是某制造单元的经理,你希望进行 LCA 的范围是你工厂的本身,则其他 3 个单元都可以忽略,因为它们在你的门外,而且你无法控制它们 ——这就是所谓的"门到门(gate-to-gate)"研究,其考核范围仅限于图 3.3 中 A 类系统边界内。现在的评估趋势是,寻求最大限度地减少每一阶段的能源使用和材料消费,并尽量让环境成本内部化,这样做可以节省许多资金。然而,如果评估仅限于各阶段内进行,则人们会自然而然地"各扫门前雪",仅节省自家的能源和材料,而其他部门则需要因此而增加资源消耗和废物排放。举例来说,如果我们仅考虑汽车制造业的减少原材料成本和节省能源,这势必会增加车辆重量,而且当汽车报废时,拆卸工作将很难进行。在某一阶段取得的成果会在其他阶段里毁掉。总之,单一阶段的自我优化是远远不够的,需要考虑整体规划。我们将在第 9 和第 10 章中探讨必要的"权衡折衷方法(trade-off method)"。

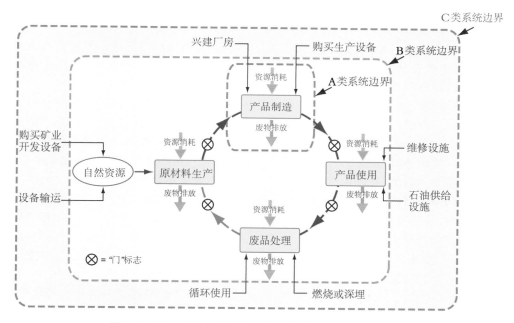

图 3.3 LCA 系统与资源消耗和废物排放之间的系统边界

(A 类系统边界显示产品本身的生命周期;B 类系统边界显示产品整个生命周期里的投资和废物排放;C 类系统边界尚无适当的描述。)

如果需要在更广泛的范围里进行 LCA,则系统边界应为 B 类 ——它包括了产品在整个生命周期中的资源消耗和二氧化碳排放量,其中分为 4 个阶段:原材料的生产(从矿石中提炼或从原料中提取);产品的加工制造;产品的使用和报废产品的处理。

LCA 的强劲支持者们总是雄心勃勃地希望扩大评估目标和考核范围。如果原材料的生产被列入 B 类评估范围,为何不把生产矿石和原料所需要的能源和物流也包括在 LCA 评估范围内呢(如图 3.3 中所显示的 C 类系统边界)?生产矿石和物流输运等所需要的设备制造也消耗能源、排放废物,又应该如何评估它们呢?这里有一个"一环扣一环,步步寻源(infinite recession)"的问题。常识告诉我们,要解决这一难题,必须适可而止,否则系统边界的圈划将失去意义。具体来说,采矿设备往往有多种用途,因此该设备的生产所耗费的能源和材料成本不应完全计算在产品设计的 LCA 中(按比例添加部分成本应是可行的办法)。应该承认,国际 LCA 的规范条文对"系统边界"的圈划法之解释比较模糊,只是指出"系统边界应当确认",但在何种范围内确认当为 LCA 执行者的主观决定。当然,当对新产品的投资和收益进行分析时,可以把一些外围消耗因素也包括进去。这个问题我们以后再讨论。本章将把 LCA 的系统边界限制在 B 类里。

编制评估清单 在确定了系统边界的种类后,我们首先需要收集相关的数据,明确产品生产所需要的自然资源和将会产生的废物排放的具体数量。那么,这些数量应该用何种单位来衡量呢?显然,如果产品的销售和使用是以其重量来计算的,则评估单位应以最终产品的国际体积单位为计算标准;如果产品的销售和使用是以其体积来衡量的,则评估单位应以最终产品的国际重量单位为计算标准。事实上,只有少数产品的销售和使用是按重量或体积来计算的。更多的情况下,衡量标准是以每"功能单位(unit of function)"来制定的。举例来说,饮料容器(桔汁瓶、矿泉水瓶、啤酒罐、可乐罐等)的功能是载装液体。饮料瓶罐制造商多以每瓶饮料的价值为基本单位来估算其投资和收益效果。但是,如果该制造商的注意力集中在瓶罐容器的尺寸和相关材料的消费上,则衡量其投资和收益效果的标准应以每种饮料的单位体积消耗来计算成本。冰箱的作用是提供稳定的冷却环境。冰箱制造商可以用制造每个冰箱所消耗的资源来计算产值,但更合理的方法则是从冰箱生命周期的角度来评估,即需要考虑"单位时间里制造每立方米的冷空间"的资源消耗。

然而,我们将会发现衡量一产品在生命周期各阶段上的单位并不相同。当原材料离开生命周期的第一阶段而进入第二阶段时,其流量是按重量单位计算的。比如,生产原铜的耗能量被估算为 68~74 MJ/kg。而离开第二阶段时输出的将是铜产品,此时的衡量单位很可能是以"每件铜产品"的价值为标准的。进入第三阶段(使用阶段)后,产品所具有的功能是中心问题,可见合理的衡量单位应为"每功能单位"。我们将在本书后续章节中讨论此问题。

建立评估清单的目的,就是要以每功能单位为基础,对资源消耗和废物排放做出评估。在进行清单编制时,还需要决定评估的详细程度。显然,若详细到每一个螺母、螺栓和铆钉是没有意义的。但详细到哪个程度为止呢?一种建议是,那些占产品重量 95% 以上的部件应该列入评估清单之列,但这是一个很冒险的建议。比如电子器件,它们的重量很轻,但其加工制造所需要的耗能和废物排放量则可以很大(这一点我们将在第 6 章中讨论)。

图 3.4 以设计制造洗衣机为例,分析产品生命周期各阶段的资源消耗和废物排放情况,从而为编制评估清单打下基础。洗衣机中的大部分部件是由钢、铜、塑料和橡胶组成的。无论是这些原材料的生产、还是洗衣机产品的制造,均需要使用碳基能源,因而排放物主要是二氧化碳、氮氧化物、硫氧化物以及低品位的热量。洗衣机运行时还要消耗水和电,污水将被排泄。报废后的洗衣机,如同所有大型家电一样,其回收处理是一件非常麻烦的事。

评估影响因子 评估资源消耗和废物排放的清单一旦列出,还需要进一步研究每项负面影响的程度大小。负面影响包括:资源枯竭、全球潜在变暖、臭氧层破坏、环境酸化、营养过分富化(eutrophication[1])、人体受毒性侵害等。每项影响程度都可以通过其"评估影响因子(impact assessment factor[2])"乘以组件数量来计算。一个产品的废气总排放量应是组件的

---

〔1〕 "营养过分富化"是指生物体过度吸收含有磷酸盐和硝酸盐的水分,而导致其生长过度、含氧量枯竭。

〔2〕 影响评估因子(impact assessment factor)的标准化方法可从 2008 年的 PAS 2050 或 2002 年 Saling 等人的文章中找到。

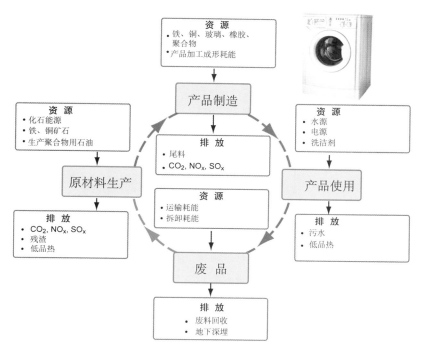

图 3.4 以洗衣机为例分析产品生命周期各阶段的资源消耗和废物排放情况

所有 4 个阶段的排放量之叠加。表 3.1 以影响评估因子的大小给出了一些气体排放对全球气候潜在变暖所造成的影响程度。

表 3.1 气体排放对全球气候变暖的影响

排放气体	评估影响因子
CO_2	1
CO	1.6
CH_4	21
N_2O	256

评估结果解读 以上所描述的"清单编制"和"影响因子"意味着什么呢？当"影响因子"值很大时,应采取哪些措施来减少其破坏性影响呢？根据 ISO 标准规定,LCA 需要对这些问题给出答案,但 ISO 规定并未对可能的答案条文提供具体有效的建议。

纵观"完整 LCA"的方法和过程,不难想象,执行一个完整 LCA 是非常耗时的事情,而且还需要聘请专家来做——这意味着昂贵的投资。此外,完整 LCA 虽然非常详细,却不一定非常精确。

LCA 评估结果 图 3.5 以生产铝罐为例,显示 LCA 评估结果(请注意,这一评估结果仅涉及从铝的原材料提取到铝罐的制造这一过程,所以是一个"从摇篮到长大"而不是"从摇篮到坟墓"的过程研究)。这里的衡量标准是铝罐的功能单位,即"每 1 000 个铝罐"的生产所耗费的能量和碳排放量。评估过程分 3 个数据块:第 1 是资源(矿石、原料和能源)需求清单,第 2 是废物(废气和颗粒物)排放细目,第 3 是它们对环境的影响程度。图 3.5 仅显示其中的部分评估结果。

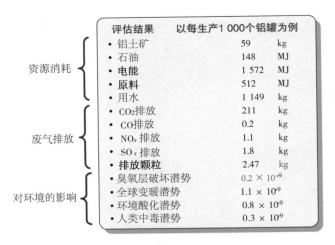

图 3.5　典型的 LCA 评估结果

〔它分为 3 个部分：资源（原材料和能源）消耗，废物排放和对环境的影响（图中数据部分来源于 Boustead，2007）。〕

　　尽管各类 LCA 的执行方法已由国际标准组织格式化了，但其最终评估结果的不确定性依然很大。如果说第 1 数据块的评估比较直接和相对准确，那么，第 2 数据块的准确性在很大程度上取决于监测设备的先进与否，一般其准确性不超过±10%。而评估废物排放对环境的影响程度（第 3 数据块的任务）则依赖于每个排放物在生命周期的各个阶段上对环境影响的边际效应，这其中有很大的不确定性。

　　此外，执行 LCA 还有两个附加难题。一是产品设计师们应该怎样使用类似图 3.5 所提供的评估数据？要知道，一个产品设计师在启动设计过程时，需要尽量满足来自多方的苛求条件，而图 3.5 提供的评估数据常常与实际脱节。在产品设计中如何正确使用能源、降低废气排放，以减缓全球性资源枯竭和气候变暖以及人体中毒等危害，是一个棘手的难题。此外，考虑到衡量这些危害的测量单位不统一，数据差异可高达 6 个数量级，所以它们很难直接被设计者们所使用。二是 LCA 方法是一个产品评估工具，而不是一个设计工具，执行 LCA 的价格如何估算？一个完整的 LCA 需要数天或数周来完成。支出这笔可观费用所得到的结果是否令人满意是很难预料的。

　　LCA 的辅助手段：生态审计　　鉴于执行完整 LCA 会遇到种种困难，故替代方法应运而生，其中最被看好的是将 LCA 的各项评估结果浓缩为一项评估结果——"生态审计（eco－audit）"指标的评定。具体需要 4 个步骤来完成这一指标的评定。如图 3.6 所示，第 1 步是根据图 3.5 中所列出的数据按（危害）原因而分类（如全球变暖、臭氧层破坏、环境酸化等）；第 2 步是测量单位的归一化，并把数据范围尽量缩小到一个共同的尺度（如从 0 到 100）；第 3 步是对各项因子加权，以反映每项因子对环境破坏的严重程度。比如，"全球变暖"的后果可能比"资源枯竭"的后果更加严重，所以前者的加权值应大于后者。第 4 步是对加权、归一化的测量值进行求和，从而得出"生态审计指标"值[1]。该指标对产品生命周期的第 1 阶段，即原材料的

---

　　〔1〕　详情请参考 EPS（1993），Idemat（1997），EDIP（1998）和 Wenzel et al（1997）.

生产阶段最有指导意义。多达 63 种材料的生态性能数据由本书的第 14 章提供。

值得一提的是,生态审计法的使用也受到部分人的指责。其指责理由是该方法尚未有国际组织公认的标准和加权因子的确定;该方法透明度不高,其指标没有明确的物理意义;生态审计法的反对者认为,产品设计者根据可以测量的数据(如能源消耗值和碳排放量)来指导设计比使用"生态审计指标"更有可信度。

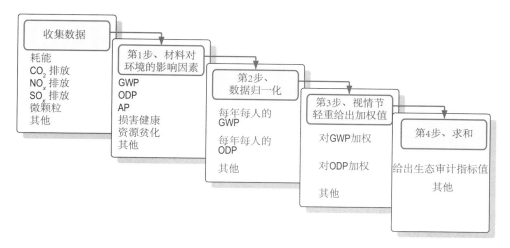

图 3.6　生态审计指标评定的 4 个步骤

(第 3 和第 4 步的主要困难在于如何选择加权因子。图中缩写:GWP:潜在全球变暖,ODP:潜在臭氧层贫化,AP:环境酸化。)

总之,完整 LCA 作为评定工具,其目的是为产品对环境的影响提供最全面、最详尽的数据分析。但它昂贵而耗时,并且需要事先有大量的数据,而数据的积累必须等到产品的生产完毕和进入使用期后才能得到,因而无法指导产品的设计决策。一个产品的设计过程,特别是材料的优选过程,需要不同类型的指导工具,最好是能够随机应变,一旦出现"情况"可以迅速调整设计方案,而探求其他选择的可能性(见图 3.7)。

3.5　简化 LCA 和生态审计

新规定的法律条文越来越要求制造商们对生态环境负责。欧盟关于耗能产品(energy using products,简称 EuPs)的 2005/32/EC 号文件指出,耗能产品的制造商在产品生产之前必须提供证据说明"他们已综合考虑了从原材料提取到产品制造、包装运输直至使用后废品处理等各阶段的能源消费"。这项要求听起来很可怕,似乎需要给每个产品都做完整 LCA。鉴于许多厂家的产品品种都过百,真要不折不扣地执行欧盟条文,则无论在投资还是在时间上为之所付出的代价都将是巨大的。

前面已经提到过,一个完整的生命周期评估过程非常复杂,它所花费的时间过长,等它出笼时,设计过程已进展到了无法进行全面修改的地步。所以,完整 LCA 不适用于作为产品设计的工具。面对这一现实,简化评估方法应运而生。后者重点评估最主要的投资项目,而忽略那些被认为是次要的因素。简化评估方法还有相应的软件做辅助。设计者们可基于这些软件

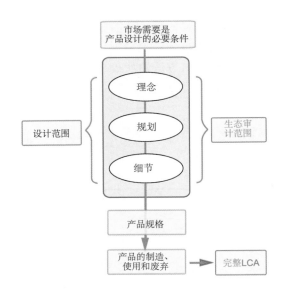

图 3.7　完整 LCA 是产品整个生命周期评估的工具,简化 LCA 和生态审计是产品设计的工具

工具,较迅速地对设计产品进行生命周期评估。本章附录将介绍 LCA 的各种软件。下面,我们将重点分析简化 LCA 的内容。

矩阵法　简化 LCA 试图通过对基本数据的简要分析,并在一定程度上进行近似计算,来达到为设计服务的目的。其中的"生态审计法"尽管简化但仍试图使用数字信息而进行定量分析(详见本书第 7 和 8 章的内容)。由 Graedel 等人创造的矩阵法则完全以定性方式执行 LCA,颇受工业界的青睐。图 3.8 左边的矩阵显示这一构思:一个产品的生命周期被分为 5 个阶段:原材料提取;产品制造;运输发配;产品使用和废品处理。这 5 个阶段为矩阵的 5 纵列内容,而矩阵的横列内容则为产品的生命周期对环境造成的影响。每个矩阵元素 M_{ij} 只取整数值,介于 0(最大影响)和 4(最小影响)之间,这些数值的选择是根据表格清单、调查报告和协议条文而综合制定的。矩阵元素的总和显示出产品对环境负责的等级数(Environmentally Responsible Product Rating,简称 R_{erp}):

$$R_{erp} = \sum_i \sum_j M_{ij} \tag{3.1}$$

如果一种设计的 R_{erp} 值太低,则应由另一种 R_{erp} 值较高的方案代替。

图 3.8 中的右图以更直观的靶标图方式显示矩阵中的各类信息:靶标图中有 5 个同心圆,它们分别代表 5 个矩阵值(0 到 4)。矩阵中的元素以"点"状被绘制在径向线上,每一条径向线代表一个矩阵元素。显然,一个"理想"产品的所有点都应集中在最内圈里,并尽量靠近靶心,而含有外圈点太多的产品设计则有待于大大改进。

实例 2. 20 世纪 50 年代和 90 年代汽车行业材料使用情况及油耗之比较[1]

表 3.2 给出了 20 世纪 50 年代和 90 年代典型汽车的生产所需要的材料数量和汽车的油耗量。显然,50 年代生产的汽车重量大、所使用的材料品种少,燃油效率也低。汽车报废后被弃置,没有回收的可能性。而 90 年代生产的汽车现代化程度高,车身变轻,所采用的材料趋于

---

〔1〕　根据 Graedel(1998),Todd 和 Curran(1999)所提供的数据而整理——详见本章"拓展阅读"。

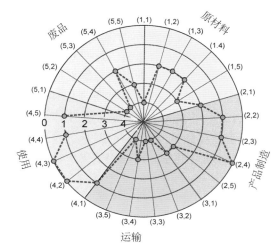

左表行列：

	原材料	产品制造	运输	使用	废品
自然资源	$M_{1,1}$	$M_{2,1}$	$M_{3,1}$	$M_{4,1}$	$M_{5,1}$
能源耗费	$M_{1,2}$	$M_{2,2}$	$M_{3,2}$	$M_{4,2}$	$M_{5,2}$
全球变暖	$M_{1,3}$	$M_{2,3}$	$M_{3,3}$	$M_{4,3}$	$M_{5,3}$
人类健康	$M_{1,4}$	$M_{2,4}$	$M_{3,4}$	$M_{4,4}$	$M_{5,4}$
生物圈	$M_{1,5}$	$M_{2,5}$	$M_{3,5}$	$M_{4,5}$	$M_{5,5}$

图 3.8　用矩阵法进行简化 LCA 评估的实例

（左图为矩阵单元内容，右图为对应的靶标图。可以看出，该产品"使用阶段"的评估分数很低。）

复杂的复合体，而且其中一部分来自于废品回收。90 年代生产的汽车具有良好的燃油效率，80% 的废车部件可被回收利用。

表 3.2　汽车行业使用材料和油耗的信息数据估算

材料	20 世纪 50 年代(kg)	20 世纪 90 年代(kg)
铁	220	207
钢	1290	793
铝	0	68
铜	25	22
铅	23	15
锌	25	10
塑料	0	101
橡胶	85	61
玻璃	54	38
铂	0	0.001
流体	96	81
其他	83	38
重量总计(kg)	1901	1434
油耗[1]	15 mpg	27 mpg

答案：人们通常使用 3 个生态指标来评估一个产品的节能减排效率：能源效率、碳排放效率和材料效率（后者是第 12 章的内容）。"最高效率"产品自然是指使用能源和材料最少、碳排量最低的产品。评估过程要覆盖产品的整个生命周期。图 3.9（左图）所示的矩阵元素值即建立在这样的一个背景下，同时参考了诸多经验值以从 0 到 4 为每一阶段排序。20 世纪 50 年代

---

〔1〕　也称"汽车燃油经济性"（Fuel economy in automobiles），是指汽车在保证动力的基础上，以尽可能少的燃油消耗而行驶的能力。其最常见的单位是每加仑燃料所行驶的英里数（mpg）——译者注

汽车的 R_{erp} 值为 18,90 年代汽车的 R_{erp} 值为 39。图 3.9(右图)用靶标图显示相应的结果。勿庸置疑,20 世纪 90 年代汽车的生态指标较 50 年代的大为改善,特别是在产品的使用阶段和废品处理阶段的效果尤为明显。这些矩阵数据和靶标图结果都非常具有启发性,但是如此得出的评估排序究竟有多么大的实际意义呢?显然,排序结果在很大程度上取决于评估者本人的经验积累,每个数字(从 0 到 4)并没有绝对的数值意义。比如,驱动汽车行驶所耗费的能源在其生命周期中所占的比例远远超过生产该辆汽车所耗费的能源。所以,无论是矩阵还是靶标图,它们虽然抓住了问题的存在,但并没有抓住每项指标的相对重要性。为此,我们还是需要用"数字"来进行更加严谨的评估。

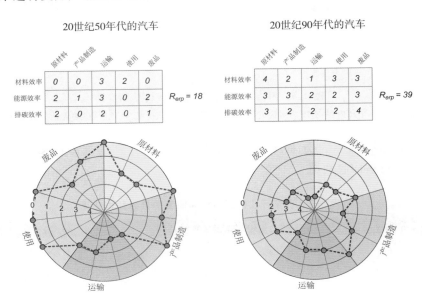

图 3.9 20 世纪 50 年代(左图)和 90 年代(右图)汽车行业的简化 LCA(矩阵法)评估比较
(可以看出,90 年代后现代化汽车的 R_{erp} 值较高,靶标图上点的分布也比较集中在靶的中心地段。)

用矩阵做评估的方法有多种,它们之间的不同在于纵列和横列所选用的内容之差异。矩阵法的优点是灵活性高,适用于多种产品的评估,而且时间和精力的投入都比较合理。如果评估者经验丰富,还可以把废物排放的细节和其影响力也考虑在评估内容之内。矩阵法的缺点是,其评估结果在很大程度上取决于评估者的工作经验和判断能力。因此,该方法不适用于新手。那么,我们是否有其他选择呢?

"一种资源、一种排放"的理念 完整 LCA 过于繁琐费时,无法指导产品设计;但简化 LCA 又存在着许多漏洞,其评估结果难以完全令人信服。就目前来讲,国际上对产品的生态影响评估尚未达成"度量(metric)"共识。当然,定性共识还是存在的。如 1997 年《京都议定书》倡议,各国应承诺在未来的几年中以逐步减少碳的排放量为目标,主要是减少二氧化碳和其他"当量($CO_{2,EQ}$)气体"的排放,因为这些气体是全球潜在变暖的主要祸因。在国家层面上,经济调节的重点更多的是放在对能源消耗的控制上,因为能源消耗与二氧化碳排放是成正比关系的。降低能源消耗,通常也减少了废气的排放。由此推断,在做设计决策时,评估一种资源(能源)、一种排放(二氧化碳)的理念是有一定的逻辑性的。这种评估理念的实施结果比使用其他较为模糊的指标更让人信服。图 3.10 给了出汽车能源效率评估结果以及冰箱的耗电量和节能等级,其结果仅限于产品的使用阶段。

为了进一步证明"一种资源(能源)、一种排放(二氧化碳)"理念的合理性,让我们简要回顾一下 2007 年的 IPCC 报告内容。

图 3.10　如今汽车和家用电器商品出售时,都分别标注耗油量

〔如耗油量(5.9～6.4 L/100 km 或 42～46 mpg)和耗电量(如每年 330 kWh,属 A 级产品。)〕

2007 年 IPCC　报告 IPCC 是一个由世界气象组织(World Meteorological Organization)和联合国环境规划署(United Nations Environmental Panel)于 1988 年共同组建的"政府间气候变化专门委员会(Intergovernmental Panel on Climate Change,简称 IPCC)"。IPCC 发表了一系列有关工业对生物圈和人类生存环境影响的报告。特别是该组织 2007 年的报告,首次提出了"可持续发展(sustainability)"的新理念,并指出了保护环境的紧迫性。其主要内容概括如下:

•地球上空气、海洋和陆地的平均温度都在上升。这使得大面积冰雪覆盖区融化,导致海平面上升和气候变化;

•气候的变化对农业、畜牧业、自然生态系统和人类生存环境影响显著。如果全球平均温度上升 1℃,影响效果已相当可观。若上升 5℃,生物圈和人类将会进入极大的生存困境;

•大气圈中二氧化碳的浓度[1]增加过快,它始于 18 世纪 50 年代的英国工业革命,目前已处于历史最高水平,是 60 万年以来的顶峰。尤其是 1950 年至今的增长特别显著(见图 3.11);

•日益精确的地球物理测量使得我们可以跟踪温度变化和大气中碳含量的历史演变,并且在日益精确的气象预测模型建立的基础上来探讨未来趋势。其结论指出,气候温度上升的原因是由温室效应造成的,而人为的二氧化碳排放很可能是造成温室效应的主要原因。

问题的关键在于人为二氧化碳的排放来源于工业。这是一个全球性的问题,其负面影响不仅仅是针对大量排放 CO_2 的工业发达国家,周围邻国也必然深受其害。CO_2 的排放与化石燃料的使用密切相关。化石燃料本身属递减的自然资源,它已成为国际上地区性紧张局势的根源。如果人们认真对待 IPCC 的报告内容,则会意识到实施以降低碳排量为目的的国际政策已迫在眉睫。因此,当我们思考"材料与环境"这一重大研究课题时,必须把降低能源消耗和降低大气中有害气体的释放作为首要的衡量标准。

---

〔1〕　本书采用的大气中 CO_2 排放的测量单位为 kg。1 kg 的纯碳约释放 3.6 kg 的 CO_2。对于大多数的材料而言,1 kg 材料约释放 1.06 kg 的 CO_2。

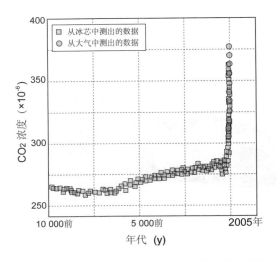

图 3.11　过去 10 000 年间大气中 CO_2 浓度增加的情况

（根据 IPCC 2007 年度报告的数据绘制。）

3.6　评估策略

为保护生态环境,我们需要对新产品的设计制定一个评估策略,根据可以承担的成本费用,结合新产品设计的目的,以足够的精度来指导设计决策。这一评估策略应是灵活而简洁的——足够灵活以便允许未来的修改和完善,足够简洁以便能够在出现紧急情况时有快速转向其他替代品设计的能力。要实现这一双重目的,必须删除完整 LCA 方法中的许多细节和多个靶向目标,化繁为简。

本书将要介绍的评估方法有 3 个组成部分:

1. 采用简单的环保测量指标

正如前面已经讨论过的一样,"能量耗损"和"二氧化碳排放"是衡量产品对环境威胁的两个重要指标,而且这二者之间有相关性,其内容也可被公众所理解。更重要的是,测量能量耗损的方法简单而定量,其精确度也高。如果适当选择相关性关系,还可以用测量到的耗能值来推算 CO_2 的排放量。

2. 判别产品生命周期的各个阶段

图 3.12 给出了一种判别选择:原材料生产、产品制造、运输发配、产品使用和废品处理。最后一项的评估有两种可能性:处理废品需要消耗能量,或回收废品可以创造能量。这一问题将在本书的第 4 章中专门讨论。

当判别出产品生命周期的不同阶段后,我们经常会发现其中的某一阶段之耗能排碳在整个生命周期中占主导地位。图 3.13 给出一些实例。图的上行显示 3 类典型耗能产品各阶段的耗能情况。可以看出,所有 3 个产品在其使用阶段所消耗的能量比所有其他阶段的耗能总和还要高很多。图的下行显示另 3 类西方生活中常见的产品(多层停车场、住宅和纤维地毯)。这些产品耗能最多的阶段是原材料的生产阶段,而其使用阶段的耗能相对较少。

由此可以得出两个结论。第一,当生命周期中某一阶段的耗能和排碳占主导地位时,这一

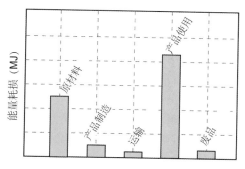

图 3.12 产品生命周期中每一阶段的能量耗损

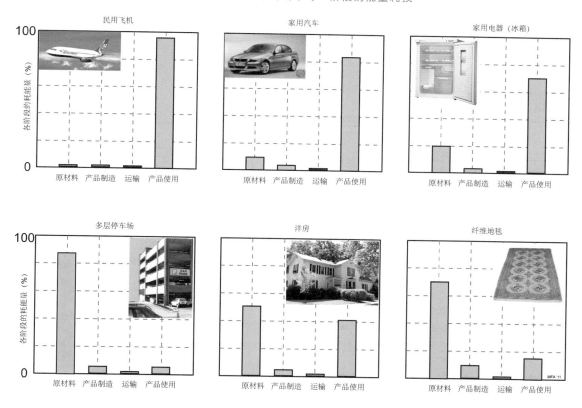

图 3.13 典型产品生命周期中各阶段的耗能量评估

("废品处理"阶段的评估未在此显示,因为其处理方式变化多端。)

阶段应成为(重新)设计的第一个瞄准目标,因为解决这一主导阶段的问题等于解决了生命周期中的主要问题。第二,当阶段与阶段之间的耗能和排碳量差别很大时(如图 3.13 所示),极高精度的测量显得不再那么重要,取而代之的是阶段"排序"。换句话说,若对评估结果只进行少量的精度修改,应不会影响排序结果。我们要明确的是,测量精度应该是评估过程最后一个需要考虑的问题(即非常次要的问题)。缺乏极高精度的测量也可以让评估过程进展顺利,更重要的结论是:正确的判断结果往往可以从不精确的数据汇集中得到。

3. 根据耗能量和碳排量而确定后续操作

图 3.14 显示如何将策略付诸实施。如果原材料的生产是产品生命周期中主要的耗能和

排碳阶段,那么产品设计方案理应是选择耗能量低的替代材料,同时尽量减少该材料的使用量。如果产品制造阶段是生命周期中主要的耗能和排碳阶段,则设计应以缩减该阶段的能源消耗为主要目标。同理,如果产品的运输发配十分耗能且碳排量巨大,则应寻求一个更高效率的运输模式或减少运输距离。倘若产品的使用阶段占主导地位时,所应采取的策略有以下几种:

- 如果产品是"移动"系统的一部分,则应尽量减少该产品的重量和其滚动阻力;
- 如果产品是热或热机系统的一部分,则应提高其热效率;
- 如果产品是机电系统的一部分,则应尽量减少其电力损耗。

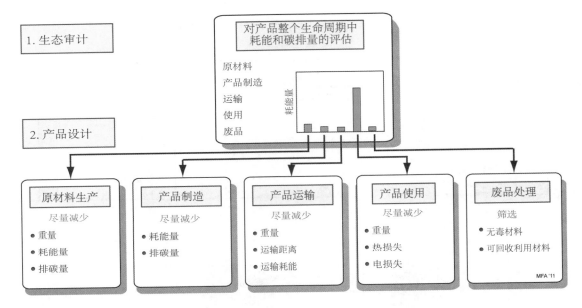

图 3.14 如何将生态审计评估策略付诸实施

(一个比较合理的生态审计法的实施是首先确定生命周期中的哪一个阶段占主导地位,并将该阶段视为重新设计的瞄准目标。当进行材料优选时应尽量减少该阶段对环境的破坏。废品处理阶段的内容——作为整体战略的一部分,未列入本书的探讨范围。)

然而,产品材料的最佳选择,一般来说是不能仅仅以减少某一阶段的消费而决定全局的。我们需要一个权衡折衷的方法以达到某种妥协(参见第 9 章的内容)。

将评估结果付诸实施需要使用以下两个工具之一:用于执行"生态审计"的工具(对图 3.13 中上方产品适用),或者是用来分析和优选材料的工具(对图 3.13 中下方产品适用)。生态审计工具将在本书的第 7 和 8 章中阐述。分析和优选材料法将在第 9 和 10 章中介绍。这些工具的使用都需要有具体数据作支持。第 14 章中给出了 63 种材料的工程性能和生态属性供参考。

3.7 本章小结

产品,如同生物体,有自己的生命周期。在其生命周期中产品与环境互动。产品的环境也是人类赖以生存的环境。如果产品与环境的互动破坏了后者,则所有相关的生活质量都会下降。生命周期评估(LCA)正是为了研究这种相互作用而应用而生的一种新型分析手段,它可以定量评估产品生命周期各阶段的资源消耗和废物排放。LCA 是一个整体系统的评估,覆盖产品的整个生命:从原材料的生产到产品的制造和使用,直至废品的处理。虽然国际标准 ISO14040 系列为 LCA 的执行规定了一些条文,但条文内容模糊,执行起来有一定程度上的主观性。如果严格按照国际 ISO 的条文执行 LCA,则需要许多评估技巧和收集许多数据细节,这使得"完整 LCA"昂贵而费时,因而不能很好地适应产品设计者的需求。

毫无疑问,LCA 是很新颖的评估技术,它仍在不断地发展和完善之中。目前普遍采用的可行方法为"简化 LCA"法。它尽管不是十分的严谨,但却抓住了当前最急需解决的环境生态问题。将简化 LAC 与材料和产品相关联,可以指导产品的设计方向和策略。其中的"矩阵法评估",尽管还可细分为许多分支,但总体上是给产品生命周期中的每一个阶段对生态影响的各个种类"打分"(从 0 到 4),矩阵求和后可得出一个对环境负责的"产品等级"。另一种 简化 LCA 法——"生态审计评估"更基于对产品"材料"的优选,以"一个资源(能源)、一种排放(二氧化碳)"为中心,对产品的设计和制造进行生态审计,以确定最佳方案。哪怕该审计方案的精确度不够高,但却足以得出无可争辩的结论,不必进行十分繁琐的完整 LCA 来指导设计决策。

3.8 拓展阅读

［1］Aggregain（2007），The Waste and Resources Action Program（WRAP），www. wrap. org. UK. ISBN 1－84405－268－0(*Data and an Excel-based tool to calculate energy and carbon footprint of recycled road-bed materials*)

［2］Allwood，J. M.，Laursen，S. E.，de Rodriguez，C. M. and Bocken，N. M. P.（2006），"Well dressed? The present and future sustainability of clothing and textiles in the United Kingdom"，Institute for Manufacturing，University of Cambridge，UK. ISBN 1－902546－52－0(*An analysis of the energy and environmental impact associated with the clothing industry*)

［3］Baxter Sustainability Report（2007），http://sustainability. baxter. com/product/ product (*Analysis of end of life*)

［4］Boustead Model 5（2007），Boustead Consulting，Black Cottage West Grinstead，Horsham West Sussex，RH13 7BD(www. boustead-consulting. co. uk)(*An established life-cycle assessment tool*)

［5］Eco-indicator（1999），PRé Consultants，Printerweg 18，3821 AD Amersfoort，The Netherlands(www. pre. nl/eco-indicator99/eco-indicator-99. html)。

［6］Steen，B. and Ryding，S. O.（1992），"The EPS environ-accounting method：an application of environmental accounting principles for evaluation and valuation in product design"，Report B1080，IVL Swedish Environmental Research Institute.

［7］EU Directive on Energy Using Products（2005），Directive 2005/32/EC of the European Parliament and of the Council of 6 July 2005 establishing a framework for the setting of ecodesign requirements for energy-using products and amending Council Directive 92/42/EEC and Directives 96/57/EC and 2000/55/EC of the European Parliament and of the Council(*One of several EU Directives relating to the role of materials in product design*)

[8] GaBi (2008), PE International, Hauptstraße 111-113, 70771 Leinfelden-Echterdingen, Germany http://www. gabi-software. com/(*GaBi is a software tool for product assessment to comply with European legislation*)

[9] Goedkoop, M., Effting, S., and Collignon, M., (2000), "The Eco-indicator 99: A damage oriented method for Life-cycle Impact Assessment, Manual for Designers", http://www. pre. nl(*An introduction to eco-indicators, a technique for rolling all the damaging aspects of material production into a single number*)

[10] Graedel T. E. and Allenby, B. R. (2003), "Industrial ecology", 2nd edition, Prentice Hall, New Jersey, USA. (*An established treatise on industrial ecology*)

[11] Graedel, T. E. (1998), "Streamlined Life-cycle Assessment", Prentice Hall, New Jersey, USA. ISBN 0−13−607425−1 (*Graedel is the father of streamlined LCA methods. The first half of this book introduces LCA methods and their difficulties. The second half develops his treamlined method with case studies and exercises. The appendix details protocols for informing assessment decision matrices*)

[12] GREET (2007), Argonne National Laboratory and the US Department of Transport, http://www. transportation. anl. gov/(*Software for analyzing vehicle energy use and emissions*)

[13] Guidice, F. La Rosa, G. and Risitano, A. (2006), "Product design for the environment", CRC/Taylor and Francis, London, UK. ISBN 0−8493−2722−9 (*A well-balanced review of current thinking on eco-design*)

[14] Heijungs, R. (1992), "Environmental life-cycle assessment of products: background and guide", Netherlands Agency for Energy and Environment.

[15] Idemat Software version 1. 0. 1 (1998), Faculty of Industrial Design Engineering, Delft University of Technology, The Netherlands. (*An LCA tool developed by the University of Delft*)

[16] ISO 14040 (1998), Environmental management-Lifecycle assessment, Principles and framework.

[17] ISO 14041 (1998), Goal and scope definition and inventory analysis.

[18] ISO 14042 (2000), Life-cycle impact assessment.

[19] ISO 14043 (2000),Life-cycle interpretation, International Organization for Standardization, Geneva, Switzerland. (*The set of standards defining procedures for life-cycle assessment and its interpretation*)

[20] Kyoto Protocol (1997), United Nation's Framework Convention on Climate Change. Document FCCC/CP1997/7/ADD1,http://cop5. unfccc. de(*An international treaty to reduce the emissions of gases that, through the greenhouse effect, cause climate change*)

[21] MEEUP Methodology Final Report (2005), VHK, Delft, Netherlands. www. pre. nl/EUP/(*A report by the Dutch consultancy VHK commissioned by the European Union, detailing their implementation of an LCA tool designed to meet the EU Energy-using Prod-*

ucts directive）

[22] MIPS（2008），The Wuppertal Institute for Climate，Environment and Energy，http://www. wupperinst. org/en/projects/topics_online/mips/index. html（*MIPS software uses an elementary measure to estimate the environmental impacts caused by a product or service*）

[23] National Academy of Engineering and National Academy of Sciences（1997），"The Industrial Green Game：Implications for Environmental Design and Management"，National Academy Press，USA. ISBN 978－0309－0529－48（*A monograph describing best practices that are being used by a variety of industries in several countries to integrate environmental considerations in decision-making*）

[24] PAS 2050（2008），"Specification for the assignment of the life-cycle greenhouse gas emissions of goods and services"，ICS code 13. 020. 40，British Standards Institution，London，UK. ISBN 978－0－580－50978－0（*A proposed european Publicly Available Specification（PAS）for assessing the carbon footprint of products*）

[25] Saling，P，Kicherer，A. ，Dittrich，B. Wittlinger，R. Zombik，W. Schmidt，I. ，Schrott，W and Shcmidt，S. （2002），"Eco-efficiency analysis by BASF：the method"，Int. J. Life-cycle Assess. Vol. 7，pp203～218.

[26] Fava，J. A. ，Denison，R. Jones，B. Curran，M. A. Vignon，B. Selke，S. and Barnum，J.（1991），"A technical framework for life-cycle assessment"，Society of Environmental Toxicology and Chemistry（SETAC），USA. （*The meeting at which the term Life-cycle Assessment was first coined*）

[27] Consoli，F. ，Fava J. A. ，Denison，R. Dickson，K. Kohin，T. and Vigon，B. （1993），"Guidelines for life-cycle assessment-a code of practice"，Society of Environmental Toxicology and Chemistry （SETAC），USA. （*The first formal definition of procedures for conducting an LCA*）

[28] Todd，J. A. and Curran，M. A. （1999），"Streamlined life-cycle assessment：a final report from the SETAC North America streamlined LCA workshop"，Society of Environmental Toxicology and Chemistry （SETAC），USA. （*One of the early moves towards streamlined LCA*）

3.9 附录：LCA 软件介绍

生命周期评估最常见的用途有 4 个：①改进产品（我们应该怎样让产品更环保？），②为战略选择提供支持（绿色发展的道路应朝哪个方向走？），③比较分析（我们的产品如何与……比较？），④为产品做广告（我们的产品是最环保的！）。大部分 LCA 软件的内容是建立在 ISO14040～14043 条文规定基础上的。但是，倘若严格遵守每项条文，则会把软件设计者们引入一个相当复杂的程序中[1]。好在条文并不强迫必须完全遵循 ISO 14040～14043 这一路

---

[1] 据 PRé 咨询公司估计，进行"筛选式"生命周期评估约需要 8 天时间，而进行一个完整的 LCA 评估则需要 22 天时间。

线。于是有了针对某些特定产品(汽车设计、建材优选、造纸工艺等)的 LCA 软件出现,还有针对产品设计早期阶段的评估软件,其构思结构均比完整 LCA 要简单得多。在这些 LCA 软件中间,至少已有两个"教育版本"供读者使用。表 3.3 给出了其中的 11 个主要 LCA 软件名单。其中的部分软件是免费的,其他软件可以直接购买或只能通过特定的服务公司得到(这一点也可以理解,因为编造一个复杂性如此高的软件是需要付出巨大努力的)。

表 3.3 LCA 相关软件一览表

软件名称	软件设计公司
SimaPro	荷兰 Pré Consultants(http://www.pre.nl)
Boustead model 5	英国 Boustead Consultants (www.boustead-consulting.co.uk)
TEAM (EcoBilan)	PriceWaterhouseCooper (www.ecobalance.com/)
GaBi	PE International (http://www.gabi-software.com/)
MEEUP method	荷兰 VHK, Delft, Netherlands (www.pre.nl/EUP/)
GREET	美国 US Department of Transport (http://www.transportation.anl.gov/)
MIPS	Wuppertal Institute (http://www.wupperinst.org/)
CES Eco 12	英国 Granta Design, Cambridge UK (www.grantadesign.com)
Aggregain	英国 WRAP(www.aggregain.org.uk/)
KCL-Edu 3.0-	芬兰 KCL Finland (www.kcl.fi)
Eiloca	美国 Carnegie Mellon Green Design Institute, USA(http://www.eiolca.net/)
Okala Ecodesign guide	美国 Industrial Design Society of America (www.idsa.org/okala-ecodesign-guide)
LCA Calculator	英国 IDC, London UK(www.lcacalculator.com/)

SimaPro 2008 "SimaPro 7.1"版本是一个被广泛使用的简化 LCA 工具,它可用来收集、分析和监测产品的生态性能。该软件由荷兰 PRé Consultants 公司开发。产品的生命周期可被系统地用来进行分析,符合 ISO14040 的建议标准。该软件还有"教育版本"。免费软件演示可从其网站 http://www.pre.nl 得到。

Boustead Model 5 (2007) "Boustead 5"软件可用来进行生命周期清单的评估计算,符合 ISO14040 系列建议。该软件的设计者 Ian Boustead 与欧洲的聚合物供应商们合作多年,在聚合物材料的生命周期评估领域享有丰富的经验。

TEAM (2008) "团队 2008"是一个与环境结合尤佳的生命周期评估软件。可以先用它建立一个很大的数据库,然后以此为基础来建立符合 ISO14040 系列标准的 LCA 模型。

GaBi (2008) "GaBi 4"是 PE International 公司开发的、符合欧洲法律的尖端评估软件。它用于分析产品的成本、环境、社会标准和技术标准以及流程优化设施。其演示软件可免费得到。

MEEUP method (2005) "MEEUP 法(Methodology for Ecodesign of Energy-Using Products)"是荷兰针对欧盟对耗能产品的条文规定(EuP 指令)和 ISO 14040 而设计出的 LCA 软件。它主要用来分析和评估家用电器产品。

GREET（2007） GREET 意为"管制排放和能源消耗的运输模型"（Greenhouse Gasses, Regulated Emissions and Energy Use in Transportation Model）。由美国 Argonne 国家实验室为美国运输部而研制。GREET 的免费软件可在 Microsoft Excel 中运行。该软件有两种版本，一种用于燃料的生命周期分析，另一种用于车辆的生命周期分析。它们在处理具体排放物时并不考虑影响因子和加权的组合。对于一个给定的燃料或车辆系统，该软件模型可计算出其耗能量和所排放的所有造成温室效应的有害气体含量——主要有二氧化碳（CO_2），甲烷（CH_4）和一氧化二氮（N_2O），还有其他 6 个污染种类：挥发性有机化合物（VOC），一氧化碳（CO），氮氧化物（NO_x），尺寸小于 $10\mu m$（PM10）和小于 2.5 微米（PM2.5）的微型悬浮颗粒以及硫氧化物（SO_x）。

MIPS（2008） MIPS 意为"每个服务单位的物质投资（Material Input per Service Unit）"。该软件专用于分析某些产品或服务公司对环境所造成的影响，属完整 LCA 方法。该软件还特别提供对产品材料强度的分析，既有微观层次上的分析（侧重于分析具体产品或服务公司的影响），也有宏观层次上分析（侧重于分析产品或公司对国家经济的影响力）。

CES Edu（2012） CES 是英国剑桥格兰塔教育软件公司（Granta Design）所设计的材料信息管理软件。而 CES Edu 主要用于材料与工程学科的教学和材料的工艺优选。我们将运用这一软件，在第 7 章中描述生态审计方法，在第 9 章中描述生态遴选程序模块。

Aggregain（2008） Aggregian 软件是 WRAP 公司开发的免费 LCA 分析软件，可在 Microsoft Excel 中运行。它主要用来宣传和推动废品的回收再利用，特别是在房屋建筑和铺路建桥等行业。比如，再生混凝土建筑、拆迁废料和铁路用材等的回收利用。

KCL-ECO 3.0 KCL 代表造纸行业。KCL-ECO 是专门为这一行业所制作的 LCA 工具。

Eio-lca（2008） EIO-LCA（2008）软件由美国卡内基梅隆大学开发。它的目的并不是做产品评估，而是基于北美行业分类系统（NAICS）所提供的投资和收益数据，便于各行各业进行生态效益的 LCA 计算。其软件演示可免费得到。

Okala Ecodesign Guide（2010） Okala 生态设计指南（2010）软件，介绍环保和可持续发展的设计理念，主要是针对具体设计者和初学者，由 Eastman Chemical，Whirlpool 和美国工业设计协会（ISDA）赞助开发。

LCA Calculator（2011） LCA 计算器（2011）软件，提供一个快速直观的 LCA 方法，以帮助设计师和工程师们理解和分析产品、比较产品对环境影响的各种因素，用以指导设计决策。

3.10 习题

E3.1

（a）以下产品的生命周期中哪个阶段最耗费化石能源？

• 烤面包机；

• 可停放两辆车的车库；

• 自行车；

• 摩托车；

• 电冰箱；

• 咖啡机；

- LPG 户外燃气取暖器。

（b）选择（a）中的任何一种产品，按下图给出的模板填空。

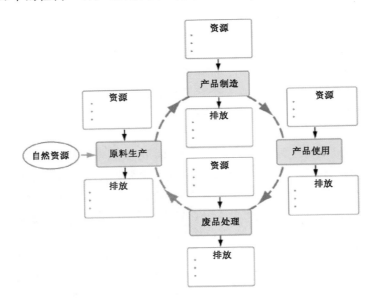

E3.2 填空给出你认为最合适的产品功能单位。

产品	功能单位	产品	功能单位
洗衣机		照明灯泡	
电冰箱		家用咖啡机	
家庭供暖系统		公共交通	
空调		吹风机	

E3.3

（a）什么是"外部化环境成本"和"内部化环境成本"？

（b）让我们来反省人类的生活方式。请列出 3 个与你本人的生活方式相关的外部化成本。如果你生活得很节俭，不需要 3 个必需品，你可以列出你熟悉的其他人的"外部化成本"。

E3.4 何谓 LCA 的"系统边界"？它们是如何设定的？

E3.5 简要描述 ISO 条文中指导产品 LCA 的步骤。

E3.6 完整 LCA 评估的主要困难有哪些？为什么简化版本——哪怕结果是近似的，也对产品设计有很大的帮助？

E3.7 从 E3.1 中选出两个产品。运用你个人的判断能力，填写以下简化 LCA 的矩阵表格，并计算出所选产品的 R_{epr}。

根据你自己对产品制造信息的假设（需要对此进行解释）——如产品在哪里制造、生产地点至使用地点距离如何、产品报废后是否会被回收等，给其生态指标打分，并用 0 到 4 的整数填写矩阵格子（如果问题的答案是肯定的，则打 4 分；如果是否定的，则打 0 分。其余情况的打分应为 1 或 2 或 3），然后求和以得到环保等级数 R_{epr}。比较你所选的两个产品的环保等级。

可试用以下步骤提出问题：

　　• 原材料生产：它是否属于高能消耗？它是否超标排放？它的回收再利用是否很困难乃至不可能回收？该材料是否具有毒性？

　　• 产品制造：制造过程是否耗费大量能源？制造耗费量（即取舍点和报废量）是否很高？该产品制造是否伴随有毒或有害物质产生？是否产生挥发性有机溶剂？

　　• 产品运输：产品制造地是否与产品的最终市场距离遥远？它是否需要航空运输？

　　• 产品使用：产品的使用过程中是否继续消耗能源？如果是，能源属化石燃料吗？使用过程中是否排放有毒气体？是否有可能提供一个降低能源消费的产品使用功能？

　　• 废品处理：你的产品报废后是否直接做深埋处理？废品中是否含有毒性物质？

　　你在做该习题时遇到哪些困难？你对自己得出的结论是否有信心？你的结果是否有意义？

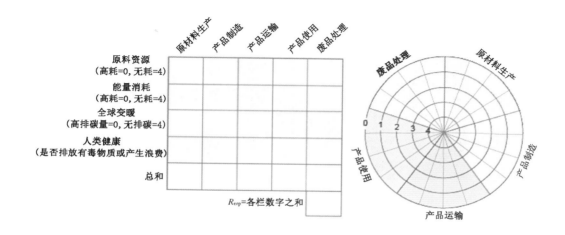

第 4 章

废材料:一个棘手的问题还是再生资源

内 容

图注:一个棘手的问题还是再生资源?(该图片来源于英国政府计划《Envirowise-Sustainable Practices, Sustainable Profits》文件,该计划由 AEA Technology Plc. 承担)

4.1　概论

当一个物品有用时，我们美言称之为"材料"。但同一物品不再有用时，我们称之为"废品"。废品之"浪费"是可悲的，特别是包装使用后的废品之浪费更令人惋惜。那么，废品和浪费是否都是必然现象呢？若仅仅从热力学不可质疑的"熵增原理"来考虑此问题，则简单的答案是 yes。然而，本章将给出更全面的答案：yes，but（废品是不可避免的，但是……）。这里的"但是"有多方面的解释 —— 这是本章所要讨论的内容。

我们在第 2 章中已经指出，人类正在以越来越快的速度消费材料。一个产品的拥有者在产品生命的尽头会自然而然地把它当作"废物垃圾"扔掉。显然，废物垃圾的数量也与日俱增。那么，垃圾都到哪里去了呢？一般有 5 种处理途径：填埋、燃烧、回炉、二次工程化或翻新再使用。这 5 种途径看上去很容易理解，找几家废品收购公司去做不就可以了吗？原则上是可以的。但要当心，如果废品量大于深埋或燃烧等技术所能承受的容量时，就会产生速度匹配的问题（这里尚且不谈经济成本问题）。所以，废品处理的问题并不简单。

那么，我们为什么要扔掉许多东西呢？

4.2　是什么决定了产品的使用寿命

产品的快速周转是我们当今所观察到的一个比较新的现象。早些时候，人们购买家具是为了几代人的延续使用；手表、金笔等父辈用完后传递给孩子。那么，一个产品年代久了将会增值还是贬值呢？或者说，产品的使用寿命何时终止呢？这是以下要讨论的问题。

一般来说，当一个产品失去其"价值"后，其生命也随之而终止。然而，失去价值的时刻往往并不是产品停止工作的那一瞬间。产品的使用寿命还可细分为：

- 实际寿命（physical life），其终端为产品无法通过实惠的修补而重新被使用的那一时刻；

- 功能寿命（functional life），其终端为产品的功能消失的那一时刻；

- 技术寿命（technical life），其终端为产品的功能已被新型产品所替代的那一时刻；

- 经济寿命（economical life），其终端为产品的功能已被更有经济效益的新型产品所替代的那一时刻；

- 法定寿命（legal life），其终端为新的标准、新的指令和法规限制该产品继续使用的那一时刻；

- 时尚寿命（desirability life），其终端为新的市场口味或审美观改变而将产品淘汰的那一时刻。

显然，若想减少资源消耗，必须延长产品的各种寿命，使其更有耐久性。而产品的耐久性是与以上所列举的 6 种类型的产品寿命紧密相关的。产品材料的优选在这其中起着很重要的作用（材料问题将在后续章节中仔细讨论）。目前，我们先接受一个事实：因为这样或那样的原因，一个产品第一次走到了它的生命尽头。那么，如何处理其废品呢？

4.3 废品处理

图 4.1 介绍 5 种处理废品的方法：填埋、燃烧、回收利用、二次工程化和二次使用。

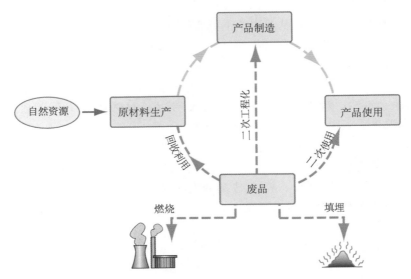

图 4.1　5 种废品处理的方法：填埋、燃烧、回收利用、二次工程化或翻新再使用

填埋　就目前而言,大多数的垃圾使用填埋法处理,但问题已经出现了——特别是在一些小的欧洲国家里,填埋是需要场地的,而可用于填埋的场地已越来越少。我们在第 2 章中已经提到,如果人类对材料的消耗量每年增长 3％,那么在未来 25 年内我们将消耗掉相当于自英国工业革命以来近 300 年的材料总量。如果将这些废品都填埋起来,地球是承受不了的。欧盟行政部门正在通过征收"垃圾填埋税"来控制流量(大约每吨 50 欧元左右),同时寻求图 4.1 中提供的其他渠道。但到目前为止,没有一种方式可以根本解决问题。

燃烧(热回收)　对废品进行筛选,然后进行可控性燃烧,以捕获热量来进一步利用。这一建议理论上行得通,但实现起来有一定的困难。首先,在燃烧前需要把可燃物品和不可燃材料分离(见图 4.2)。其次,燃烧需要在高温下进行,并且要控制好燃烧条件以保证不向外排放有毒气体或有毒残留物。这一过程比较复杂,需要有昂贵的设备作支持。再者,燃烧能量的回收率永远是远远低于 100％ 的 ——部分原因是因为燃烧本身不完整,部分原因还因为燃烧后的废物仍携带水分,必须将其蒸发掉。一般来说,燃烧过程中的热量回收率充其量在 50％ 左右。如果回收的热量被用来发电,其效率尚不足 35％。此外,从社会角度来看,没有人愿意居住在焚烧炉附近。总之,尽管通过废物燃烧可回收部分热能(甚至电能),但这种废品再利用的方式效率低、经济性差,而且还有社会上的抵触,所以并不完全具有吸引力。

尽管如此,利用废品燃烧回收热量,在某些特殊情况下仍非常实用。最突出的例子是水泥制造业——一个既耗能、又排放大量废气的领域。为减少"煅烧"(水泥生产过程中不可避免的一步)对燃料的大量需求,与日俱增的汽车废轮胎和工农业废物被用来作为煅烧燃料,但无法避免大量 CO_2 的排放。

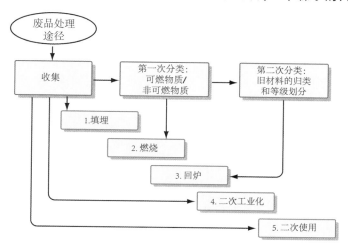

图4.2　废品处理途径：填埋、燃烧（回收热量）、回收利用、二次工程化和二次使用

（除填埋法外，采用其他途径处理废品时，都需要事先进行筛选归类。）

回收利用　真正的废品是当某物品完全失去了其使用价值。我们所说的一般意义上的"废品"可以当成一种资源被重新利用——这就是所谓的"回收利用"：当产品的第一生命结束时，经过一定的处理加工，将它重新利用到产品的生产过程中。这是我们在第4.5节中重点讨论的问题。

二次工程化（或翻新再使用）　一个优质的斧头，随着时间的推移，可能换过两次金属头和三次手柄，但它仍然是同样的斧头。翻新装修，对于某些产品来说，比完全弃旧换新更具有成本效益和高效节能。比如飞机，永远不会完全成为废品。如果我们在定期维修检查时，仅仅更换飞机上的关键部件，则该飞机可正常工作更多的年头。如道格拉斯DC3型飞机，迄今已有70余年的使用寿命，尽管航空公司易手，但飞机依旧满天行。一般来说，大的航空公司使用高档次的新飞机，小的、廉价航空公司回收使用款型较老的旧飞机。这个道理显而易见。

废品的二次工程化，即从旧产品中回收尚可利用的部件，并对其进行翻新装修而重新使用的过程。要使这一过程具有真正的实用价值，必须针对和满足相应市场的变化。一个废品是否能够被二次工程化，关键之一是该产品的设计更新频率不能太高（如飞机的设计基本是固定不变的），或者该产品的生产技术演变进展缓慢。只有这样，旧产品翻新再利用才有一定的市场。举例来说，住宅、办公室、公路和铁路等基础设施，都是对材料消耗有很大胃口的行业，仅仅使用新产品往往浪费很大，而且也会出现材料短缺的状况。又如，办公设备（特别是打印机、复印机）、通信系统（电话线、移动电话和互联网服务设备）和净化水提供等设备，它们为使用者们提供了服务和方便，但使用者们（如果不是设备的拥有者），往往不会去考虑设备的生命周期。一旦人们成了服务设备的拥有者，他们就会想方设法去延长设备的使用期限，以获得最大的成本效益。这里，废品的二次工程化之意义显而易见。

然而，二次工程化与时尚、风格和观念的改变相冲突，后者往往使得翻新产品不再被社会所接受，即便它们仍然在很有效地工作着。过分注重个人形象和社会地位以及自我欣赏度高等因素，往往是炫耀性消费（conspicuous consumption）的巨大驱动力。它们与环保的理念相悖。

重新利用(或"二次使用") 欧洲现存的、保修完好的大教堂几乎无一例外的都是建立在更早期的建筑基础上的。如 10 世纪或 11 世纪的教堂,其开端往往可以追溯到更早期的第 5 或第 6 世纪。罗马帝国、乃至更古老时代遗留下来的建筑碎片(包括残缺的圆柱、柱顶过梁和挑檐间的雕带以及墙顶的饰带等)都被很好地保护下来了。它们镶嵌在现代建筑中,同时具有很大的装饰作用。所以,废品的"重新利用"并不是一个新理念,但确是一个很好的理念。

让我们先给"重新利用"一个比较正式的概念描述:"重新利用"是指在顾客认可的条件下,将二手产品再次投放到消费市场的过程。比如,有些顾客愿意买二手车,如同新车同样使用;另一些顾客买二手车则是为了将其转换为其他用途,如空间较大的二手车可以改装为"移动住所";喜欢车速竞赛的年轻人往往将二手车改装为赛车[1]。慈善商店往往出售二手服装、二手物品和质量较差的新产品[2]。顾客的消费心理各有不同,在一些人眼中已经成为废品的东西,在另一些人眼中仍可以获取价值。二手产品是否受市场欢迎,关键是宣传广告做得如何。通过房地产、二手车和船舶杂志等可为二手产品提供很好的宣传渠道。因此,为了最大限度地延长产品材料的寿命,最好是通过各种渠道,尤其是通过互联网和其他交易系统,尽可能地出售旧货,以促进产品的再利用。

4.4 产品包装

作为包装使用的材料其本身的价值很小,因为一旦包装被打开,包装材料即失去了价值。所以,包装材料的功能寿命十分短暂,而且许多商品的包装可有可无。但是,因为包装而产生的废品却堆积如山。

真的是这样吗?让我们以各类服装为例:衣服本身的功能——除了使人类成为"文明"社会的一员外,主要是冬季防冷御寒,夏季避暑遮阳。但衣着服饰同时还传播出许多其他信息:如穿衣人的性别、民族、乃至宗教背景。"制服"是识别职业和等级的标志,其最明显的例子是军队和教堂的制服,其他行业(如航空公司、旅店、百货商店)也有类似的显示标志性的制服。就个人穿衣而言,衣着打扮是展示我们个性的重要组成部分。有些人同一件衣服可穿若干年,另一些人则一件衣服仅穿一两次,就作为废品送给慈善机构了。

包装对产品的作用犹如服装对人体的作用一样,只是产品没有生命而已。包装的优越性是保护产品并给出产品的信息、产地、规格和表现形式。

让我们首先来了解一些事实和数据。因"包装"而产生的废品垃圾大约占家庭垃圾的18%,我们现在的享受型生活方式已离不开产品包装了。离开包装,超级市场也就不复存在了。通过产品包装,食物得以保护,从而延长了其使用寿命。特别是食品,如水果、鱼、肉之类,高技术的包装和控制食品保鲜环境,使得人们一年四季都可以享用新鲜食物,并把供应链中的食品浪费降低到了约 3% 左右(如果没有包装,该类浪费将是巨大的)。此外,包装袋上的防伪标记还起到了保护消费者利益的目的。通过阅读包装信息,消费者可以了解物品的上市日期

---

[1] 许多普通人认为是废物的东西在艺术家眼中可变成创新作品。如果你有机会,请参观法国"国际简单艺术博物馆",其地址为:Museé International des Arts Modestes, 23 quai du Maréchal de Lattre de Tassigny, 34200 Sète, France (www. miam. org)。

[2] 记得有个英国商店的口号是:"我们买的是垃圾,卖的是古董。(We buy junk. We sell antiques.)"

(如果有的话)和使用说明(如果需要的话)。许多商品的品牌靠包装来显示:可口可乐瓶,
Heinz 汤罐,Kellogg 系列产品。所以包装方式对许多产品的销售和认可是至关重要的。

然而,因包装而产生的废品垃圾大约只有 3% 被填埋处理,因包装而产生的 CO_2 约占全球
总排放量的 0.2%。欧洲市场上大约 60% 的包装废品被回收,并用于能源循环再利用,美国的
情况要差些。包装行业非常清楚自己在环保问题上的某些负面影响,并一直在为减少包装重
量和体积并尽量节省包装用材料而努力[1]。包装所使用的大多数材料——纸张、纸板、塑料、
玻璃、铝和钢等都有相应的回收市场。但许多包装废品终止在民居中,要想回收它们却不是一
件容易的事情,最好的办法是通过宣传途径,让消费者们主动按废品类型将包装放入不同的废
品回收箱内。许多包装为了很好地保护产品而采用多层性材料,它们是很难被直接回收处理
的。如果废品分类工作做得好,许多废料是可以用来创造一定的能源的。

通过立法可以限制包装,以减少垃圾废品的数量,但这会使许多商品失去运输保护和卫生
处理,从而剥夺了消费者便利生活的权利,并迫使人们必须对其目前的生活方式做出重大调
整。这一点很难做到。更好的解决办法应是尽可能多地回收废料并赋予其第二次生命。

工业设计的角色   是什么驱动人们轻而易举地废弃一个还可以使用或者还可以修好再
用的商品呢?自然是喜新厌旧的心理在作怪,加之许多推广新产品的诱人广告无处不在,更增
加了消费者们弃旧更新的愿望。追根寻源,工业设计在这方面负有不可推卸的责任,因为设计
往往是以推销新产品为主要宗旨的。设计厂家采用高超的营销技巧,向普通的消费者们显示,
不断购买新产品是他们的社会需要和心理需要,否则会被他人小看、甚至被嘲笑。

当然,这仅仅是设计领域的一个方面。一个设计精美的产品不仅不会随着使用年限的增
加而贬值,正相反,它的实际价值反而会随着年代的增加而增值。纽约、伦敦和巴黎的拍卖行
以及古董商出售兴旺的物品往往是当初设计出于实用的目,后来的价值高涨则是因为物品的
美学和欣赏价值的上升。人们一般是不会扔掉自认为有感情价值的物品的。所以,工业设计
产品既可以是劣品,也可以是杰作。

当你对自己的房子不再满意时,你有两个选择:或者买新房,或者整修翻新使旧房更加适
应你的个性化要求。但大多数的产品没有房子的灵活性。一个老产品(不像老房子)通常被认
为是无法改变的,而且因为老,价值会降低,所以最好的处理方式即简单的丢弃。设计上的重
新挑战即创建一些应变性和个性化都很强的产品,使消费者们获得它们后就像拥有了一所房
子,这些产品对其主人所传送的信息是:"请不要轻易放弃我。让我成为你生活中的一部分。"
要实现这样的工业设计,就必须将不断发展的新技术和新材料、新设计结合起来,使产品更富
有持久性和个性化,要考虑到传递给下一代继续使用的可能性[2]。

4.5 回收处理(材料的第二生命)

图 4.1 给出了 5 种处理废料的方法,但只有其中的一种符合以下较为理想的废品处理"理
念":
• 这种方法能够使废品重新返回产品的供应链;

---

〔1〕 参见"包装联合会"网址 www.packagingfedn.co.uk 或"灵活包装协会"网址 www.flexpack.org
〔2〕 关于这类建议的组织,参见网址 www.eternally-yours.nl

• 上一目的达到后,废品重返供应链的速率应与产品变为废品的速率相近。

显然,废品填埋法和燃烧法不符合第一项要求,而二次工程化和重新利用又不符合第二项要求。唯一可以同时满足这两点要求的只有"回收"处理(见图 4.2)。

对废材料回收处理过程的定量评估很难进行,因为回收处理也需要消耗能量,而且这种能量的消耗还附带着废气的排放。但是有一点可以肯定:回收处理废品所消耗的能量较产品初次生产时的耗能量要小得多,因此废材料,如果有可能被回收再利用的话,它的节能效率要比初次生产的高得多。但是,废品回收可能不是一个具有高成本效益的做法,这要取决于废料的有用部分之集中或分散的程度。比如,在生产制造过程中所产生的下脚料很容易被集中收集并有效回收(回收率近100%)。而分散在各类废弃产品中的材料的回收则成本较高,因为收集、分离和清洗过程均需要消耗人力和物力。还有许多材料是不能被循环再使用的,这些产品的生命周期结束后,只能在一个更为低级的领域里找到一些使用价值。例如,长纤维(又称连续纤维)复合材料,一旦合成后,将它们重新分离成纤维和聚合物是非常困难的事,所以只能将它们的废品切碎后用作填料。大多数可以被回收利用的旧材料在回炉时需要与新材料搭配处理,以免产生不可控杂质的积聚。因此,废品回收利用的净百分数(见图 4.1)既取决于废料本身的回收,还取决于与其搭配生产的其他材料之比重。

金属　从废品中回收金属一直很受工业界的重视。由于金属在其密度、磁性和电性、乃至在颜色上都与其他类型的材料有很大的区别,所以从废品中筛选金属相对较容易。而且,每公斤金属的价值大于其他任何材料。这些都使得金属回收的经济效益高,具有很强的吸引力。尽管对如何回收金属有许多人为的限制条件,但是金属类材料的回收再利用对当今的市场需求之贡献依旧十分重要的[1]。

聚合物　聚合物产品的销售量很大,但是产品寿命很短,而且产品作废后很难回收处理。这是因为聚合物几乎都有相同的密度,但没有显著的磁性或电性特征,而且还无法用"观色"法来区分它们,因为无论聚合物的成分如何,生产商们都可以把其产品制成各种各样的所需颜色。能够鉴定区分不同聚合物的科学方法是使用荧光 X 射线或红外光谱,但这些都不是绝对可靠的方法,而且代价昂贵,加之许多聚合物都是含有填料或纤维的混合体。此外,聚合物的回收处理本身需要消耗大量的能源,并带来不可避免的重污染。基于以上种种原因,聚合物回收使用的价值通常仅在全新产品的 60%左右。

目前的聚合物产品回收率很低。显然,增加其回收率首先意味着废品鉴定分离技术的提高。如图 4.3 所示,上行给出了普通、低效的聚合物回收信息,其内容也很空洞。下行介绍新型的鉴定识别系统,其内容包括聚合物和填料的种类以及它们的重量百分比。本章附录给出了一系列聚合物产品的缩写形式以及相关回收信息,可参照进行有效的回收利用设计。

实例 1. 识别聚合物　某产品中的组件含有以下两种回收标志:TPA 和 PMMI－CF—30。它们的含义是什么?

答案:参照本章附录可知,TPA 代表聚酰胺热塑性弹性体,PMMI-CF-30 代表含有 30%碳纤维的聚甲基丙烯酰甲亚胺。

废物回收产业的经济效益　虽然废物回收再利用具有深远的环保意义和社会效益,但最

---

〔1〕 最近的一项研究显示,金,作为材料,在电路板和移动电话、个人电脑中的使用量约占 0.2%(wt%),而提炼金所需要的矿石中仅含 0.002%(wt%)的纯金。

废材料：一个棘手的问题还是再生资源

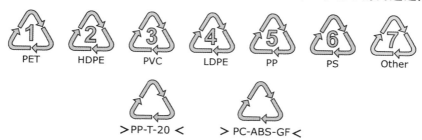

图 4.3　上行：最常用的聚合物商品回收标志。下行：带有（共混、填料和补强）细节的聚合物商品回收标志

终决定产品回收业兴旺与否的乃是市场效应。一般的回收流程为：市政部门负责收集垃圾，然后将可回收部分卖给中间商，中间商再转手卖给垃圾处理厂家，经二次加工后再卖给制造商。请注意，废品回收业如同其他任何产业一样，其产品价格也是随着供应和需求的平衡而波动的。在自由交易市场中，被认为有回收价值的材料（几乎包括所有的金属和少量聚合物）一定是那些可以从中得到利润的材料（见表 4.1）。

表 4.1　废品回收利用的市场信息

材料分类	废品回收再利用 （已进入市场）	二次利用的可能性 （尚未进入市场）
金属	钢和铸铁 铝 铜 铅 钛 所有贵金属 *	金属箔包装纸
聚合物和弹性体	聚对苯二甲酸乙二醇酯（PET） 高密度聚乙烯（HDPE） 聚丙烯（PP） 聚氯乙烯（PVC）	其他聚合物和弹性体材料， 主要是轮胎
陶瓷和玻璃	瓶用玻璃 砖 水泥和沥青	非瓶用玻璃
其他	纸板、报纸和任何纸张	木材 纯棉、羊毛和其他纺织纤维

* 1 t 金矿中提炼出来的金约为 5 g，制备 1 t 手机的用金量约为 150 g。

　　废料的品种可分为一、二级。一级废料（或新废料）一般为加工下脚料，如金属坯的切割、铸件的冒口和机加工中的切屑等。它们都是生产制造过程中的副产品，可以立即被回收再利用（通常在厂内即被回收）。二次废料（或旧废料）是指使用寿命结束后的废产品部件（见图4.4）。可回收废料的价值取决于它的种类和来源。很显然，一级废料的回收价值高，因为它们不产生污染,且易于收集和再加工。至于二级废料,从商业货源(如从办公室和餐馆)收购的要比从家用垃圾中提取的价值要高得多,因为它们的品种更单一,从而减少了许多筛选过程。

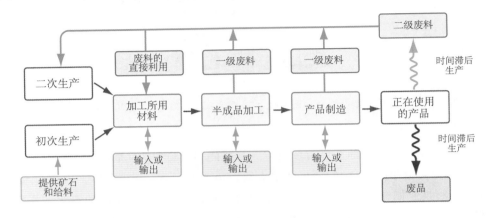

图 4.4　材料在生产运转中的循环路径

(一级废料产生于制造过程中,几乎可以立刻回收再利用。二级废料来自于产品的使用寿命终点,其回收再利用有时间滞后效应。)

　　回收处理业面临的另一个关键问题是,二手材料(或"再生材料")的生产商必须与一手材料的生产商竞争市场。相对于二手材料而言,一手材料自然是质量更高,因而价格也更贵,而且人们在条件允许的情况下更容易接受一手材料的购买和使用。所以,当产品制造商决定使用再生材料时,必须保证产品质量的下降不会损害产品的使用功能。

　　一个市场的盈利大小可以通过经济干预而改变(例如"补贴"或"罚款")。目前在欧洲已有立法,对报废车辆和电子产品的处理规定了一个回收标准。其他地区的国家也有类似的立法条文或即将出笼的规则。一些被自由贸易市场认为无价值的垃圾,在市政管理部门的强烈要求下,不得不进行回收处理,因为法律已禁止填埋它们了。就目前的情况而言,市政部门在为垃圾废品的处理付出代价,因为他们需要补贴处理公司。然而,付出的代价也会发生波动——这就是市场经济的支配作用。如果未来的垃圾处理技术得以改进,变废品为正品,则市场上的需求量会增加。那时,市政就不再需要补贴废品处理公司了,很可能还会得到经济效益。

　　在没有法律规定"垃圾废品必须回收"的国家和地区,回收处理与垃圾填埋之间存在着自然竞争。由于填埋也需要付出成本(包括支付填埋税),所以何类垃圾最好是回收处理、何类垃圾不得不进行填埋,取决于处理公司的收支情况。总之,公司的利益是以寻求减少废物管理成本为宗旨的。

　　实例 2. 废品的价格波动　"由于经济的不景气,回收市场的材料价格大跌,导致回收的垃圾堆积如山,也许大部分需要填埋掉。"

—— 摘自美国 2008 年 12 月 8 日版的《纽约时报》

　　至少在短时期内,再生材料的价格波动很大。由于填埋收费上涨,废物回收市场的经济效益变得越来越有吸引力。但回收企业需要投资,而投资者并不喜欢不稳定的市场。

　　实例 3. "日本正在从旧的电子产品中回收稀土材料　由于受限于中国稀土的供应,日本的贸易商和企业近期内已开始寻求其他来源。新来源并非来自于天然的地下矿藏,而是来自于日本人称之的"都市矿山（urban mining）"，即来自于全日本回收量庞大的旧电子器件和设备。日本前国土部长冬柴铁三宣布："我们已经从手机里找到了黄金"。

——摘自美国 2010 年 10 月 5 日版的《纽约时报》

再生材料的价值可升可跌。据日本国立材料科学研究机构（NIMS）估算，仅日本的旧电子产品中就有约 30 万吨的稀土可以回收。稀土在电池、电动马达和激光技术中起着重要的作用。如果原材料的供应受到限制，从废弃产品中回收将会越来越有吸引力。

以上所有的描述都可能给人以"废物管理是一个地方性的局部问题，该市场仅由地方或国家的力量所推动"之印象。但快速发展的国家，尤其是中国和印度，胃口很大，在欧美国家被视为"废物"的东西，对快速发展国家很可能是一种资源。由于那里的劳动力便宜、成本低廉，加之与西方不同的生产质量标准和缺乏对环境的监控管理，这种种因素都在无形中推动着全球的废物滋生和再生材料共同市场的发展。

回收利用对当今材料市场供应的贡献　假设某材料使用 Δt 年之后其中的一部分（f）成为二级废料。如果它在成为废品的当年被回收利用，则它的回收利用率也为 f。鉴于材料的消费会随着时间而增加，而废品的回收总会滞后于消费，因此废品回收对现时供应的贡献会随着时间而递减。设某材料在 t_0 年时的消费为 C_0 吨，而消费速率以每年 r_c 的速率增长，则在 t^* 年的消费量应为

$$C = C_0 \exp[r_c(t^* - t_0)] = C_0 \exp(r_c \Delta t) \tag{4.1}$$

则在 $\Delta t = t^* - t_0$ 时间段上的总回收量 R 应为

$$R = f C_0 \tag{4.2}$$

如图 4.5 中绿色短棒所示。那么，废品回收量（R）与材料市场的消费量（C）之比应为

$$\frac{R}{C} = \frac{f}{\exp(r_c \Delta t)} \tag{4.3}$$

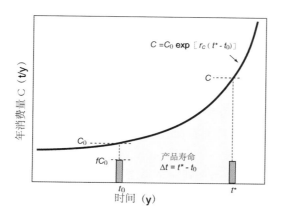

图 4.5　产品材料只有当产品的生命周期结束后才可能作为废品被回收。如果消费速率不断增长，寿命长的产品对回收的贡献将低于寿命短的产品

图 4.6 用图解的方式显示了这一规律。如果 $r_c = 5\%$，$f = 60\%$，当产品的寿命为 1 年时，废品回收对现时材料供应的贡献约为 57%（图 4.6 中的 A 点）；如果该产品的寿命为 30 年，则废品回收的贡献将下降至 13%（图 4.6 中的 B 点）。显然，废品回收的贡献随着 f 值的增加而增加，但如果产品寿命较长或消费增长速度较高，则该贡献值会迅速下降。

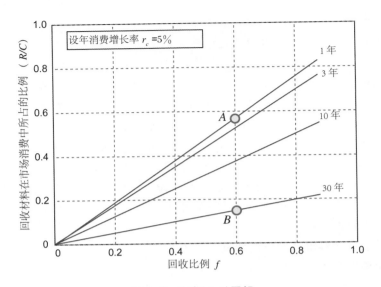

图 4.6　公式（4.3）图解
（倘若产品的年消费增长率为 5%，回收效益将随时间的推进而递减。）

事实上，每个产品中都含有不同种材料，而每种材料又可用于不同的产品。因而，每个材料或产品都有自身的使用寿命 Δt_i 和回收利用率 f_i（这里的 i 代表其中的一种材料或产品）。设 s_i 为某材料或某产品总消费量的一部分，它对当今该材料供应之贡献为，

$$\frac{R_i}{C} = \frac{s_i f_i}{\exp(r_c \Delta t_i)} \tag{4.4}$$

废料回收的总贡献将是各项材料市场之分贡献的总和。

实例 4.　小东西和小部件对回收的贡献　某材料被同时用来制造一个小东西（gizmo）和一个小部件（widget），它们各消费总材料量的 25%。小东西的销售量以每年 10% 的速度稳定增长，其使用寿命为 20 年，成为废品后全部材料可被回收利用（$f_{gizmo} = 1$）。而小部件的销售量增长缓慢，每年 1%，并且只有 4 周的平均寿命，回收率也低（$f_{widget} = 0.5$）。试求证小东西和小部件对现时消费的贡献哪个更大？

答案：如果将已知数据代入方程（4.3），我们会得到意想不到的结果：小东西的废品尽管全部都被回收再利用，但对现时消费的贡献比仅为 3.4%；而小部件的废品尽管只有 50% 被回收，但它对现时消费的贡献却高达 12.5%。由此可见，寿命短的产品对现时消费的贡献更大。这里揭示了材料经济学中许多意想不到的结果之一：制造耐久使用的产品自然会减少对原材料的需求，但这也同时减少了回收废料的可用量。希望制造耐久使用产品，就必须使用更多的材料以保证产品的坚固，这又意味着产品生产对原材料需求的增加。

4.6　本章小结

人类对消费的需求越大、速率越高，工业界消费材料的数量也就越大，随之而产生的废品也就越多。真正意义上的"废品"是个棘手的问题，因为它们不仅永久性地带走了部分不可替代的资源，而且还必须找地方"安置"它们，这一过程也需要消耗能源。

一般意义上的废品是可以作为一种资源来再次利用的，因为废品中不仅包含能量和材料，还包含许多尚未损坏的部件。一个产品或设备往往在它们的功能尚健全时，其第一生命就结束了。此后，可以采取以下方式处理废品：通过燃烧提取能量、回收材料并二次工程化、替换磨损的部件后再次销售，甚至可以把淘汰掉的旧产品、旧部件不经处理而直接通过网络或其他交易系统出售。

所有的废品处理方式都有可取之处。但只有其中的一种方式 ——"回收"是真正意义上的废物利用，它可以变废物为有用的资源。

4.7 拓展阅读

［1］Chapman，P. F. and Roberts，F. （1983），"Metal resources and energy"，Butterworths Monographs in Materials，Butterworth and Co.，Thetford，UK. ISBN 0－408－10801－0 (*A monograph that analyses resource issues，with particular focus on energy and metals*)

［2］Chen，R. W.，Navin-Chandra，D.，Prinz，F. B. （1993），"Product design for recyclability：a cost benefit analysis"，Proceedings of the IEEE International Symposium on Electronics and the Environment （ISEE302813），Vol. 10-12，pp178～183(*Recycling lends itself to mathematical modeling. Examples can be found in the book by Chapman and Roberts and in this paper，which takes a cost-benefit approach*)

［3］Guidice，F. La Rosa，G. and Risitano，A. （2006），"Product design for the environment"，CRC/Taylor and Francis，London，UK. ISBN 0－8493－2722－9 (*A well-balanced review of current thinking on eco-design*)

［4］Hammond，G. and Jones，C. （2010），"Inventory of carbon and energy （ICE），Annex A：methodologies for recycling"，published by The University of Bath，Bath，UK. (*An analysis of alternative ways of assigning recycling credits between first and second lives*)

［5］Henstock，M. E. （1988），"Design for recyclability"，Institute of Metals，London，UK. (*A useful source of background reading on recycling*)

［6］Imhoff，D. （2005），"Paper or plastic：searching for solutions to an over-packaged world" University of California Press，USA. ISBN13－978－1578051175 (*What it says：a study of packaging taking a critical stance*)

［7］PAS 2050 （2008），"Specification for the assignment of the life-cycle greenhouse gas emissions of goods and services"，ICS code 13. 020. 40，British Standards Institution，London，UK. ISBN 978－0－580－50978－0(*This Publicly Available Specification deals with carbon-equivalent emissions over product life，with prescription of the way to assess end of life*)

4.8 附录：回收使用标志一览表

(a) 聚合物品的缩写

E/P	乙烯-丙烯塑料
EVAC	乙烯-乙酸乙烯酯胶
MBS	丙烯酸甲酯-丁二烯-苯乙烯塑料
ABS	丙烯腈-丁二烯-苯乙烯塑料
ASA	丙烯腈-苯乙烯-丙烯酸酯塑料
C	纤维素聚合物
COC	环烯烃共聚物
EP	环氧,环氧树脂或塑料
Imod	抗冲改性剂
LCP	液晶聚合物
MABS	丙烯酸甲酯-丙烯腈-丁二烯-苯乙烯塑料
MF	三聚氰胺-甲醛树脂
MPF	三聚氰胺-酚醛树脂
PA11	(均)聚酰胺 11,又称尼龙 11
PA12	(均)聚酰胺 12,又称尼龙 12
PA12/MACMI	(共)聚酰胺 12/MACM
PA46	(均)聚酰胺 46,又称尼龙 46
PA6	(均)聚酰胺 6,又称尼龙 6
PA610	(均)聚酰胺 610,又称尼龙 610
PA612	(均)聚酰胺 612,又称尼龙 612
PA66	(均)聚酰胺 66,又称尼龙 66
PA66/6T	(共)聚酰胺 66/6T
PA666	(共)聚酰胺 666
PA6I/6T	(共)聚酰胺 6I/6T
PA6T/66	(共)聚酰胺 6T/66
PA6T/6I	(共)聚酰胺 6T/6I
PA6T/XT	(共)聚酰胺 6T/XT
PAEK	聚芳醚酮
PAIND/INDT	(共)聚酰胺 PAIND/INDT
PAMACM12	(均)聚酰胺 PAMACM12

（续表）

PAMXD6	（均)聚酰胺 PAMXD6
PBT	聚对苯二甲酸丁二醇酯
PC	聚碳酸酯
PCCE	聚环己烷二羧酸
PCTA	聚环己基二亚甲基对苯二甲酸酯酸(共聚聚脂)
PCTG	聚对苯二甲酸乙二醇酯-1,4-环己烷二甲醇酯
PE	聚乙烯
PEI	聚醚酰亚胺
PEN	聚萘二甲酸
PES	聚醚砜脂
PET	聚对苯二甲酸乙二醇酯
PETG	聚对苯二甲酸乙二醇酯-1,4-环己烷二甲醇酯
PF	苯酚-甲醛树脂
PI	聚酰亚胺
PK	聚酮
PMMA	聚甲基丙烯酸甲酯
PMMI	聚甲基丙烯酸酰亚胺
POM	聚甲醛,聚缩醛
PP	聚丙烯
PPE	聚亚苯基醚
PPS	聚亚苯基硫醚
PPSU	聚亚苯基砜
PS	聚苯乙烯
PS-SY	间规聚苯乙烯
PSU	聚砜
PTFE	聚四氟乙烯
PUR	聚氨酯
PVC	聚氯乙烯
PVDF	聚偏二氟乙烯
SAN	苯乙烯-丙烯腈塑料
SB	苯乙烯-丁二烯胶
SMAH	苯乙烯-马来酸酐胶
TEEE	热塑性酯-醚弹性体

（续表）

TPA	聚酰胺热塑性弹性体
TPC	聚酯热塑性弹性体
TPO	烯烃类热塑性弹性体
TPS	苯乙烯类热塑性弹性体
TPU	聚氨酯热塑性弹性体
TPV	热塑性橡胶硫化橡胶
TPZ	未分类的热塑性弹性体
UP	不饱和聚酯

（b）填装物品的缩写

CF	碳纤维
CD	细碳粉
GF	玻璃纤维
GB	玻璃珠球
GD	细玻璃粉
GX	未分类的玻璃
K	碳酸钙
MeF	金属纤维
MeD	细金属粉
MiF	矿物纤维
MiD	细矿物粉
NF	天然有机纤维
P	云母
Q	硅胶
RF	芳纶纤维
T	滑石粉
X	未分类
Z	其他

4.9 习题

E4.1 许多物品尚可使用却被人为地扔掉了，试分析其原因。

E4.2 生产制造过程中的浪费是不可避免的。这里所指的"浪费"包括低品位热、各种排放（气体、液体和固体残留物），试阐述其原因。

E4.3 哪些措施可以用来应对现代化工业所造成的废物流?

E4.4 废材料的回收再利用具有很大的环保吸引力。但是又有哪些障碍呢?

E4.5 报废的汽车轮胎是废品处理领域中很棘手的问题,请使用互联网查询废轮胎被重新利用、或继续以"轮胎"的形式被利用或轮胎分解后被再次利用的可能性。

E4.6 列举包装材料的5个功能。

E4.7 设想你作为"头脑风暴"小组的成员之一,被要求提供几种可重复使用聚苯乙烯泡沫塑料做包装的方案。包装内容有电视机、电脑、家电和其他需要运输的产品。你需要大胆自由地去设想,不要怕自己的想法被别人嘲笑。

E4.8 当你被指派去德国回收洗衣机并需要对回收废品材料进行分类时,你遇到的组件有以下几种回收标志:

(a) >PA6-GF10< (b) >PP-T20< (c) >PS-GD15< (d)

试解释它们的含义。

E4.9 铅有许多用途,主要是作为蓄电池的电极、屋顶和建筑物管道、颜料中的色素等。前两项用途中的铅可以回收利用,但第3项不可以。全球的铅消费量正在以每年4%的速率增长。其中,蓄电池的用铅量占总消耗的38%。蓄电池的平均寿命为4年,使用之后80%可以被回收;建筑业的用铅量占铅总消耗的16%,其平均寿命为70年,使用之后95%可以被回收。试求在这两项用途中回收铅对总消耗的贡献(以百分比计算)。

E4.10 假设某国家用以制造一系列产品的进口材料为M,其平均寿命为t_{moy},年进口增长速率为$r_c\%$。又设在该材料的生命周期结束后,所在国政府不再希望增加进口量。

(a) 试求需要回收的M量以保证需求供应(以百分比计算)。

(b) 该产品的平均寿命越长,可回收的量就越小。试求平均寿命极限$(t_{moy})_{lim}$(超过此极限,回收量再大也无法满足需求的增加量了)。

E4.11 稀土类金属钕(Nd)是制作高效永磁磁铁的元素之一,其消费量r_c正以每年5%的速率增长。

(a) 被用于混合动力汽车和电动汽车马达的钕磁铁具有15年的平均寿命,其回收率为95%。如果全球钕生产量的50%用于制作汽车马达,将需要从报废车辆中回收多少钕以保证未来的汽车消费水平?

(b) 计算机的硬盘驱动器里也含有钕磁铁,其平均寿命为3年,回收率为95%。如果全球钕生产量的15%用于制作硬盘驱动器,将需要从报废的计算机中回收多少钕以保证正常的消费水平?

第 5 章

废物处理：一个漫长的立法过程

上图显示涉及到材料的 6 种警告标志。从左至右：危险、易燃、易爆、腐蚀性强、对环境有害、有毒

5.1　概述

　　人类文明历史上，先知摩西（Moses）曾以《十诫》[1]的方式给子民们制订了行为标准。这《十诫》大都以"不可……"的字眼开头（比如，不可偷盗；不可奸淫；不可作假证陷害人；不可贪恋他人的房屋，等——译者添加）。《十诫》用语简单明了，并借用诸如"天堂""地狱"等词汇鞭策人们去遵守这些行为标准。欧洲的有关材料和材料设计方面的指令和规则都是由欧盟所属的各类环保机构所制订的。尽管违反这些指令和规则之后果并不像摩西十诫中所描述的那么严重，但是，如果你希望很好地拓展业务，遵守产品的"合规性（Compliance）"应是优先需要考虑的问题。

　　遵守"合规性"显而易见需要：
- 熟知与材料及其加工工艺有关的指令和其他具有约束力的管制条文；
- 理解哪些法规需要遵守；
- 拥有（或研发）合适的手段和工具，从而使合规性尽量不阻碍你的业务拓展；
- 探索各种方式，变合规性为业务拓展的积极因素，而不是一种负担（例如利用合规性 作为一种营销手段）。

　　本章内容涉及工程材料的使用管理和相关的经济手段。我们将回顾目前的立法条文，并分析利用合规性拓展业务的一个具体实例。

5.2　社会逐渐形成的意识和法律回应

　　表 5.1 列出了具有里程碑意义的 9 大历史性文献。这些文献跨越 50 余年相继问世。在此期间，工业界对环境污染问题的重视程度经过了若干阶段的演变，它们可以被概括为以下几个阶段：
- 忽视：好像这个问题并不存在；
- 稀释：增加烟囱的高度向更高空排放或向大海倾卸；
- 采用"末端治理（End-of-Pipe）法"尽可能地不干扰生产过程；
- 把"预防"放在首位：设计时首先考虑环境因素；
- 以"可持续性发展"为首要目标：寻求各种途径，设法建立环保与发展之间的平衡关系。

表 5.1　9 个必读的具有里程碑意义的环保文献

发表时间 作者和文章题目	内容简介
1962 Rachel Carson，《寂静的春天》	DDT 农药的使用对环境的影响和后果

---

　　[1]　参见旧约圣经《出埃及记》第 20 章 1～17 节、《申命记》第 5 章 6～21 节——译者注。

（续表）

发表时间 作者和文章题目	内容简介
1972 罗马俱乐部《增长的极限》	这份研究报告首次向人们展示了在一个有限的星球上无止境地追求增长可能带来的后果
1972 斯德哥尔摩地球高峰会议	首届以"探讨技术发展对环境的影响"为主题的联合国会议
1987 联合国世界环境与发展委员会（WCED）《我们共同的未来》	又称为《布伦特兰德报告》，它制定了可持续发展的原则："既满足当代人的需求，又不损害后人满足他们需求的能力"
1987 《蒙特利尔议定书》	一项为了避免工业产品中的氟氯碳化物对地球臭氧层继续造成损害而签署的国际环境保护公约
1992 《里约环境与发展宣言》	建立在1972年斯德哥尔摩地球峰会基础上的一项有关可持续发展的国际声明
1998 《京都议定书》	一项以减少温室气体排放量从而抑制全球变暖的国际条约
2001 《斯德哥尔摩公约》	国际社会首次为控制和淘汰持久性有机污染物（POPs）而达成的共识协议，并为此制定了实施计划的时间表
2007 政府间气候变化专门委员会（IPCC）第4次评估报告	这份报告明确地建立了大气层中碳含量与气候变化的相关性，并根据需求为《联合国气候变化框架公约》的实施提供科学技术咨询

如今，各国法律和国际间议定书、协议等都规定了相应的环保标准。不同点在于，国际协议往往是广义和泛泛的声明，而国家立法则是更详细、更具体的条文。

从历史角度看，环境立法一般是针对一些已经出现了的不良现象（例如，污水排泻、有毒废物、汽油中的铅排放和大气中的臭氧层损耗）而制定的诫令，可认为是《十诫》的现代版本。然而，人们越来越清醒地认识到，针对某些孤立现象的立法往往不能从根本上解决环境问题，正相反，其后果之一是污染转移，而污染转移会导致在其他地方的环境破坏有增无减。为避免这一现象，各级政策制定者们已经从立法"诫令"转向运用经济手段来减少人为的污染，如绿色税收、环保补贴、排放交易等时，力求利用市场经济的力量来鼓励人们合理并有效地使用材料和能源。我们在前面章节中已经提到过一个有用的名词"环境成本的外部化"，它是指一些破坏环境的行为无法由具体的某个或某些领域的供应商或用户来承担责任费用（这些费用被称为"外部成本"）。最有效的解决问题的办法之一应该是将外部成本"内部化"，即追本溯源，用立法和经济手段迫使污染源制造者承担环境恶化所带来的后果。但是，这一点说来容易做来难，我们将在下文中讨论这一难题。

5.3　国际议定书、协议和公约

　　由于各国文化不同、财富积累不同、经济发展迥异，加之各国需要优先考虑的问题也不尽相同，所以希望全世界的所有国家都签署并执行同一个国际条约是一件非常困难的事情。国际间能够达成共识的只有：协议（Agreement），宣言（Declaration）或议定书（Protocol）[1]。这类"公约"一部分国家还是愿意签署的，而且签署后会对本国政策的制定和社会变革产生巨大影响。国际"高境界"公约的制定不仅会对签署国起到道德约束的作用，对非签署国也会造成无形中的压力。

　　《蒙特利尔议定书》（1989）　是一项旨在减少使用破坏臭氧层物质的国际条约。"臭氧层（ozone）"存在于大气的平流层中，其主要作用是吸收紫外线。臭氧层的破坏将导致大量的紫外线辐射到地球表面，进而损害生物体。破坏臭氧层类物质的罪魁祸首当属氟氯碳化合物（chloro－fluorocarbon，简称 CFC），它们被广泛地用来制造制冷剂和聚合物泡沫材料的发泡剂。如今，这类物质已被危害性较小的替代品所取代。可以说，蒙特利尔议定书在很大程度上实现了其既定目标。

　　《京都议定书》（1997）　是一项旨在减少温室气体排放、保护人类免受气候变暖威胁的国际条约。缔约的 44 个工业化国家承诺将在 2008～2012 年期间减少温室气体排放量。京都议定书是人类历史上首次以法律规定的形式限制温室气体排放。

　　然而，国际间的规定和议定书条文通常仅限于原则性的描述，而非立法或强制执行。它们寻求的是维护基本权利、发挥道德作用，而非法律效应。下面给出表 5.1 所列举的议定书、宣言和公约的内容分析：

- 原则一（斯德哥尔摩宣言）：各国都有开发利用属于自身环境的权利；
- 原则二（里约宣言）：在不损害他人利益的基础上，各国都有发展工业的权利；
- 预防原则（WCED 报告）：倘若某些地区的某些计划实施可能会对环境产生巨大而不可逆转的影响，即便尚未得到科学上的最终认证，也不妨碍这些地区采取积极有效的预防措施；
- 污染者付费原则："外部性"污染成本应转化为"内部性"，迫使污染者承担责任；
- 可持续发展原则：保护环境，公平合理地分担污染责任。

　　总之，这些议定书、宣言或报告的宗旨在于为随后的发展策略的制定提供一个良好的框架。

5.4　国家立法：标准与规范

　　一份欧盟环保指令以这样的形式开头："欧洲联盟理事会，鉴于 A，B，C，对于 X，Y，Z 类活动，根据 P，Q，R 法律程序，鉴于……（还有 27 个假设条件跟在后面），兹通过本指令：……"立法公文大都读来苦涩，因为它们使用特殊的法律语言，形式上"哥特化（Gothic）"、内容上"巴洛

---

　　〔1〕　议定书（protocol）是参会各方通过谈判达到共识并签署的一个备忘录，它为最终建立相应的公约（convention）或条约（treaty）奠定基础。事实上，《京都议定书》的内容已超出普通议定书的范围，它起到了为达到既定目标而附有约束力条约的作用。环保公约和议定书之间的区别在于，公约仅能建议各国不增加排放，而议定书迫使签署国承诺。

克化(Baroque)",其错综复杂的条文导致了一批特有机构的涌现。设立这些机构的唯一目的,是替客户们解读那些难懂的法律条文。由于指令中的大部分内容直接或间接地涉及对材料使用的限制,因此,获得指令的关键信息对材料工程师们来说是一件极为重要的事情。

国家立法,如"美国环境保护署(EPA)"法案或欧盟环保指令,一般采用以下4种形式:

- 建立标准;
- 与工业界经过谈判签署自愿协议;
- 如果条文未得到遵守,将根据具有约束力的法规惩罚违章者;
- 利用经济手段和市场力量促使人们改变现行做法,例如税收、补贴和排放交易等。

国际标准 ISO 14000 是国际标准化组织(ISO)所制定的一系列环境管理标准[1]。在1997 年至 2000 年期间,ISO 相继出台了 ISO 14040、14041、14042 和 14043,广泛地为引导建立环境管理自我约束机制制定了框架(参见第 3 章 3.4 节中所介绍的 4 个步骤:目标与范围的确定,清单编制,评估影响因子和 LCA 结果解读)。ISO 14040 试图为产品生命周期的评估制定一个统一规范化的目标和实施方式,但它并不具有任何法律效应。

ISO 14025 是一个指导 LCA 数据报告标准的"环保产品声明"或"气候宣言"。其目的是使用一种标准而简单的语言向消费者和经销商们提供产品的环境量化信息(我们将在第 8 章中给出实例)。用于该声明的数据必须遵循 ISO 14040 系列的标准程序,并且必须由第三者独立验证。环保产品声明应提供一个完整或简化 LCA 结果,而气候宣言则仅仅需要给出那些导致全球气候变暖的气体(CO_2,CO,CH_4 和 N_2O)排放量的数据。后者尽管简单一些,但执行起来仍然是一项艰巨的任务。

"公共使用规范" PAS 2050(Publicly Available Specification 2050)为全球的产品碳排制定了首项标准,它是由英国标准协会于 2008 年 10 月发布的,其目的是为了进一步简化 ISO 的种种条文。但是,PAS 2050 仅关注温室气体(green house gas,简称 GHG)的排放,而忽略所有其他。它旨在提供一个有效的方式来评估产品生命周期中的各阶段和运输服务过程中的温室气体效应。PAS 2050 只是一个咨询性文件,目前尚未成为一个标准,但它作为产品评估的实用工具正日益受到欧洲制造业的青睐。

在实际工作中,LCA 程序主要用于产品的开发和参照基准,并促进新的环保产品问世(以替代非环保产品)。然而,LCA 很少可以作为规程被使用,因为其具体指标的设置十分困难,如系统边界的确定、双重计算(double counting)以及产品覆盖范围等等(参见第 3 章的内容)。

自愿性协议和具有约束力的法规 目前立法的主要目的是尽量将环保成本内部化并尽量保存材料资源,由产品制造商们来负担废材料的处置。以下举几个具体的例子来阐述说明。

(1)美国资源保护和回收法(RCRA)是于 1976 年制定的美国联邦法律。美国环境保护署监控其合规性。RCRA 的目标是:

- 保护公众不被废污水所侵害;
- 鼓励产品的二次利用和回收利用;
- 清除溢满的或未按规定累计的废品。

(2)美国 1988 年启动的 EPA35/50 项目规定了 10 年内近 20 种应优先停止使用的化学物品(见表 5.2),以自愿行为的方式减少工业界的毒性物品排放。

---

[1] 有关具体内容,请参见 www.iso-14001.org.uk/iso-14040.

表 5.2　应优先停止使用的化学物品和材料一览表

挥发性有机化合物（VOCs）	应用领域
苯	生产苯乙烯和其他许多聚合物的中间体
四氯化碳	金属除油和油漆用溶剂
氯仿	溶剂
甲基乙基酮	金属除油和油漆用溶剂
四氯乙烯	金属除油用溶剂
甲苯	溶剂
三氯乙烯	溶剂，胶粘剂
二甲苯	油漆，橡胶粘合剂
有毒金属或金属盐	
石棉	纤维加固板，热电绝缘体
锑	轴承，眼镜染色体
铍及其化合物	研究太空的设备器件，铍铜合金
镉及其化合物	电极，电镀，玻璃和陶瓷中的染色体
铬及其化合物	电镀，玻璃和陶瓷中的染色体
钴及其化合物	高温合金，玻璃和釉料中的染色体
铅及其化合物	蓄电池，轴承合金，焊料
汞及其化合物	控制设备，化工生产中的液体电极
镍及其化合物	镍生产的中间体羰基镍
放射性材料	材料科学和医学
有毒化学药品	
氰化物	电镀，黄金和白银的提取

（3）"CAFE 标准（the Corporate Average Fuel Economy standards，美国企业平均燃油经济性标准）"1973～1974 年间的阿拉伯石油禁运造成了国际市场上的油价飙升，但同时也使人们意识到依赖石油进口的危险性（参见图 2.18 中石油价格飞速上涨的趋势）。美国国会因而于 1975 年通过了能源政策保护法，规定了强制性汽车燃油效率政策（即 CAFE 标准）及处罚和奖励条文，其目的在于提高所销售新车的燃油效率，期望从当年的每加仑 15 英里改善到 10 年后的每加仑 27.5 英里。32 年后（即 2007 年），美国能源独立和安全法案又将该燃油效率期望值提高，力争在 2020 年达到每加仑 35 英里。

CAFE 标准为汽车制造商们限定了车辆的平均耗油量，它以每加仑汽油所能驱动的英里数（mpg）为单位来进行测量评估。请注意，这里的平均耗油量指标是针对每一给定的车型所规定的。我们把每一给定车型（无论车的形状大小，只要车型相同）的年销售量称为"团队车辆总数（fleet vehicles）"，它们的年平均耗油量数目不应超过 CAFE 所规定的指标。如果超标，则新车的出厂将受到每超标一加仑英里罚款 55 美元（55 USD/mpg）的惩罚；相反，如果新车的平均耗油量比规定的指标要低,则可用同样的计算方式得到相应的积分奖励,该积分可抵消未来年头可能的超标罚款。美国政府因 CAFE 指标的设立而得到的税收额相当可观,仅 1983 至 2010 年间,汽车制造商们因超标而支付的罚款总额就高达 5 亿美元。欧洲制造商们每年因此需要定期支付 2000 万美元。当然,电动车和使用生物燃料的汽车超标则处罚较轻,甚至免于处罚。

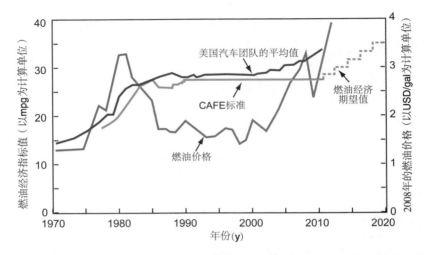

图 5.1　美国自 1975 年起根据 CAFE 标准所设立的车辆燃油经济指标及其演变趋势

　　图 5.1 给出了自 1975 年起美国根据 CAFE 标准所设立的车辆燃油经济指标及其演变趋势:开始时的每加仑英里数上升很快,自 1990 年起基本稳定在每加仑 27.5 英里的标准。此外,该图还以虚线形式给出了美国政府对未来增值的建议。增加汽车效率,一方面可缩减排放,另一方面还可节省开支。图 5.1 中的绿线及右侧的刻度显示燃油价格,蓝线则显示美国的汽车省油量趋势。由于美国大量进口日本产的省油汽车,其车辆的平均省油量指标原来一直跟踪 CAFE 规定值(还略为高出)。然而,自 2005 年后油价陡然上升导致该指标的设计值也急剧增加了。

　　那么,为什么汽车制造商们宁愿支付数百万美元的罚款,而不通过降低车身重量和发动机大小等措施来免罚呢? 这是因为制造商们、尤其是优质品牌(如奔驰和宝马)制造商,更看重的是经济效益(即是否有利可图),他们宁肯支付为数有限的超标罚款,也不愿意损害品牌形象,而让那些奢侈型顾客失望(后者优先选择的款项是豪华汽车的尺寸、功率和舒适程度)。举例来说,如果一个"车辆团队"的燃油经济实际指标值要比 CAFE 的规定高出 2 mpg,那么该团队的每辆新车都将遭受 110 美元的罚款,制造商们一般会将这笔款项打入所要出售的新车价格里,而购车者往往忽视价格详情,同时也不会因 110 美元之差而改变其购车计划。2 mpg 之差对一个行驶寿命为 15 万英里的汽车来说,意味着 430 加仑的额外耗油——如果每加仑油价为 4 美元,则额外成本为 1700 美元。显然,油价是一个比 CAFE 标准更受顾客重视的购车因素。而且由于燃料成本跨越汽车的整个使用期,所以其总消耗不会十分明显地表现出来。

　　如果表 5.1 中所建议的提高 CAFE 标准将于 2020 年付诸实施,那么届时违反规定的汽车制造商可能面临的处罚将为每年 10 亿美元。此重罚措施必将逼迫制造商们为创造节能汽车而研究轻质材料以减少汽车重量。我们将在第 10 章中重新讨论这个话题。

废物处理：一个漫长的立法过程

实例 1. "新型汽车和卡车燃油经济指标揭开神秘的面纱 通过对近 30 年来车辆"性能指标显示"所做出的全面和彻底的审查，美国环境保护署和运输部周三指出，2013 年后的车型（汽车和卡车）将会有更全面的性能指标显示，其中包括对预测燃油成本和尾气排放量的显示。新车上市除了要标明每加仑英里数外，还要标明其降低烟雾、减少尾气和提高燃油经济性的等级（需要标出从 1 到 10 的不同级别）。电动汽车和插电式混合动力汽车的性能指标显示也将配有对等于 mpg 的数据及其行驶里程和充电时间等方面的详细信息。新政府还对 2010 年有关车辆性能显示标志的规则做了补充，并要求新型汽车和卡车的平均燃油经济性在 2016 年至少要达到 34.1 mpg。"

——摘自美国 2011 年 5 月 25 日版的《洛杉矶时报》

下面，让我们简单回顾一下有关环保的法规和指令之内容：

① **美国联邦政府环境保护法规**（CFR—EPA）第 302 部分涉及保护环境和人类健康，限制在产品的制造、使用和废品处理阶段向环境释放有害化学物质的数量。正如下面将要介绍的 REACH 条文一样，法规要求制造商们必须注册生产使用量超标的一系列化学物品和材料（参见法规中的表 302.2）。

② **产品责任指令**（Product Liability 1985）欧盟指令 85/374/EEC 规定必须对有缺陷的产品所造成的损害实行责任赔偿。

③ **垃圾填埋指令**（Landfill 1999）欧盟指令 1999/31/EC 规定了处理危险废品和非危险废品的条文。它禁止许多废品的填埋，其中包括轮胎的填埋，要求必须为废轮胎的处理找到其他处理方式。

④ **挥发性有机化合物指令**（VOCs 1999）欧盟指令 1999/13/EC 旨在限制使用挥发性有机溶剂和载体所造成的环境污染，如限制有机涂料和工业清洗剂的排放量。这一指令的性质于 2007 年由合规性（compliance）变为强制性（mandatory）。

⑤ **废弃车辆指令**（ELV 2000）欧盟指令 2000/53/EC 制定了从废弃车辆中回收材料的规范，旨在鼓励制造商们重新设计他们的产品以避免使用有害物质，并最大限度地进行废品回收和再利用。2006 年的目标是安全处理有害物质并回收再利用 80wt% 的车身材料。2015 年的目标是只允许填埋 5wt% 的废品并且回收再利用 85wt% 的车身材料。

⑥ **有害物质指令**（RoHS 2002）RoHS（Restriction of the use of certain Hazardous Substances in electrical and electronic equipment）意为"在电子电气设备中限制使用某些有害物质"。该指令禁止含有以下 6 种物质的电子电器产品投放欧盟市场：铅、汞、镉、六价铬、聚溴二苯醚（PBDE）和聚溴联苯（PBB）。该指令与 WEEE（Waste Electrical and Electronic Equipment）指令的内容紧密相关。

⑦ **报废电子电气设备指令**（WEEE 2002）欧盟指令 2002/96/EC 和 2003/108/EC（也是一个立法倡议）对电子电器废品的收集、回收和再利用做出了具体规定，以解决有毒废品所产生的部分环境污染问题。它要求生产商们按指令规定负责承担收集、回收报废设备的费用，并且无公害化的自行处理那些不可回收的废物。不符合指令要求的产品必须标有"不合格（naughty）"的标志。该指令的标志为"带叉垃圾桶"。

⑧ **耗能产品指令**（EuP 2005）EuP（Eco-design Requirements of Energy-using Products）意为"对耗能产品生态设计的要求"。欧盟指令 2005/32/EC 为耗能产品（如电器、电子设备、水泵、电机等）的生态设计制定了框架。它要求生产商们在推出新产品之前必须"证明"他们在

设计时已经考虑到了产品的整个生命周期对环境的冲击,必须对包括产品制造、包装运输、分销、使用和寿命终结等各个阶段的能源消耗进行评估,并采取有效措施减少耗能。

⑨ **能源相关产品指令**(Energy related Products,ErP 2009) 自 2009 年起,欧盟指令 EuP 已被更换为 ErP(2009/125/EC),两者有类似的意图。如果说 EuP 指令仅涵盖微波炉、洗衣机和电视机等,则取而代之的 ErP 指令还包含了与能量相关但不直接使用能量的产品,如双层玻璃窗、水龙头和淋浴喷头等。

⑩ **REACH 指令**(REACH 2006) REACH(Registration,Evaluation,Authorization and Restriction of Chemical Substances)意为"化学品的注册、评估、许可和限制"。REACH 指令即欧盟指令 1907/2006/EC,它生效于 2007 年 6 月,但将在随后的 11 年中分段实施。该指令赋予制造商们更多的责任,以求加强对危险化学物品的管理,并寻找替代品使它们的生产更安全。REACH 要求对年产量或进口量超过 1 t 的所有化学物质以及应用于各种产品(包括金属和其合金)中的化学物质进行注册。只有通过注册的物质或产品才能在欧盟内生产或进口。而获得注册许可证需要提供每种限用物质或产品的详细技术档案,列举其属性和对环境及人类健康影响的评估,最后,还要陈述生产厂家都采取了哪些降低危险化学品使用的措施。REACH 指令中规定的限用物质名单很长,它大约涉及 3 万个物质以及相关材料。

以下是一些根据指令和法规对工程材料采取限制使用的例子。有些限制很苛刻——全面禁止;有些则比较温和——所有与儿童有接触的产品中只要材料含量不超过 0.1wt% 即可:

- 石棉(全面禁止);
- 燃剂化合物(限量 0.1%);
- 砷化合物(禁止在木制品中使用);
- 镉化合物(镀锌中限量 0.25%,电子器件中限量 0.01%);
- 六价铬化合物(电子器件中限量 0.1%);
- 铅化合物(电子器件中限量 0.1%);
- 汞化合物(电子器件中限量 0.1%);
- 镍化合物(限制在与皮肤长期接触的物品中使用);
- 有机锡化合物(产品中限量 0.1%);
- 破坏臭氧层的溶剂:溴氯甲烷,氯氟烃,哈龙(全面禁止);
- 邻苯二甲酸酯类增塑剂(玩具中限量 0.1%);
- 碳氢化合物溶剂(产品中限量 0.1%)。

如果你希望制作新产品,就必须事先了解该产品的方方面面以避免日后陷入麻烦。比如,许多聚合物组成物中都含有阻燃剂(flame retardant)或增塑剂(plasticizer);铬的电镀过程使用六价铬;焊接剂中含有铅;充电电池内含有镉;寿命长而放电低的电池中含有汞;镍是制造电阻器、加热元件和磁铁所不可缺少的元素。最后,不要忘记许多产品的制造过程都涉及有机溶剂的使用。

实例 2. 禁用物质 "法国国民议会昨日通过了一项令全球吃惊的法律条文:禁止邻苯二甲酸盐(phthalate)的使用。该条文拟禁止邻苯二甲酸盐的生产和进口或销售含邻苯二甲酸盐的产品。"

——摘自法国 2011 年 5 月 4 日版的《费加罗报》

邻苯二甲酸酯(又称酞酸酯)是一种塑化剂,用于增加聚合物(特别是聚氯乙烯 PVC)的柔软性、透明性和耐久性。在人造纤维和织物、塑料和弹性玩具、家具、配件（尤其是汽车饰件）、医疗设备（如血袋）等多种产品中也得到广泛应用。邻苯二甲酸酯分解缓慢，致使它积累在水、土壤和封闭的空间（如办公室）里。当其浓度足够大时，对人体和环境均有害。

然而，法国国民议会突然性的立法将会使得法国境内的制造商们措手不及，因为尽管存在着可以替代邻苯二甲酸酯的化学物质，但对于后者的研究尚不透彻，也不能立即证明替代物本身不具毒性。一旦该立法条文获得最后通过，如果不留给企业界一个调整时期，则会严重损害法国面料行业的利益。

⑪ **电池使用指令**（2006） 欧盟指令 2006/66/EC 禁止销售含汞量超过 0.0005wt％和含镉量超过 0.002wt％的电池，并力求实现旧电池的收集和回收，以重新利用电池中所包含的材料。工业电池不得丢弃于垃圾堆中，也不可焚烧。

⑫ **废弃物框架指令**（WFD 2008）欧盟指令 2008/98/EC 规定了废弃物管理的"级别"，首先要尽量避免废物的产生，其次要考虑"二次利用"或"循环使用"，最后要考虑"能量回收"。它要求必须对废弃物的种类、数量、原产地和目的地、运输方式和频率以及处理方法都有记录。垃圾处理的全部费用必须由废弃物主承担——这就是"污染者付费"的原则（the "Polluter pays" principle）。

⑬ **再利用、循环再利用和回收再利用指令**（RRR 2008）欧盟指令 2005/64/EC 旨在确保车辆制造商们在车辆研发初期即考虑循环利用的问题，保障可持续产品的发展，同时有效地利用能源和自然资源。该指令目前仅适用于小型乘用车和轻型商用车，它要求至少占全车重量85％的零部件可以再利用或循环再利用；截至 2015 年，至少占全车重量95％的零部件必须再利用或回收再利用。这两种车型若不满足该指令的要求，将被拒绝进入欧盟市场。

5.5 用经济手段加强环保：税收、补贴和交易

"用经济手段来操纵市场力量以便影响消费者和厂商的行为举动，要比采用传统的"管控"方式更有效、更巧妙，而且成本也更低。"[1]经济手段之一的"税收（taxation）"也许并不会让你感觉巧妙[2]，但它似乎比"命令和管控"的方式更有效。下面举一些例子来说明。

垃圾填埋税（landfill tax） 如今，世界上许多国家都在征收"垃圾填埋税"，以此作为一种更好的促进废物管理的工具并减少浪费。欧洲目前的税额约填埋每吨 50 欧元。此外还有"集料税（aggregate tax）"，约每吨 2 欧元，因为从大自然中提取碎石和沙子（制造集料的成分）总是以破坏环境为代价的。这样做的目的是尽量减少使用原料，以鼓励和刺激人们从拆除建筑中回收废物再利用。大多数国家还对汽油和柴油车辆征"燃油税（fuel duty）"，以鼓励消费者们使用省油型、乃至生物燃料车辆（后者的税额较低）。越来越多的政府正在加收"碳排放税"和"NO_x/SO_x 排放税"，税额大约为每吨 20 欧元（鉴于碳排量不能直接测量，通常是以对等的能量消耗作为碳排量的替代）。美国的环保"税"之一是许多州政府对瓶罐预收税金，用毕回收后可退还税金。这一措施已经显示出瓶罐回收循环计划是行之有效的。

然而，征收环保税也遇到两个棘手的问题。首先，它并不能确保减少二氧化碳排放的目标

〔1〕 摘自英国环境、食品和农村事务部（DEFRA）资料，www.defra.gov.uk/environment/index.html
〔2〕 "唯死亡与税收是世间无法避免的事情。"——本杰明·富兰克林 250 年前的名言。

一定能够达到,因为企业很可能付得起税额而继续排碳以获取产品利润;其次,征税政策需要公众的接受而且税收常常导致高昂的行政费用。人们一般是不会轻易相信政府会把所征收的环境税用于真正的环境保护产生的。最明显的例子就是所征收的燃油税很少用于改善公路或促销无污染车辆。如果说"唯死亡与税收是世间无法避免的事情",则人们总在尽最大努力避免各种税收。

实例3. **"极具争议的碳排放税政策再次在欧洲被提上议事日程** 日前,欧盟委员会提出一项新的税收政策:民居、交通和农业部门都需要为其所排放的碳量付税(税收至少是每吨20欧元)。但这项政策不涉及工业部门,因为后者已经与碳交易立法挂上了钩。"

——摘自法国 2011 年 4 月 8 日版的《世界报》

征收碳排放税比征收能源税更有效,因为能源税仅限于对化石燃料的管控。迄今为止,世界上只有少数几个国家(瑞典、丹麦、芬兰、爱尔兰和英国)在征收碳排放税。欧共体尽管举行了相关会议,希望能够在全欧洲施行征收碳排放税计划,但是会议并没有达成一致的协议。法国认为该税收不利于本国农业的发展,德国认为这将阻碍其汽车工业的发展。欧洲范围内目前尚无统一的碳排放税政策。

补贴 如果人们不想做你要他们做的事情,你可以尝试着用经济手段使其改变初衷。大多数发达国家目前都在补贴风能和太阳能农场的建设,以实现低碳发电和减少温室效应的国际间承诺。如果没有补贴,如今的所有能源替代系统都是在做赔本的买卖。但从长远来看,技术和经济的发展会有助于推广这些节能低碳产业的普及,变亏损为盈利,那时政府补贴就可以逐渐取消了。然而,如果政府的计划是今年提供补贴、明年取消补贴,则这项政策只能削弱投资者的信心。

实例4. **"补贴政策的变更使得太阳能产业的前景变得暗淡** 因政府有关削减未来公共补贴的提案,英国最大的太阳能发电计划是否能够有生存未来已经遭到质疑。"

——摘自英国 2011 年 3 月 19 日版的《金融时报》

风能发电产业也存在着同样的质疑。

排放交易体系(Emission Trading Scheme,简称 ETS,碳交易) 除了以补贴形式促进新生事物的发展外,推广一个有价值但尚没有得到公认的事物之另一种有效方式是为其创建一个市场。股市是一个很好的例子,公司发行的股份总数代表它的"价值"。该股票上市做交易,出售价或购买价完全是浮动的:被低估的股票价值会上升,被高估的股票价值会下降。但在任何时候,股票价值都反映着公司的市场价值。一个 1997 年《京都议定书》后新兴起的概念是建立排放交易体系,以适应这种"市场化原则"。下面,让我们将解释排放交易体系如何运作以及运作中所遇到的困难。

"碳交易"是为了促进全球二氧化碳减排所建立的一种市场机制,它允许参与者通过买卖行政许可证的方式来进行排放。以二氧化碳的交易为例,监管机构(如欧盟)首先决定欧盟各国可以接受的排放总量,然后再由每个国家把各自获得的许可排放总量分割为一个个交易单元(称为"许可证")出售给企业单位。鉴于企业的实际排放量随时间而改变这一事实,他们必须在每年年底提交实际排放量数目——如果超标将会受到经济惩罚。为鼓励企业不断创新技术、减少排污,碳交易体系允许他们保留当年未使用完毕的排放许可量以供应未来的需求,还可以转让出售给其他公司。为避免企业碳排放超标而被罚款,碳交易体系还允许他们购买额度外的排放许可量。由此可见碳交易体系的灵活性和巧妙之处:把排放权以交易形式给予公

司,因而公司可以灵活制定自己的环保策略和实施方案及时间安排。与此同时,由于各国的
(年)排放总量已定,(年)减排目标几乎可以确保达到。

碳交易体系还在另一层面上鼓励环保,即"碳中和(carbon neutral)"行为。碳中和旨在首
先估算二氧化碳的排放总量,然后通过植树或使用非化石能源(如太阳能、风能和波浪能)等方
式把相应的排放量吸收掉,以达到环保的目的。通过自愿购买排放许可量的方式来实现碳排
放的抵消,也算是"碳中和"的方式之一。

然而,用碳交易实现环保的做法也受到一些批评,主要原因有三:

• 指责者认为碳交易为企业继续碳排污染提供了一个借口,因为企业仅需要把购买碳排
许可权所花费的成本加在消费者头上就可以万事大吉了;

• 碳交易体系若想达到其真正的目的,必须以运行周期足够长为前提。比如捕捉二氧化
碳的树木成长周期一般为 50 至 80 年,而往往远在 50 至 80 年的周期达到之前,这些已经被用
来抵押同等碳排量的树木就早已被急功近利者砍伐掉了,所以预期的效果并没有兑现。同理,
风力涡轮机和波浪能发电装置(两者的设计寿命均为 25 年左右)也必须保证其使用寿命与设
计寿命一致,方可达到碳中和的预期目标;

• 目前阶段还很难验证购买碳排放许可证和许可量是否真正阻止了环境的进一步恶化。
许多与碳交易相关的政府收入被用于行政开支。

市场经济有其黑暗的一面(诸如内幕交易、固定市场等),碳交易市场也不可避免地呈现其
不稳定性。

实例 5. 碳排放许可证被盗用

"碳市场因网络盗窃损失了两千八百万欧元而关闭"

——摘自英国 2011 年 1 月 30 日版的《泰晤士报》

"巴黎碳股市市场加强自卫以打击盗窃者"

——摘自法国 2011 年 5 月 3 日版的《费加罗报》

目前的碳排放许可证为每吨 15 欧元。由于管理机构的安全措施不佳,使得大量许可证被
盗后高价转售。据《泰晤士报》的报道,在过去的两年中,网络袭击的频率增加了 5 倍。显然,
行政部门急需出笼新的安全措施以使这种网络盗窃变得更加困难。

5.6 立法后效

碳排放立法和各种指令的实施使得材料和制造行业陷入相当困难的处境,因为要达到这
些苛刻的要求是十分艰难的,主要问题在于:

• 必须对所使用的 3 万个化学物质一一提供详细的文件资料;

• 必须对所有能源使用产品及其相关材料做出鉴定分析;

• 必须寻求挥发性有机化合物以及其他有害物质的替代品;

• 必须回收产品拆卸下来的部件(随着材料种类的日益增多回收范围也将日趋增大)。

图 5.2 对废料处理的立法措施进行了总结,并将其与产品的生命周期相挂钩。立法的意
图是减少资源消耗和有害物质的排放,以及当损害发生后始作俑者要承担责任(即"成本的内
部化")。但具体执行这些立法条文,必然会增加工业界的负担,还会衍生诸多的行政管理
费用。

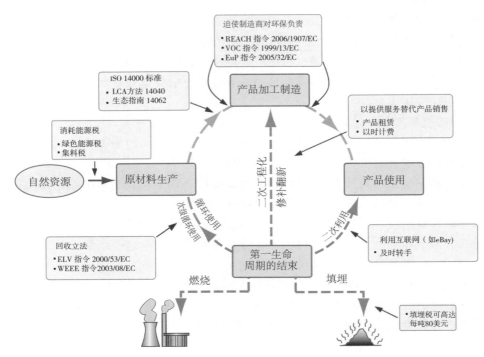

图 5.2   废物处理的立法措施以及它们对产品生命周期流程的具体干预机制

　　值得庆幸的是,可以通过使用精心设计的相关软件和其他工具来减轻和应对这些额外的负担和成本。我们在本书第 3 章的附录中所介绍的大多数 LCA 执行软件就是为了帮助企业分析和设计他们的产品,使其符合法规的标准要求。如果对在第 5.4 节所列举的任何指令条文进行网络搜索,都会发现伴随其实现的许多软件工具。软件工具的发展,与现有的"产品数据管理(Product Data Management ,简称 PDM)"系统相辅相成,可以半自动的形式随时检测出那些受制约材料在产品中的存在,并自动提供相关符合立法要求的报告。

5.7   本章小结

　　当政府希望改变人们和某些组织的行为时,他们会以多种形式进行干预。当今世界上的许多人(不仅仅是政府部门)已经意识到人类的活动和行为破坏了其赖以生存的自然环境,而且这种破坏很可能是不可逆转的。局部性的破坏可以在国家层面上通过迫使污染者付费(或奖励不污染者)而解决问题;如果属于大面积的、乃至全球性的破坏,就需要通过国家和跨国组织一起采用规章(Regulation),调控(Control)和指令(Directive)等行政措施来干预了,比如设定"碳排放税"或建立"碳交易"以激励社会变革更新,而达到"环保设计优先"的最终目的。

　　对于涉及全球范围内的环境污染问题,拯救措施的"外部化成本"不仅会降落在污染源产生国的头上,同时也会降落在那些非污染源国家的头上。这就需要国际间通过协商而建立协议来设法解决问题和纠纷。显然,万能性限制和强迫性指令是遥不可及的,因为各个国家的财富和政治制度不一,优先考虑的事宜也各异。尽管如此,国际间的协议和宣言还是可以通过协商而拥有诸多签署国的。只有努力推进这些国际协议的建立和签署，人类的未来才有希望。

在本章结束时还要指明，随着环保立法的数目与日俱增，我们期望着环保条文可以如同《摩西十诫》一样简洁明了。

5.8 拓展阅读

[1] Ayres，R. U. and Ayres，L. W.（2002），"A handbook of industrial ecology"，Edward Elgar，Cheltenham，UK. ISBN 1－84064－506－4（*Industrial ecology is industrial because it deals with product design，manufacture and use，and ecology because it focusses on the interaction of this with the environment in which we live. This handbook brings together current thinking on the topic*）

[2] Brundtland，G. H.（1987），"Our common future"，Report of the World Commission on Environment and Development，Oxford University Press，UK. ISBN 0－19－282080－X（*known as the Brundtland Report，it defined the principle of sustainability as "Development that meets the needs of today without compromising the ability of future generations to meet their own needs"*）

[3] Carson，R.（1962），"Silent Spring"，Houghton Mifflin，republished by Mariner Books in 2002. ISBN 0－618－24906－0（*Meticulous examination the consequences of the use of the pesticide DDT and of the impact of technology on the environment*）

[4] ELV（2000），The Directive EC 2000/53 Directive on End-of-life vehicles，J. of the European Communities L269，21/10/2000，pp 34 ~ 42（*European Union Directive requiring take back and recycling of vehicles at end of life*）

[5] *Hardin，G.（1968），"The tragedy of the commons"，Science，Vol. 162，pp 1243~1248*（*An elegantly argued exposition of the tendency to exploit a common good such as a shared resource（the atmosphere）or pollution sink（the oceans）until the resource becomes depleted or over-polluted*）

[6] The Intergovernmental Panel on Climate Change（IPCC2007），"Fourth Assessment Report of the IPCC"，UNEP，http://www. ipcc. ch（*The Report that establishes beyond any reasonable doubt the correlation between carbon in the atmosphere and climate change*）

[7] ISO 14040（1998），Environmental management-Lifecycle assessment-Principles and framework.

[8] ISO 14041（1998），Goal and scope definition and inventory analysis.

[9] ISO 14042（2000），Lifecycle impact assessment.

[10] ISO 14043（2000），Lifecycle interpretation，International Organization for Standardization，Geneva，Switzerland.（*The set of standards defining procedures for life cycle assessment and its interpretation*）

[11] Meadows D. H. ，Meadows D. L. ，Randers J，and Behrens W. W.（1972），"The limits to growth"，Universe Books，New York，USA.（*The Club of Rome report that triggered the first of a sequence of debates in the 20th century on the ultimate limits imposed by*

resource depletion）

[12] National Highway Traffic Safety Administration（NHTSA2011），"CAFE Overview" www. nhtsa. gov/cars/rules/cafe/overview

[13] PAS 2050（2008），"Specification for the assignment of the life-cycle greenhouse gas emissions of goods and services"，ICS code 13. 020. 40，British Standards Institution，London，UK. ISBN 978－0－580－50978－0（*A proposed European Publicly Available Specification for assessing the carbon footprint of products*）

[14] RoHS（2002），The Directive EC 2002/95/EC on the Restriction of the Use of Certain Hazardous Substances in Electrical and Electronic Equipment（*This Directive，commonly referred to as the Restriction of Hazardous Substances Directive or RoHS，was adopted by the European Union in February* 2003 *and came into force on* 1 *July* 2006）

[15] WEEE（2002），The Directive EC 2002/96 on Waste electrical and electronic equipment（WEEE）J. of the European Communities，Vol. 37，pp 24 ～ 38.

5.9 习题

E5.1 什么是协议？蒙特利尔议定书和京都议定书的承诺内容是什么？

E5.2 如果一个公司被要求将其目前的"环境成本外部化"转为"内部化"，这意味着什么？

E5.3 "指挥和调控"与"使用经济手段"来保护环境之间的区别是什么？

E5.4 如何做好限制排污方面的工作？

E5.5 "碳交易"（carbon trading）听起来像是一个完美的减排调控机制，但世界上并不存在完美无缺的事情。试利用互联网来研究并发现该调控机制的不完善之处。

E5.6 试比较"税收"法和"碳交易"法控制环境污染的优缺点以及它们的共性。

E5.7 某车型的团队平均燃油经济值超出目前的 CAFE 指标 3 mpg，因而遭到每辆新车罚款 165 美元的处罚。

（a）试求购买此型车辆者行驶 100 000 英里后，要比购买一辆符合 CAFE 标准（27.5mpg）的车型多消耗多少升汽油？

（b）如果超标车型的碳排设计值为 2.9 kg/l，此车行驶 100 000 英里后，要比购买一辆符合 CAFE 标准的车型多排放多少废气？

（c）如果汽油价格为每加仑 4 美元（4 USD/gal），超标 3 mpg 所带来的总成本损失有多大？（1 gal＝3.79 L）。

E5.8 为继续节油减排，CAFE 指标将提升至 35 mpg。但是，一家在美国拥有每年 50 万辆销售市场的汽车制造商仍然准备继续向市场推出团队生态指标为 25 mpg 的产品。该制造商将承受多少罚款？如果每辆新车的展厅价格为 4 万美元，制造商可从中获取 70％的销售利润，那么罚款款项占盈利额的百分比是多少？

E5.9 你的邻居有一辆大型 4 轮驱动车。他自豪地告诉你，他的车尽管体型巨大，但属于"碳中和"型的。其意如何？

E5.10 2007 年 12 月瑞典萨博（Saab）汽车公司呼吁消费者们"转向碳中和驾驶"，并声称"每个萨博都是绿色的。"在一新闻发布会上，该公司表示，他们计划每卖出一辆新车将种植 17 颗本土树。萨博还宣称，他们将会因此而成为全球第一家出售无碳品牌的汽车公司。但萨博公司很快就撤回了这一广告。试对上述说法的误导性进行评论。

E5.11 有哪些工具可以帮助企业达标以满足 VOC 法规？试使用互联网找答案。

E5.12 有哪些工具可以帮助企业达标以满足 EuP 指令规定？试使用互联网找答案。

E5.13 什么是 REACH？怎样可以帮助公司实施 REACH？试使用互联网找答案。

第 6 章
环保库：数据及其来源和精度

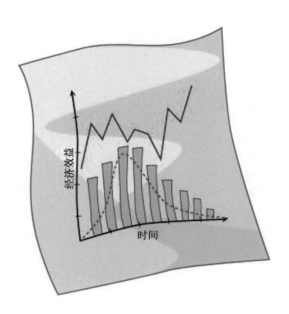

6.1 概述

任何政策的制定都需要数据,而数据意味着数字。真实的数字可为政策的制定提供坚实的基础,而无数字所得出的结论只能是推测。本章介绍一些通用的环保数据(它们在产品设计时常常会突然出现),而第14章则详细给出一些具体材料的特性。本章有诸多"令人头疼"的表格和数字,但你不必担心,关键是当你需要使用这些表格数据时,你知道在哪里可以找到它们。概括地讲,本书第6章和第14章提供具体数据,第7、8、9和第10章将运用这些数据来探讨生态审计和材料优选的方法。本章将介绍6个生态性能图表,以说明数字和数据在环保研究中的重要性(其余图表请参见后续章节)。

需要指出的是,现行可用的生态数据之精度大都很低,除了其中的一小部分误差在10%以内之外,其余都具有很大程度上的不确定性。所以在涉足这一领域时,一个首先值得考虑的问题是:你需要在何种精度上做你的设计项目?一个简单的答案为:只要精度能够达到足以区分不同的可行方案即可。下面我们将要看到的是,准确的判断可以基于不准确的数据——这是研究审计过程初始阶段的良好方式。

6.2 数据的精度

通常来说,材料的工程性能(如机械性能、热学性能和电性能)已经有了相当完善的鉴定并建立了数据库。库中的数据都是根据国际公认的测量标准、通过精确的测量设备而记录收集的,在各种工程手册中都可以查到。当然,因测量方法或使用设备不同,加之测试人员的估算误差,对同一材料、同一性能的数据描述也会有微小的差别,但精确度通常都会在3位数以上。这些数据是完全可以信赖的。

然而,当今产品的设计还需要额外考虑环保指标,其中包括产品的原材料生产需要的能量(即在第1和第2章中已经提到过的隐焓能)以及生产过程中释放到大气中的有害气体体量。需要指出的是,本书中涉及产品加工制造等环节的生态指标也将采用类似的术语(隐焓能和碳排量)和衡量单位。更多的材料生态性能术语将在下面一一介绍。

首先让我们回顾"隐焓能"的定义:它代表每生产单位重量(或单位体积)的原材料所消耗的能量(无论何种材料、无论何种生产方式,如生产1 kg的钢材或1 kg的水泥粉)。隐焓能用H_m(或H_v)表示,其国际标准单位为MJ/kg。需要指出的是,当某种材料的生产是以化石燃料为主要能源消耗时(如使用焦炭将铁矿石在高炉中还原成铁),耗能单位将由"油当量"(oe)取代"焦耳(J)",两者之间存在着相互换算的关系[1]。还有一些材料的生产是以电能为主要能源消耗的,这时的"兆焦(MJ)"将被"千瓦时(kWh)"所取代。总的来说,所有与化学能有关的能源消耗都用"MJ/kg"或"koe/kg"作为衡量单位,而所有与电能有关的能源消耗都用"kWh"[2]。

---

[1] 油当量(oil equivalent,缩写 oe),中国又称标准油。1 koe = 41.868 MJ——译者注。

[2] 1 kWh=(3.6/η)MJ,这里的η表示化石燃料转换成电能的效率。显然,当使用100%的电能来生产原材料时,η=100%。

隐焓能是研究产品生态问题的一个至关重要的表征量,它与材料的工程特性之定量描述不同,是一个很新的物理量。如果说许多材料特性的定义年代都可以追溯到 200 年前,隐焓能的定义历史则非常短暂而且可信度不高,目前尚无高效仪器来测量它。国际标准 ISO 14040 于 2006 年首次规定了测量隐焓能的基本方式,但并未给出测量细节,所以无法具体应用。那么,隐焓能和其他生态特性的测量值可信度到底有多大呢? 我们将在本章第 3 节中给出一个至少为 ±10% 的标准偏差。

你也许会问,以上关于隐焓能测量不确定的现状描述是否是负面信息? 回答是:不一定的。它取决于你在做生态审计或材料优选时如何使用这些数据,而基于环保标准所进行的材料优选必须与其用途挂钩。优选过程中尽管会出现数据准确性不高的问题,但只要得出的结论足以显著区分各种不同的材料(如材料 A 远远优越于材料 B),优选的目的就到达了,同时说明该方法相当可靠。

本书第 14 章在给出 63 种典型材料的主要工程性能的同时,也给出了其生态性能的数据范围,如铝的隐焓能值约为 200~220 MJ/kg。隐焓能数据的不唯一性(其他数据同理),恰恰反映了数据库提供者考虑到了材料生产时的能源消耗之"最低期望值"和"最糟结果"。当数据库使用者需要一个确定值时,建议使用范围值的平均数。

同理,二氧化碳排放量(CO_2 footprint,简称碳排量)是指每生产单位重量(或单位体积)的材料时向大气中所排放的二氧化碳量,其衡量单位为 kg/kg(或 kg/m^3)[1]。碳排量与"全球变暖潜在值(global warming potential,简称 GWP)"密切相关,因为大气中的 CO_2 起着吸收和捕捉太阳辐射到地球上的红外线之作用。其余排放物,如一氧化碳(CO)和甲烷(CH_4),也有增加全球变暖的负作用。我们把所有有害气体的排放量通用"碳当量(carbon equivalent,简称 $CO_{2.eq}$)"来衡量,其单位仍为 kg/kg(或 kg/m^3),它代表具有同等 GWP 效应的实际气体排放量。虽然"碳排量"和"碳当量"之间的准确换算关系取决于材料的生产制备方式等细节,但大致来说,1 kg CO_2 = 1.06 kg $CO_{2.eq}$。本书第 14 章给出的 63 种材料的碳排量数据都是针对碳当量而言的。需要指出的是,区别"碳排量"和"碳当量"值(两者之间的误差为 6%)对于严格的 LCA 评估是至关重要的。但本书的实例分析中所提供的大部分数据都含有 6% 以上的误差。所以,我们将忽略两者之间的区别,泛泛使用"碳排量"或"CO_2"这一术语。

6.3 材料的生态特性

表 6.1 列出了铝合金材料的生态指标,表的格式类似于第 14 章的数据表格。我们将"分块"(如一块为"材料生产对环境的影响",一块为"材料加工对环境的影响",另一块为"废料回收对环境的影响")解释每一术语的物理意义。表中数据来源于多方面资料的汇总,其出处细节可以在本章末尾"拓展阅读"部分找到。

---

[1] 碳的原子量为 12,氧的原子量为 16,所以,每 kg 碳的燃烧将会产生(12+2×16)/12=3.6 kg 的二氧化碳。

表 6.1　材料的生态特性

铝合金		
材料生产对环境的影响		
年产量	37×10^6	t/y
储蓄量	2.0×10^9	t
初次生产所需能量	200~220	MJ/kg
初次生产碳排量	11~13	kg/kg
耗水量	495~1 490	l/kg
生态指标	710	millipoints/kg
材料加工对环境的影响		
铸造耗能	11~12.2	MJ/kg
铸造碳排	0.82~0.91	kg/kg
加工形变耗能	3.3~6.8	MJ/kg
加工形变碳排	0.19~0.23	kg/kg
废材料回收对环境的影响		
回收所需能量	22~39	MJ/kg
回收碳排量	1.9~2.3	kg/kg
回收在现行使用材料中所占的比例	41~45	%

　　原材料的生产对环境的影响　表 6.1 中第一块数据的内容是有关从天然铝矿中提取铝锭以及铝的年产量信息。其中的"年产量"代表世界上每年可以产出的初级铝锭吨位数(单位为 t/y),"储蓄量"是指根据目前所探测到的、具有经济开发效益的矿石和给料之大小而估算出的(铝的)可开发量,其丰度以吨位来计算。

　　"初次生产所需能量"是指初级铝锭生产的隐熔能。热力学原理告诉我们,如果要从铝的氧化物中还原铝,就必须首先了解铝氧化过程的自由能值——它是从矿石中提炼铝时所必须提供的最低能量。然而,这一理论值远远不能满足实际生产过程的需求。还必须考虑以下几个因素:①提炼过程的热力学效率很低,一般都低于 50%;②提炼出来的铝锭的使用率也非 100%,报废部分从百分之几到 20% 不等;③提炼或生产铝锭的原料本身也有能源消耗的问题,如原料的交通运输耗能;④所有冶炼工厂都需要照明、高炉和维修,这些都很耗能;⑤如果节能研究对象是某种特殊材料的冶炼厂,则在估算隐熔能时,还要考虑到组建厂房时的建筑"抵押"耗能。由此可见,隐熔能总量的估算是与材料生产相关的"物资流动分析(resource flow analysis)"分不开的,这需要通过观察记录在某固定时间周期里所有与生产铝锭相关的总能量消耗而得出结论,其中还包括用非正常手段获取原料时的耗能。

　　所有被用来生产产品原材料的物质均被称为"原料(feedstock)"。原料可以是无机的、也可以是有机的。无机原料在产品生产中所占的比例是很容易估算的,因为无机原料经过原材料的加工后,要么被嵌入到最终产品中要么被当成废物剔除。但是,估算有机原料(如碳氢化合物)在产品生产过程中所占的比例却不是一件容易的事情,因为碳氢化合物既可以被用做原料直接来生产产品(如生产塑料)、也可以被用做燃料间接来生产其他产品。作为燃料被使用的碳氢化合物通过燃烧提供能量,但一旦烧毁则一去不复返了。所以,当我们评估生产某种原材料所需要的总隐熔能时,既要考虑到嵌入最终产品中的原料用能,也要考虑到包括燃料在内的能源消耗,因为两者均代表了对资源的需求。同时,用做燃料的碳氢化合物还会向大气中释放二氧化碳。

图6.1以"聚对苯二甲酸乙二醇酯(polyethylene terephthalate,简称PET)"颗粒的生产为例,通过分析该产品生命周期的各阶段耗能情况,简单形象化地解释表6.1中的各种生态性能之含义。从图中可以看出,PET颗粒的生产首先需要有"石脑油(naptha)"和其他石油副产品为原料,然后需要考虑这些原料运输入厂过程的能源消耗。当然主要消耗还在于生产PET瓶所需要的电能(如果电能来自化石燃料的转换,则其转换效率仅为38%左右)。

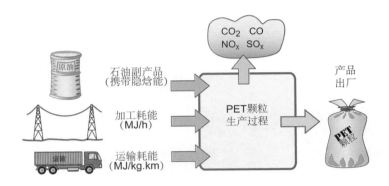

图6.1 以生产PET颗粒为例理解"隐熔能"的概念

(各种形式的能源消耗为生产PET颗粒提供了可能。厂家输出的是具有一定重量的产品,该产品的总隐熔能计算应该是各种能源消耗的累加除以产品的总重量,以 MJ/kg 为单位。)

图6.1还以生产PET颗粒为例,解释了隐熔能的真正含义。这里,PET隐熔能(H_m)$_{PET}$的计算由以下公式给出:

$$(H_m)_{PET} = \frac{\sum 生产产家每小时需要的能量(MJ)}{生产产家每小时生产出的 PET 颗粒(kg)} \tag{6.1}$$

与材料生产相关的的CO_2排放总量(其中包括原料和燃料在生产过程中的排放、原料运输途中的排放和发电排放等)也可用类似的方法进行评估:

$$(CO_2)_{PET} = \frac{\sum 生产产家每小时的碳排量(kg)}{生产产家每小时生产出的 PET 颗粒(kg)} \tag{6.2}$$

题外话:天然材料的工程使用 众所周知,树木的生长既需要从大气中吸收CO_2,也需要从地球表面吸收水分,从而提供碳氢化合物(如纤维素、木质素和作为建材的木质)。这一过程是吸碳过程,有助于降低大气中CO_2含量。

保护环境的方法是多方面的。我们需要多动脑筋、仔细观察大自然。大量种植树木自然会减少大气中的CO_2量,但是如果成年的树木被砍伐用做燃料,那么它们早年所吸收的碳又会很快被释放到大气中了。煤是一种碳氢化合物(又称为"烃"),如同树木,煤是从植物衍生出来的。煤中的碳是石炭纪时期[1]的植物从大气里捕获的,经过亿万年埋在地下的大量植物间

---

〔1〕 石炭纪(Carboniferous era)是古生代的第5个纪,开始于距今约3.55亿年至2.95亿年,延续了6500万年。石炭纪时陆地面积不断增加,陆生生物空前发展。当时气候温暖、湿润,沼泽遍布。大陆上出现了大规模的森林,给煤的形成创造了有利条件——译者注。

的生化和物化作用，而转变成有机矿产的沉积，进而形成煤炭。然而，煤炭并不永久地吸收 CO_2，当我们燃烧使用它时，那些被捕获了上亿万年的碳又将重新被释放到大气中。

用于工程的植物材料有许多是可以持续性生长的，如大麻类植物，传统上用来制作绳索和面料，但建筑施工领域和高分子复合材料增强领域也越来越多地使用天然大麻了。大麻的种植无需施肥，且生长速度快，跟得上市场需求量。大麻的好处还在于，它的生长过程中所吸收的碳将被保留在由它制成的织物、建筑材料或复合材料中，所以在大麻的生命周期内，它总是有助于减少大气中的碳含量的。只有在其生命的尽头，被燃烧或分解时，大麻中的碳才被释放出来。

现在，让我们来解答以下两个问题：①人类是否可以用植树吸碳来抵消车辆的排碳？回答是：这个想法不现实，因为树木的成熟周期一般为 80 年，而车辆的平均寿命仅为 14 年左右。②从低碳环保的角度讲，植物是应该作为煤类燃料还是麻类材料而栽培呢？众所周知，目前世界上的森林砍伐后多被用于建筑、燃烧或制造纸浆，其消耗速率远远大于再植生长速率。鉴于地球上对自然资源的需求量远远大于其再生量，人们不得已，只有继续把森林视为一种煤类资源而使用，其结果自然是大气中的 CO_2 不断增加。

好在如今的一些木材已可以来源于"以可持续发展为目标"的科学森林管理。这类森林是有效捕获大气中 CO_2 的利器。它们的碳排量为负值[1]。木基产品（如胶合板、刨花板，纤维板等）的优越性在于，它们多由比较低级的木材制成，而且是最大程度地使用树木躯干。但是，胶合板中的高分子粘合剂又会增加材料整体的隐焓能和碳排量。

数据的精度　图 6.2 给出了铝的隐焓能估算值（H_m^{Al}）随年代的变化情况。最早的 H_m^{Al} 数据发表于 1970 年左右。图 6.2 中给出的 H_m^{Al} 平均值为（204 ± 58）MJ/kg（可见标准偏差是平均值的 25% 左右）。即便是使用最佳数据统计，其结果也仅仅为（210 ± 20）MJ/kg（把估算误差缩小到了 10% 左右）。其他材料的隐焓能估算结果类似。

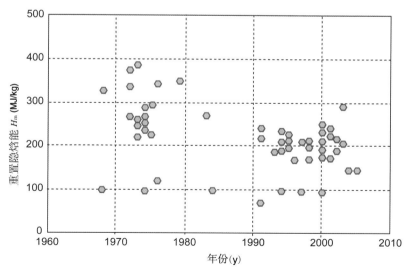

图 6.2　铝的隐焓能值随年代的变化情况

---

〔1〕　这类木材的隐焓能和碳排量值要比数据表格中的分别低 25 MJ/kg 和 2.8 kg/kg。

那么,这些误差是从哪里来的呢? 显然,同一材料的提炼生产设备、工艺流程等在不同的国家之间不可能统一。其次,各个国家的能源分配和使用也各异,特别是化石燃料和电力的混合使用很容易引起对能量转换效率的估算存在不同程度上的误差。此外,还有在确定系统的各个边界和程序问题上所产生的误差等。所以,目前评估隐焓能、碳排量和材料的其他生态特性值都存在着精确度不高的问题。如果隐焓能被"报价"为 210 MJ/kg,读者应当这样理解:数字"2"可以信任(即实际耗能约 200 MJ/kg),数字"1"值得商榷,而数字"0"没有任何实际意义。

实例 1. 隐焓能的计算　一个烹调锅的锅身(重量为 0.8 kg)由铝合金压铸而成,锅柄(重量为 0.1 kg)由酚醛树脂模压而成。试根据第 14 章所提供的数据,计算制造一个烹调锅所需要的耗能值。如果锅身使用压铸铁(其重量为压铸铝的 3 倍多)来取代压铸铝合金,烹调锅生产的耗能量会升高还是会降低?

答案:根据第 14 章的数据可知:

材料	原材料生产的隐焓能(MJ/kg)
铝合金	210
铸铁	29
酚醛	79

所以,铝锅的生产耗能值为 $0.8 \times 210 + 0.1 \times 79 = 176$(MJ)

铁锅的生产耗能值为 $2.4 \times 29 + 0.1 \times 79 = 78$(MJ)

由此可见,生产铸铁锅要比生产铸铝锅少用 98 MJ 的能量(尽管铸铁锅的重量更大)。此外,无论生产铸铁锅还是铸铝锅,这类产品的回收率都很高。请看下例。

实例 2. 利用回收材料制作新产品　实例 1 中的烹调铝锅实际上含有高达 43% 的回收材料,铸铁锅里所含的回收材料更是高达 67%。试根据第 14 章所提供的数据,重新计算这两种烹调锅的生产耗能。

答案:根据第 14 章的数据,可列表如下:

材料	原材料的隐焓能(MJ/kg)	通常回收量(%)	材料回收耗能(MJ/kg)
铝合金	210	43	25
铸铁	29	67	8
酚醛	79	0	—

所以,铝锅的生产耗能值为 $0.8 \times (0.57 \times 210 + 0.43 \times 25) + 0.1 \times 79 = 112$(MJ)

铁锅的生产耗能值为 $2.4 \times (0.33 \times 29 + 0.67 \times 8) + 0.1 \times 79 = 44$(MJ)

由此可见,使用回收材料,生产铝锅可节省 36% 的能量,生产铁锅可节省 44% 的能量。

特殊材料 1. 贵金属　(如铂、金、银)——顾名思义,其生产成本是很昂贵的。尽管它们的使用量很小,但耗能很大,碳排量也高。然而,贵金属的许多独特性能(如极佳的导电性、优异的抗腐蚀性能)使其成为制作电极、传感器和催化剂所不可缺少的材料。对于一般材料的隐焓能估算,我们可以首先做一级近似计算,即忽略那些对产品总贡献之和不超过 5 wt% 的"小材料"。但这一规则对贵金属行不通,因为哪怕极少量贵金属的使用也可以使产品生产的耗能量和碳排量显著增加。表 6.2 给出了贵金属的一些生态数据。

表 6.2 贵金属的生态数据

金属	隐焓能(MJ/kg)	碳排量(kg/kg)	独特的应用领域
Ag	$1.4 \times 10^3 \sim 1.55 \times 10^3$	95~105	光敏化合物,镶牙补牙
Au	$240 \times 10^3 \sim 265 \times 10^3$	14 000~15 900	无腐蚀电接触,镶牙补牙
Pa	$5.1 \times 10^3 \sim 5.9 \times 10^3$	404~447	催化剂,氢气净化
Rh	$13.5 \times 10^3 \sim 14.9 \times 10^3$	1 000~1 200	催化剂
Pt	$257 \times 10^3 \sim 284 \times 10^3$	14 000~15 500	催化剂,电极,电接触
Ir	$2 \times 10^3 \sim 2.2 \times 10^3$	157~173	催化剂,电极,高温点火器

实例 3. 贵金属在工程结构中的应用 一催化转换器的壳体以低碳钢(重量为 1 kg)为材料,内含涂覆 1 g 铂的蜂窝状氧化铝陶瓷(重量为 0.5 kg)。组件中哪一种材料的生产最耗能?

答案:根据表 6.2 和第 14 章的数据可知:

材料	隐焓能(MJ/kg)
低碳钢(第 14 章的数据)	26.5
氧化铝陶瓷(第 14 章的数据)	52.5
铂(表 6.2)	270 000

故 1 kg 低碳钢的生产耗能量为 26.5 MJ,0.5 kg 氧化铝陶瓷的生产耗能量为 26 MJ,而 1 g 铂的生产耗能量则高达 270 MJ。由此可见,铂的用量微小,但其耗能量却比生产产品中其他两项材料的总和还要高几倍。

特殊材料 2. 电子材料 电子元器件(如集成电路、表面安装设备、显示器、电池等)几乎已成为所有电器的一个组成部分。它们体积小、重量轻,但其生产制造却十分耗能。估算其生产耗能量时,不仅要考虑到制造电子器件所需要使用的原材料生产成本,还要考虑到加工制作工艺的复杂性。因而,我们将从三个部分入手来估算电子器件制作的耗能量:系统、子系统和器件本身。这些相关数据并不容易找到,本书表 6.3 给出一些近似数据。尽管数字不精确,但它们的量级足以显示出"电子器件加工制作的耗能和碳排量都相当大"这一事实,通常是常规工程材料的 10 至 50 倍。

实例 4. 电子器件的隐焓能和碳排量 报火警器中一般含有两节 AA 镍镉电池、一小型电子设备(重量为 30 g),酚醛外壳(重量为 400 g)。试问,这三者中的哪一个生产耗能和碳排量最大?

答案:根据表 6.3 和第 14 章中的相关数据可知:

电子器件和材料	隐焓能	碳排量
AA 镍镉电池	3 MJ/每节电池	0.2 kg/每节电池
小型电子设备（系统）	3 000 MJ/kg	300 kg/kg
酚醛	79 MJ/kg	2.65 kg/kg

因此，生产两节电池的耗能量为 $2 \times 3 = 6$（MJ）

生产电子器件系统的耗能量为 $0.03 \times 3\,000 = 90$（MJ）

生产外壳的耗能量为 $0.4 \times 79 = 32$（MJ）

由此可见，电子器件的生产制造之耗能比其他两部件耗能值的总和还要高两倍多。三部件的碳排量计算类似。

表 6.3　电子器件的隐焓能和碳排量

单位产品	耗能量（MJ*）	当量 CO_2 排放量（kg）
系统		
座机电脑(不加屏幕)	4 783	274
手提电脑	3 013	250
不同规模的小型电子设备	2 000～4 000/kg	200～400
LCD 显示板	2 950～3 750 /m²	295～375
打印机,激光打印机	907	68
子系统		
印刷电路板,台式电脑主板	2 830/kg	162
印刷电路板,笔记本电脑主板	4 670/kg	267
硬盘驱动器	65～216	4～12
CD～ROM/ DVD～ROM 驱动器	100～300	5～15
电源	574	30
风扇	254	12
键盘	468/unit	27
光缆鼠标,光缆光纤	93/unit	5
碳粉模块,激光打印机	215～220	10～11
器件		
集成电路,逻辑或存储器类型	9 700～16 000/kg	500～1 013
变压器	70～105/kg	4～6
晶体管	2 700～3 000/kg	140～147
二极管和 LED	4 600～4 700/kg	230～235
电容器	950～1 150/kg	48～60

（续表）

单位产品	能源/油当量(MJ*)	当量 CO_2 排放量(kg)
电感器	850~1 500/kg	45~84
电阻器	700~2 000/kg	35~120
电缆	5~10/m	0.2~0.5
插头入口和出口	8~13/unit	0.4~1
电源		
笔记本电脑用锂离子电池的笔记本	900~935/kg	74~100
笔记本电脑用镍氢电池	933/kg	57
汽车用铅酸电池(0.039 kWh/kg)	19/kg	1
汽车/摩托车用锂离子 (0.099 kWh/kg)	324 /kg	8
AA 碱性电池	1/unit	0.1
AA 锂离子电池	3/unit	0.2
AA 镍镉电池	3/unit	0.2
C 型镍镉电池	5/unit	0.4
材料		
电子单结晶硅	4 966/kg	251
光伏单结晶硅	2 239/kg	103
电子单晶硅片	6 017/m²	305
光伏单晶硅片	2 804/m²	129
多晶硅片	2 000/m²	90
焊锡(Sn/Ag4/Cu 0.5)	234	20

* 表中数据来源于 IDEMAT (2009)，Knapp and Jester (2000)，MEEUP report (2005) and Hammond and Jones (2009).

  特殊材料 3. 建筑结构材料 民宅和商业建筑消耗巨大量的材料,其中结构构件用量最大,结构构件的绝缘和建筑物的表面保护用量其次。室内装修,尽管用量较小但也不可忽视。建筑结构材料与常规工程材料的分类不同,所以它们的隐熔能和碳排量将在表 6.4 中专门给出(按结构构件、表面保护、房屋配套设备和室内装修 4 部分分类)。

表 6.4　建筑材料的隐焓能和碳排量

	密度	隐焓能		碳排量	
	(kg/m³)	(MJ/kg)	(MJ/m³)	(kg/kg)	(kg/m³)
结构构件					
集料	1 500	0.10	150	0.006	9
普通砖	2 100	2.8	5 880	0.22	462
30 MPa 混凝土	2 450	1.3	3 180	0.095	233
混凝土砌块	2 500	0.94	2 350	0.061	151
掺入大量粉煤灰的混凝土	2 010	1.14	2 290	0.068	137
预制混凝土	1 390	2.00	2 780	0.12	167
含 8 wt% 钢筋的混凝土	2 910	2.49	7 250	0.21	611
常规混凝土	2 390	1.14	2 700	0.1	239
水泥土（夯土）	1 950	0.42	819	0.03	55
原钢	7 850	27	212 000	1.8	14 100
100% 回收钢	7 850	7.3	57 300	0.57	4 470
42% 回收钢	7 850	18.7	147 000	1.23	9 660
稻草	125	0.22	27	−0.99	−12
结构用木材	550	7.3	1 380	0.42	230
表面保护					
原生铝	2 700	210	567 000	12	324 000
回收含量 43% 的铝	2 700	131	354 000	7.7	220 800
基于纤维素织物的德克铝（Duck）	980	72	7 060	4.5	4.230
片状模塑料玻璃钢	1 900	115	220 000	8.1	1 540
玻璃	2 400	15.9	37 550	0.76	1 820
石膏墙板	1 000	6.0	6 000	0.33	3 300
纤维素保温材料	40	3.3	112	0.1	4.0
玻璃纤维保温材料	32	30.3	970	2.1	67
矿棉保温材料	9.5	14.6	139	1.0	9.5
聚苯乙烯保温材料	32	117	3 700	4.2	40
蛭石保温材料	101	25	2 530	1.37	138
刨花板	550	8.0	4 400	0.6	330
胶合板	600	10.4	5 720	0.8	480

（续表）

	密度	隐焓能		碳排量	
	(kg/m³)	(MJ/kg)	(MJ/m³)	(kg/kg)	(kg/m³)
密封剂(聚硅氧烷,氯丁橡胶,环氧树脂)	1 100	120	132 000	7.5	8 250
屋顶板，沥青	540	9.0	4,930	0.6	329
房屋配套设备表面保护					
黄铜配件	8 100	54	437 000	3.5	28 400
管道和包层用铜	8 940	60	536 000	3.7	33 100
管道和包层用铅	11 300	27	305 000	1.9	21 500
PVC 管道	1 370	68	93 200	3.1	2 600
镀锌钢	7 845	35	275 000	2.1	16 500
包层用锌	7 140	46	328 000	3.3	23 600
室内装修					
合成地毯	570	148	84 900	8.8	
硬木	980	8.0		0.47	
皮革	922	107		4.29	
油布	1 300	116	150 930	5.8	
油漆	1 260	93	117 500	4.6	
瓷砖,陶土	2 290	3.0		0.22	
碎料板,刨花板	550	8.0	4 400	0.6	
软木	550	7.3	1 380	0.42	230

数据来源：Canadian Architect (2011)，EcoInvent (2010)，CES (2011).

实例 5. 计算建筑构件及其外围的隐焓能计算 已知,每平方米地面建筑面积对钢架结构的材料需求为：625 kg 的常规混凝土(用于打地基)和 86 kg 的钢材(属 100% 的回收材料)；相应的建筑外围需要 0.2 m³ 的玻璃纤维绝缘体和 6.6 m² ×19 mm 厚的胶合板。试求生产每平方米地面建筑面积的产品之总耗能。

答案：根据表 6.4 中的数据可得：

生产钢架结构耗能量为：$625 \times 1.14 + 86 \times 7.3 = 1\ 340\ (MJ/m^2) = 1.34\ (GJ/m^2)$

生产外围的耗能量为：$(0.2 \times 970 + 6.6 \times 0.019) \times 5\ 720 = 911\ (MJ/m^2) = 0.91\ (GJ/m^2)$

因此,生产每平方米地面建筑的产品之总耗能为 2.25 GJ,其中建筑构件约占 60%、外围约占 40%。

耗水量 （继续解释表 6.1 中第一块数据的含义）该数据将在本章第 6.5 节中讨论。

生态指标 （继续解释表 6.1 中第一块数据的含义）我们把围绕着某产品的生产所耗费的能源、水源以及气体、液体和固体废弃物排放等一系列指标综合归纳为单一指标,并将其定义为"生态指标(eco-indicator)"。

材料加工过程的隐焓能和碳排量 产品的制造过程也是原材料加工成型的过程。为便于理解和计算,让我们继续采用隐焓能的概念来评估产品制造过程中的耗能量(和碳排量),并设 H_p 为原材料加工成型过程中的单位耗能量。金属产品的加工方式一般为铸造、锻造或轧制,聚合物产品的加工方式一般为模制或挤压,陶瓷的成型多采用粉末烧结,复合材料的成型多采用模压或手糊(详见表6.5(a)内容)。然而,尽管不同类材料的加工方式已明确,但是对其相关的 H_p 值的估算却不那么一目了然。比如,铸造炉或注塑成型机本身所消耗的能量是可以直接测量的,但是相关的加工生产线,作为一个整体,所消耗的总能量远大于设备本身的耗能,这其中包括矿石和原料的输运、加工制造设备的加热、照明、管理和维护等等。一个比较符合实际情况的总耗能(H_p)估算法,是将生产工厂内部所有消耗的能量(但不包括原材料的生产隐焓能 H_m)用来除以成型零件的重量而得到的,其单位仍为 MJ/kg(参见式(6.1))。加工碳排量计算类似(参见式(6.2))。

现在,让我们来分析根据吹塑成型的原理将 PET 颗粒制成 PET 饮水瓶的例子。如同吹制玻璃的工艺,PET 颗粒经加热融化后形成型坯,将型坯置于对开模中,PET 瓶就会在模具内壁上成型。这一加工成型的过程必然要消耗能量并排放废气。图6.3给出了(H_p)$_{PET}$和废气排放估算示意图。

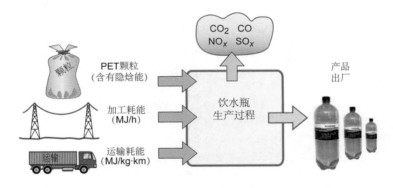

图6.3 利用吹塑成形原理将 PET 颗粒制成饮水瓶身过程的能量消耗和废气排放

一个产品的制造过程通常需要有数个次第加工阶段。首先是粗加工(或称为"初次加工"),然后是细加工(或称为"精加工")。细加工属于"二次加工"的范围,旨在增加产品的新特点并使其更加完美。表6.5(a)给出了粗加工的例子和数据,表6.5(b)、(c)和(d)分别给出了不同种类的细加工例子和相关数据。需要注意的是,产品加工的途径不同,其耗能量(和碳排量)的计算单位也不同。例如,机械加工(machining)过程的 H_p 是用"加工后去除材料(removed material)",即产生单位重量下脚料的耗能(MJ/kg removed)来衡量的,焊接和铆接等过程(joining)的 H_p 是以单位长度材料的耗能(MJ/m)来测定的,而喷漆、电镀和部件粘合等过程(finishing)的 H_p 则是以单位面积材料的耗能(MJ/m²)为单位的。

表6.5(a)告诉了我们什么呢?第一眼看上去,似乎加工制作产品要比生产原材料耗废少一些的能量并排放少一些的废气,因为加工耗能通常属于机械能,而生产通常属于化学能,机械能一般要小于化学能(这与古代战争中的巨型攻城槌无论如何都要比炸药的破坏性小得多是同一道理)。但是,这个结论不能下得过早,因为一个产品的生产不仅仅是材料的粗加工,其后续的处理往往涉及一系列的步骤。而这些步骤的耗能之总和可能与原材料生产本身的隐焓

能旗鼓相当。

表 6.5(a)　不同材料的初次加工工艺和相关的生态特性值

材料	成型工艺	隐焓能(MJ/kg)	碳排量(kg/kg)
金属	铸造	8～12	0.4～0.6
	粗轧,锻造	3～5	0.15～0.25
	挤压,箔轧	10～20	0.5～1.0
	拔丝	20～40	1.0～2.0
	粉末成型	20～30	1～1.5
	气相法	40～60	2～3
聚合物	挤压	3.1～5.4	0.16～0.27
	模制	11～27	0.55～1.4
陶瓷	粉末成型	20～30	1～1.5
玻璃	模制	2～4	0.1～0.2
杂交材料	压缩模制	11～16	1.6～0.5
	喷雾/手糊	14～18	0.7～0.9
	纤维缠绕	2.7～4.0	0.14～0.2
	高压釜成型	100～300	5～15

表 6.5(b)　机械加工和研磨过程的生态特性

过程	工艺	产生下脚料的隐焓能 H_P(MJ/kg)	产生下脚料的碳排量(kg/kg)
加工	重加工	0.8～2.5	0.06～0.17
	轻加工(细加工)	6～10	0.4～0.7
研磨	磨削	25～35	1.8～2.5
	水射流,电火花,激光	500～5 000	35～350

表 6.5(c)　部件连接组装

过程	工艺	隐焓能 H_P	碳排量
焊接	气焊	1～2.8 MJ/m	0.055～0.15 kg/m
	电焊	1.7～3.5 MJ/m	0.12～0.25 kg/m
紧固	小紧固	0.02～0.04 MJ/紧固件	0.0 015～0.003/紧固件
	大紧固	0.05～0.1 MJ/紧固件	0.0 037～0.0 074/紧固件
胶粘	冷胶粘	7～14 MJ/m²	1.3～2.8 kg/m²
	热胶粘	18～40 MJ.m²	3.2～7.0 kg/m²

表 6.5(d)　精加工*

过程	工艺	隐熔能 H_P (MJ/m^2)	碳排量(kg/m^2)
上漆	上漆	50～60	0.63～0.095
	烤涂料	60～70	0.9～1.3
	粉末涂料	67～86	3.7～4.6
电镀	电镀	80～100	4.4～5.3

实例 6. 采用不同的加工方法制作同一产品的耗能差估算　3.2 kg 重的铝合金连杆的加工制作可以采用"压铸法"(该工艺可免去重机械加工,但压铸后需经要轻机械加工以除去0.05 kg 的表面毛孔),也可以采用"固体冷轧法",后者可以大大提高产品的质量(该工艺需要 5 kg 的铝合金毛坯,经变形加工和重机械加工后丢失重量 1.8 kg,再经轻机械加工除去 0.05 kg 的表面毛孔)。①采用哪种方法制作连杆的耗能量更大？②如果使用 100％的原生铝合金毛坯,并且忽略机械加工下脚料的回收,那么采用哪种方法生产并加工制作连杆的总耗能量更大？

答案：根据表 6.5(b)和第 14 章的数据得知：

铝合金连杆的生产和加工	耗能量	单位
铝合金生产隐熔能	210	MJ/kg
铸造	11.6	MJ/kg
加工变形	5.1	MJ/kg
重机械加工耗能	1.7	MJ/kg（下脚料重量）
轻机械加工耗能	8.0	MJ/kg（下脚料重量）

因此,①压铸法耗能量为：$3.2 \times 11.6 + 0.05 \times 8.0 = 37.5$ (MJ)

固体冷轧法耗能量为：$5 \times 5.1 + 1.8 \times 1.7 + 0.05 \times 8.0 = 29$ (MJ)

可见,金属的变形加工(固体冷轧)比铸造成型要少消耗 23％的能量。

②铝坯生产＋压铸法成型之总耗能量为

$3.2 \times (210 + 11.6) + 0.05 \times 8.0 = 710$ (MJ)

铝坯生产＋固体冷轧法成型之总耗能量为

$5 \times (210 + 5.1) + 1.8 \times 1.7 + 0.05 \times 8.0 = 1\,079$ (MJ)

可见,金属的变形加工(固体冷轧)因消耗大量的原材料而使产品制造的总耗能量增加至 52％。当然,这里忽略了机械加工下脚料的隐熔能随时可以被回收再利用的细节。这一问题我们将在专门讨论废料回收的章节中再叙。

实例 7. 原材料的生产和加工所需能量的相对数量级　某包层材料使用尺寸为 0.5m×0.5m ×1mm 的平轧碳钢板(碳钢的密度为 7 900 kg/m^3)。该板表面有一层烘烤涂料。试使用表 6.5 (d)和第 14 章中有关低碳钢的数据,比较该包层材料的生产、加工变形和涂层所耗费的能量。

答案：根据已知材料的尺寸可知,包层面积为 0.25m^2、重量为 1.975 kg。又,根据表 6.2 (b)和第 14 章的低碳钢数据列表知：

低碳钢板的生产和加工工艺	耗能量	单位
隐焓能	26.5	MJ/kg
加工变形	4.5	MJ/kg
烘烤涂料	65	MJ/m²

因此，生产包层材料耗能量为 $1.975 \times 26.5 = 52$（MJ）；加工包层材料耗能为 $1.975 \times 4.5 = 9.0$（MJ）；包层表面烘烤涂料耗能为 $0.25 \times 65 = 16$（MJ）。

可见，最大耗能在于钢板的生产，它是后续加工和涂层总耗费的两倍以上。

材料的生命终结和废品回收　让我们还是以 PET 饮水瓶为例，来探讨材料的生命终结和回收再利用的可能性。如图 6.4 所示，PET 饮水瓶，作为产品，从制造厂被输送到销售地点，然后供消费者们使用，一旦使用后，PET 饮水瓶的寿命也就因此而终结了。产品输送和使用的相关数据将在第 6.4 节中分析。现在，让我们转回到表 6.1，通过对表中最后一块属性的分析，来挖掘"隐焓能"的另一含义：因为回收材料中已包含有其原材料生产时所吸收的能量，所以利用回收材料来生产新产品，要比完全使用原生材料要节省不少能源。表 6.6 给出了一些常用材料生产中回收部分所占的比例及节能效益。一般来说，金属材料的回收率高达 30% ～ 60%，玻璃～22%，纸张～71%，但聚合物废品的回收率很低（PET 是个例外）。这是因为金属材料的废品易于识别和分离，并且回收耗能仅为初产耗能的五分之一左右，而聚合物废品很难自动识别，其回收耗能与初产耗能之间的差别不是很大。

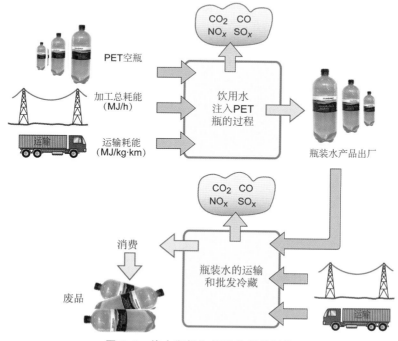

图 6.4　饮水瓶投入使用前后的耗能

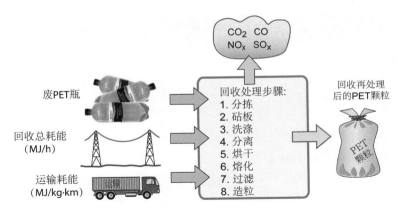

图 6.5　PET 瓶的回收过程

（回收过程涉及许多步骤，每一步都要耗能。）

大部分产品在其使用寿命结束后，首先被分成小块，然后再被分离、分拣。废品分块的耗能量约为 0.1 MJ/kg。

表 6.6　典型的废料回收信息

材料	回收材料在新材料中的百分比[1]（%）	材料初次生产耗能量（MJ/kg）	材料回收耗能量（MJ/kg）	回收与初产的耗能比（%）
铝	36	210	26	12
钢	42	26.5	7.3	27
铜	42	58	13.5	23
铅	72	27	7.4	27
PET	21	85	39	46
PP	5	74	50	67
玻璃	24	10.5	8.2	78
纸张	72	45	20	44

备注：本表的回收信息来源于 USGS Circular 1221（2002）；USGS（2007）。其他数据来源于本章 6.7 节的"拓展阅读"和第 14 章。

实例 8. 废料回收再利用　实例 6 的结论告诉我们，压铸铝合金连杆的生产制造总耗能为 710 MJ，固体冷轧法制杆的生产制造总耗能为 1079 MJ。如果在后者的估算中考虑到 1.8 kg 金属下脚料的回收（实际上后者的回收再利用率是 100%），试重新计算固体冷轧法制杆的耗能量。

答案：根据第 14 章的数据知：

产品材料和加工方式	初产隐熔能(MJ/kg)	回收耗能(MJ/kg)
铝合金连杆,固体冷轧法	210	25

可见,初产隐熔能和回收耗能之差为 $210-25=185$ (MJ/kg)

从 1.8 kg 回收材料中得到的潜在能量为 $1.8 \times 185 = 333$ (MJ)

因此,用固体冷轧法制杆的耗能可从 1079 MJ 降至 746 MJ,几乎与压铸制杆的总耗量相同。

6.4 产品运输和使用过程中的耗能及碳排量

将产品从加工制造厂输运到使用地点也是要耗能的。有些产品在使用过程中还会继续耗能,而且耗能量更大。这些能量主要由化石燃料(石油,天然气,煤)和电力来提供。表 6.7 给出了化石燃料的能源密度(energy intensity)和碳排量。能源密度是指在一定的空间范围内(如单位体积或单位重量)所产生的能量或功率。它是评价能源质量的主要指标之一。能源密度的单位有多种,它们之间有换算关系。

表 6.7　化石燃料的能源密度和碳排量

燃料类型	油当量能源密度(kg oe)	容积能源密度(MJ/L)	重量能源密度(MJ/kg)	CO_2 排量(MJ/L)	CO_2 排量(kg/kg)	CO_2 排量(kg/MJ)
煤,褐煤	0.45	—	18~22	—	1.6	0.080
煤,无烟煤	0.72	—	30~34	—	2.9	0.088
原油	1.0	38	44	3.1	3.0	0.070
柴油	1.0	38	44	3.1	3.2	0.071
汽油	1.05	35	45	2.9	2.89	0.065
煤油	1.0	35	46	3.0	3.0	0.068
乙醇	0.71	23	31	2.8	2.6	0.083
液化天然气	1.2	25	55	3.03	3.03	0.055
氢	2.7	8.5	120	0	0	0

电力的油当量和二氧化碳当量　电力是最容易被使用和最广泛被使用的能源。然而,如今的电力大多数是通过燃烧化石燃料而产生的。随着地球上的化石燃料逐渐耗竭以及化石燃料发电大量排放 CO_2 气体等负面效应的不断出现,各国政府都在鼓励使用可再生性能源(间或核能)。表 6.8 给出世界上几个国家的混合发电模式、能源结构密度以及 CO_2 排放的综合数据(表中第 2、3、4 列的数据均为极限值)。可见,澳大利亚几乎完全依赖于化石燃料发电,中国和印度这两个拥有世界上最多人口的国家在很大程度上也依赖于化石燃料发电,而法国主要是利用核能发电,挪威几乎完全利用水力发电。

表6.8 各国发电模式、能源结构和密度以及 CO_2 排放的综合数据表[*]

国家	化石燃料（%）	核能（%）	可再生能源（%）	效率[a]（%）	化石燃料发电[b]（MJ_{ce}/kWh）	CO_2[c] 排量（kg/kWh）[d]
澳大利亚	92	0	8	33	10.0	0.71
中国	83	2	15	32	9.3	0.66
法国	10	78	12	40	0.9	0.06
印度	81	2.5	16.5	27	10.8	0.77
日本	61	27	12	41	5.4	0.38
挪威	1	0	99	—	0	0
英国	75	19	6	40	6.6	0.47
美国	71	19	10	36	7.1	0.50
OEDC（欧洲）	62	22	16	39	5.7	0.41
世界各国平均值	67	14	19	36	6.7	0.48

[*] 该表数据来源于国际能源署（International Energy Agency，简称 IEA）2008 年公布的结果

(a) 化石燃料转换为电能的效率

(b) 以每生产 1kWh 的电力所消耗的油当量为计算单位

(c) 以每生产 1kWh 的电力所释放的 CO_2 千克数为计算单位

(d) 1 kWh ＝3.6 MJ

从环保的角度来看，表 6.8 中最后 3 列的数据最为重要，即化石燃料发电的效率、耗能和碳排量。由于各国的能源结构不一，转换效率自然有很大的不同。在后续章节中，我们将采用"典型的发达国家"之生态数据和比例来进行实例分析：化石燃料占 75%，转换发电效率 38%，所以每 kWh 的耗费 7 MJ 油当量、排放二氧化碳 0.5 kg。

运输耗能 制造业已经全球化了。许多产品从生产力最廉价的地方被制造，然后通过远距离运输发配到销售地点。运输本身就是一个能量转换的过程：初级能源（如石油、天然气和煤）在运输过程中被转换成机械能，以便为诸如飞机、轮船、火车、卡车等运输工具提供动力（有时也被转换成电力）。任何能量转换过程都会伴有能量丢失——这就是我们要谈到的"运输耗能"，其评估以 MJ/t·km 为单位，与其相关的二氧化碳排放量的计算以 kg/t·km 为单位。

目前已见报道的有关运输耗能和碳排量的数据差异很大，一部分原因是因为运输系统的效率估算因国家而异，另一部分原因是因为国际上尚缺乏统一的计算标准。比如，运输耗能评估是应该仅仅考虑每吨产品每公里的耗油量，还是应该把运输所需要的公路、铁路和其他基础设施系统的建设耗能也统统考虑进去呢？要知道，考虑后者的结果会使运输耗能值成倍增加。此外，若把基础设施耗能与运输耗能联系起来，则有个如何设置系统边界的问题。接下去我们还可以继续提问：是否也应该把筑路所需要的各种设备之生产耗能也包括在运输耗能的估算里面？这样做就会没完没了。因此，本书将采用简化和低估的理念，在实例分析中仅仅考虑燃料消费的估算。

表 6.9 给出了运输过程的耗能和碳排量数据。它们的计算考虑到了产品的重量、输送距离和"燃料—车辆系数（fuel-vehicle coefficient）"。客运耗能的计算通常以 MJ/km·seat（seat 表示座位）为评估单位。比如，重量为 1 400 kg 的 5 座家庭用车的耗能量约为 0.6 MJ/km·seat，

普通火车耗能量为 $0.09\sim0.23$ MJ/km·seat,高速列车(时速在 300 km/h 以上)的耗能量为 0.23 MJ/km·seat,飞机耗能量约为 $1.8\sim4.5$ MJ/km·seat。

表 6.9　运输过程的耗能和碳排量

燃油种类和运输方式	耗能量(MJ/t·km)	碳排量(kg/t·km)
柴油大洋海运	0.16	0.015
柴油沿海航运	0.27	0.019
柴油驳船	0.36	0.028
柴油机车	0.25	0.019
上限 55 吨位的铰接式柴油重型货车	0.71	0.05
40 吨位柴油卡车	0.82	0.06
32 吨位柴油卡车	0.94	0.067
14 吨位柴油卡车	1.5	0.11
柴油轻型货车	2.5	0.18
柴油小轿车	$1.4\sim2.0$	$0.1\sim0.14$
汽油小轿车	$2.2\sim3.0$	$0.14\sim0.19$
液化石油气小轿车	3.9	0.18
汽油电动混合动力小轿车	1.55	0.10
汽油赛车和越野车	4.8	0.31
煤油远程飞机	6.5	0.45
煤油近程飞机	$11\sim15$	0.76
煤油直升机（如 Eurocopter AS 350 型）	55	3.30

实例 9. 运输耗能的估算　一批在中国生产的重量为 1 400 kg 的汽车经过 19 000 km 的海运到达欧洲,然后再使用一辆 32 吨位的卡车将其运送到 500 km 之外的销售地点。试计算该运输过程的耗能量。

答案:根据表 6.9 中数据可知,海运耗能为 0.16 MJ/t·km,32 吨位的货车耗能为 0.94 MJ/t·km。因此,该运输过程的总耗能为

$$1.4\times(19\,000\times0.16+500\times0.94)=4\,914\,(MJ)$$

产品使用中的耗能和碳排量　许多产品在其使用过程中继续直接或间接地消耗能源。我们将在第 7 章中看到,产品使用过程中的耗能量往往比任何其他阶段的都要大。所耗费的能源大部分来源于化石燃料,但以消费电力为直接结果。

当某产品直接使用化石燃料为动力时(如汽车以汽油、柴油为动力),该产品的使用耗能和碳排量数据可以直接从表 6.7 中读取。但当某产品使用电力为动力时,其相关的使用耗能和碳排量取决于所在国家的能源结构和发电效率。如果需要统一比较,则表 6.8 所提供的转换因子数据将会十分有用。

实例 10. 产品使用中的耗能和碳排量估算　一家商业干衣机的额定电功率为 10 kW,平均每周运转 30 小时,预期寿命为 5 年。该干衣机 80% 的供电由燃油提供(转换效率为 36%),其余为电力直接供应(忽略其碳排量)。试求干衣机在其整个使用寿命期间的总能源消耗和总

碳排量。

答案:干衣机总电力能源损耗为

$$10 \times 30 \times 52 \times 5 = 78\,000\,(\text{kWh})$$

然而,这其中的 80% 由燃油提供。考虑到 36% 的转换效率,那么要提供($78\,000 \times 80\%$)的电力,就必须拥有以下的油当量($1\,\text{kWh} = 3.6\,\text{MJ}_{oe}$)能源:

$$78\,000 \times 80\% / 36\% = 173\,333\,(\text{kWh}) = 624\,000\,(\text{MJ}_{oe})$$

此外,根据表 6.7 中的原油相关数据,可以得出干衣机在其预定寿命期间的总碳排量为

$$624\,000 \times 0.070 = 43\,680\,(\text{kg}) \approx 44\,(\text{t})$$

所以,干衣机运行 5 年的能源总损耗为 $173 + 78 \times 20\% \approx 189\,\text{MWh}$,同时排放出近 44t 的 CO_2。

专题讨论:能源、碳排放和汽车 汽车的耗油和碳排量随着其重量而增加。图 6.6 和 6.7 均给出证据。图 6.6 显示汽车耗能量(H_{km})与汽车重量(m)之间的关系,图 6.7 显示碳排量与耗能量之间的正比线性关系。其实,这些线性关系在表 6.9 中已显而易见了。表 6.10 的具体数据将有利于我们进一步的建模,并为汽车工业的未来发展方向做出战略性选择。

表 6.10 汽车的耗油量和碳排量随其重量而增加的关系

燃油种类	汽车耗能 H_{km} (MJ/km)	汽车碳排 CO_2 (g/km)	dH_{km}/dm (MJ/kg·km) 设 $m = 1\,000\,\text{kg}$
汽油引擎	$H_{km} \approx 3.7 \times 10^{-3}\,m^{0.93}$	$CO_{2/km} \approx 0.25\,m^{0.93}$	2.1×10^{-3}
柴油引擎	$H_{km} \approx 2.8 \times 10^{-3}\,m^{0.93}$	$CO_{2/km} \approx 0.21\,m^{0.93}$	1.6×10^{-3}
液化石油气引擎	$H_{km} \approx 3.7 \times 10^{-3}\,m^{0.93}$	$CO_{2km} \approx 0.17\,,m^{0.93}$	2.2×10^{-3}
混合引擎	$H_{km} \approx 2.3 \times 10^{-3}\,m^{0.93}$	$CO_{2km} \approx 0.16\,m^{0.93}$	1.3×10^{-3}

实例 11. 通过减少汽车重量而节能 一小型汽油动力车的重量为 $1\,000\,\text{kg}$,后排座椅的重量为 25 kg。如果去掉后排座椅,在汽车正常行驶 150 000 km 后,总共可节约的能量和减排二氧化碳量为多少?

答案:根据表 6.10 所提供的数据,$1\,000\,\text{kg}$ 重汽油车的耗能量为 $0.002\,1\,\text{MJ/km·kg}$。因此,减少 25 kg 重量后,汽车行驶 150 000 km 总节能为

$$0.002\,1 \times 25 \times 150\,000 = 7\,875\,(\text{MJ}) \approx 7.9\,(\text{GJ})$$

根据表 6.7 所提供的数据,汽油车的碳排量为 $0.065\,\text{kg/MJ}$。因此,减少 25 kg 重量后,汽车行驶 150 000 km 总碳排量下降:

$$0.065 \times 7\,875 = 512\,(\text{kg}) \approx 0.5\,(\text{t})$$

所以,去掉汽车后排座椅可节省近 8 GJ 的能量并减排半吨废气。

数据长期保存的必要性 如果一架飞机的设计和制造已有 25 年的历史,则该飞机需要更换部分零件。而替代零件必须与初始零件相同,任何改变都可能使该飞机的航天行驶证变得无效。因此,波音公司通常保存 60 年其飞机制造所使用的所有材料数据记录。如果一个核电站的反应堆被停止使用,则制造该反应堆时所使用的材料之化学成分将决定裂变产物的寿命和强度。因此,核安全监察部门对其相关数据保存期的回答是"无限期"。从以上两例我们就

可以看出确保数据寿命的重要性。这是一个长期的战略性问题。2003 年的 ISO 14721 标准化条文和 ISO 10303 中第 45、235 条文阐述了涉及安全问题的材料特性数据长期储存的必要性。

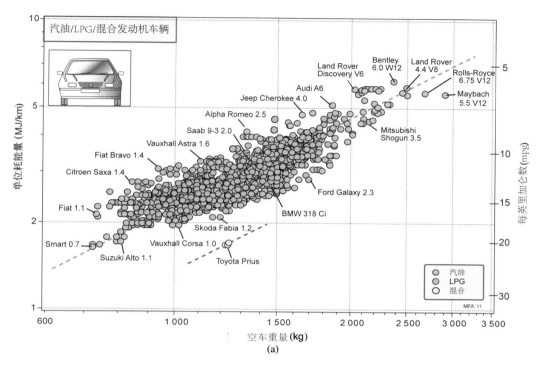

(a)

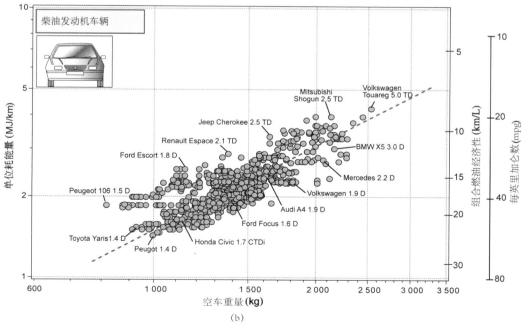

(b)

图 6.6　汽油发动机车(a)和柴油发动机车(b)的能耗情况

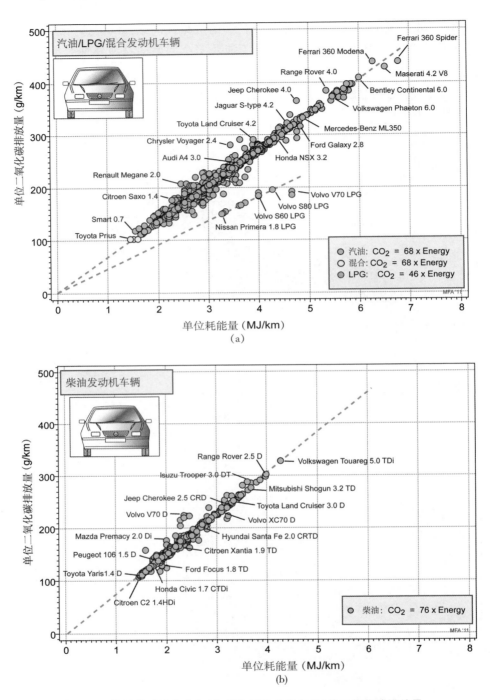

图 6.7　汽油发动机汽车(a)和柴油发动机汽车(b)的二氧化碳排放量
（图的左下方为最省油低排碳量车；右上方为最费油高排碳量车。）

6.5 挖掘数据的使用潜力:材料性能图表[1]

如果你决定选择一种环保材料,则事先必须将它与所有的可能替代品进行比较。而要进行比较,仅仅拥有一系列的数据表格(如本书第 14 章提供的各类数据表)是远远不够的,因为它们并不提供材料之间的直接比较。但倘若将这些数据汇拢而制成富有不同特性的工程材料图表,则替代品之间的差异会更加一目了然,极有助于达到材料优选的目的。

材料性能图表 这些图表可绘制成两种类型:条形图和气泡图。条形图仅仅显示某种材料单一性能的值域范围,如图 6.8 的实例所示:该图给出了衡量材料的机械性能之一(刚度)的杨氏模量(E)条形图。鉴于材料的最大 E 值可以比最小 E 值高出几千万倍(材料的许多其他性能之跨度也可以同样的大),所以绘图时应选择对数[2]而非线性坐标。条形图中的长度表示相应材料特性的数字范围,并以材料种类相区分。比如,金属和陶瓷类材料都具有很高的 E 值,而聚合物材料的 E 值约比金属的低 50 倍,弹性体的 E 值还要进一步低 500 倍以上。

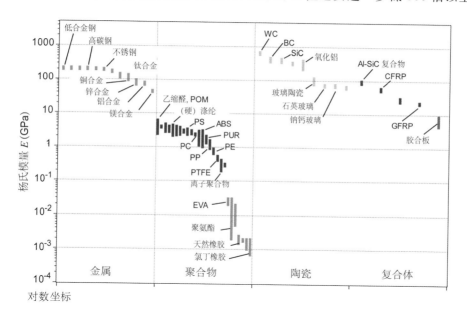

图 6.8 材料的杨氏模量条形图

(它揭示了 4 大类材料之间的刚度性能差别。)

气泡图的优越性在于它可以把材料的非单一性能信息在同一图中显示以进行比较。如图 6.9 同时给出各种材料的杨氏模量 E 和密度 ρ 的数值比较(与图 6.8 一样,仍然使用对数坐标)。这样,依据性能而进行的材料分类就更加明显化了:代表陶瓷类材料的黄色气泡均在图表顶层,它们的 E 值高达 1 000 GPa;代表金属类材料的红色汽泡均在图表的右上角,它们的

---

[1] 该书中所有材料性能图表均为 Ashby 首创,亦称为"阿诗笔(Ashby)地图"——译者注。

[2] 对数函数(通常以 10 为基数)显示规模成倍增长或下降的趋势。人类本身就生活在一个对数世界里。比如我们的感官就是以对数方式回应各种感觉的。

E 值也很高而且密度大；而代表聚合物类材料的深蓝色气泡聚集在图表中心的底端；代表弹性体的淡蓝色气泡在深蓝气泡下方，其 E 值只有 $0.0\,001\,GPa$。比聚合物密度更低的材料属多孔材料：如人造泡沫材料和天然木材等。可见，各类材料的特性可以在同一图中用不同的色彩区域而分别表现出来。如果改换 x 或 y 轴的内容，比如 x 轴用 E/ρ 表示，则气泡图中还可以显示两种以上性能的对比。更多的气泡图实例将在后续内容中介绍。

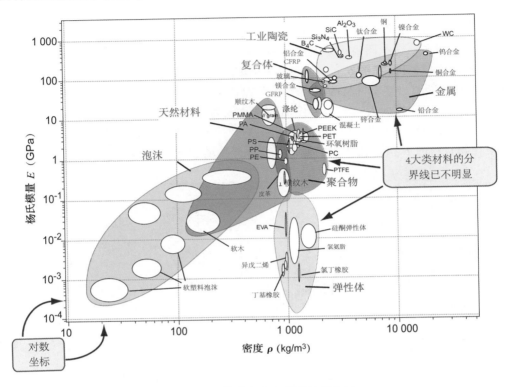

图 6.9　杨氏模量与密度关系的气泡图

材料性能图表是一个非常有用的核心工程工具[1]：

• 它们以简练紧凑的方式将材料的物理和机械性能、功能特性、乃至生态特性等都一一表现出来，很容易进行一目了然的对比。

• 它们尽显各种特性之间的相关性。这为尚缺乏测量数据的前沿科学和工程研究提供了极大的帮助。

• 它们为新产品设计时材料优选的需求提供了有利的工具，它们还有助于理解现有产品中所用材料的角色和价值。

• 它们通过显示常规材料的性能比较，启发人们创出新材料和复合材料，并拓展应用领域。

材料性能图表将频繁出现在本书的后续章节中。下面我们将用它们来研究材料的生态数据。

---

〔1〕　进一步的图表描述和其广泛应用实例可在本章第 6.7 节"拓展阅读——材料性能图表"中找到。

单位重量材料的隐焓能(H_m)　条形图 6.10 给出多种材料的单位重量隐焓能之比较,从中可以看出,铝、镁、钛等轻合金材料有很高的 H_m 值,接近 800 MJ/kg;贵金属的 H_m 值更高些(见表 6.2);聚合物的约为 100 MJ/kg,这比轻合金的要低,但比钢铁的要高(钢和铁的 H_m 值分别为 20 和 40 MJ/kg);工业陶瓷(如氧化铝)的隐焓能很高,但玻璃、水泥、砖和混凝土的要低得多;复合材料的 H_m 值跨度较大:高性能复合材料(如碳纤维增强聚合物)的远高于大多数金属的,但处于另一极端的纸张、胶合板和建筑木材之隐焓能则可以与建筑行业的其他材料耗能量相对应。

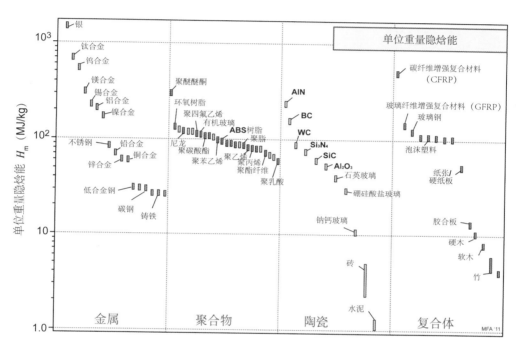

图 6.10　用条形图比较不同材料的单位重量隐焓能值

然而,单位重量的隐焓能值是否是进行材料优选的基本量值呢?图 6.11 给出多种材料的单位体积的隐焓能 H_V 之比较。显然,图 6.11 中的材料排序与图 6.10 中的不同。金属材料的 H_V 值最高,聚合物的 H_V 值较金属的要低一些。建筑用非金属材料(如混凝土、砖、木等)的 H_V 值要比其他材料的 H_V 值都低,而碳纤维增强聚合物的 H_V 值仅比生产铝坯的略大一些。由此可以得出的结论为,聚合物产业并不是耗能大户(但个别聚合物的生产的确极为耗能)。

既然根据图 6.10 和 6.11 排序而得到的关于材料生产耗能的结论极不一致,那么,我们应该基于何种衡量单位来进行产品的节能设计呢?正确的衡量单位既不是 H_m 值也不是 H_V 值,而是"单位功能的隐焓能"(embodied energy per unit of function)数据。我们将在第 9 和第 10 章中深入讨论这一选择的有效性。

碳排量　原材料的生产会排放大量的二氧化碳到大气中,其排放量约占全球总排放量的 20%。那么,哪些材料的生产对环境的破坏最严重呢?图 6.12 以条形图的方式给出了答案,并解释了相关数据是如何被挖掘利用的。该图用"单位重量的碳排量值"和"材料的年生产总量"之乘积而得到的数据对不同材料的碳排量进行比较,发现其中有 4 个碳排大户:钢铁、铝合金、混凝土(水泥)以及纸张/纸板的生产。这些材料的碳排量之和超过了其他全部材料碳排量之总和。

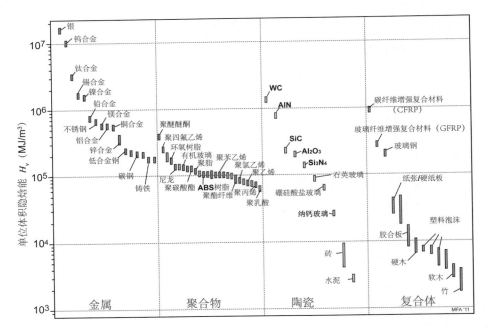

图 6.11 用条形图比较不同材料的单位体积隐焓能值

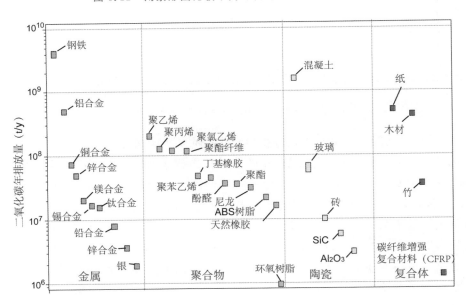

图 6.12 原材料生产所释放的二氧化碳年排放量

实例 12. "水泥生产对环境的破坏一题又重新被讨论 波特兰水泥(Portland cement)出现于 19 世纪初。……抛开其缺乏美学的议题不谈,仅该材料的生产就会向大气中排放约 5‰ 排放总量。所以,水泥的生产是环保大敌。Cemstone 公司工程服务部副总裁 Kevin A. Mac-

Donald 说:'在过去的 10 年里,我公司的战略发展方针一直是尽量避免使用大量排碳的材料。' MacDonald 博士对外宣称,他们公司已经用两个工业废弃物——粉煤灰和高炉渣取代了大部分波特兰水泥。粉煤灰(发电厂煤燃烧后的遗留物)和高炉渣都是所谓的'火山灰(pozzolanas)'类活性材料,有助于混凝土更加强化牢固。由于两者产生的二氧化碳排放量已经在发电和炼钢过程中被考虑过了,所以使用它们做原料来制造混凝土时的碳排量可以忽略不计。"

——摘自美国 2009 年 3 月 31 日版的《纽约时报》

结论:如果使用火山灰可减少 20％的混凝土碳排量,则可相应减少全球碳排总量的 1％。

耗水量 具有高隐熔能材料的生产大多也伴随着淡水的大量耗用。这一现象并不奇怪。表 2.2 中列出了能源与淡水需求之间的关系。图 6.13 比较了各种材料生产时的耗水数据。然而,值得一提的是,尽管材料的生产需要耗水,但相对于用水密集型的农作物(如大米和棉花)的生产、畜牧业(如肉类)以及皮革和羊毛衍生材料等的制造之耗水量,还是微不足道的。

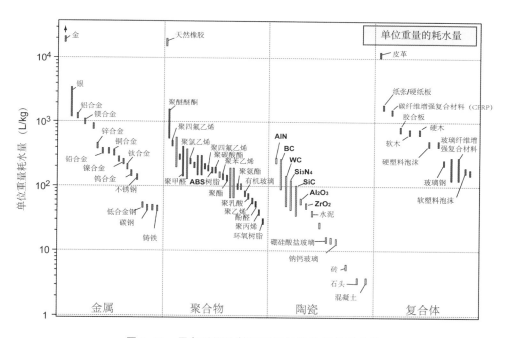

图 6.13 用条形图比较不同原材料生产的耗水量

产品成型过程的耗能 产品初次成型时的耗能量总是很高的,而且效率低,这意味着实际耗能量比理想预估值要高好几倍。比如,铸造耗能的理论值应当对应于金属加热至其熔点以上以达到融化目的所需要的能量。但铸造实际耗能要比熔化能大 5 倍以上,这是因为金属高炉中的部分热量会通过传导、对流和辐射方式而损失掉。如果高炉升温是通过化石燃料转换成电力而提供的,则耗能量还要增大 3 倍。此外,还要考虑生产制造铸造模具等的额外耗能量以及下脚料和废料中部分隐熔能的丢失。其他类似成型工艺也都有铸造成型的低效率。图 6.14(左)给出 4 种典型材料的产品初次成型耗能值。

金属的变形加工(deformation processing)比铸造成型要消耗少一些的能量,因此,从环保的角度来看,变形加工是一个具有吸引力的产品制造过程,虽然它也不是十分理想的制造手段。气相沉积(vapour processing)或粉末烧结(powder sintering)法成型的产品尤为耗能。挤压和模制聚合物、复合材料和玻璃产品也要消耗更多的能量。

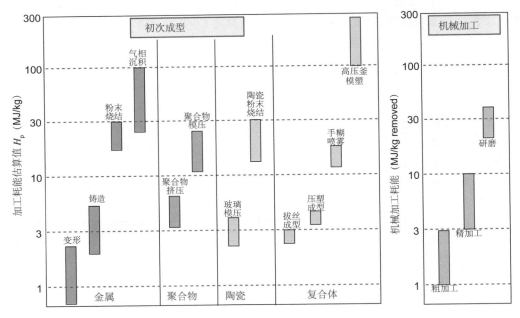

图 6.14 不同材料的产品加工耗能示意图

机械加工过程的耗能量 材料的机械加工耗能值在图 6.14 的右侧显示。值得重复指出的是,机械加工的耗能量是相对于"所去除的下脚料重量"(MJ/kg removed)为衡量单位的。显然,材料的强度越高,加工耗能量越大。精加工是粗加工耗能的 5 倍以上。更为精细的特殊加工法,如"研磨(grinding)"可耗掉比粗加工高 10 倍以上的能量,尽管此时材料的去除量已经非常少了。

废料的回收再利用 正如我们在第 4 章中所指出的那样,金属材料的回收率很高,因而其废料在新产品的生产中被大量重新利用,它们对现今金属材料市场的贡献很大。但聚合物的情况迥异。聚合物产品用量大而寿命短,加之其回收再利用的经济吸引力很小,所以聚合物的回收对现今市场供应之贡献是微不足道的。此外,聚合物废品的管理始终是一个很棘手的问题。图 6.15 给出了现今材料市场中废料回收重新利用所占的比例。

专题:各国能源结构与碳排量关系的评估 产品的生产、加工、运输和使用等阶段的碳排量计算,如同前面所描述的耗能量计算一样,也依赖于消费国的能源结构和类型。比如,巴西广泛使用生物燃料,冰岛大力发展地热发电,挪威普遍采用水力资源,从而使得这些国家所生产和所使用的材料之碳排量远低于其他国家和地区。最理想的评估各国碳排放之情况,当然应建立在能够直接测量并对比各国的相关数据的基础上。可惜,这样的数据尚未被各国所公布,乃至尚未被收集。因此,我们只能根据现有的相关数据去推测而得出某些结论。推测手段之一即通过建立某些近似"修正因子(correction factor)",来对各国的能源结构与碳排量的关系进行归一化评估。表 6.11 正是为了达到这一目的而列出的。我们以石油燃料为基,给出一系列碳氢化合物的校正因子值,同时以天然气燃烧转换为电能的效率值 38% 为基来考察世界各国的碳排放情况。当能量混合应用时,碳排量校正因子可以通过线性插值而获得。下面,让我们举两个实例来看一下这些规则是如何被使用的。

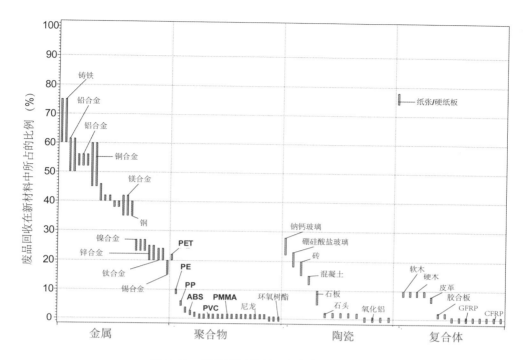

图 6.15 用条形图比较不同材料的回收比例

（可见，除金属被广泛回收外，大多数其他材料回收率都很低。）

表 6.11 各种碳氢燃料和发电类型与碳排量之间的关系

碳氢燃料	碳排量因子*	发电类型	碳排量因子
柴油	1	75% 石油/天然气（欧洲平均值）	1
煤油	0.96	100% 煤	2
汽油	0.92	100% 核	0.06
天然气	0.77	100% 太阳光伏	0.2
生物柴油	0	100% 风	0.08
生物乙醇	0	100% 水	0.06
氢气	0～0.1	100% 地热	0.05

实例 13. 生物燃料的碳排量 巴西的交通车辆普遍使用生物燃料,其典型的燃料组合成分为 85% 的生物柴油外加 15% 的常规柴油。试求巴西 44 吨位卡车的碳排量。

答案:根据表 6.9,使用 100% 柴油的 44 吨位卡车的碳排量为 0.06 kg/t·km。而根据表 6.11,使用生物柴油的碳排量相对为 0。因此,使用混合燃料的卡车碳排量修正因子为

$$0.85×0+0.15×1=0.15$$

因而,巴西 44 吨位卡车的碳排量仅为 0.06×0.15＝0.009 (kg/t·km)＝9 (g/t·km)。

实例 14. 水力产铝 已知,生产铝锭的电力若来自于化石燃料,则碳排量巨大(12.6 kg/kg)。格陵兰岛的冰川因全球气候变暖有加速融化的趋势,这可以大大提高该国水力发电的

能力。有建议提出可在水力发电最佳的格陵兰岛峡湾建立一个铝生产基地。但是,这需要远程将铝土矿运入峡湾,再远程将铝锭运输到加工制造厂。如果材料的海运耗费为 20 t·km/kg,那么铝锭生产的碳排量是多少?

答案:根据表 6.11 所给出的水力发电相对于化石燃料发电的碳排量因子(0.06)可知,水力发电可减排 CO_2:

$$12.6 \times 0.06 = 0.76 \ (kg/kg)$$

此外,表 6.9 所给出的海运碳排量值为 0.015 kg/t·km。因此,远程输运原材料进入峡湾的额外海上运输(20 t·km/kg)所产生的碳排量应为

$$20 \times 0.015 = 0.3 \ (kg/kg)$$

0.76+0.3=1.06 kg/kg 即为在格陵兰岛峡湾建立铝生产基地的总碳排量。相对于 12.6 kg/kg 的传统铝业碳排量,这一减排效果自然是非常具有吸引力的。然而,冰川融化是有很强的季节性的。如果建立在峡湾的铝生产基地在冬季接到大量的订单,则必须考虑用传统的发电方式代替水力发电,那时的碳排量甚至会比在铝土矿开发场所附近生产铝的代价更高。

6.6 本章小结

回答任何技术问题都需要有数据做支撑。如果你的结论是"选择 X 比选择 Y 好……",就必须拿出具体数字来证明你的结论是正确的。当今人们对环境变化所做出的种种判断往往是感情超越理智,以致于许多结论混浊不清,甚至滋生骗局。因此,数字尽管枯燥,但却有着无尽的底气,对长远利益至关重要。

在使用数据之前,我们必须首先明确在哪里可以找到数据、它们的大小意味着什么以及它们是否准确。本章介绍了一些将在后续章节中被使用的数据,并把它们之间的相关性用条形图显示出来。值得指出的是,本书提供并使用的数据之精确度并不高(误差通常为±10%),但这并不妨碍某些重要决策的制定,因为"X 方案"和"Y 方案"之间的差别很可能远高于 10% 的正负误差。在这种情况下,使用条形图有很大的优越性。但当 X 条数据与 Y 条数据部分重叠时,条形图显然已不足以用来区别它们之间的差异,因而也将无助于任何决策性选择的制定。

材料的生态数据到目前为止尚很缺乏。因此,我们在做 LCA 时还面临着另外两个难题:①某些材料的生态特性值根本不存在,因为尚无人去测量它们。在这种情况下,就需要对评估材料的生态特性进行相关性的估测。好在"隐熔能—矿石品位—原材料价格"以及"隐熔能—碳排量"之间的相关性已经较为准确地建立了,它们既可以为已经存在的数据提供完整性复查,又可以为所缺乏的生态数据提供近似的估测。②各个国家的能源结构和发电类型不同,产品材料的制作和加工方式也不同,因而碳排量的估算误差会很大,尤其是针对交通运输的碳排量估算。为使各国之间的生态环境之比较成为可能,在缺乏直接数据测量的现实情况下,本章引入了碳排量近似修正因子的概念(如表 6.11 所示)。

6.7 拓展阅读

以下索引根据不同过程中的能量损耗和废气排放数据分类:

材料的通用工程性能 (材料的各种性能可在众多工程材料教科书中找到,这里给出具有

代表性的参考书目。）

[1] Ashby, M. F., Shercliff, H. R. and Cebon, D. (2009), "Materials: engineering, science, processing and design", 2nd edition, Butterworth Heinemann, Oxford, UK. IS-BN13-978-1-85617-895-2 (*An elementary text introducing materials through material property charts, and developing the selection methods through case studies*).)

[2] Budinski, K. G. and Budinski, M. K. (2010), "Engineering materials, properties and selection", 9th edition, Prentice Hall, New York, USA. ISBN 978-0-13-712842-6 (*An established materials text that deals with both material properties and processes*).)

[3] Callister, W. D. (2006), "Materials science and engineering, an introduction", 7th edition, John Wiley, New York, USA. ISBN9-780-471-73696-7(*A well-respected materials text, now in its 7th edition, widely used for materials teaching in North America.*)

[4] Charles, J. A., Crane, F. A. A. and Furness, J. A. G. (1997), "Selection and use of engineering materials", 3rd Edition, Butterworth Heinemann, Oxford, UK. ISBN 0-7506-3277-1 (*A Materials Science approach to the selection of materials.*)

[5] Dieter, G. E. (1999), "Engineering design, a materials and processing approach", 3rd edition, McGrawHill, New York, USA. ISBN9-780-073-66136-0 (*A well-balanced and respected text focusing on the place of materials and processing in technical design*)

[6] Farag, M. M. (2008), "Materials and process selection for engineering design", 2nd edition, CRC Press, Taylor and Francis, London, UK. ISBN 9-781-420-06308-0 (*A MaterialsScience approach to the selection of materials*)

[7] Kalpakjian, S. and Schmid, S. R. (2003), "Manufacturing processes for engineering materials", 4th edition, Prentice Hall, Pearson Education Inc., New Jersey, USA. ISBN 0-13-040871-9 (*A comprehensive and widely used text on material processing.*)

[8] hackelford, J. F. (2009), "Introduction to materials science for engineers", 7th edition, Prentice Hall, New Jersey, USA. ISBN 978-0-13-601260-3 (*A well-established materials text with a design slant.*)

材料性能图表

Ashby, M. F. (2011), "Materials Selection in Mechanical Design", 4nd edition, Butterworth Heinemann, Oxford, UK. ISBN 0-7506-6168-2 (*An advanced text developing material selection methods in detail*)

地缘经济数据

[1] Chemsystems (2006), www. chemsystems. com(*Data for polymers*)

[2] Cheresources (2007), http://www. cheresources. com/polystyz5. shtml(*Data for polymers*)

[3] Geokem (2007) www. geokem. com/global-element-dist1. html(*Data for metals and minerals*)

[4] International Rubber Study Group (IRSG2007), Vol. 61, No. 4/Vol. 61, No. 5 (*Data for rubber*)

[5] Pilkington Group Ltd. (2007), Merseyside, UK. (*Data for glass*)

［6］Pulp and paper international，http：//www. jpa. gr. jp/en/about/abo/d. html（*Data for paper*）

［7］US Geological Survey（2007），http：//minerals. usgs. gov/minerals/pubs/commodity/（*Data for metals and minerals*）

工程材料的生产

［1］Aggregain（2007），"The Waste and Resources Action Program（WRAP）"，ISBN 1—84405—268—0www. wrap. org. uk（*Data and an Excel-based tool to calculate energy and carbon footprint of recycled road-bed materials*）

［2］AMC（2006），Australian Magnesium Corporation，http：//www. aph. gov. au/house/committee/environ/greenhse/gasrpt/Sub65-dk. pdf

［3］Association of plastics manufacturers in Europe（APME1997，1998，1999，2000），"Eco profiles of the European plastics industry"，Brussels，Belgium. www. lca. apme. org

［4］British Cement Association（BCA2007），"A carbon strategy for the cement industry"，www. cementindustry. co. uk

［5］Boustead Model 5（2007），Boustead Consulting，West Sussex，UK. www. boustead-consulting. co. uk（*An established life-cycle assessment tool*）.

［6］Boustead，I.（1999～2006），Association of Plastics Manufacturers in Europe（APME），Report series.

［7］Building Research Establishment（BRE 2006），Environmental Profiles database，Environment Division，BREEM Center，UK.

［8］BUWAL（1996），Bundesamtfür Umwelt，Wald und Landwirtschaft Environmental Series，No. 250，Life Cycle Inventories for Packaging，Vol. I&II.

［9］Chapman，P. F. Roberts，F.（1993），"Metals resources and energy"，Butterworths，London，UK.

［10］Chemlink Australasia（1997），http：//www. chemlink. com. au/mag&oxide. htm

［11］EcoInvent（2010），EcoInventCentre，Swiss Centre for Life Cycle Inventories，www. ecoinvent. org

［12］ELCD（2008），http：//lca. jrc. ec. europa. eu/（*A high quality Life Cycle Inventory core data sets of this first version of the Commission's European Reference Life Cycle Data System*）

［13］Energy Information Association（2008），www. eia. doe. gov（*Official energy statistics from the US Government*）

［14］European Aluminium Association（2000），www. eaa. net

［15］European Reference Life Cycle Database（ELCD）of the Sustainability（2010），Unit of the Joint Research Centre of the European Commission，Petten，the Netherlands.

［16］GREET（2007），Argonne National Laboratory and the US Department of Transport www. transportation. anl. gov/（*Software for analyzing vehicle energy use and emissions*）

［17］Hammond，G. and Jones，C.（2011），"Inventory of Carbon and Energy"，Department of Mechanical Engineering, University of Bath, UK.

[18] Hill, T. (2007), School of Engineering, Cardiff University, UK. http://carlos. engi. cf. ac. uk/

[19] International Aluminum Institute (2000), "Life cycle inventory of the worldwide Al industry", Part 1. Automotive, www. world-aluminum. org/

[20] Kemna, R., van Elburg, M., Li, W. and van Holsteijn, R. (2005), "Methodology study eco-design for energy-using products", VHK, Delft, The Netherlands.

[21] Kennedy, J. (1997), "Energy minimisation in road construction and maintenance", a Best Practice Report for the Department of the Environment, UK

[22]. Lafarge Cement, Lafarge Cement UK, Oxon, UK.

[23] Lawrence Berkeley National Laboratory report (2005), "Energy use and carbon dioxide emissions from steel production in China", LBNL47205.

[24] Lawson, B. (1996), "Building materials, energy and the environment: Towards ecologically sustainable development", RAIA, Canberra, Australia. http://www. greenhouse. gov. au/yourhome/technical/fs31. htm

[25] Lime Technology (2007), www. limetechnology. co. uk/whylime

[26] MEEUP Methodology final Report (2005), VHK, Delft, The Netherlands. www. pre. nl/EUP/(*A report by the Dutch consultancy VHK commissioned by the European Union, detailing their implementation of an LCA tool designed to meet the EU Energy-using Products directive.*)

[27] Division of Recycling, Ohio Department of Natural resources (2005), http://www. dnr. state. oh. us/recycling/awareness/facts/tires/rubberrecycling. htm

[28] Pilz, H., Schweighofer, J and Kletzer, E. (2005), "The contribution of plastic products to resource efficiency"Gesellschaft fur umfassendeanalysen, Vienna, Austria.

[29] Schlesinger, M. E. (2007), "Aluminum recycling", CRC press, ISBN 0－8493－9662－X

[30] Stiller, H. (1999), "Material intensity of advanced composite materials", Wuppertal Institut fur Klima, Umvelt, Energie, ISSN 0949－5266.

[31] Sustainable concrete (2008), www. sustainableconcrete. org. uk/(*A web site representing the UK concrete producers carrying useful information about carbon footprint*)

[32] Szargut, J., Morris, D. R., Steward, F. R. (1988), "Energy Analysis of Thermal Chemical and Metallurgical Processes", Hemisphere, New York, USA

[33] Szokolay, S. V. (1980), "Environmental science handbook: for architects and builders", Lancaster: Construction Press, UK.

[34] The Nickel Institute North America (2007), Nickel Institute, Toronto, Canada. www. nickelinstitute. org/

[35] Victoria University of Wellington, New Zealand, http://www. victoria. ac. nz/cbpr/documents/pdfs/ee-coefficients. pdf

[36] Waste Online (2008), www. wasteonline. org. uk/resources/InformationSheets/

Plastics. htm

贵金属生产

[1] GREET (2007)，Argonne National Laboratory and the US Department of Transport，www. transportation. anl. gov/(*Software for analyzing vehicle energy use and emissions*)

[2] London Platinum and Palladium Market(2006)，www. lppm. org. uk

[3] Lonmin Plc. (2005)，2005 Corporate Accountability Report，www. lonmin. com/

[4] Tool for Environmental Analysis and Management(TEAM 2008)，www. ecobalance. com/(*TEAM is anEcobilan's Life Cycle Assessment software. It allows the user to build and use a large database and to model systems associated with products and processes following the ISO 14040 series of standards*)

电子器件生产

[1] EcoInvent (2010)，EcoInvent Centre，Swiss Centre for Life Cycle Inventories，www. ecoinvent. org(*A massive compilation of environmental data for materials hosted by the University of Delft*)

[2] IDEMAT (2009)，University of Delft，TheNetherlands.

[3] Knapp，K. E. and Jester，T. L. (2005)，"An empirical perspective on the energy payback time for photovoltaic modules"，Solar 2000 Conference，Madison，Wisconsin，USA.

[4] Kuehr，R. and Williams，E. (2003)，"Computers and the environment：understanding and managing their impacts"，Kluwer Academic Publishers and United Nations University，ISBN 1－4020－1679－4 (*A multi-author monograph on the environmental aspects of electronic devices, with emphasis on the WEEE regulations relating to end of life. Chapter 3 deals with the environmental impacts of the production of personal computers*)

[5] Kemna，R，van Elburg，M. ，Li W. and van Holsteijn，R. (MEEUP2006)，"Methodology study eco-design of energy-using products"，Final report，VHK，Delft，The Netherlands and the European Commission，Brussels，Belgium. (*A study commissioned by the European Union into the development of software to meet the Energy-using Product Directive*)

建筑与建筑环境

[1] Cole，R. J. and Kernan，P. C. (1996)，"Life-cycle energy use in office buildings"，Building and Environment，Vol. 31，No. 4，pp 307~317(*An in-depth analysis of energy use per unit area of steel, concrete and wood-framed construction*)

[2] Canadian Architect，www. canadianarchitect. com/asf(*Canadian Architect is a journal for architects. Their website provides a helpful information source*)

[3] EcoInvent (2010)，EcoInventCentre，Swiss Centre for Life Cycle Inventories，www. ecoinvent. org(*A massive compilation of environmental data for materials hosted by University of Delft*)

[4] Hammond，G. and Jones，C. (2011)，"Inventory of Carbon and Energy"，Department of Mechanical Engineering，University of Bath，UK. (*A major compilation of embod-*

ied energy data for the principal materials of construction）

水资源的消耗

［1］AZoM（2008），"A to Z of Materials Journal of Materials Online"，http://www. azom. com

［2］Chiang，S. H.，and Moeslein，D.（1978～1980），"Analysis of water use in nine industries"，Parts 1～9，Department of Chemical and Petroleum Engineering，University of Pittsburgh，Pittsburg，PA，USA.

［3］Davis J. R.（1995），"ASM Specialty Handbook"，ASM lnternational，Metals Park，Ohio，USA.

［4］Hill（2003），"Water use in industries of the future"，Chapter 2，Department of Energy，USA.

［5］United Nations statistics division（2006），"Implicit Price Deflators in National currency and US Dollars" http://unstats. un. org/unsd/snaama/dnllist. asp

［6］Lenzena，M.（2001），"ninput-output analysis of Australian water usage"，Water Policy 3，pp321～340.

［7］Leontief，W.（1970），"Environmental repercussions and the economic structure：An input-output approach"，The review of economics and Statistics，Vol. 52，No. 3，pp 262～271

［8］. Pearce，F.（2006），"Earth：The parched planet"，New Scientist，Vol. 2540.

［9］Proops，J. L. R.（1997），"Input-output analysis and energy intensities：a comparison of some methodologies"，Appl. Math. Modelling，Vol. 1.

［10］Shiklomanov I. A.（2010），"World water resources and their use"，UNESCO International Hydrological Programme，www. webworld. unesco. org（*A detailed analysis of world water consumption and emerging problems with supply*）

［11］UNESCO（2006），"World water assessment program"，United Nation's educational scientific and cultural organization，http://www. unesco. org/water

［12］Vela'zquezT. E.（2006），"An input-output model of water consumption：analyzing intersectoral water relationships in Andalusia"，Ecological Economics，Vol. 56，pp 226～240.

汇总评估方法：生态审计

［1］ES（1993），"Life cycle analysis in product engineering"，Environmental Report 49，Volvo Car Corp.，Gothenburg，Sweden.

［2］Goedkoop，M.，Effting，S. and Collignon，M.（2000），"he Eco-indicator 99：A damage oriented method for Life Cycle Impact Assessment，Manual for Designers"，http://www. pre. nl

［3］Idemat Software version 1. 0. 1（1998），Faculty of Industrial Design Engineering，Delft University of Technology，The Netherlands. .

材料成型

概论

［1］Allen D. K. & Alting，L.（1986），"Manufacturing processes"，Brigham Young University，Utah，USA.

[2]Boustead Model 4 (1999), Boustead Consulting, West Sussex, UK. www. boustead-consulting. co. uk

[3] EcoInvent (2010), EcoInventCentre, Swiss Centre for Life Cycle Inventories, www. ecoinvent. org

[4] European Reference Life Cycle Database of the Sustainability(ELCD2010), Unit of the Joint Research Centre of the European Commission, Petten, the Netherlands.

[5] MEEUP (2006), "Methodology study eco-design of energy-using products", Final report, VHK, Delft, The Netherlands and the European Commission, Brussels, Belgium. www. pre. nl/EUP/(*A study commissioned by the European Union into the development of software to meet the Energy-using Product Directive*)

金属的变形加工

[1] AbulSamad, M. and Rao, R. S. (2001), J. Manufacturing science and engineering, Vol. 123, pp 135 ～ 141.

[2] llen D. K. &.Alting, L. (1986) , "Manufacturing processes", Student manual, Brigham Young University, Utah, USA

[3] Boustead Model 4 (1999), Boustead Consulting, West Sussex, UK. www. boustead-consulting. co. uk

[4] Cast Metal Coalition (2005), http://cmc. aticorp. org/examples. html (*based on US National figures*)

[5] IDEMAT (2009), University of Delft, The Netherlands. (*most of this data is from EcoInventdatabase* 2007)

[6] Lawrence Berkeley National Laboratory report (LBNL2005), "Energy use and carbon dioxide emissions from steel production in China", LBNL47205.

[7] R. Kemna, M. vanElburg, W. Li and R. van Holsteijn (2005), MEEUP Methodology FinalReport, VHK for European Commission, Delft, The Netherlands.

[8] Process Metallurgy International (1998).

[9] US Department of Energy (1997), "Supporting industries energy and environmental profile",Energy Efficiency and Renewable Energy.

[10] US Environmental Protection Agency(1995).

金属铸造

[1] Allen, D. K. &.Alting, L. (1986), "Manufacturing processes", Student manual, Brigham Young University, Utah, USA

[2] Boustead Model 4 (1999), Boustead Consulting, West Sussex, UK. www. boustead-consulting. co. uk

[3] Cast Metal Coalition (2005), http://cmc. aticorp. org/examples. html(*based on US National figures*)

[4] Cast Metal Coalition (2010),http://cmc. aticorp. org/datafactors. html(*Energy data based on US National figures*)

[5] *Dalquist, S. and Gutowski, T. (2004), "Life cycle analysis of conventional man-*

ufacturing techniques：die casting", *MIT report*, *USA*

［6］*Dalquist，S. and Gutowski，T.*（2004），"*Life cycle analysis of conventional manufacturing techniques： sand casting*", *Proc*. 2004 *ASME IMECE meeting，Anaheim，CA，USA.*

［7］*Energetics Inc.*（1999），"*Energy and Environmental Profile of the US Metal casting Industry*"，*http://www1. eere. energy. gov/industry/metalcasting/pdfs/profile. pdf*

［8］*Eurecipe*（2005），"*Reduced Energy Consumption in Plastics Engineering*"，2005 *European Benchmarking Survey of Energy Consumption，http://www. eurecipe. com*

［9］*Lawrence Berkeley National Laboratory report*（2005），"*Energy use and carbon dioxide emissions from steel production in China*"，*LBNL47205.*

蒸汽沉积制造法

［1］Branham，M.（2008），"Energy and materials use in the integrated circuit industry"，M. S. Thesis，Department of Mechanical Engineering，MIT，USA.

［2］Eco Invent database（2007）.

［3］Gutowski，T.，Dahmus，J.，Branham，M. and Jones，A. A.（2007），"A thermodynamic characterization of manufacturing processes"，IEEE International Symposium on Electronics and the Environment，Orland，FL，USA.

［4］Krishnan，N.，Boyd，S. and Somani，A. and Raous，S. and Clark，D. and Dornfeld，D.（2008），"A hybrid life cycle inventory of nano-scale semiconductor manufacturing"，Environmental Science and Technology，Vol. 42,pp 3069 ～3075..

［5］Murphy，C. F.，Koenig，G. A.，Allen，D.，Laurent，J. P.，and Dyer D. E.（2003），"Development of parametric material，energy and emissions inventories for wafer fabrication in the semiconductor industry"，Environ. Sci. Technol. Vol. 37，pp5373 ～5382.

［6］Cabuk（2010），www. cabuk1. co. uk

聚合物成型

［1］Boustead Model 4（1999），Boustead Consulting，West Sussex，UK. www. boustead-consulting. co. uk

［2］Eco Invent database(2007)，online data base.

［3］Eurecipe（2005），"Reduced Energy Consumption in Plastics Engineering" 2005 European Benchmarking Survey of Energy Consumption，www. eurecipe. com

［4］Gutowski，T. S.，Branham，M. S.，Dahmus，J. B.，Jones，A. J. and Thiriez，A.（2009），"Thermodynamic analysis of resources used in manufacturing processes"，Environmental Science and Technology，Vol. 43，pp 1584 ～ 1590.

［5］Kent，R.（2008），"Energy management in plastics and processing：Strategies，targets，techniques and tools"，Plastics information direct

［6］Suzuki，T. and Takahashi，J.（2005），The 9thJapan International SAMPE symposium，Nov. 29～Dec. 2（*A detailed energy breakdown of energy of materials for cars*）

［7］Thiriez，A.（2006），"An environmental analysis of injection molding"，Master thesis，MIT，USA.

[8] Thiriez，A. and Gutowski，T. (2006)，"An Environmental Analysis of Injection Molding" IEEE International Symposium on Electronics and the Environment，San Francisco，CA，USA.

[9] US Department of Energy (2008)，"Supporting industries energy and environmental profile"，www1. eere. energy. gov/industry/energysystems/pdfs/siprofile. pdf

[10] US Environmental Protection Agency，(1995)，www. epa. gov

[11] Kemna，R. ，van Elburg，M. ，Li，W. andvan Holsteijn，R. (2005)，MEEUP Methodology Final Report，VHK for European Commission，Delft，The Netherlands.

玻璃成型

Worrell，E. ，Galitsky，C. ，Masanet，E. andGraus. W. (2008)，"Energy efficiency improvements and cost saving opportunities for the glass industry：An energy star guide for energy and plant managers"，Environmental Energy Technologies，Division of Ernest Orlando，Lawrence Berkeley National Laboratory，USA.

复合材料的成型

Suzuki，T. and Takahashi，J. (2005)，The 9thJapan International SAMPE symposium，Nov. 29 ～ Dec. 2(*A detailed energy breakdown of energy of materials for cars*)

材料的加工和磨削

[1] Dietmair，A. and Verl，A. (2009)，"Energy consumption forecasting and optimisation for tool machines" MM Science Journal，p. 62，www. mmscience. eu/

[2]Draganescu，F. ，Gheorghe，M. and Doicin，C. V. (2003)，"Models of machine tool efficiency and specific consumed energy"，J. Materials Processing Technology，Vol. 141，pp9～15.

[3] Ghosh-Chattopadhyay，S. and Paul，S. (2008)，"Modelling of specific energy requirement during high-efficiency deep grinding"，International Journal of Machine Tools and Manufacture，Vol. 48，Issue 11，pp 1242～1253.

[4] Groover，M. P. (1999)，"Fundamentals of Modern Manufacturing"，John Wiley & Sons Inc. ，New York，USA. ISBN 0－471－36680－3

[5] Gutowski，T. S. ，Branham，M. S. ，Dahmus，J. B. ，Jones，A. J. and Thiriez，A. (2009)，"Thermodynamic analysis of resources used in manufacturing processes"，Environ. Sci. Technol. ，Vol. 43，pp 1584 ～1590.

[6] Gutowski，T. S. ，Dahmus，J. B. ，Branham，M. S. and Jones，A. J. (2009)，"A thermodynamic characterization of manufacturing processes"，IEEE Symposium on Electronics and the Environment，Orland，Fl，USA.

[7] Kurd，M. (2004)，"The material and energy flow through abrasive water machining"，BSc Thesis，MIT，USA.

[8] McGeough，J. A. (1988)，"Advanced methods of machining"，Chapman and Hall，New York，USA.

[9] Todd，R. H. ，Allen，D. K. and Alting，L. (1994)，"Manufacturing Processes Reference Guide".

焊接

[1] Groover, M. P. (1999), "Fundamentals of Modern Manufacturing", John Wiley & Sons, New York, USA. ISBN 0−471−36680−3

[2] Idemat (2005), "LCA software tool", Delft University of Technology, The Netherlands. www. tudelft. nl

[3] Kemna, R, van Elburg, M., Li W. and van Holsteijn, R. (2005), MEEUP report, Delft, Netherlands. (*A study commissioned by the European Union into the development of software to meet the Energy-using Product Directive*)

[4] Misha, R. S. and Mahoney, M. W. (2007), "Friction stir welding and processing", ASM International, Ohio, USA. .

[5] US Department of Energy (1997), www. doe. gov

[6] US National Renewable Energy Laboratory (2010), www. nrel. gov. lci

紧固件

Bookshar, D. (2001), "Energy consumption of pneumatic and DC electric assembly tools", Stanley Assembly Technologies, Cleveland, OH, USA. www. stanleyassembly. com

胶黏剂

[1] Bradley, R., Griffiths, A and Levitt, M. (1995), "Paints and coatings, adhesives and sealants", Construction Industry Research and Information Association (CIRIA), Vol. F, ISBN 8−6017−8161

[2] Hammond, G. and Jones, C. (2009), "Inventory of Carbon and Energy", Department of Mechanical Engineering, University of Bath, UK. .

材料的精加工:上漆、涂层和电镀

[1] BBC (2010), Paint calculator, http://www. bbc. co. uk/homes/diy/paintcalculator. shtml

[2] Bradley, R., Griffiths, A and Levitt, M. (1995), "Paints and coatings, adhesives and sealants", Construction Industry Research and Information Association (CIRIA), Vol. F, ISBN 8−6017−8161

[3] Centre for Building Performance Research (2003), "EE & CO_2 coefficients for New Zealand building materials" & "Table of embodied energy coefficients" at http://www. victoria. ac. nz/cbpr/documents/pdfs/eeco2_report_2003. pdf&http://www. victoria. ac. nz/cbpr/documents/pdfs/eecoefficients. pdf

[4] Littlefield, J. (2005), "Vehicle Recycling Partnership data for automotive painting provided", Franklin Associates, private communication.

[5] Geiger, O. (2010), "Embodied energy in strawbale houses", http://www. grisb. org/publications/pub33. htm.

[6] Groover, M. P. (1999), "Fundamentals of Modern Manufacturing", John Wiley & Sons, New York, USA. ISBN 0−471−36680−3

[7] Hammond, G. and Jones, C. (2009), "Inventory of Carbon and Energy", Department of Mechanical Engineering, University of Bath, UK.

[8] Idemat Software version 1. 0. 1 (1998), Faculty of Industrial Design Engineering, Delft University of Technology, The Netherlands.

[9] Kemna, R. , van Elburg, M. , Li, W. andvan Holsteijn, R. (2005), MEEUP Methodology Final Report, VHK for European Commission, Delft, The Netherlands. (*A study commissioned by the European Union into the development of software to meet the Energy-using Product Directive*)

[10] Misha, R. S. and Mahoney, M. W. (2007), "Friction stir welding and processing", ASM International, Ohio, USA.

[11] US National Renewable Energy Laboratory (2010),www. nrel. gov. lci

废品回收

[1] Aggregain (2007), "The Waste and Resources Action Program (WRAP)",ISBN 1—84405—268—0www. wrap. org. UK.

[2] Australian Magnesium Corporation (2006),http://www. aph. gov. au/

[3] Chemlink Australasia (1997),http://www. chemlink. com. au/

[4]Geokem (2007), www. geokem. com/global-element-dist1. html

[5] Hammond, G. and Jones, C. (2006),"Inventory of carbon and energy", Dept. of Mechanical Engineering, University of Bath, UK.

[6] Hill, T. (2007),School of Engineering, CardiffUniversity, UK. http://carlos. engi. cf. ac. uk/

[7]International Aluminum Institute (2000), "Life cycle inventory of the worldwide aluminum industry", Part 1. Automotive, http://www. world~aluminum. org/

[8] Kemna, R. , van Elburg, M. , Li, W. and van Holsteijn, R. (2005),"Methodology study eco-design fo energy-using products", VHK, Delft, The Netherlands.

[9] Lafarge Cement (2007), Lafarge Cement UK, Oxon, UK.

[10] Lawson, B. (1996), "Building materials, energy and the environment", RAIA, Canberra, Australia. http://www. greenhouse. gov. au/

[11] Ohio Department of Natural resources(2005), Division of Recyclinghttp://www. dnr. state. oh. us/

[12] Pilz, H. , Schweighofer, J. and Kletzer, E. (2005),"The contribution of plastic products to resource efficiency", Gesellschaft fur UmfassendeAnalysen (GUA), Vienna, Austria. Schlesinger, M. E. (2007),"Aluminum recycles", CRC press, New York, USA. ISBN 0—8493—9662—X

[13] Sustainable Concrete (2008),http://www. sustainableconcrete. org. uk/

[14] The Nickel Institute North America (2007), Nickel Institute, Toronto, Canada. http://www. nickelinstitute. org/

[15] US Environmental Agency (2007),www. eia. doe. gov

[16] US Geological Survey (2007),http://minerals. usgs. gov/

[17] Waste on line (2007),http://www. wasteonline. org. uk/

运输行业

概论

[1] Abare（2009），abare. gov. au/interactive/09ResearchReports/EnergyIntensity/htm/chapter5. htm（*Australian Government statistics on energy intensities of transport*）

[2] AggRegain（2006），"CO_2 emissions estimator tool"，Waste & Resources Action Programme，The Old Academy，Banbury，UK. www. aggregain. org. uk

[3] Carbon Trust（2007），"Carbon footprint in the supply chain"，www. carbontrust. co. uk/

[4] Harvey，L. D. D. （2010），"Energy and the new reality 1：energy efficiency and the demand for energy services"，Earthscan Ltd. ，London，UK. ISBN978－1－84971－072－5（*An analysis of energy use in buildings，transport，industry，agriculture and services，backed up by comprehensive data*）

[5] EA Scoreboard（2009），www. scribd. com/doc/53697399/34/Energy-effciency-in-freight-transport（*A comprehensive survey of energy trends*）

[6] National Renewable Energy Laboratory（2010），www. nrel. gov/lci

[7] Weber，C. L. and Matthews，H. S. （2008），"Food miles and the relative impacts of food choices in the United States"，Environ. Sci. Technol. ，Vol. 42，pp 3508～3513.

飞机

Green，J. E. ，Cottington，R. V. ，Davies，M. ，Dawes，W. N. ，Fielding，J. P. ，Hume，C. J. ，Lee，D. J. ，McClarty，J. ，Mans，K. D. R. ，Mitchell，K. and Newton，P. J. （2003），"Air travel-greener by design：the technology challenge"，Report of the Technology Sub-group，www. greeenerbydesigh. org. uk

汽车

详见第 9 章中的图 9. 11 和 9. 12

卡车

[1] Manicore（2008），http：//www. manicore. com/（*Useful discussion definition of oil-equivalence of energy sources*）

[2] Transport Watch UK（2007），www. Transwatch. co. uk/

[3] TRL UPR（1995），"Energy consumption in road construction and use"，Transport Research Laboratory，UK.

铁路

[1] Network Rail（2007），www. networkrail. co. uk/（*The web site of the UK rail track provider*）

[2] Shell Petroleum（2007）"How the energy industry works"，Silverstone Communications Ltd. ，Towchester，UK. ISBN978－0－9555409－0－5.

[3] Bureau of Transport Statistics（2011），www. bts. gov/publications/national_transportation_statistics/html/table_04_25_m. html

航运

[1] Congressional Budget Office，US Congress（1982），"Energy use in freight transportation"，Washington DC，USA.

［2］Henningsen，R. F.（2000），"Study of greenhouse gas emissions from ships"，Norwegian Marine Technology Research Institute（MARINTEK），Trondheim and the International Maritime Organsation（IMO），London，UK..

［3］Annual review（2005），International Chamber of Shipping，International Shipping Federation，www. marisec. org/

［4］Shipping Efficiency（2010），"An initiative to grade energy and CO$_2$ of ships"，www. shippingefficiency. org/（*Shipping being responsible for about 3% of global CO$_2$*）

［5］US Department of Transportation Maritime Administration（1994），"Environmental advantages of Inland Barge transportation".

混合燃料发电

［1］Boustead Model 5（2007），Boustead Consulting，West Sussex，UK. www. boustead-consulting. co. uk（*An established life-cycle assessment tool*）

［2］European Reference Life Cycle Data System（ELCD2008），http://lca. jrc. ec. europa. eu/（*A high quality Life Cycle Inventory core data sets of this first version of the Commission*）

［3］IInternational Energy Agency（IEA2008），"Electricity Information"，IEA publications，ISBN 978−9264−04252−0（*An authoritative source of statistical data for the electricity sector. This is one of a series of IEA statistical publications about energy resources.*）

餐饮业

Carbon neutral(2011)，www. goeco. com. au

6.8 习题

E6.1 什么是金属的隐焓能？它与金属形成氧化物、碳酸盐或硫化物所需的自由能有何区别？

E6.2 隐焓能 人们普遍认为使用挤压铝制作门窗框架要比使用 PVC 塑料更加环保（即耗能更少）。如果门窗架的截面形状和厚度不取决于所使用的材料，而且制造商仅使用原生材料（即不添加任何回收等二手材料），这一结论是否正确？请使用第 14 章中给出的铝和 PVC 的数据。

E6.3 回收耗能 设想习题 E6.2 中的铝窗框架是用 100% 的再生材料制成的，而 PVC 无再生材料可用（所以 PVC 窗架只能使用一手材料）。试比较这两种材料的耗能情况。

E6.4 回收耗能 实际上，使用 100% 的回收材料所制成的铝窗框架质量欠佳（因为其中的杂质含量太高）。为保证产品质量，铝窗框架的生产通常使用 44% 的回收铝，而 PVC 窗架的生产还是只能使用原生材料。试再次比较这两种材料的耗能情况。

E6.5 贵金属 一化学工程反应器由重量为 3.5 t 的不锈钢反应罐和管道系统组成，该反应器由重达 800 kg 的低碳钢架所支撑。罐内含有松散填充的氧化铝球粉，其重量为 20 kg，其表面还涂覆有 200 g 的钯催化剂。请使用第 14 章和本章表 6.2 提供的数据，比较反应器各组件生产的隐焓能。

E6.6 铸造金属过程中的"单位重量隐焓能"意味着什么？它与固体金属熔融时的"潜热

量"有何不同?

E6.7 碳排量 利用第 14 章的数据,对以下材料的"碳排量与隐熔能之比"绘制条形图:

• 水泥

• 低碳钢

• 铜

• 铝合金

• 软木

何种材料的"碳排量与隐熔能之比"最高?为什么?

E6.8 "被捕获"的碳 木材、胶合板和纸张的隐熔能值及其碳排量数据并没有考虑到树木本身已含有的螯合能量和碳吸收量这一事实。如果把这些因素考虑进去,并取单位螯合能量和碳吸收量分别为 25 MJ/kg 和 2.8 kg/kg,试重新计算木材、胶合板和纸张的实际隐熔能和实际碳排量。校正后的结果是否有明显降低隐熔能和碳排量值的效果?

E6.9 隐熔能 使用第 14 章的数据,填表给以下 3 种常用材料(低碳钢、铝合金及聚乙烯)的隐熔能排序。其中,H_m 代表单位重量隐熔能,$H_V(=H_m\rho)$ 代表单位体积隐熔能(ρ 为材料密度),$H_m\rho/E$ 代表每单位刚度隐熔能(E 为材料的杨氏模量)。

常用材料	H_m 值和排序	H_V 值和排序	$H_m\rho/E$ 值和排序
低碳钢			
铝合金			
聚乙烯			

E6.10 理论隐熔能和实际隐熔能 铁是由铁的氧化物 Fe_2O_3 通过碳还原而制成的。铝是通过电化学方法还原铝土矿(Bauxite,主要成分为 Al_2O_3)而得到的。已知,铁氧化的生成熔为 5.5 MJ/kg,铝氧化的生成熔为 20.5 MJ/kg。借用第 14 章所给出的相应数据,对比铁、铝的理论和实际隐熔能值,你可以得出什么样的结论呢?

E6.11 理论和实际加工耗能值 铝的熔点为 645℃,比热 $C_p=810$ J/kg,潜热 $L=390$ kJ/kg。试计算熔化铝所需要的最低理论能量值,并将其与铝的铸造耗能值作比较(后者数据可以在第 14 章中找到)。你可以从中得出何种结论?

E6.12 生态指标 生态指标是一个集资源消耗、废气排放和影响因素为一体的归一加权数据。试根据第 14 章所提供的生态指标和隐熔能数据,将铸铁、碳钢、低合金钢和不锈钢这 4 种金属材料的生态指标与其隐熔能之间的关系绘图表示。它们之间是否有相关性?

E6.13 加工耗能 一自行车制造商使用气焊低碳钢拉管,并对其进行烘烤油漆涂层。每辆自行车轮架重 11 kg,焊缝长度 0.4 m,框架表面积 0.6 m²。试计算材料生产和每道加工过程中的耗能量及总耗能量。哪一步骤耗能量最大?提示:参考数据可从第 14 章中低碳钢的拉管"变形处理"一栏以及本章表 6.5(c)和(d)中"焊接"和"烘烤涂装"栏里得到。

E6.14 运输耗能 欧洲的铸铁屑回收后被运送到 19 000 km 之外的中国再利用。已知回收铸铁屑耗能量为 5.2 MJ/kg。试求远程运输会增加多少耗能量?该增加相对于铸铁生产之耗能量是否显著?

E6.15 运输耗能 在韩国制造的重 15 kg 的自行车被运到 9 000 km 之外的美国西海岸,

然后再由 32 吨位卡车的运输到 2 900 km 之外的销售地点芝加哥。每辆自行车的交通耗能为多少？圣诞节期间为了满足急需，另一批自行车从韩国空运 10 500 km 直接抵达芝加哥，每辆自行车交通耗能又为多少呢？这些自行车用料几乎完全是铝合金。试比较该产品的原材料生产和运输耗能。

E6.16 隐焓能 一个新办公室有两种桌子可以选择：一种由厚实硬木制作，重达 25 kg；另一种由轻巧原铝支架（2 kg）和玻璃表面（3 kg）制成。试利用第 14 章的数据，比较这两种办公桌制作的隐焓能。

E6.17 回收材料的节能效果 如果将 E 6.16 题中的原生铝用"44％的回收铝加 56％的原生铝"替代，铝—玻璃双料桌的隐焓能会减少多少？

E6.18 生产与加工耗能 一储水井盖由铸铁材料制成。初始产品（重 16 kg）需要经过简单加工后最终成型，这一过程将去掉初始产品 5％的重量。试估算储水井盖的生产和加工过程中的耗能和碳排量。哪个过程的耗能和碳排量最大？可参考表 6.5(b) 和第 14 章的数据。

E6.19 生产与加工耗能 一面积为 0.8 m^2、厚度为 1.2mm 的低碳钢汽车前纵梁外板的制作是通过首先变形加工，然后在其外表面烘烤涂层，并使用 14 个紧固件把外板最后组装起来的。试利用表 6.5(c) 和 (d) 以及第 14 章的数据，估算原材料的隐焓能和加工过程中每一步的耗能和排碳情况。你的结论是什么？

E6.20 下脚料的回收使用 高端手提电脑的底盘和外套由高强铝合金通过铣制加工而成。铝锭的最初重量为 2 kg。铣制后 80％以上的材料成为下脚料，产品精加工后还会再去除 5％的重量。如果两种产品都使用原生材料制作，试比较生产和加工耗能的大小。如果同样的产品完全用回收废铝制成，耗能比较后的排序是否有所变化？

E6.21 运输耗能 设想你是德国某大学的历史学专家和绿党成员中的积极分子。你刚刚被任命为悉尼大学的历史首席专家。你希望把你的重量为 1 200 kg 的图书全部带到澳大利亚去。如果选择海运，这些书可能需要数月才能到达远在 24 000 km 之外的澳大利亚海岸，而且还冒着图书受损的风险。如果选择美国联邦快递空运，这些书将会在主人之前安然无恙地抵达目的地。试根据表 6.9 所提供的信息，权衡这两种选择的碳排量而做出你自己的决定。

E6.22 贵金属的隐焓能 一个有环保意识的未婚夫准备为其心上人购买一个重量为 10 g 的 24 克拉（100％的黄金）的结婚戒指。但是，他的未婚妻更喜欢一个重量为 15 g 的铂铑戒指（即铂和铑在合金中各占 50％）。试根据表 6.2 的数据计算并比较这两种戒指的生产耗能。

显然，这位未婚妻的选择是缺少环保意识的。未婚夫巧妙地运用 100 W 灯泡的寿命与铂铑戒指制造的耗能数据做比较，终于说服了女友放弃购买铂铑戒指的计划。设初始能源转换为电力的效率为 38％，如果选择黄金戒指而非铂铑，节省下来的能量可以使 100 W 的灯泡多运行多少小时？（1 kWh＝3.6 MJ）。

E6.23 电子产品的耗能 一个便携式收音机由以下部件组成：4 节 AA 镍镉电池，一个小型电子设备（重量为 100 g），一个变压器（重量为 500 g），一个 ABS 塑料外壳（重量为 400 g）和两个"铝镍钴磁铁"扬声器（重量为 700 g，隐焓能为 89 MJ/ kg）。试问哪个组件的生产耗能量最大？（提示：ABS 塑料的数据可以在第 14 章中找到，其余均在表 6.3 中。）

使用 CES 软件可以做的习题

E6.24　试用 CES 二级软件中的"高级（Advanced）"功能，将多种材料的"碳排量与隐熔能之比"绘制成条形图。哪种材料的比值最高？为什么？

E6.25　图 6.10 和 6.11 分别给出了材料的单位重量和单位体积隐熔能。试绘制相应的碳排量图表。（提示：在 CES"高级"功能里，"轴选择"窗口可帮助我们将碳排量单位由 kg/kg 转换为 kg/m³。）

E6.26　使用 CES 软件创建函数 $\dfrac{H_m\rho}{\sigma_y}$，然后绘制金属材料"单位屈服强度 σ_y 隐熔能"的条形图，并将其与聚合物材料的相关隐熔能进行比较。哪些材料的 $\dfrac{H_m\rho}{\sigma_y}$ 值更有吸引力？

E6.27　试绘图比较不同材料的生态指标和隐熔能（我们暂时忽略泡沫材料，因为其数据与人工充气量有关）。为此，我们使用 x 轴来表示"隐熔能与密度的乘积"，y 轴表示生态指标。两者之间有无线性关系？鉴于 x 和 y 轴数据的精度误差都在 ±10% 左右，这类图表能否用来区分材料与材料之间的生态性能差别？在某些材料的生态数据尚缺乏的情况下，这类图表是否有助于估算该值？

E6.28　试以材料价格为纵坐标、年产量为横坐标创建图表。它们之间是否有相关性？

E6.29　废品回收处理时会产生碳排放。如果废品是可燃性的（如纸张和大部分塑料），应当考虑用燃烧法毁掉它们但回收部分热量。当然，燃烧过程也会排放碳。试以回收处理碳排量为纵坐标、燃烧排碳量为横坐标创建线性图表，并在两个过程的碳排量相等处绘制一条直线，列举回收处理碳排量大于燃烧碳排量的 3 种材料。

E6.30　回收使用废品材料可以节约能量。一种合理的节能估算法是对"使用 100% 的原生材料"和"使用原生材料掺杂回收材料"来制作同一产品所耗费的能量进行比较。试以"原生材料掺杂回收材料"所节省的能量为纵坐标、燃烧废品而回收的能量为横坐标创建线性图表。在以上两个过程的节能相等处绘制一条直线，以探索"使用原生材料掺杂回收材料制作新产品"是否比"燃烧废品而回收能量"更节能。

第 7 章
生态审计和生态审计工具

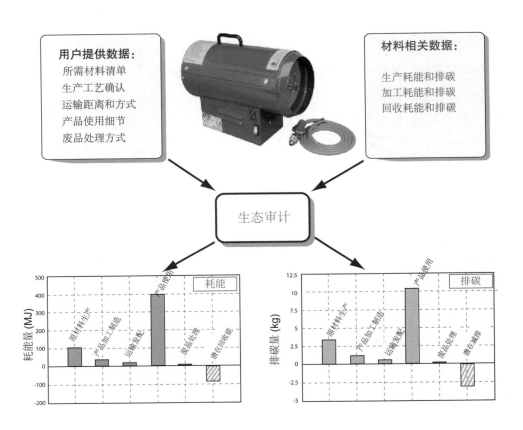

用户提供数据：
所需材料清单
生产工艺确认
运输距离和方式
产品使用细节
废品处理方式

材料相关数据：
生产耗能和排碳
加工耗能和排碳
回收耗能和排碳

生态审计

内 容

7.1 概述

"生态审计(eco-audit)"是对产品的整个生命周期中能源的需求量和二氧化碳排放量进行快速初步评估的有效环保方法。它把产品的生命周期分为以下几个阶段:原材料生产、产品的加工制造、运输发配、产品使用和废品处理。生态审计旨在鉴定出哪一阶段耗能最多、碳排量最大。换句话说,旨在找出问题的根本所在。从生态角度来讲,产品生命周期中往往存在一个耗能和排碳均占主导地位的阶段,该阶段的耗能和排碳量占整个生命周期的80%以上。鉴于阶段与阶段之间如此大的差异,所以在主导阶段里,即便是所采集的数据精确度不足或预测模型模棱两可,这些缺点都显得不那么至关重要了,主导阶段的地位不应因为"使用最极端的数据来建模评估"而改变。因此,生态审计的重点应放在这一阶段里,随后的材料优选和产品创新潜在收益也在这里。我们将在第9和10章中看到,产品材料的替代需要考虑更为复杂的因素,涉及权衡取舍的问题。下面,让我们首先专注于简单的生态审计法。

生态审计的主要目的是比较产品设计时的不同选择,以便在出现意外情况时替代方案可以被迅速研发。在这种情况下,通常无需考虑产品中作用微不足道的小零件(如螺母、螺栓)之贡献(但电子和贵金属器件除外)。生态审计执行时需要考虑的只是少数几个总重量占产品95%的器件耗能和排碳情况,其余器件的贡献仅需在做审计时分配给它们一些"代理值(proxy value)"即可。生态审计评估的结果自然是近似的。但请记住:当不同选择方案之间的差异很大时,确切的结论是可以通过不确切的数据和近似模型而得到的。

本章将介绍生态审计的方法及其实现所需要的数据。第8章则分析一组生态审计实例。生态审计软件现已存在,使得该领域的工作更加得心应手,其中的一个软件将在本章附录(7.6)中介绍。

7.2 生态审记框架

图7.1给出了产品生态审计过程的框架。审计输入值分为两种类型:第一种为用户所提供的专门数据,它们包括生产产品所需的材料清单、生产工艺的选择、运输距离和方式、工作负载循环(duty cycle,又称占空比,它涉及能耗和产品使用强度等细节)和废品处理方式(如图7.1左上方所示);第二种为生产产品所需材料的种类及其相关的隐熔能、碳排量等综合数据,它们大都可以在本书第6章中的表格和第14章中的数据库中找到(如图7.1右上方所示)。审计输出值也分为两个部分:第一部分和第二部分分别以条形图和表格形式显示产品生命周期各个阶段的耗能和排碳情况。下面,让我们通过设计制造PET饮料瓶的实例(参见第6章)来详细了解产品生态审计的过程。

一个品牌名为Alpure的饮水瓶由PET瓶身和聚丙烯瓶盖组成。容量为1 L的瓶身重40 g、瓶盖重1 g,内装法国阿尔卑斯山脉的矿泉水。这些产品由14吨位的卡车输送至550 km之外的英国伦敦。经过两天的冷藏后,它们在伦敦的酒吧餐厅里销售。显然,消费者们要为运输和冷藏付出代价。好在一家餐厅已经制定了环保政策:所有塑料瓶和玻璃瓶都要被回收循环再利用。让我们以100瓶水和1 m³的冷藏室为设计使用指标,利用以上所提供的数据进行生态审计的实例研究(见图7.2)。

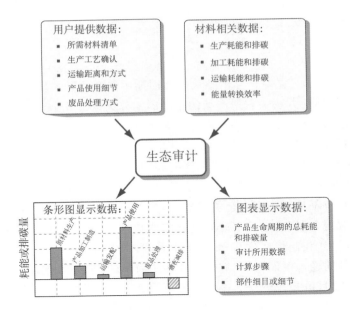

图 7.1　生态审计框架

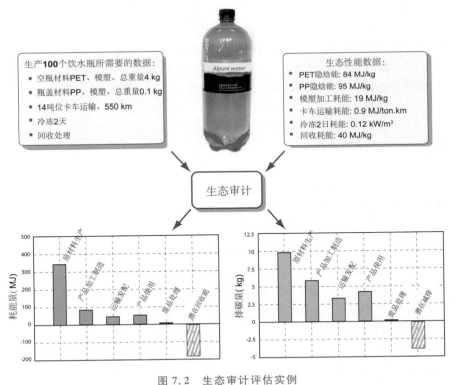

图 7.2　生态审计评估实例

（100 瓶 1 L 装矿泉水从法国用卡车运送到英国消费的耗能和排碳情况。）

生态审计过程分 5 个阶段来评估产品的耗能情况（碳排量的审计遵循类似的步骤）：

第 1 阶段：原材料的生产　首先应列出所需材料清单、加工制造方式及其重量（见表 7.1）

以及相关材料的隐焓能和碳排量数据(见表7.2),然后根据各个组件在产品中所占的份量,算出生产100个饮料瓶在原材料生产阶段所需要的耗能总量,最后给出该产品的生态审计输出结果(见表7.3)。

表7.1　制造100个饮水瓶所需要的原材料和它们的加工方式及重量

部件	材料	制造方式	重量(kg)
瓶子	PET	模塑	4.0
盖子	PP	模塑	0.1
水的静负载(1L)	水		100
		总重量	104

表7.2　来自第14章数据库的平均值

产品材料	材料生产过程		加工制造过程	
	隐焓能 H_m (MJ/kg)	碳排量 (kg/kg)	加工耗能 H_p (MJ/kg)	加工碳排量 (kg/kg)
PET	85	2.35	19.5	1.48
PP	74	3.1	21	1.6

表7.3　制造100个饮水瓶的总耗能量和总碳排量

产品生命周期的各阶段	耗能 (MJ)	耗能 (%)	排碳 (kg)	排碳 (%)
原材料生产	347	64	9.7	43.3
产品加工制造	80	15	6.1	27.2
运输发配	50	9.3	3.5	15.6
产品的使用	62	11.5	3.0	13.4
废品处理	0.8	0.2	0.1	0.5
一手产品总计	540	100	22.4	100
潜在 EoL[1] 值	−188		−0.2	

第2阶段:产品的加工制造　　加工制造阶段审计的重点往往是产品的初次成型过程,因为这一过程通常是最耗能的。在第一次评估产品的生态性能时,重点应放在那些重量大的部件上(其重量之和应占产品的95%左右),其余部件可打包放进"其余部件"一栏里,并给予它们一定的重量分配使得产品总重量达到100%。对于"其余部件"的评估可以选择一个"代理材料(proxy material)"和代理加工工艺,从而使得产品的整个生态审计过程得以简化。例如,选

---

〔1〕　EoL 是 End-of-Life(项目终止/停产)的缩写——译者注。

择"聚碳酸酯(polycarbonate)"作为5‰的代理材料(因为聚碳酸酯的耗能和碳排量均在同类材料中处于中间地位),并用"模塑法(molding)"进行加工。

第3阶段:产品的运输发配　该阶段是产品从制造场地到销售地点的阶段。对于矿泉水产品来说,就是将装满法国阿尔卑斯山水的瓶子运送至550 km之外的英国伦敦。该过程的耗能量已在表6.8中进行了描述:如果使用14吨位的卡车,则耗能量为0.9 MJ/t·km。考虑到运输距离和产品的总重量,不难算出100瓶饮用水的运输耗能为50 MJ(见图7.2和表7.3的结果)。需要注意的是,运输的不只是空瓶子,所以其中的含水量自然应包含在表7.1的物料清单中。

第4阶段:产品的使用　首先我们需要对这一阶段的定义给予进一步的解释。产品的使用耗能可以分为两种不同的类型:

(1)静态下使用的产品(如电动产品),它们需要能量来执行其功能。吹风机、电热水壶、冰箱、电动工具和空间加热器等都是很好的例子。还有一些产品,如家具和无需加热的建筑物等,尽管不需要能源来执行其功能,但对这类产品的清洗、维护和照明仍需消耗一定的能量。

(2)动态下使用的产品(大都与交通工具有关),其耗能量取决于多种因素:产品本身的引擎功率和重量以及负荷重量和运输距离等。表6.8给出了单位重量和单位距离的能量消耗和二氧化碳排放数据。

所有的能源都与化石能源相关联,因此我们可以以原油为标准,通过"油当量因子(oil-equivalent factor)"的确定,来估算各种能量之间相互转换的数值(见表6.6和表6.7)。举例来说,Alpure矿泉水是一个静态产品,但它被消费(使用)前需要冷冻2天。若使用A级电冰箱,把水温控制在$4°$ C,则需要选择功率为0.12 kW/m^3的冰箱。因此,制冷48h、1 m^3所耗废的电能为5.76 kWh。已知原油转换为电能的转换效率为33‰,1 kWh=3.6 MJ,因此,5.76 kWh的电能折合为油当量为62 MJ/m^3,这比卡车运送同样数量的耗能量还要高。

第5阶段:废品处理　当一个产品走到其生命尽头时,有5种可以处理的方式:填埋、燃烧、回收再利用、二次工程化和直接重新使用(见图4.2)。一手产品变成废品后其隐熔能是可以部分或全部回收的。这一结论初听起来似乎有问题,因为隐熔能并没有保留在产品中,由于加工制造的低效率,隐熔能早已作为低品热丢失了。即便没有完全丢失,对于金属和陶瓷之类的材料来说,也很难利用燃烧法来收回其隐熔能。但从另一角度考虑,如果产品变为废品时被回收再利用或二次工程化或直接重新使用,则可以节省原材料生产时的耗能。降低碳排量的理念也如此。只是如果选择燃烧法来处理废品的话,该过程还会释放二氧化碳。

表7.4给出了这5种废品处理方式所消耗的能量和碳排量近似值。值得一提的是,用交通工具把废品运至填埋场的耗能是微不足道的,但废品回收时可以将原生材料隐熔能(H_m)与回收处理耗能(H_{rc})之差"收回"——这一能量被称为"回收能(recovered energy)"。回收能和相应的碳排量在生态审计条形图中均为负值。废品的二次工程化和直接再利用,理论上讲是可以收回所有的隐熔能并抵消部分碳排量。本书第14章给出了63种材料的回收耗能(H_{rc})和回收碳排量(C_{rc})、燃烧热(H_c)和燃烧碳排量(C_c)的数据。

设r为废品中可以回收的部分(以百分比为计算单位),则产品在其生命周期结束时可回收的潜在能量$H_{EoL}=r(H_m-H_{rc})$。借助于表7.5中的数据,可以验证表7.3最后一行所显示的H_{EoL}和C_{EoL}值。那么,这部分能量是否应该包括在总耗能量里呢?要回答这一问题,我们首先需要分析能源核算过程中的一些细节。我们将"有效(effective)"或"实际"隐熔能$\widetilde{H}$和

有效碳排量 $\widetilde{C}$ 定义为

$$\widetilde{H} = rH_{rc} + (1-r)H_m$$

和

$$\widetilde{C} = rC_{rc} + (1-r)C_m$$

其中的 H_m 代表原生材料的生产隐熔能，C_m 代表原生材料的生产排碳量。此外，我们用 H_c 和 H_d 来分别代表单位重量材料的节能（credit）和耗能（debit）量，C_c 和 C_d 来分别代表单位重量材料的吸碳和排碳量。

表 7.4　废品处理方式及其潜在回收能和碳排情况一览表

废品处理方式	H_{EoL} 估算方式 （MJ/kg）	C_{EoL} 估算方式 （kg/kg）
1. 填埋（需要把收集的废品运送到填埋场）	$H_d \approx 0.1$	$C_d \approx 0.01$
2. 燃烧（所收集的废品燃烧后热量大部分可回收）	$\eta_c H_c$ （燃烧率 $\eta_c = 0.25$）	$C_c = \alpha H_c$ （$\alpha = 0.07\ kg\ CO_2/MJ$）
3. 回收再利用（所收集废品需要分类后再进行处理）	$r(H_m - H_{rc})$	$r(C_m - C_{rc})$
4. 二次工程化（所收集的废品需要拆卸，然后更换零件，再次组装）	$0.9\widetilde{H}$	$0.9\widetilde{C}$
5. 直接再利用（废品直接进入二手市场贸易网点或网站等）	$\widetilde{H}$	$\widetilde{C}$

表 7.5　PET 和 PP 材料的生产和回收过程中耗能和碳排量一览表

材料	H_m（MJ/kg）	C_m（kg/kg）	H_{rc}（MJ/kg）	C_{rc}（kg/kg）
PET	85	2.35	39	2.3
PP	74	3.1	50	2.1

循环回收过程的生态指标之合理分配　回收意味着材料从一个生命周期的结束到另一个生命周期的开始。通常来讲，材料的第二个生命周期比第一个生命周期的耗能和排碳都要少，正因为如此，废品材料的回收再利用才有实际意义。但是，从第 n 个生命周期结束时所回收的能量（$E_{EoL,n}$）应该列入产品的第 n 个生命周期的总耗能量，还是应该列入第 $n+1$ 个呢？显然，它不可能被重复使用两次[1]。

现在，让我们借助于图 7.3 对此做出解释。首先，我们设产品的生命周期有 3（$n=3$），它们在图中分别被标记为产品 1、产品 2 和产品 3。产品 1 的生命结束后，被部分回收进入产品 2 的生命周期；产品 2 的生命结束后，又被部分回收进入产品 3 的生命周期。让我们把注意力集中到产品 2 的情况上：它的生产既依赖于部分原生材料（$1-R$），又掺杂从产品 1 中回收来的材料（R）。如果产品 2 的耗能量比产品 1 低，那是因为它已经从回收材料中得到了补偿。但同样的节能效果自然不应重复使用在产品 3 的生产上。显然，这是一个有关回收耗能（H_{EoL}，可取正负值）和回收碳排量（C_{EoL}，可取正负值）的分配和再分配问题。

---

〔1〕　根据 Hammond 和 Jones（2010）文章的解释。

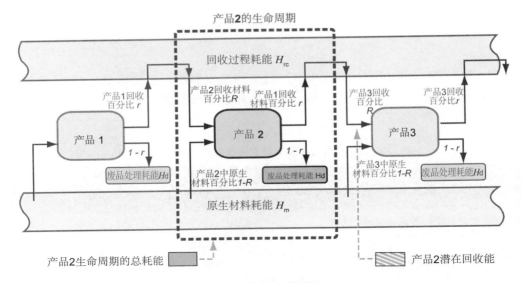

图 7.3　产品回收再利用循环分配图

目前有两种有效的方法来处理这一问题。一种方法为"再生计量法（recycled content method）"，它把从产品 1 中所回收的全部能量都列入到产品 2 的净隐焓能（$H_{net,2}$）中，但产品 2 的废品回收则不计其中。具体来说，产品 2 的生产同时使用再生材料（其百分比为 R）和原生材料（其百分比应为 $1-R$，其单位重量隐焓能始终为 H_m）。当产品 2 的生命结束时，又有 r 百分比可以回收使用，但这部分的贡献不在产品 2 的评估范围内被考虑。需要指出的是，在产品 2 的废品中有（$1-r$）的材料需要进行销毁处理，所以还要考虑到这部分能源（$1-r$）H_d 的消耗。因此，产品 2 原材料生产的净隐焓能 $H_{net,2}$ 表达式应为

$$(H_{net,2})_{recycledcontent} = RH_{rc} + (1-R)H_m + (1-r)H_d \tag{7.1}$$

另一种研究回收贡献分配和再分配问题的方法为"替代法（substitution method）"。与再生计量法相反，替代法只考虑产品 2 生命结束时的回收情况，它把回收能 $H_{EoL} = r(H_m - H_{rc})$ 全部记账给产品 2，而产品 2 从产品 1 中得到的好处一概忽略。因此，产品 2 原材料生产的净隐焓能 $H_{net,2}$ 表达式应为

$$(H_{net,2})_{substitution} = H_m - r(H_m - H_{rc}) + (1-r)H_d = rH_{rc} + (1-r)(H_m + H_d) \tag{7.2}$$

显然，当 $r = R$ 时，式（7.1）和（7.2）等同。

尽管许多废品在近几年内尚无法被回收再利用，但废品的回收有利于未来是无可争辩的事实。如果我们仅考虑眼前社会对物资的急需和气候变暖的现状，则替代法没有现实意义。因此，采用式（7.1）来估算当今产品生命周期的总耗能和总碳排量更为合理。此外，再生计量法也更加符合欧盟关于碳排量评估的条文 PAS 2050 和 BSI 2008 之规范（参见第 5 章的内容）。

然而，采用再生计量法给我们留下了一个难题。我们已经了解到，进行生态审计评估的主要目的之一是引导新产品的设计决策。然而，产品设计者们一方面希望使用生态审计结果来显示其产品的环保特性，另一方面也力求做到所设计的新产品在生命周期结束时易拆卸，以到达减少废品处理耗能的目的。但是，再生计量法仅仅能够满足设计者们的第一个要求。为了弥补这一缺陷，我们在图 7.4 中对产品第一生命周期里的总耗能和总碳排量值用单一黄色

条型来表示,而对产品寿命结束时潜在的能源(或潜在碳减排)回收值用阴影线条型来表示。

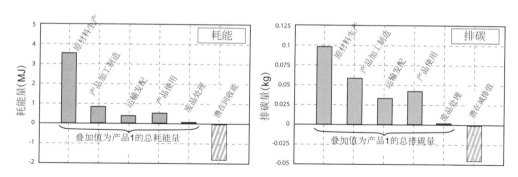

图 7.4 根据"再生计量法"所得出的饮水瓶第一生命周期的总耗能和排碳量之计算结果

理解生态审计输出值的含义 图 7.4 给出了 PET 饮水瓶身的生态审计结果(输出值)。我们可以从中得到什么样的结论呢? 显然,PET 空瓶的生产过程消耗能量最大、排碳也最多,其次是饮用水抵达目的地后冷冻两天的耗能。而运输 550 km 的交通耗能仅占 10% 左右,该阶段的碳排量占 PET 瓶整个生命周期总碳排量的 17%。如果人们真正关心 Alpure 矿泉水对生态环境的负面影响,则首先应当考虑对盛水容器材料的改进,诸如为何不把 PET 瓶做得更薄而节省原材料并减轻其重量呢? (要知道现在使用的 PET 瓶已比 15 年前的轻了 30%)是否有其他聚合物比 PET 的生产制造消耗更少的能源? 如今使用的 PET 瓶可否被设计得足够有吸引力,以使消费者们将废瓶用于其他目的? 能否把废瓶回收过程变得更加容易? ……这些都是设计时应当事先思考的问题。我们将在第 9 章和第 10 章中尝试着回答它们。

通过对 PET 饮水瓶整个生命周期中生态性能的评估,可以得出以下结论:在审计了 PET 瓶生命周期里各个阶段上的耗能和碳排量后,最有效的节能减排措施似乎应为①改进瓶身的挤压成型方式,②使用省油传输模式(32 吨级卡车或驳船)和③减少制冷时间。

7.3 生态审计软件

生态审计不但可以指导新产品设计或产品的重新设计,还可以发现设计方面的不足,并建议是否应当进行更全面的 LCA 审核。在早期的设计过程中,由于缺乏详细信息,使得严格的 LCA 无法进行。即便能够进行,完整 LCA 方法之死板和繁琐也使得它难以达到在设计过程中随机应变的要求。而一个优质的设计方案必须考虑一旦出现新情况,就能够用替代品及时补救。正如我们已经看到的那样,生态审计法虽然不够精确,但却足以区分各阶段的耗能和碳排量之间的巨大差异。尽管某些 LCA 软件工具(如 SimaPro,GaBi,MEEUP 和 the Boustead Model)也可以满足"设计过程中随机应变"这一目的,但它们毕竟不是为此而专门设计的软件。更加简单易用的软件——如 CES 生态审计工具[1]本章附录是按照生态审计框架(见图 7.1)所专门设计的对口软件工具。

---

[1] "CES Eco Audit"是英国剑桥教育软件公司 Granta Design 所提供的一种生态审计工具(www.grantadesign.com)。

7.4　本章小结

具有环保意识的产品设计体现在诸多方面,其中之一是材料本身和其加工制造途经的优选。无论是何种材料,其生产总是要耗费大量能源,并同时排放大量废气的。寻求使用隐熔能低的材料理论上讲是一种可行途径,但却要当心被片面误导,因为产品原材料的选择会影响到后续的产品加工制造过程的选择、影响产品重量以及产品的机械、热和电性能等等,进而影响产品在使用过程中的耗能量和碳排量,并且影响最后的废品处理及回收过程。因此,"节能减排"应该尽量设法去减少产品生命周期的总耗能量,而非仅仅考虑某个阶段上的耗能。

要实现这一目标,我们需要从工程设计角度首先做两件事:一是执行一个生态审计(对产品整个生命周期中的耗能和碳排量做一个快速但近似的评估分析),二是根据生态审计的结果,对产品制造所需要的原材料进行优选(以使产品在其生命周期里的耗能和排碳值降到最低程度——这将是本书第 9 章和第 10 章所要讨论的问题)。本章所介绍的生态审计法尽管精度不足,但执行起来简单迅速,常常足以引导新产品的设计决策。本章还引入了生态审计法的程序和步骤,介绍了相应的软件工具并分析了具体实例。

7.5　拓展阅读

[1] GaBi 4 (2008), PE International, http://www.gabi-software.com/(*An LCA tool that complies with European legislation. It has facilities for analyzing cost , environment, social and technical criteria and optimization of processes.*))

[2] Hammond, G. and Jones, C. (2010), "Inventory of carbon and energy, Annex A: methodologies for recycling", The University of Bath, UK. (*A well-documented compilation of embodied energy and carbon data for building materials , with appendices explaining the alternative ways of assigning recycling credits between first and second lives*))

[3] ISO 14040 (1998), Environmental management- Lifecycle assessment-Principles and framework.

[4]ISO 14041 (1998), Goal and scope definition and inventory analysis.

[5] ISO 14042 (2000), Lifecycle impact assessment

[6]ISO 14043 (2000), Lifecycle interpretation, International Organization for Standardization, Geneva, Switzerland. (*The set of standards defining procedures for life cycle assessment and its interpretation*)

[7] Matthews, B. (2011), "Java Climate Model" with UCL Louvain-la-neuve, KUP Bern, DEA Copenhagen , UNEP/GRID Arendal, http://chooseclimate.org(*An interactive tool to explore the effects of green-house gasses on global temperature and sea level*)

[8] The Dutch Methodology for Eco-design of Energy-using Products(MEEUP 2005), VHK, Delft, The Netherlands. www.pre.nl/EUP/(*The MEEUPis a response to the EuP-directive on Energy-using products. It is a tool for the analysis of products-mostly appliances-which use energy , following the ISO 14040 series of guidelines.*)

〔9〕 European Publicly Available Specification 2050（2008），"Specification for the assignment of the life-cycle greenhouse gas emissions of goods and services"，ICS code 13.020.40，British Standards Institution，London，UK. ISBN 978−0−580−50978−0（*A proposed specification for assessing the carbon footprint of products*）

〔10〕 SimaPro（2008），Pré Consultants，www. pre. nl（*An LCA tool for analyzing products following the ISO 14040 series Standards*）

〔11〕 The Nature Conservancy（2011），"The carbon footprint calculator"www. nature. org/initiatives/climatechange/calculator/（*A little on-line tool to estimate your personal carbon footprint*）

7.6　附件：生态审计软件工具

借助于软件工具来进行生态审计，自然可以使此工作变得更加迅速、更简单易行。这里将详细介绍其中的一个软件——"CES EduPack 生态审计"。图 7.5 展示一个模拟用户界面，用户的"操作（action）"和"数据输入（input）"以及"结果（consequence）"分 4 个步骤进行。

第 1 步：输入原材料生产和产品加工制造清单。其中包括：

- 产品的各个部件名称（Component name）—— 输入菜单中第 1 框，
- 相应的产品材料[1]（Material）及其重量（Mass）—— 输入菜单中第 2、3 框，
- 产品的加工方式（Process）—— 输入菜单中第 4 框，
- 产品报废时的处理方式（End-of-life choice）—— 输入菜单中第 5 框。

"产品材料"的选择可通过将第 2 框下拉而打开"树状层结构（tree-like hierarchy）"中的材料细分类，进而得到所选材料的隐焓能和碳排量数据。"产品的加工途径"及其隐焓能和碳排量数据通过类似的方式在第 4 框中得到。在完成产品的第 1 个部件输入后，可进行第 2、第 3……部件的输入。

正如前面已经指出的那样，当你第一次做生态审计评估时，只需要输入那些占产品总重量95％的部件之信息，其余的 5％之信息可用一个替代部件（如"聚碳酸酯"材料，用"模塑法"制造）来代替，最后，还要输入"死重量（dead weight）"值（是指那些重量不属于产品的部分，但必须随之被输送——如同 PET 饮水瓶中的水）。

该生态审计软件提供计算产品总耗能值和总碳排量的功能，只需用各部件的单位隐焓能（或碳排量）乘以部件重量并进行加和即可。

第 2 步：输入运输信息（Transport）。该软件允许多段不同运输形式（multi-stage transport）联合为同一产品服务（如先海运、后卡车运输）。具体做法是：分段（stage 1，2，3…）输入运输形式（transport type）和运输距离（Distance km），然后软件将根据表 6.8 的数据自动寻找运输过程各阶段的隐焓能和碳排量数据，最后根据重量求出总耗能和碳排量结果。

第 3 步：输入产品使用信息（Use）。首先输入产品的寿命期望值（product life，？ year），然后根据产品的使用模式——"静态"或"动态"（见第 7.2 节中的详细描述）而选择输入不同的信息值。"静态（static mode）"下使用的产品，需要在 3（a）一栏里输入"能量模式（energy input

---

［1］　软件 CES EduPack 材料数据库将被打开供选择。

and output)",其中包括输入"额定功率(power rating)"——见表 2.1、"使用频率(usage,?days/year 或? hours/day)"的数值;"动态(mobile mode)"下使用的产品,需要在 3(b)一栏里首先输入"能源类型(fuel)"和"车辆种类(mobility type)",然后输入"每天行驶的距离(distance per day)"和"使用频率(usage,? days/year)"的数值。

软件将根据表 6.8 的数据自动寻找各阶段的隐焓能和碳排量数据,最后根据重量和距离求出总耗能和碳排量结果。

第 4 步:输出结果(Report)。在"注释(note)"框栏里,软件使用者可以对审计过程添加注释,还可以 JPEG 或 BMP 格式插入产品的图像(Image)。注释和图像将出现在审计报告的顶端。最后,点击"Report"即可完成审计计算的全过程,其输出结果将以条形图和表格形式给出。具体实例见图 7.5。

生态审计工具的高级版本还包括二次加工(如机床加工、粘接和精加工)的审计。

7.7 习题

E7.1 图 7.2 给出了制造 Alpure 矿泉水空瓶所需的隐焓能和碳排量数据。如果该图的数据测量误差为 ±20%,其生态审计的最终结果是否会有变化? 请把误差值标注到图 7.2 中,并给出相应的结论。

E7.2 法国矿泉水 Alpure 在英国非常受欢迎,因此进口商准备用钠钙玻璃瓶来取代我们所熟悉的 PET 瓶,以提高产品品位、拉升市场,但是他们听到了反对的声音。反对此计划者认为,这种营销策略是不负责任的,因为增加了运输负载进而增加了耗能和碳排量。对此,进口商回应说:使用玻璃容器可降低原材料生产的耗能和碳排。已知容量为 1 L 的钠钙玻璃瓶重量 430 g,而 PET 瓶的重量为 40 g。试使用第 14 章所提供的数据,比较生产 100 个玻璃瓶和生产 100 个 PET 瓶的总耗能和碳排量。你所得出的结论是什么? 如果使用回收玻璃来制造玻璃瓶,结论又如何呢?

E7.3 目前的欧洲安全健康法禁止使用回收的 PET 空瓶。废水瓶收集后将被燃烧,以利用回收的热量来发电。下表给出 PET 瓶的相关数据。

原生 PET		回收 PET		燃烧 PET	
隐焓能 (MJ/kg)	碳排量 (kg/kg)	隐焓能 (MJ/kg)	碳排量 (kg/kg)	燃烧热 (MJ/kg)	燃烧碳排 (kg/kg)
85	2.35	39	2.3	23.5	2.35

(a) 已知热能转换为电能的效率为 33%,燃烧 100 个 PET 废水瓶能回收多少能量? 将释放多少 CO_2?

(b) 将(a)的结果与回收 100 个 PET 瓶的结果(EoL 值)作比较。

E7.4 一家奢侈的伦敦餐厅迫不及待地进口 Alpure 矿泉水,因而决定将水从法国空运至英国,而不是采用通常的 14 吨位卡车陆运同等距离(550 km)。试使用表 6.8 中的相关数据,比较使用这两种运输方式运送 100 瓶 Alpure 矿泉水所消耗的总能量。生产 PET 空瓶的耗能是否仍是其生命周期中耗能量最大的阶段?

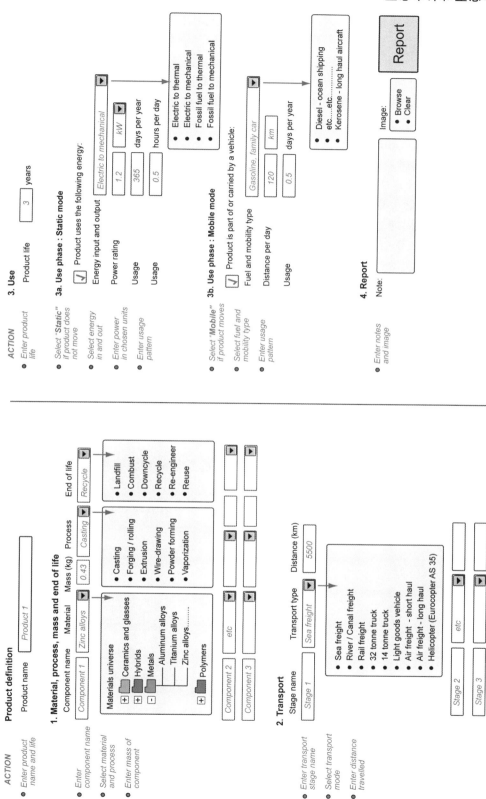

图7.5 CES 生态审计软件介绍

E7.5 商业楼宇的建筑用工字钢里有 45% 的回收材料。该商业建筑的设计寿命为 60 到 100 年。如果今天拆除它，则 80% 的钢材可被回收。已知，原生钢的隐焓能 $H_m = 32$ MJ/kg，而回收钢的隐焓能 $H_{rc} = 9$ MJ/kg.

（a）如何用回收计量法和替代法而评估产品第二生命周期的净耗能量？

（b）使用回收计量法并考虑 EoL 值（设 80% 的废钢将被回收再利用），估算钢材的第二生命周期总耗能量。

E7.6 葡萄酒瓶由玻璃制造，酒瓶的回收率 $r = 42\%$。已知原生玻璃的隐焓能 $H_m = 15$ MJ/kg，而回收玻璃的隐焓能 $H_{rc} = 7$ MJ/kg。

（a）如何用回收计量法和替代法来评估葡萄酒瓶第二生命周期的净耗能量？

（b）使用回收计量法并考虑 EoL 值（设生产酒瓶的原材料中含有 38% 的二手材料），估算葡萄酒瓶的第二生命周期总耗能量。

E7.7 利用第 14 章所提供的相关数据，估算回收率为 22% 的 PET 饮料瓶生命周期里的总碳排量。

使用 CES 软件可以做的习题

E7.8 重新对本章中的第一实例（100 瓶 Alpure 矿泉水从法国运往伦敦消费）进行审核。选择 PET 瓶身的制造方式（manufacturing process）为"聚合物模塑成型（Polymer molding）"，选择废品处理方式（end-of-life option）为"回收（recycle）"。与图 7.2 中的结果进行比较。

（a）100 个 Alpure 空瓶的生产过程碳排量是多少？

（b）改换废品处理方式（end-of-life option）为"燃烧（combust）"。试求将有多少二氧化碳被释放到大气中？

（c）如果这 100 瓶 Alpure 矿泉水空运到伦敦，该过程释放到大气中的二氧化碳将增加多少？

（d）如果将 PET 瓶改为钠钙玻璃瓶，后者的整个生命周期里释放到大气中的二氧化碳是多少？

第8章

生态审计的实例研究

碳排放

内　容

8.1 概述

　　本章运用第7章中所介绍的生态审计方法和软件,对12个产品实例进行分析和研究。生态审计方法的优点是简单迅速,当设计过程中遇到紧急情况时可以灵活转向,寻找初始对象的替代品。但该方法相对于LCA属近似评估法,它仅仅分析和研究产品生命周期中每个阶段的耗能和排碳情况,并对其进行加和以求得产品总的生态性能值。

8.2 一次性和重复性使用水杯

　　一次性使用水杯很像是垃圾制造机——使用一次即被扔掉了。那么,重复性使用水杯(见图8.1)是否更节能环保呢?答案并不像想像中那么简单,因为重复性使用水杯的隐熔能大,而且需要经常以符合卫生标准的方式进行清洗。但当使用次数足够多时,重复性使用水杯确实可以作为一个更加节能的选择。

　　现在,让我们通过计算来比较两个同等容量(均为 0.33 L)但不同材料的水杯之隐熔能数据。一次性水杯是由聚苯乙烯(PS)塑料制成的,重复使用水杯是由聚碳酸酯(PC)塑料制成的。计算过程将使用的功能单位为 1 000 个水杯外加相关的纸板包装。已知,清洗 1 000 个水杯需要消耗电能 $E_{wash}=20$ kWh(这相当于消耗油当量 195 MJ)。运输过程耗能在此忽略不计,所有废杯都将送至垃圾场填埋。表8.1和8.2分别给出这两种产品生命周期中生产、加工和使用阶段的生态性能以及生产3种原生材料的耗能情况(再生塑料因涉及人身健康问题而被排除使用)。

图 8.1　聚苯乙烯(PS)一次性使用水杯(左)和聚碳酸酯(PC)重复性使用水杯 (右)

表 8.1　1 000 水杯的原材料生产、产品加工制造及其使用信息一览表

	一次性水杯	重复使用水杯
原材料	PS	PC
1 000 个水杯的重量(kg)	16	113
加工方式	模塑	模塑
包装 1 000 个水杯所需的纸板重量(kg)	0.6	2.3
清洗 1 000 个水杯所耗费的电能(kWh)	—	20

表 8.2　生产水杯所需材料的生态性能参数

生态性能	聚苯乙烯	聚碳酸酯	包装纸板
原材料的隐焓能（MJ/kg）	95	110	28
原材料的碳排量（kg/kg）	2.7	5.6	1.4
模塑耗能（MJ/kg）	21	18.5	—
模塑碳排（kg/kg）	1.6	1.4	—
清洗 1 000 个水杯所耗费的油当量（MJ）	—	195	

　　根据以上数据，可以得出原材料生产和加工制造 1 000 个一次性水杯外加纸板包装盒的总耗能量为

$$E_{\text{disposable}} = 16 \times (95 + 21) + 0.6 \times 28 = 1\ 873\,(\text{MJ})$$

原材料生产和加工制造 1 000 个重复性使用水杯外加纸板包装盒的总耗能量为

$$E_{\text{reusable}} = 113 \times (110 + 18.5) + 2.3 \times 28 = 14\ 580\,(\text{MJ})$$

显然，如果重复性使用水杯被反复利用 n 次，则会得到比一次性使用水杯更加环保的特性：

$$nE_{\text{disposable}} > E_{\text{reusable}} + (n-1)E_{\text{wash}}$$

此例中的 $n = 9$。

　　重复使用水杯 9 次以上在餐馆里是可以实现的目标，但对户外活动来说是不现实的。Garrido 和 del Castillo 二人在 2004 年巴塞罗那世界文化论坛期间调查了一个户外活动的举止。他们的报告说，仅有 20% 的重复性使用水杯被收回，其余的均被扔进垃圾袋或干脆"消失"在大自然中。

拓展阅读

　　[1] Garrido，N. and del Castillo，M. D. A.（2007），"Environmental evaluation of single-use and reusable cups"，Int. J. LCA，Vol. 12，pp 252 ～ 256.

　　[2] Imhoff，D.（2005），"Paper or plastic：searching for solutions to an over-packaged world"，University of California Press，USA. ISBN13：978-1578051175（*What the title says：a study of packaging taking a critical stance*）

8.3　载物袋

　　很少有比塑料购物袋更令人轻视的产品了。它们被大量免费发放，但它们的制作来自原油，而且不能降解。作为垃圾，塑料袋严重污染着农田、套住水鸟、令海龟窒息…… 我们可以抱怨它的还有许多许多。与此相反，纸袋的制作来自天然并可降解的材料。但是，纸袋是否是最佳选择呢？如果我们使用黄麻（一种可再生资源）载物袋，结果又会如何呢？

　　要回答这些问题，让我们首先来分析一些载物袋实例（见图 8.2 和表 8.3）。图 8.2 中的载物袋 1 是典型的超市一次性使用容器，它是由聚乙烯（PE）材料制成的，重量只有 7 g；载物袋 2 也是 PE 材料但重量却增加了 3 倍。从袋上的广告文字可知，该塑料袋在传播一种文化

气息,它很可能来自某个书店,所以具有一定的吸引力。此外,载物袋 2 比较结实,用后一般不会马上被人扔掉;载物袋 3 和 4 由纸制成,其环保形象较好,但其重量则是载物袋 1 的 7 倍;载物袋 5 属可重复使用袋——超市称之为"长寿袋",它坚固耐用、而且外观和手感就好像是由天然织物制成,但实际上是人工合成材料(纹理聚丙烯)的结果。此外,载物袋 5 的颜色以及它那"保护澳洲"的标志,在某种意义上来说,确实是绿色环保的推动器之一。然而,有些人可能并不赞赏这种大张旗鼓的宣传方式,而更喜欢以低调隐晦的方式进行环保。载物袋 6 的设计就是其中的一例。它是由一种麻棉混合物制成的(商品名 Juco,含 75% 麻和 25% 棉),但其重量比袋 1 要高出 36 倍以上。

图 8.2 载物袋最轻者 7 g、最重者 257 g

表 8.3 图 8.2 中载物袋的特性参数

载物袋序号	材料	重量(g)	原材料生产碳排量(kg/kg)	100 个载物袋碳排量(kg)	需要使用次数
1	聚乙烯(PE)	7	2.1	1.5	1
2	聚乙烯(PE)	20	2.1	4.3	3
3	纸	46	1.4	6.4	5
4	纸	54	1.4	7.6	6
5	聚丙烯(PP)	75	2.7	20.3	14
6	Juco 牌黄麻(含 75% 纯黄麻＋25% 纯棉)	257	1.1	28.3	19

显然,载物袋的使用者和生产商们是不会仅仅为考虑环保而遏制废品和减少排碳的。前者首先要考虑的是使用方便,而后者首先要考虑的是公司品牌的形象和利润。作为环保产品的设计者,我们更感兴趣的是产品的生态性能,而非心理分析。在此,我们仅考虑一个问题:如果 7 g 重的塑料袋(载物袋 1)属一次性用品,那么其他载物袋需要使用多少次以上才能真正起到保护环境的作用呢?表 8.3 给出了具体数据和答案。

现在,读者本人可以来做出自己的判断并回答以上的问题了。比如,你会不会重复使用纸袋 4 六次或更多次呢?应该说这个几率不会很大,因为它们很容易撕裂,而且遇水后不能再用。在这种情况下,纸袋4并不比塑料袋1更节能。又如,你会不会重复使用塑料袋5十四次以上呢?应该说这个几率还是很大的,因此袋5比袋1和袋4要节能。还有袋6——典型的环保袋设计,使用它十九次以上也不是不可能的。

总之,若仅仅从节能减排的角度看问题,一次性塑料袋并不一定是最劣选择,这要取决于人们重复使用其他类型的载物袋之细心程度和使用环境。一次性塑料袋真正的问题在于:①寿命短、废品价值低因而无回收意义,所以人们不假思索地随手弃用;②不能降解,常常聚积在土地、河流、湖泊和海洋中,玷污环境并危害野生动物。

拓展阅读

[1] Edwards,C. and Fry,J.M. (2011),"Life-cycle assessment of supermarket carrier bags",Report:SC030148,The Environment Agency,Bristol,UK.

[2] www.environment-agency.gov.uk/static/documents/Research/Carrier_Bags_final_18-02-11.pdf(*An exemple of LCA at its most LCA-like*)

[3] González-García,S.,Hospido,A.,Feijoo,G. and Moreira,M.T. (2010),"Life cycle assessment of raw materials for non-wood pulp mills:Hemp and flax Resources",Conservation and Recycling,Vol. 54,pp 923~930.

[4] Imhoff,D. (2005),"Paper or plastic:searching for solutions to an over-packaged world" University of California Press,USA. ISBN13978－1578051175 (*A study of packaging taking a critical stance*)

[5] Shen,L. and Patel,M.K. (2008),"Life cycle assessment of polysaccharide materials:a review",J. Polymer Environ.,Vol.16,pp 154~167. (*A survey of the embodied energy and emissions natural fibers*)

8.4 电热水壶

图 8.3 显示了一个功率为 2 kW 的电热水壶。水壶制造于东南亚并空运 12 000 km 至欧洲。水壶设计指标为:3 分钟内使 1 L 水加热至沸点,"占空比(duty cycle)":每天 6 分钟、每年 300 天,使用寿命 4 年,作废后送至垃圾场填埋。表 8.4 给出了生产该产品所需要的组件、原材料和加工制造等信息一览表。那么,在电热水壶整个生命周期的各个阶段上能源消耗和碳排量是如何分配的呢?

图 8.4 给出了电热水壶的生态审计结果。耗能图(左)中的第 1、2 条形结果所显示的数据(0.10 GJ 和 0.02 GJ)是根据表 8.4 所提供的信息(特别是各组件的隐熔能及其重量)通过综合计算而得出的;第 3 条形结果所显示的数据(0.13 GJ)是根据空运耗能值(8.3 MJ/t·km)而得到的。随后,根据热水壶的占空比,可以得出该产品使用阶段的电量总消

图 8.3 功率为 2 kW 的电热水壶

耗为 240 kWh，这大约相当于消耗 1.81 GJ 油当量[1]的化石燃料（当然，化石燃料或其他能源转换为电力的效率取决于各个国家的能源结构，见表 6.8）。从图 8.4 中还可以看出，处理水壶废品耗能 0.000 2 GJ。

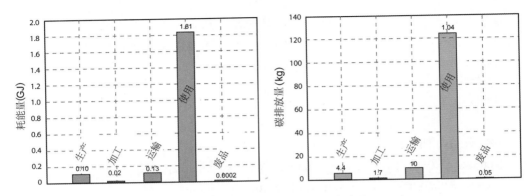

图 8.4　显示电热水壶的生态审计结果

表 8.4　设计使用寿命为 4 年的电热水壶的组件、材料、加工方式及其生态特性参数

组件、材料和加工方式			原材料生产及加工制造的生态性能				
组件	材料	加工方式	重量 (kg)	生产耗能 (MJ/kg)	加工耗能 (MJ/kg)	生产碳排 (kg/kg)	加工耗能 (kg/kg)
热水器机体	聚丙烯	模塑	0.86	75	20	2.9	1.5
加热器件	Ni-Cr 合金	线拔	0.026	80	22	11	1.7
壳,电阻加热器件	不锈钢	形变	0.09	84	7.9	5.1	0.59
恒温调节器	镍合金	线拔	0.02	180	22	11	1.7
内部绝缘体	氧化铝	烧结	0.03	52	—	2.8	—
导线鞘(1 m)	天然橡胶	高分子模塑	0.06	66	16	2.1	1.3
导线(1 m)	铜	线拔	0.015	58	15	3.7	1.1
电源插座	苯酚	高分子模塑	0.037	78	27.5	3.6	2.2
电源插头	青铜	挤压	0.03	55	15	3.6	1.1
包装衬垫	泡沫材料	高分子模塑	0.015	102	21	3.9	1.7
包装盒	硬纸板	制作	0.125	51	—	1.2	—
其他小组件	替代材料：聚碳酸酯	替代加工方式：模塑	0.04	110	18	5.6	1.4
		总重量	1.35				

[1]　欧洲的能源结构给出换算单位值为 1kWh≈7.56 MJ_{oil} 并相应释放 0.432kg CO_2。

可见,电热水壶的使用阶段之耗能和碳排量在其生命周期中占绝对的主导地位。尽管该产品的占空比不高(每天仅 6 分钟),但其耗能量却占总量的 82%。所以,若想改善电热水壶的生态性能,必须把重点放在使用阶段上。鉴于热水中的部分热量会通过壶壁而散失,有效的减少热损失的方法为:选择具有较低热导率的聚合物做壶壁或使用双壁绝缘(尽管这一选择会增加第一条形的高度——但生产耗能即便翻倍,其损失也相对较小)。当然,采用全真空保温将是最理想的选择——这样,第一次烧开的水会长时间保温,而为下一次的使用节省电量。

通过该例还可看出,通常被人们认为代价昂贵的"空运"方式实际上仅消耗总能量的 9%。即便使用海运(运输距离将由 12 000 km 增至为 17 000 km),总耗能值也仅仅可降 0.2%——微不足道。

使用阶段占主导地位的耗能和大量二氧化碳排放是小型电器的特性之一。更多的例子将在接下来的实例研究和习题中看到。

8.5 咖啡机

图 8.5 所示的 640 W 电热咖啡机可在 5 分钟内制好 4 杯咖啡,然后用全功率的六分之一保持咖啡温度 30 分钟(这相当于咖啡机每天全功率运行 10 分钟)。该产品生产于东南亚,海运 17 000 km 到西欧销售,作废后送至垃圾场填埋。表 8.5 给出了设计使用寿命为 5 年的咖啡机组件、材料和加工信息一览表。产品壳身为模塑成型的聚丙烯塑料,壶体为玻璃,控制系统由简单的电子器件和 LED 指示器组成,其余部分含有少量的钢、铝和铜组件(如加热元件、电缆和插头)。咖啡壶每天使用一次,每次使用消费一个过滤纸袋(重量为 2 g)。

图 8.5　咖啡机

表 8.5　设计使用寿命为 5 年的咖啡机组件、材料、加工及其生态特性参数

组件、材料和加工方式			原材料生产及加工制造的生态性能				
组件	材料	加工方式	重量 (kg)	隐焓能 (MJ/kg)	加工耗能 (MJ/kg)	生产碳排 (kg/kg)	生产碳排 (kg/kg)
壳体	聚丙烯	模塑	0.91	95	21	2.7	1.6
钢基小组件	钢	轧制	0.12	32	2.7	2.5	0.2
铝基小组件	铝	轧制	0.08	209	5.5	12	0.4
玻璃容器	玻璃(Pyrex)	模塑	0.33	25	8.2	1.4	0.7
加热电阻	Ni-Cr 合金	线拔	0.026	133	22	8.3	1.7
电子器件和 LED	电子材料	组装	0.007	3 000	—	130	
导体鞘(1 m)	PVC	挤压	0.12	66	7.6	1.6	1.3
导体(1 m)	铜	线拔	0.035	71	15	5.2	1.1
电源插座	苯酚	模塑	0.037	90	13	2.2	
电源插头	黄铜	挤压	0.03	72	3.1	6.3	0.23

（续表）

组件、材料和加工方式			原材料生产及加工制造的生态性能				
组件	材料	加工方式	重量 （kg）	隐熔能 （MJ/kg）	加工耗能 （MJ/kg）	生产碳排 （kg/kg）	生产碳排 （kg/kg）
包装衬垫	塑料泡沫	模塑	0.015	107	11	3.7	1.6
包装箱	硬纸板	制造	0.125	28	—	1.4	—
其他组件	替代材料： 聚碳酸酯	替代加工 方式：模塑	0.04	110	11	5.6	1.4
		总重量	1.9				

根据咖啡机的占空比（每天 10 分钟、每年 365 天）和使用寿命（5 年），可以得出该产品使用阶段的电量总消耗为 195 kWh（相当于消耗 1.48 GJ 油当量的化石燃料，排碳 84 kg）。如果外加过滤纸袋的消费（5 年中将用掉 1 825 个），则咖啡机在其整个生命周期中将消耗总重量为 3.65 kg 的纸张。从第 14 章中的数据表可知，纸张的隐熔能为 28 MJ/kg，碳排量为 1.4 kg/kg。因此，过滤纸袋的消费使得咖啡机使用阶段的总耗能量又增加了 0.1 GJ、总碳排量又增加了 5.1 kg。图 8.6 给出了电热咖啡机的生态审计结果。如同电热水壶的情况一样，产品的生产耗能（0.15 GJ）、加工耗能（0.03 GJ）和运输耗能（0.006 GJ）与使用阶段的耗能量（1.46 GJ）相比都是微不足道的。

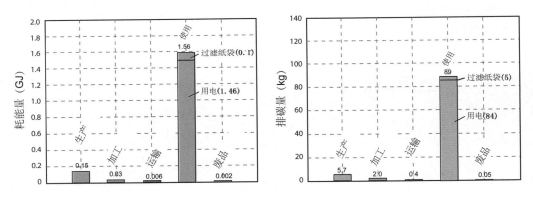

图 8.6　咖啡机的生态审计结果

电量一旦被使用是无法收回的，但是我们却可以通过更换玻璃壶——用不锈钢真空容器来替代，而省去一个保持咖啡温度的加热器设备，这样做的结果可使咖啡壶使用期间的耗电量减少一半。当然，不锈钢容器的隐熔能比玻璃的要大 3 倍。因此，我们有必要审核使用不锈钢真空容器的寿命为玻璃器皿的多少倍时才能真正达到节能效果（见本章习题 8.1 和 8.10）。

8.6　A 级洗衣机

家电是能源的主要消费者。这里，我们以通用洗衣机（见图 8.7）为例解析家电生命周期的耗能和排碳情况。德国的研究表明,一台洗衣机平均使用频率为每年 220 次、使用寿命为 10 年,使用过程中所消耗的能量大小取决于洗涤温度和程序选择。根据英国国家能源基金会 2011 年的数据,一台 A 级洗衣机若在 40℃ 水温下使用,耗电大约 0.56 kWh;若在 90℃ 水温下使用,耗电则为 1.22 kWh…… 取其平均值,洗衣机每使用一次耗电量约为 0.84 kWh。设想德国制造的洗衣机以 32 吨位的卡车运送至 1 000 km 之外的英国使用。在其生命的尽头,洗衣机被拆卸,以回收其中重量约为 49% 的金属材料。表 8.6 给出了设计使用寿命为 10 年的 A 级洗衣机的材料及其生态特性一览表。图 8.8 给出相应的生态审计结果。可以看出,使用阶段的耗电量是其他阶段的 6 倍以上,相比之下运输耗能微不足道,而废品回收的潜在节能 H_{EoL} 则高达隐熔能的 30%。

图 8.7　A 级洗衣机

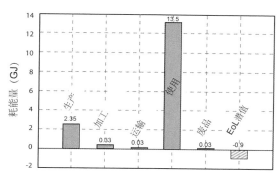

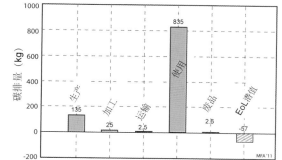

图 8.8　A 级洗衣机生态审计结果

（根据 Stahel 1992 年的数据和英国能源基金会 2011 年的数据绘制。）

表 8.6　设计使用寿命为 10 年的 A 级洗衣机的材料及其生态特性参数

材料	材料清单*		生态特性**	
	回收百分比（%）	重量（kg）	隐熔能（MJ/kg）	碳排量（kg/kg）
低碳钢	42%	23	22	1.7
铸铁	69%	3.8	8.9	0.5
高强低合金钢	原生	6.2	35	2.1
不锈钢	38%	5.4	59	3.7
铝	43%	1.9	134	7.6
铜和黄铜	43%	1.8	48	3.5
锌	原生	0.1	72	3.8
聚苯乙烯	原生	2.1	92	2.9
聚烯烃	原生	1.3	94	2.7
PVC	原生	0.7	80	2.4
尼龙	原生	0.4	128	5.6

（续表）

材料	材料清单 * 回收百分比（%）	重量（kg）	生态特性 ** 隐焓能（MJ/kg）	碳排量（kg/kg）
ABS	原生	1.9	96	3.4
橡胶	原生	1.6	66	1.6
水泥	原生	22	1.1	0.1
包装硬纸板	原生	2.3	28	1.4
木板	原生	2.5	7.4	0.4
硼硅玻璃	原生	0.1	25	1.4
总重量		**77**		

* 根据 Stahel（1992）提供的数据整理；

** 22 kg 重的混凝土可抑制脱水阶段的振动。

拓展阅读

[1] National Energy Foundation（2011），www. nef. org. uk/energysaving/labels. htm（*Use energy for A to E rated washing machines*）

[2] Stahel，W. R.（1992），"Langlebigkeit und Materialrecycliing"，2nd edition，Vulkan Verlag，Essen，Germany. ISBN 3-8027-2815-7 www. productg-life. org/en/archive/case-studies/washing-machines

8.7 理光复印机

理光公司为其产品的设计和出售附加了"产品环境宣言（EPD）"。一个设计使用寿命为 5 年的 MF6550 数码复印机（见图 8.9）在其整个生命周期中将消费重量为 12 215 kg 的 2 880 000 张纸。但在复印机的生命尽头，85％的组件可以被回收再利用（其余则填埋），重新上市的新复印机中可含高达 95％的再生材料。表 8.7 给出理光复印机的材料及其生态特性一览表。图 8.10 给出相应的生态审计结果（已知，复印机每天使用 8 小时、每月使用 20 天，平均每月耗电量约为 76.7kWh。交通运输距离被设置为 200 km，初始交付时使用 14 吨

图 8.9　MF6550 型理光牌复印机

位卡车运行，随后 4 年使用轻型货车进行维修服务、总行驶距离为 800 km）。其中的使用部分耗能量分为两个部分：一是耗电量，二是耗纸量。可喜的是，生态审计的结果与该公司的"产品环境宣言"所要达到的目标非常一致。但令人吃惊的是复印机纸张使用所造成的耗能量也十分巨大。理光建议最好双面复印，甚至每面印刷两页。显然，这是节省能源和资源的好办法。

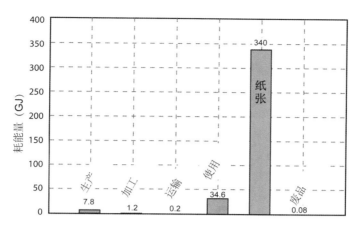

图 8.10　理光复印机的生态审计结果

表 8.7　设计使用寿命为 5 年的理光牌复印机的材料及其生态特性参数(Ricoh, 2010 年数据)

	材料清单		生态特性	
材料	再生材料比例(%)	重量(kg)	隐焓能(MJ/kg)	碳排量(kg/kg)
钢	42%	110	22	1.7
锌	22 %	3.7	59	3.2
铜和黄铜	43%	1.5	48	3.5
PS 塑料	0%	8.5	92	2.9
ABS 塑料	0%	4	96	3.4
PC 塑料	0%	2.4	110	5.6
POM 塑料	0%	1.4	105	4.0
PP 塑料	0%	1.1	95	2.7
PET 塑料	0%	0.8	84	2.3
玻璃	0%	2.2	25	1.4
氯丁橡胶	0%	5	101	3.7
其他(用 PC 作替代材料)	0%	15	110	5.6
总重量	156			

拓展阅读

Ricoh (2010)，"Environmental Product Declaration for the Rocohimagio MF6550 digital copier"，http://www.ricoh.com

8.8 便携式空间加热器

图 8.11 显示了一个用于铁路维修工作的便携式空间加热器,它是维修用轻型货车装备的一部分,可提供 9.3 kW 的输出功率。它的占空比为:每天运行 2 小时、每年运行 10 天,设计寿命为 3 年。在其生命的尽头,所有碳钢组件均可回收再利用。该产品在印度制造,通过海运(15 000 km)抵达美国西海岸,然后再通过 32 吨位的卡车陆运到 600 km 之外的销售地点。轻型货车每周的平均行驶量为 700 km,其碳排总量可根据表 6.9 提供的数据(0.18 kg CO_2/t·km)来进行估算。表 8.8 给出加热器的组件、材料、加工及其生态特性一览表。

图 8.11 使用液体丙烷气(LPG)驱动的空间加热器

该类产品以两种方式消耗能量:①需要电力(其空气流由一个 38 W 电风扇驱动)和液化石油气(加热器每小时燃烧 0.66 kg 的液化石油气)使之运行;②运载加热器的轻型货车因加热器重量(7 kg)而增加耗油量。那么,在加热器的整个生命周期中,会有多少二氧化碳释放呢?生命周期中哪个阶段释放量最大呢?

表 8.8 设计使用寿命为 3 年的便携式空间加热器的组件、材料、加工方式及其生态特性参数

组件、材料和加工方式			生态特性		
组件	材料	加工方式	重量 (kg)	生产碳排 (kg/kg)	加工碳排 (kg/kg)
加热器外壳	低碳钢	形变	5.4	1.8	0.34
风扇	低碳钢	形变	0.25	1.8	0.34
隔热板	不锈钢	形变	0.4	4.9	0.6
马达的转子和定子	铁	形变	0.13	1.8	0.34
马达的导体部分	铜	形变	0.08	3.7	0.16
马达的绝缘体部分	聚乙烯	挤压	0.08	2.75	0.47
连接软管(2 m)	天然橡胶	模塑	0.35	2.1	1.3
软管接头	黄铜	形变	0.09	3.7	0.16
其他	替代材料(聚碳酸酯)	替代加工方式(模塑)	0.22	6.0	0.86
	总重量		7.0		

图 8.12 给出了加热器的生态审计结果。可以看出,产品在其生产和加工部分的碳排量分别为 15.3 kg 和 2.9 kg,运输部分为 1.3 kg。鉴于驱动小风扇所需要的电力远低于燃烧液化石油气所需要的电力,所以我们对使用阶段的碳排量进行估算时将忽略前者。使用阶段的碳排量占总数的 96%,其中 61% 来源于液化石油气的燃烧,39% 来源于轻型货车运载 7 kg 重的加热器。还需要指出的是,加热器中的钢铁可以回收,回收材料再生产的碳排量仅为 0.7 kg/kg,而原生钢铁的碳排量高达 2.5 kg/kg,减排效果不言而喻。

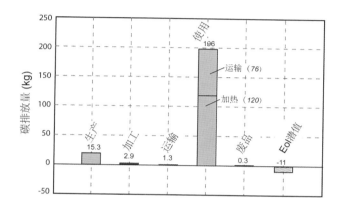

图 8.12　便携式空间加热器的排碳量审计结果

8.9　窑烧制陶箱

窑烧制陶箱的结构简单,但体积和重量都庞大,这意味着需要使用大量的材料来制造。那么,这是否说明该产品生命周期中原材料生产阶段的耗能会占主导地位呢? 图 8.13 粗显窑烧制陶箱的结构:箱架为钢铁材料,内衬使用耐火砖以构成烧制室。加热元件为镍铬合金,嵌入在砖的内表面,并通过铜线连接到电源上。表 8.9 给出了一个小型制陶箱(烧制室体积 0.28 m³、工作温度 1 200℃、额定功率 12 kW)的主要组件、材料及其生态特性一览表。假设该产品由 32 吨位卡车从 750 km 外运输安装在一所艺术学校,在那里它每周工作一次、每年工作 40 周、设计寿命 10 年。那么,制陶箱的生态审计结果会是怎样的呢?

图 8.13　窑烧制陶箱

表 8.9　设计使用寿命为 10 年的窑烧制陶箱的组件、材料及其生态特性参数

组件及材料			生态特性*	
组件及材料	再生材料比例(%)	重量(kg)	隐熔能(MJ/kg)	碳排量(kg/kg)
低碳钢框架	42%	65	7.3	0.44
耐火砖*	0%	500	2.8	0.21
镍铬高温炉加热线圈	0%	5	182	11.5

（续表）

组件及材料			生态特性*	
组件及材料	再生材料比例（%）	重量（kg）	隐焓能（MJ/kg）	碳排量（kg/kg）
铜连接器	43%	2	13.5	0.82
氧化铝高温绝缘体	0%	1	52	2.8
总重量		573		

* 使用砖作为耐火砖（Refractory brick）的替代材料。

让我们根据表 8.9 中的数据做加权计算，则可得出窑烧制陶箱的生产耗能量高达 2.81 GJ；而考虑到 32 吨位卡车的耗能数据为 0.94 MJ/t·km，则运输 573 kg 重的制陶箱 750 km 之耗能量为 0.4 GJ——相比之下，微不足道。下面，让我们再来看这一产品的使用阶段耗能情况。典型的陶器烧制工艺为：首先以全功率（12 kW）升温 4.5 小时至 1 200℃，然后降低功率至 4.9 kW 以保温 2.5 小时在 1 200℃，随后切断电源。这一过程的总耗电量 66 kWh。考虑到制陶箱的占空比（每年使用 40 次）和其设计使用寿命（10 年），可以得出该产品的使用耗电总量应为 26.4 MWh 或 200 GJ 的油当量。图 8.14 给出了窑烧制陶箱的生态审计结果。可见，制陶箱在其 10 年的生命周期中使用耗能将比生产耗能高出 70 倍。

当然，这是一个很极端的例子。在这里，节约生产制备烧窑箱之耗能已显示不出其重要性，关键是解决如何在高温使用下的保温问题。为此，材料的优选对节能可以产生巨大的影响。我们将在第 10 章中讨论这一问题。

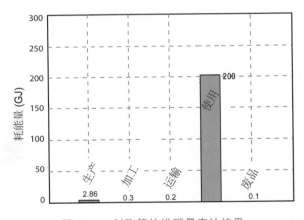

图 8.14　制陶箱的排碳量审计结果

8.10　汽车保险杠——探索替代材料

目前使用的汽车保险杠（见图 8.15）重量都十分大，减少其重量可以降低燃油消耗从而节能。这里，让我们来探讨用时效硬化铝合金或碳纤维复合材料（CFRP）来代替家用汽油车中低碳钢保险杠的可能性。已知，低碳钢产品重 14 kg，铝产品重 11 kg，碳纤维复合材料产品重 8 kg。然而，生产铝合金和生产碳纤维复合材料的隐焓能要比生产低碳钢的高得多。"替代"

是否能够真正起到节能的效果呢？这里假设汽油车每年行驶 25 000 km，使用寿命为 10 年。参考表 6.9 可知，汽油车的耗能指标为 2.2～3.0 MJ/t·km。表 8.10 列出了保险杠用材的材料和生态特性一览表。

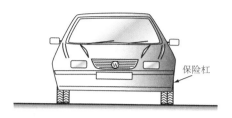

图 8.15　汽车保险杠

表 8.10　保险杠的材料和生态特性参数

材料和重量		生态性能		保险杠耗能	
材料	重量(kg)	隐焓能(MJ/kg)	生产耗能(MJ)	使用耗能(MJ)	总计(MJ)
低碳钢	14	32	448	7 210	7 660
加工硬化铝合金	10	209	2 090	5 150	7 240
碳纤维增强复合材料	8	272	2 180	4 120	6 300

图 8.16 给出了设计寿命为 250 000 km 的家用汽车中使用钢制、铝制或碳纤维复合材料保险杠的能源审计结果之比较（钢和铝产品均使用原生材料）。显然，使用钢的任何替代品都会增加生产耗能但却降低了使用耗能。结合表 8.10 中的数据值，可以得出以下结论：铝制保险杠尽管比钢制产品具有较低的总耗能值，但差别并不显著，其优越性要等到车开过 200 000 km 后才能显示出；CFRP 替代品的节能效果要显著得多，但铝和 CFRP 原材料的成本均比钢要高。所以，在决定是否应该用铝合金或 CFRP 来代替碳钢时，首先需要进行成本效益权衡。这将是下一章所要讨论的问题。

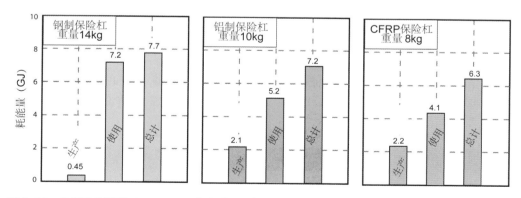

图 8.16　年行驶距离为 25 000 km、寿命为 10 年的家用汽车中使用钢制、铝制或碳纤维复合材料(CFRP)保险杠的能源审计结果之比较

最后需要指出的是，以上的这种比较实际上并不十分公平，因为类似汽车保险杠之类的产

品之废品回收率很高。如果把二手材料在产品生产中的含量考虑进去,之后的比较将会更加合理(参见本章末尾的习题)。

8.11　家庭用车

　　美国阿贡国家实验室与美国能源部合作,创建了一个用于考核汽车指标的软件模型(GREET)以评估汽车的节能减排效应。表 8.11 给出了他们所分析的两类汽车的生产耗能数据:一类为常规中型家用车(使用碳钢车架,见图 8.17),另一类为轻型同尺寸家用车(使用铝或碳纤维增塑车架)。通过表中数据可以看出,使用轻质材料可使汽车减重 39%。

图 8.17　汽车车架

　　设常规车耗能指标为 3.15 MJ/km,轻型车耗能指标为 2.0 MJ/km[1],两者均每年行驶 25 000 km、设计寿命为 10 年。它们的能源审计结果之比较在图 8.18 中给出。可以得出的结论有:①这两类车在使用阶段的耗能都大大超过其生产耗能;②采用轻质材料车架尽管隐熔能会增加 38%,但却减少了 37% 的燃料消耗;③净增益:轻质车比常规车节能 31%。

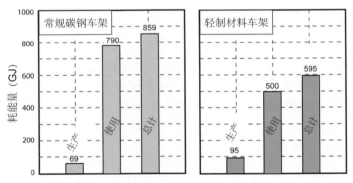

图 8.18　年行驶距离为 25 000 km、寿命为 10 年的家用汽车中使用钢制或轻质材料车架的能源审计结果之比较

　　最后,值得指出的是,执行这一生态审计所输入的数据精确度都不高,但鉴于使用阶段的耗能量与生产耗能量之间的巨大差异,这一不足之处并未影响到正确结论的得出。

表 8.11　制造常规和轻型内燃汽油车所使用的材料及其生态特性参数

材料	隐熔能 H_m(MJ/kg)	常规汽油车(kg)	轻型汽油车(kg)
碳钢	32	839	254
不锈钢	81	0.0	5.8
铸铁	17	151	31

---

〔1〕　1 MJ/km=2.86 L/100 km=95.5 mile/(英国)gal=79.5mile/(美国)gal。

（续表）

材料	隐熔能 H_m (MJ/kg)	常规汽油车(kg)	轻型汽油车(kg)
锻铝（含10％回收材料）	200	30	53
铸铝（含35％的回收材料）	149	64	118
铜和黄铜	72	26	45
镁	380	0.3	3.3
玻璃	15	39	33
热塑性聚合物（PU，PVC）	80	94	65
热固性聚合物（涤纶）	88	55	41
橡胶	110	33	17
CFRP	273	0.0	134
GFRP	110	0.0	20
铂催化剂	117 000	0.007	0.003
电子发射调控器	3 000	0.27	0.167
替代材料（聚碳酸酯）	110	26	18
		总重量　1 361	总重量　836

拓展阅读

Burnham，A.，Wang，M. and Wu，Y.（2006），"Development and applications of GREET 2.7"，ANL/ESD/06-5，Argonne National Laboratory，USA. www. osti. gov/bridge（*A report describing the model developed by ANL for the US Department of Energy to analyze life emissions from vehicles*）

8.12　吹风机——计算机辅助审计

能源消耗和二氧化碳排量的审计评估工作，由于计算机工具的使用已大为简化了。我们在第7章末尾曾介绍过一个计算机软件的使用步骤。这里，我们将再以吹风机为例，了解计算机辅助审计工具的功能和细节。

表8.12　设计使用寿命为3年的吹风机组件、材料及其加工特性参数

子系统	组件	材料	加工方式	重量(kg)
外壳和喷嘴	外壳	ABS	模塑	0.177
	通风管道	尼龙（PA）	模塑	0.081
	过滤器	聚丙烯	模塑	0.011
	扩散器	聚丙烯	模塑	0.084

（续表）

子系统	组件	材料	加工方式	重量(kg)
风扇和马达	风扇	聚丙烯	模塑	0.007
	套管	聚碳酸酯	模塑	0.042
	马达的铁部分	低碳钢	形变	0.045
	马达的线圈部分	铜	形变	0.006
	马达的磁铁部分	镍	形变	0.022
加热器	加热丝	镍铬合金	形变	0.008
	绝缘体	氧化铝	烧结	0.020
	支架	低碳钢	形变	0.006
电路板和接线	电路板	苯酚	模塑	0.007
	导体	铜	形变	0.006
	绝缘体	苯酚	模塑	0.012
	电缆护套	聚氯乙烯	模塑	0.005
电缆和插座	电缆芯	铜	形变	0.035
	电缆套管	聚氯乙烯	模塑	0.109
	插座	苯酚	模塑	0.021
	插头	黄铜	形变	0.023
包装	硬质泡沫塑料衬垫	硬质聚合物泡沫	模塑	0.011
	包装盒	硬纸板	制作	0.141
其余组件	其余组件	替代材料(聚碳酸脂)	替代加工方式(模塑)	0.010
			总重量	0.89

吹风机(又称干发器)几乎是每一个欧美家庭中的必备品。图8.19显示一个在东南亚生产制造的、具有2 000 W功率的产品。它经海运抵达20 000 km之外的北欧,其占空比为:每天使用3分钟、每年使用150天,设计寿命3年。在产品生命的尽头,其聚合物外壳和喷嘴系统被回收,其余则被处理掉。表8.12给出吹风机组件、材料及其加工特性一览表。图8.20和表8.13均显示吹风机生命周期各阶段的耗能和排碳情况。计算机软件工具可提供更多的细节:它可以把耗能和碳排量与每个组件以及产品的运输和使用过程紧密联系起来。

图 8.19　2 000 W 离子扩散吹风机

表 8.13　吹风机的耗能碳排参数

生命周期的各阶段	耗能(MJ)	排碳(kg)
生产	72.2	3.1
加工	12.6	1.0
运输	2.8	0.2
使用	353	21.2
废品	0.5	0.03
总计	441	25.2
EoL 值	－32	－1.3

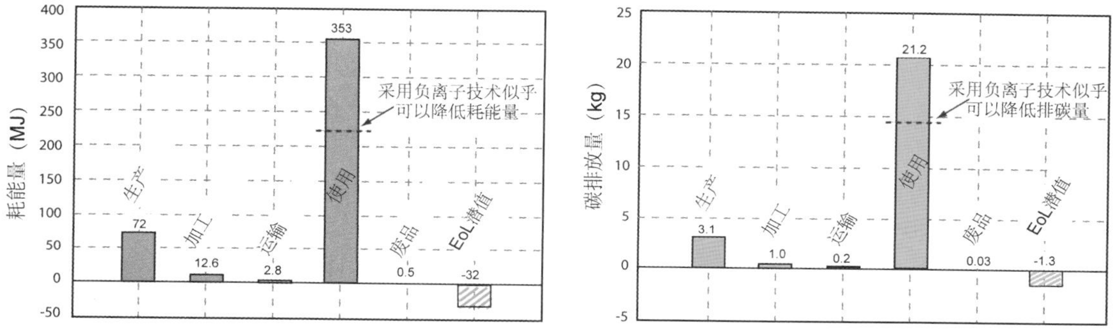

图 8.20　离子扩散吹风机的生态审计结果

最后值得指出的是,吹风机属于那类需要使用能源才能运行的产品,它的主要耗能阶段为使用阶段(见图 8.20 所显示的结果)。显然,通过大量使用再生材料或采用低能替代材料可以略微节能,但关键的问题是如何提高产品的加热保温效率。当吹风机运行时,大部分热量通过其扩散器而射向人的头部,少部分热量会丢失。但丢失多少却是个未知数。近来,有吹风机制造商声称,他们对产品的结构进行了巨大的技术更新:新型吹风机内含有一个气体放电离子发生器,它可以电离所接触的空气,进而将头发中的水份分解成更小的液滴便于快速蒸发。在这些离子吹风机的包装外壳上还有注释:该产品(与普通吹风机相比)可使头发干燥的速度翻倍。果真如此,则离子吹风机将节省近 40% 的总能量消费。

8.13　本章小结

对这些实例的分析告诉了我们什么呢? 可以看出,需要使用能源才能运行的产品(如家电、汽车、复印机和吹风机等),尽管它们的占空比不是很大,但其"使用阶段"的耗能及排碳在整个生命周期中占主导地位;而不需要使用或使用少量能源即可运行的产品(如饮水瓶、一次性水杯和各种载物袋等)其"生产阶段"的耗能及排碳在整个生命周期中占主导地位。

具有环保意识的产品设计需要进行多方面的考核研究,其中之一是产品材料的优选。材料的生产和使用均属于高耗能、高排碳的过程。尽管寻求使用低能材料表面上看是一种可行的方式,但也可能会产生误导。材料选择的正确与否将影响到产品的重量、产品的机械性能和物理性能以及产品的加工质量。节能减排应考虑的是如何降低产品整个生命周期中的总耗能数(其中包括废产品中可以潜在回收的部分能量)。

要达到以上目的,需要采取双步审核设计的方针(参见第 3 章中的介绍)。第一步是生态审计:对产品整个生命周期中的能源需求和碳排量进行快速而简化的评估。生态审计方法虽然不够精细,但却提供了足够的信息使得产品设计的战略决策得以制定;第二步是根据第一步的输出结果而对产品材料进行优选,以达到最大程度上的节能减排之效果。第二步的实施需要权衡考虑产品生命周期中各个阶段的耗能和排碳情况。我们将在第 9 和第 10 章中探讨这一问题。

8.14 习题

E8.1 重新审计正文中第 8.5 节所研究过的电咖啡壶。如果用双壁不锈钢容器(重 0.66 kg)来替代现有的玻璃容器(重 0.33 kg),电咖啡壶的生产耗能会增加多少? 倘若材料替代的结果可使咖啡壶使用阶段的耗能量降低 10%,替代产品的设计是否值得考虑?

E8.2 右图显示一个功率为 1 700 W、重 1.3 kg 的蒸汽熨斗,其98% 的组件细节在下表中给出。熨斗的使用过程为:全功率加热 4 分钟达到使用温度,然后在半功率下工作 20 分钟;其占空比为:每周使用 1 次、每年使用 45 次,设计寿命 5 年。试对该熨斗进行生态审计(忽视交通耗能和生命尽头的潜在回收能)。你的结论是什么? 你是否有好的办法来降低电熨斗的使用耗能?

蒸汽熨斗组件、材料、加工及其生态特性参数

组件	材料	加工方式	重量(kg)	隐焓能(MJ/kg)	加工耗能(MJ/kg)
壳体	聚丙烯	模塑	0.15	97	21.4
加热部件	镍铬合金	线拔	0.03	134	22.1
熨斗底部	不锈钢	铸造	0.80	82	11.3
导线鞘(3 m)	聚亚安脂	模塑	0.18	82	18.8
导线芯(3 m)	铜	线拔	0.05	71	14.8
电源插座	苯酚	模塑	0.037	90	28
电源插头	黄铜	轧制	0.03	71	1.7
		总重量	1.28		

E8.3 右图显示一个 970 W 的烤面包机。它的重量为 1.2 kg(其中包括 0.75 m 长的电缆和插头),每 2 分 15 秒烤出一对面包片。它平均每天烤 8 片、每年烤 300 天、设计寿命为 3 年。该烤面包机当地生产当地使用,所以其交通耗能和二氧化碳排量均可忽略不计。面包机生命结束后产品被废弃。试对该产品进行生态审计评估。

烤面包机的组件、材料、加工及其生态性能参数

组件	材料	加工过程	重量(kg)	隐焓能(MJ/kg)	加工耗能(MJ/kg)
机身	聚丙烯	模塑	0.24	97	21.4
加热器	镍铬合金	拔制	0.03	134	22.1
内架	低碳钢	轧制	0.93	32	2.7
电缆鞘(0.75 m)	聚氨酯	模塑	0.045	82	18.8
电缆线(0.75 m)	铜	拔制	0.011	71	14.8
插座	苯酚	模塑	0.037	90	28
插头	黄铜	轧制	0.03	71	1.7
总重量			**1.32**		

E8.4 重新审计正文中第 8.10 节所研究过的汽车保险杠。如果用玻璃纤维增强塑料（GFRP，俗称玻璃钢）来替代现有的低碳钢产品，则保险杠生命周期的总能量需求会降低多少？如果低碳钢和铝合金材料的生产均使用 50% 的回收材料，使用铝合金来替代低碳钢是否还有明显的节能效果（设隐焓能值的误差为 ±10%）？

保险杠材料	重量(kg)	隐焓能(MJ/kg)
低碳钢	14	32
时效硬化铝	10	209
玻璃钢	9.5	112
50% 回收钢	14	21
50% 回收铝	10	114

E8.5 已知，生产一辆重 1 000 kg 的小型汽车所需原材料的总耗能为 70 GJ、加工耗能 25 GJ。产品由德国制造（设计寿命为 10 年、耗能指标为 2 MJ/km），通过海运 10 000 km 抵达美国，然后由重型卡车行驶 1 500 km 运至展厅展览。如果该车的年平均行驶距离为 20 000 km，10 年后其废品处理将耗费能量 0.5 GJ 但同时将有 25 GJ 的潜在能可以回收再利用。试对该车进行能源审计并用条形图

显示评估结果。其生命周期中哪个阶段的耗能量最大？如果生态审计的输入值中原材料生产和产品加工制造这两部分的数据都有 ±20% 的误差，你的评估结果可信度是否仍很高？如果回答是肯定的，减少哪些阶段的耗能才可以在最大程度上降低整个生命周期的总耗能？

E8.6 下表给出一个欧洲制造的中型家用汽油车之组件材料清单（括号里的材料为建议选用材料）。各种材料的隐焓能都可从第 14 章的数据表中找到。表 6.9 提供另一耗能数据：2.2 MJ/t·km，这对应于该车的耗能指标为 3.6 MJ/km。如果该车每年行驶 25 000 km，其寿命为 10 年，试近似计算并比较汽车的生产和使用阶段的耗能量。

总重量为 1 800 kg 的家庭用车组件材料

材料	重量(kg)
低合金钢	950
铸铝合金	438
热塑性聚合物(PU,PVC)	148
热固性聚合物(涤纶)	93
弹性体(丁基橡胶)	40
硼硅玻璃	40
其他金属(铜)	61
纺织品(聚酯)	47
总重量	**1 800**

E8.7 试对一庭院加热器(见右图)做碳排量的生态审计并用条形图显示结果。

已知该加热器总重量为 24 kg,其中轧制不锈钢 17 kg、轧制碳钢 6 kg、浇铸黄铜 0.6 kg 以及细节不明的注塑塑料 0.4 kg(对于后者我们需要选择一个"替代材料"来进行生态审计)。产品制造于东南亚,海运 12 000 km 抵达销售地点美国。其生产和加工过程的碳排量细节见下表。在使用过程中,该加热器提供 14 kW 的热量(足以让 8 人温暖),每小时消耗 0.9 kg 的丙烷气,从而释放 0.059 kg/MJ 的二氧化碳。其使用频率为每天 3 小时、每年 30 天,使用寿命 5 年。在此,我们忽略加热器废品的处理阶段碳排情况。试使用已知数据绘制产品的整个生命周期中二氧化碳排量之条形图。

材料清单		碳排量	
材料	重量(kg)	材料生产(kg/kg)	加工过程(kg/kg)
轧制不锈钢	17	5.1	0.6
轧制碳钢	6	2.5	0.2
铸造黄铜	0.6	6.3	0.6
模塑聚丙烯	0.4	2.7	1.6
总重量	**24**		

E8.8 读者自由选择任何一产品,对其进行碳排量的生态审计并用条形图显示结果。

使用 CES 软件可以做的习题

以下的前 4 个练习题重复或拓展正文中实例或本章的练习题。然而在某些情况下,输出结果和相应的条形图均与习题答案有所不同,这是因为 CES 软件所创建的属性范围不同(它使用几何而非算术的方式进行审计评估,更加适应于大范围的审计评估)。此外,CES 软件以油当量来计算电能消耗,并考虑各个国家的不同能源结构(一般均为化石燃料、水力、风能和核能混合供电)。

E8.9 重新审计评估第 8.4 节中的 2 kW 电热水壶(占空比为每天使用 6 分钟、每年使用 300 天,设计寿命为 3 年)。这里使用聚丙烯做壳体、包装纸板用后被回收。产品空运 12 000 km,在澳大利亚销售使用。

E8.10 重新审计评估第 8.5 节中的 640 W 咖啡机(占空比为每天使用 10 分钟、每年使用 365 天,设计寿命为 5 年)。产品的生产完全使用再生材料(选择"100％ recycled"一栏),而且 PP 外壳和钢制零件在咖啡机作废后仍可被回收。产品海运 17 000 km。

E8.11 重新审计评估第 8.8 节中的便携式空间加热器(占空比和运输数据不变)的碳排量。这里假定在产品作废后,风扇和散热罩被二次工程化而纳入另一个新产品。

E8.12 重新审计评估 E8.3 中的 970 W 烤面包机。在各个等级选择时,均使用"标准(Standard)"级别(这意味着产品材料中的回收比例与当今市场的供应量相匹配)。试与使用原生材料制作的烤面包机之生态审计结果做比较。

E8.13 汽车的门通常是用钢板制成的。但节能减排的要求迫使汽车制造商们考虑用铝板或片状模塑料(SMC,Sheet molding compound 的缩写)作为替代品以减轻车的重量。这里,让我们对通用霍顿牌(Holden)中型轿车执行生态审计。其 4 个钢板门总重量为 17 kg。如果用铝制品替代,总重量可降至 10.5 kg;如果用玻璃钢替代,总重量为可降至 11.7 kg。设钢门和铝门原材料的生产都将使用 50％的回收材料,钢门汽车全重 1 400 kg 并在其生
命周期中行驶 150 000 km。用铝板或 SMC 取代钢门是否可以真正节能?需要哪些先决条件来实现节能?

E8.14 风力涡轮机是许多 LCA 的研究主题,大部分动机是希望以此来证明风力发电之节能减排效果的显著和投资生产涡轮机的付出回报很迅速。

(a)一 2 GW 风力发电机组(Gamesa)安装在西班牙的风力发电场,其产品材料清单如下。设所有使用材料均为原生材料。试评估涡轮机的节能减排效果。

(b)如果涡轮机的容量因数为 25％,使用多久后才能完全收回生产涡轮机所耗费的能量?

2GW 风力发电机组件材料清单

组件	材料	重量(kg)
叶片	环氧树脂/玻璃纤维	19 500
叶片轮毂	铸铁	14 000
鼻锥	环氧树脂/玻璃纤维	310
基座	混凝土	700 000

（续表）

组件	材料	重量(kg)
钢架基	低碳钢	25 000
套圈	低碳钢	15 000
塔架	低碳钢	143 000
机舱框架	铸铁	11 000
机舱主轴	低合金钢	6 100
机舱变压器	铜	1 500
机舱变压器	低碳钢	3 300
发电机	铜	2 000
发电机	低合金钢	4 290
变速箱轴	低合金钢	8 000
变速箱齿轮	铸铁	8 000
风机机罩	环氧树脂/玻璃纤维	2 000
总重量		**960 000**

第 9 章
材料的优选

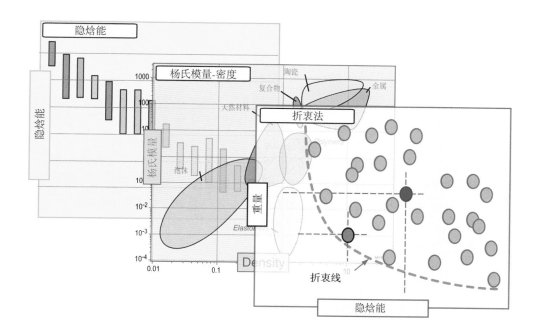

9.1 概述

生活中充满着"决定",例如选择哪所大学？哪家银行？买哪种照相机？哪种自行车？吃哪家饭馆？买哪双鞋？……多数人在做出最后决定之前需要考虑各种可能性,其中有一些极带有感情色彩(如"这个很酷","那个颜色我很喜欢","乔安娜有这个",等等)。但在这里,我们仅运用冷冰冰的逻辑思维来做出优选决定。通常来说,优选策略应根据以下方式制定：

- 首先要建立一个"数据库(database)"——收集希望选择范围内的所有相关数据；
- 列出一个"约束(constraint)"清单——将满足希望的要求——列出(只有符合这些要求的才能成为候选者)；
- 选择并接近"目标(objective)"——视满足约束条件之多少对候选者进行排序；
- 寻求"文献(documentation)"支持——对最佳候选者们进行深入研究,确保万无一失。

本章所要介绍的是如何利用"数据—约束—目标—文献"这一策略制定步骤来进行材料优选。首先,我们要遵循前几章里所描述的生态审计规则：审核确定产品的生命周期中哪个阶段的耗能和碳排量最大；然后重点研究该阶段上的材料特性,以便最有效地减少其对能量的消耗和二氧化碳的排放。下面,我们将要探讨的首先是产品而不是材料的优选策略制定。尽管两者的研究思路类似,但是材料的优选策略制定要比产品的优选策略制定复杂一些。我们将以购买汽车为例,围绕着"约束条件"和两个"目标"(其中之一是减少碳排量)来进行产品优选。

9.2 产品优选策略

实例分析：如何选购家用汽车

你计划购买一辆新车。你的要求是：①必须是中型4门轿车；②汽油驱动；③至少为150马力以拖动你的帆船。此外,你还希望它的价钱尽量低并且排放的二氧化碳越少越好(参见图9.1左侧)。要求中的①②③属于3个不同类型的约束条件：

- 4门轿车和汽油驱动是最起码的约束条件,是候选汽车必须满足的特性；
- "至少有150马力"是一个底线约束条件,任何一辆具有150马力以上的车型都是可以接受的。

希望得到既符合要求又物美价廉的车是你购物的主要"目标"。显然,在满足约束条件的基础上,价格最低的车将是你的最佳选择。希望减少二氧化碳排放量是次要目标,这一目标可能会与你的主要目标不兼容。

一旦你的目标确定后,你需要进一步了解市场上相关汽车的信息(见图9.1右侧)。这些信息可以通过汽车制造商的网站、经销地点、汽车杂志以及新闻广告等来了解,它们包括汽车的类型和大小、车门数、燃料类型、发动机功率以及价格；汽车杂志往往提供更多的信息,如替车主估算拥有该车的总成本,即包括行驶、税收、保险、维修和折旧成本等的总和,甚至将每单位距离花费多少钱都告诉顾客。

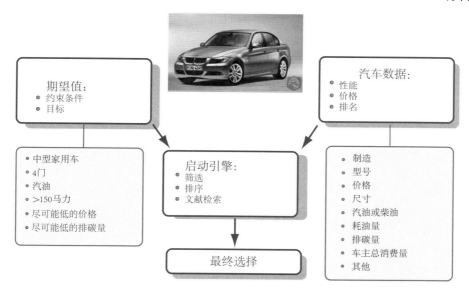

图 9.1 如何选择购车

（首先根据期望值和相关汽车的数据来共同筛选最有吸引力的候选车型并对其进行排序，然后通过文献检索来最终确认所要购买的产品。）

现在是制定决策的时候了（图 9.1 中部内容）。作为优选引擎的你，将首先使用约束条件，从所有可以选择的汽车中"筛选"出那些 4 门、150 马力以上的汽油车。显然，满足这 3 个约束条件的车型名单很长。下一步你需要给这个名单上的所有入选车型排序，最佳选择至于名单的顶部，同等车型价格最低的排在最前面——这就是所要达到的"目标"。最后，与其立即决定购买排序第一的车型，你不如保留前 3 至 4 名的选择，并进一步查询它们的相关"文献资料"，深入挖掘它们的其他功能（如交货时间、后备箱大小、安全性如何和维修频率等），以便权衡价格与功能可取性之间的利弊。

然而，该购车计划的第 2 个目标（见图 9.1 左下侧蓝字内容）也不容忽视，因为你是一个对环境负责的驾车人，你希望在降低购车成本的同时也要最大程度地减少碳排量。众所周知，要同时达到两个目标比仅仅达到一个目标要复杂得多，其结果往往是顾此失彼。最终必须达到一定程度上的折衷妥协。

那么，如何达到折衷妥协呢？让我们利用图 9.2 来引进"折衷优选法（trade-off method）"。图 9.2 的两个轴分别代表两个目标的内容：购车成本和碳排量；图中心的橙色点表示你的朋友所推荐的车型，其余色点均为你本人经过文献资料研究而得到的数据。显然，图的右上部分粉红色点代表那些成本高、碳排量大的车型——它们属于"不可接受的"选择；图中的蓝色点要么成本低、要么污染少，但不可能同时拥有；只有一个绿色点既廉价又污染低——它的排名应该比橙色点还要高，自然应为最佳选择。

果真如此吗？这要取决于你对环保重视的程度如何。如果你的重视程度低，显然最佳选择在图的左上方部分；反之最佳选择应在图的右下方部分；如果你希望折衷，则最佳选择应为绿色点。若把这 3 种选择连成一线，即绘出了所谓的"折衷线"。距离"折衷线"越近的点，越代表有希望同时满足两个目标的候选车型。

"折衷优选法"作为辅助决策工具可以被应用在许多领域里，如在新产品设计时综合选择

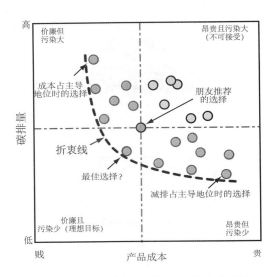

图 9.2　产品成本与排碳量之间的权衡妥协

不同方案中的优点,在新厂房建立时优化操作方式,在新兴城镇规划时指导选址,……以及节能材料的优选。后者是我们下一节将要讨论的问题。

9.3　材料优选原理

材料的优选,即在符合产品要求的前提下寻求其设计方案与可能被用来制造它的材料性能之间的最佳匹配。图 9.3 给出了制造便携式自行车棚的材料优选策略及步骤。左上方是材料必须满足的设计要求,具体表现为约束条件和目标清单。其中的约束条件有:能够被模

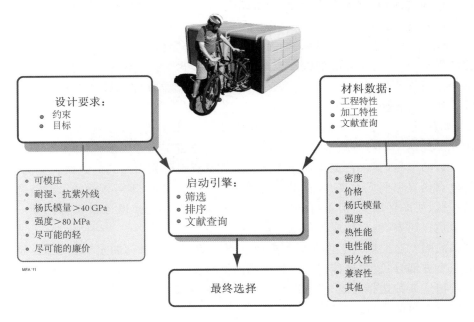

图 9.3　制造便携式自行车棚的材料优选策略及步骤

制、耐湿、抗紫外线并且有足够的刚度和强度;目标为产品应尽量轻巧并廉价。图右上方是材料的数据库,可由多种途径得到(如供应商的数据表、材料数据手册、网络或特殊软件信息以及本书第14章所提供的大量数据)。随后,"引擎"将根据左右上方的信息来筛选材料,并对入选者排序,继而对前几名进行进一步的文献资料考察,以便做出优选决策。如果多个目标之间有冲突的话,还需要采用类似图9.2中所描述的折衷法来最终解决问题。

然而,材料的优选并不像汽车优选那么容易。购买汽车者对产品的要求相对简单——车门数量、燃料类型、功率大小等指标一般均由汽车制造商明确给出。而一个新产品设计时对其中组件的要求,一般是仅仅告知组件功能但并不给定所需材料的性能指标。所以,材料优选的第1步应是"翻译"——将设计要求转换为"约束条件"和"目标",以便使用相关的材料数据库(见图9.4);第2步是"筛选"——删去那些不能满足约束条件的材料;第3步的任务是"排序"——基于一些准则(如成本、耗能和排碳都应尽量少)给入选材料打分排序;最后的任务则是"文献查询",以便深入探讨最有希望的候选材料的历史背景和现状、研究它们是如何被使用的、是否出过故障以及如何利用它们来进行新的设计等等。下面,让我们来讨论每一步的细节:

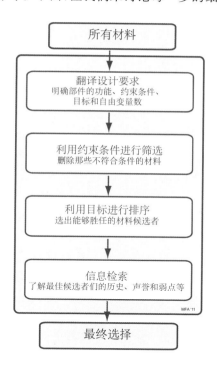

图9.4 材料优选法有4个步骤:翻译、筛选、排序和信息检索
(它们都可以通过软件来实现,软件的优越性在于可对大量的材料信息进行检索。)

翻译 首先让我们回顾美国著名科学家克劳德·香农(Claude Shannon)的众多小发明之一:一个被他本人称之为"终极机器"的盒子。这个盒子只有一个功能并只能使用一次:当盒子正面的开关按下去后,盒盖就会打开,一个机械手将伸出来。将开关复原,机械手就会缩回盒子并从此终止其功能。类似这类功能单一并一次性使用的产品还有汽车安全气囊或一次性尿布等。然而,大多数的工程产品具有多种功能并且非一次性使用。典型的工程产品功能有:承受荷载或压力,传递热量,提供电绝缘等。而这些功能的实现受限于某些条件;如尺寸限制,工作温度限制或者在给定的工作环境中的安全限制等等。当为一个产品的组件做设计时，设计者必须有一个或多个目标，以使产品尽可能的①成本低；②重量轻；③对环境无害。此外，还要对多个目标进行综合考虑。如果设计中的某些参数不受约束而可以自由选择（如组件材料的选用），则设计者可以利用这些自由量来最大程度地满足设计目标。我们称这些参数为"自由变量（free variable）"。功能、约束、目标和自由变量（见表9.1）给材料的优选制定了边界条件（在优选载重构件的材料时，其横截面形状非常重要）。

表9.1　功能、约束、目标和自由变量

功能	什么是组件的作用？
约束	什么是必须满足的条件？
目标	什么指标需要最大/最小程度的增加/降低？
自由变量	什么参数是设计师可以随意更改的？

值得指出的是，搞清楚"约束"与"目标"之间的区别非常重要。"约束"是设计中必须满足的条件，通常以材料特性的上限或下限为必要条件。"目标"是寻求一个极限量值（最大或最小），通常需要考虑的问题是如何降低成本、减轻重量、缩小体积等等。而在这里，我们主要感兴趣的目标是材料对环境的影响（见表9.2）。"翻译"的结果是要给出一个清单，其内容应包括受限于设计的初选材料之属性和它们必须满足的约束条件。换句话来说，材料优选的第一步是明确组件的功能、约束条件、目标和自由变量数。

实例1.　为头盔面罩的设计要求做翻译　我们需要寻求一种材料来制作安全头盔面罩，以提供最佳面部保护，同时又要保证视野清晰。

答案（翻译内容）：①面罩必须透明才能保证有清晰的视野；②面罩必须是双曲形状以保证从正面、侧面和下方全面保护使用者（这就要求入选材料必须是可以模制加工的）。因此，材料的约束条件有二：透明度和模制能力。

鉴于"面罩一旦破裂将会损伤使用者面部"这一可能性，入选材料必须有很大的抗断裂性。因此，该设计的目标是寻求入选材料断裂韧性的最大值：$(K_{1c})_{max}$。

筛选　约束条件是门坎：满足它们你便可以进入一道道的大门；不满足它们，你将被拒之于门外——这就是筛选的原理（参见图9.4），其目的是要删去一切不能胜任约束条件的候选者。举例来说，如果约束条件为"组件必须在沸水中工作"或"组件必须是无毒性的"，那么所有不能满足这些属性的材料将被筛选掉。表9.2左栏给出常见的工程材料约束条件。

排序　筛选后得以保留的候选材料，需要我们用择优标准（即要达到的"目标"）对它们进行排序。常见的工程材料目标在表9.2右栏里给出。每一个目标的达到都是以材料的性能为衡量标准的，它们有时取决于材料的单一性能，有时则取决于材料的多种性能之组合。目标的达到仅取决于材料单一性能的例子有：以"减少热损失"为目标的最佳选择是那些具有最小导热系数（λ）的材料；以"减少直流电耗损"为目标的最佳选择则是那些具有最小电阻率（ρ_e）的材料。当然，入选材料必须同时满足其他的设计约束条件。但通常来说，设计目标的达到不是取决于材料的某个单一性能，而是取决于其多种性能之组合。比如，制作"轻型刚性支撑杆"的最佳选择是具有最小"ρ/E"比值的材料（这里的ρ代表密度，E代表杨氏模量）；制作"节能高强梁柱"的最佳选择是具有最小"$H_m\rho/\sigma_y^{2/3}$"材料（这里的H_m代表隐熔能，σ_y代表屈服强度）。

通常,我们把能够在最大程度上为给定设计提供材料(单一或组合)特性的指标称为"材料指数
(material index)"。

表 9.2　常见的工程材料约束条件和希望达到的目标*

约束条件	目标
必须是: • 导电体 • 透明光学材料 • 抗腐蚀 • **无毒** • **没有受限物质** • **可以回收** • **可以生物降解** 必须达到的目标: • 刚度高 • 强度高 • 断裂韧性高 • 导热性系数强 • 达到操作温度	最大程度地降低: • 成本 • 重量 • 体积 • 热损失 • 电损失 • **资源枯竭** • **能源消耗** • **碳排量** • **废品量** • **破坏环境** • **水源耗费**

* 有关环保的约束条件和希望达到的目标用黑体字显示。

表 9.3 给出了 3 个通用建筑组件(支撑、梁和板材[1])受制于刚度和强度的材料指数。每一
个组件的设计都必须达到 5 个目标,前 4 个目标均涉及环保,因为①减少材料的体积可减少用
材、节约资源;②减少材料的重量则是环保运输的关键步骤(其实不仅仅是运输,所有动态产品
都需要减少其重量以节省燃油燃气耗能量);③④减少产品原材料生产时的耗能和排碳对用耗
材巨大的建筑材料(如楼房建筑、桥梁、公路等基础设施)来说有至关重要的意义;⑤降低产品
的成本永远都会是设计目的之一。表 9.4 给出了与热产品设计相关的材料指数。表中第一个
指标为材料的单一属性——导热系数 λ;当其值最小时,产品材料在温度稳定状态下的热损
耗最少。其他两个材料指数为综合属性,用于衡量温度波动时的热损耗值。

类似的材料指数有很多,它们的创建都是为了最大程度地提高产品的某些性能,它们的量
值为材料优选提供了卓越标准,从而使得候选材料排序得以实施。我们还在本章的附录中给
出了这些材料指数的推导,并在第 10 章中给出具体实例研究。通过绘制材料的性能和指标图
形可实现其优选的目的(表 9.3 和表 9.4 中的材料指数相关图形将在本章第 9.6 节中出现)。

〔1〕译者添加编译下图,以便于读者理解这3个建筑专用词汇

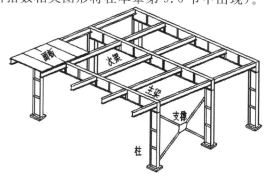

总之,筛选过程即利用所有约束条件来遴选出可以胜任设计功能的候选材料;随后的排序则是以达到某个设计目的为目标,显示出可以胜任这项功能的最佳材料。

实例 2.头盔面罩材料的筛选和排序 既透明又可以被加工模制的候选材料名单如下。头 4 种材料为热塑性塑料,后 2 种为玻璃。它们的断裂韧性值来源于本书第 14 章。

材料	平均断裂韧性 K_{1c}(MPa.m$^{1/2}$)
聚碳酸脂(PC)	3.4
醋酸纤维素(CA)	1.7
聚甲基丙烯酸甲酯(Acrylic,PMMA)	1.2
聚苯乙烯(PS)	0.9
钠钙玻璃	0.6
硼硅玻璃	0.6

受制于该产品的约束条件,候选材料只有 6 种。而这 6 种材料的断裂韧性值又把 PC、CA 和 PMMA 这 3 种材料依次排在了前三名。

表 9.3 受制于刚度和强度的材料指数

(参见 https://en.wikipedia.org/wiki/Material_selection 中的解释——译者注)

		目标:尽量减少材料的重量				
		体积	重量	隐熔能	碳排量	价格
受制于	支撑	$1/E$	ρ/E	$H_m\rho/E$	$CO_2 \cdot \rho/E$	$C_m\rho/E$
刚度的	梁	$1/E^{1/2}$	$\rho/E^{1/2}$	$H_m\rho/E^{1/2}$	$CO_2 \cdot \rho/E^{1/2}$	$C_m\rho/E^{1/2}$
材料指数	板材	$1/E^{1/3}$	$\rho/E^{1/3}$	$H_m\rho/E^{1/3}$	$CO_2 \cdot \rho/E^{1/3}$	$C_m\rho/E^{1/3}$
受制于	支撑	$1/\sigma_y$	ρ/σ_y	$H_m\rho/\sigma_y$	$CO_2 \cdot \rho/\sigma_y$	$C_m\rho/\sigma_y$
强度的	梁	$1/\sigma_y^{2/3}$	$\rho/\sigma_y^{2/3}$	$H_m\rho/\sigma_y^{2/3}$	$CO_2 \cdot \rho/\sigma_y^{2/3}$	$C_m\rho/\sigma_y^{2/3}$
材料指数	板材	$1/\sigma_y^{1/2}$	$\rho/\sigma_y^{1/2}$	$H_m\rho/\sigma_y^{1/2}$	$CO_2 \cdot \rho/\sigma_y^{1/2}$	$C_m\rho/\sigma_y^{1/2}$

注:密度 ρ(kg/m^3),杨氏模量 E(GPa),屈服强度 σ_y(MPa),碳排量(kg/kg),价格 C_m(USD/kg),重量隐熔能 H_m(MJ/kg)

表 9.4 与热产品设计相关的材料指数

	目标:尽量减少热损失	
目标	稳态热损失	热惯量	热循环中的热损失
指数	λ	$C_p\rho$	$(\lambda C_p\rho)^{1/2}$

注:导热系数 λ(W/m·K),比热 C_p(J/kg·K),热扩散系数 $\alpha = \lambda/C_p\rho$(m^2/s)

文献查询 尽管通过筛选和排序,我们已经得到了产品材料的最佳候选者,但慎重起见,我们还需要了解最佳候选者们的历史、声誉和弱点等,以做到万无一失。比如,排名第一的候选材料,它有什么隐形弱点?它是否有一良好的纪录?进一步查询候选材料的每一个细节轮廓是优选过程的最后一步:文献查询(参见图 9.4 下图)。

那么,我们应该查询何种类型的文件呢?通常情况下,是以语言描述外加图形或照片的形式来分析入选材料先期的使用实例:材料的可用性、可回收性及其价格,它对环境的影响,是否具有毒性,腐蚀工作条件下的性能反应,故障分析,等等。这些信息可以在工程手册、供应商的数据表格、环保机构和其他高质量的网站中找到。

实例3. 头盔面罩入选材料的文献查询　这里,我们将对实例2中排名前三位的面罩材料进行文献查询。快速地网络搜索发现:

聚碳酸酯材料通常用于安全罩和护目镜,镜片,灯具,安全头盔,层压板的防弹玻璃;

醋酸纤维素材料通常用于眼镜架,镜片,护目镜,工具手柄,电视屏幕保护层,镶边装饰和汽车的方向盘;

PMMA,有机玻璃通常用于各种类型的透镜,驾驶舱檐篷和飞机的窗口,容器,工具手柄,安全眼镜,照明和汽车尾灯。

这些信息令人高兴:所有3种入选材料都有用于眼镜和防护镜的历史,特别是在我们的名单中排名最高的聚碳酸酯材料还有用于防护头盔的历史。所以,如果我们能够选择一种断裂韧性高的有机玻璃材料,相信这是最佳头盔面罩的选择。

9.4　优选标准和材料性能图表

我们在第6章中已经介绍过部分材料性能图表,它们有两种类型:条形图和气泡图。条形图仅仅显示一个或一组属性,而气泡图显示两个或几组性能的组合。产品设计时的约束条件和目标可以通过绘制到材料性能图表上来进行筛选、排序。

筛选　我们已经了解到,产品设计的要求往往对所使用的材料给定了一系列不可改变的条件(约束条件)。这些约束条件可以水平线或垂直线的形式被绘制在材料性能图表上(见图9.5和图9.6中的例子)。图9.5给出了四大材料体系的隐熔能条形图。如果某设计的要求为材料隐熔能应低于10 MJ/kg,则处于该图下部区域("搜索区域")的所有材料均满足该约束条件。图9.6给出了材料的杨氏模量与密度相关的气泡图。如果某设计的要求为①杨氏模量(E)必须大于10 GPa;②密度(ρ)必须小于2 000 kg/m³,则根据$E=10$ GPa的水平线和$\rho=2\,000$ kg/m³的垂直线所限定的区域为材料优选的"搜索区域"。

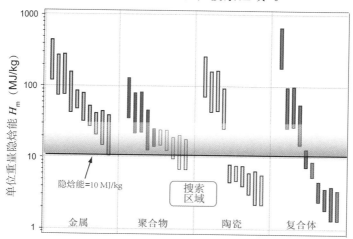

图9.5　使用条形图进行筛选

(这里,我们所要寻求的材料之隐熔能必须小于10 MJ/kg,该约束条件决定了材料候选者的"搜索区域"。)

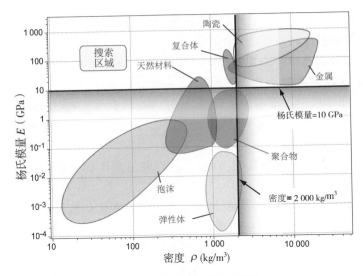

图 9.6　使用气泡图进行筛选

（这里，有两个约束条件：弹性模量 >10 GPA 和密度 <2000 kg/m³，绘图可知只有左上角"搜索区域"的材料能够同时满足这两个约束条件。）

排序　在材料性能图表上绘制材料指数线，以此对筛选后的材料候选者进行排序。下面，我们将以设计轻质刚度材料为例来介绍如何排序。

图 9.7 为材料的杨氏模量—密度气泡图（对数刻度）。图中显示刚性轻质结构优选的 3 个材料指数线：$M_t = \rho/E$，$M_p = \rho/E^{1/3}$ 和 $M_b = \rho/E^{1/2}$（其含义见表 9.3）。首先讨论支撑结构的材料指数。

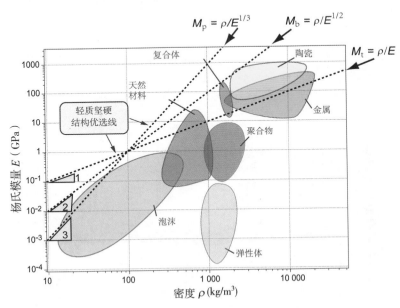

图 9.7　在杨氏模量—密度气泡图上显示刚性轻质结构的 3 个材料指数

$$M_t = \rho/E \tag{9.1}$$

取 log 指数：

$$\log(E) = \log(\rho) - \log(M_t) \tag{9.2}$$

对于任何一个给定的支撑结构材料指数 $M_t = $ 常数 C，式（9.2）在 $\log(E) - \log(\rho)$ 图中呈现线性关系。同理，当

$$M_p = \rho/E^{1/3} = C \tag{9.3}$$

$$\log(E) = 3\log(\rho) - 3\log(C) \tag{9.4}$$

这是图中的另一线性关系，但其斜率为式（9.2）的 3 倍。以此类推，$M_b = \rho/E^{1/2}$ 代表图中的第 3 条直线，其斜率为（9.2）式的 2 倍。我们把这 3 条线视为"优选线（selection guidelines）"。

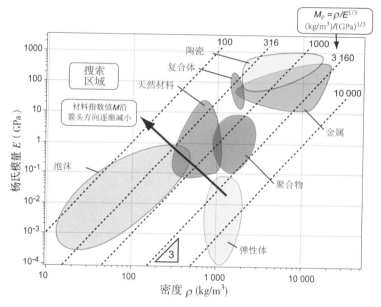

图 9.8　在杨氏模量—密度气泡图上显示材料指数 M_p 的不同值（从 100 至 10 000）

随后，就很容易读出在给定指数的情况下，材料性能最优化的选择了。例如，所有位于 $M_p = \rho/E^{1/3}$ 线上的材料都符合轻质坚硬板材的要求，而位于该线上部的材料性能更佳、位于该线下部的材料性能欠佳等。图 9.8 给出了 $M_p = 100 \sim 10\ 000$（$kg \cdot m^{-3}/GPa^{1/3}$）范围内 $M_p = \rho/E^{1/3}$ 函数在材料性能图表中的位置。$M_p = 100$ 的板材材料之重量是 $M_p = 1\ 000$ 材料的 10%。更多的方法细节可在拓展阅读中找到。

9.5　替代比例方程式

通常，我们设计产品的主要关注点是成本、性能和安全性。如今，如何减少产品对环境的影响也成为关注点之一。相继而来的是利用生态审计法或 LCA，来找出产品生命周期中耗能和排碳最严重的阶段，并设法改进或取代原产品，如利用更轻质、更高强度的材料和具有较低隐熔能、易于回收再利用的材料以减少对环境的破坏。

但是，替代原产品材料并非如此简单。铝的密度是钢的 1/3，所以你可能会认为铝制"白

车身(body-in-white,缩写 BiW)"的重量应是钢制白车身的 1/3。但不要忘记,铝的刚度还不到钢的一半(具体数值当取决于铝的合金化程度和热处理工艺)。如果用铝来代替钢,则白车身的厚度必须增加以补偿设计性能的下降。显然,轻质材料的厚度增加很可能会使替代材料的优越性变得不那么重要了。还有其他因素也需要考虑,如原产品材料的替代很少是不增加成本的,而铝的成本比钢的高 3 倍多。那么,当一种材料被另一种材料替代时,有何替代规律可以遵守呢?考虑到替代后的性能补偿,又何谓生态性能的增益呢?材料指数可以帮助回答这些问题。

表 9.5　受制于材料刚度和强度的设计比例函数

	部件	体积	重量	隐焓能	价格
		用替代材料来提高生态指标			
受制于刚度的材料指数	支撑	$\left(\dfrac{E_0}{E_1}\right)$	$\dfrac{\rho_1}{\rho_0}\cdot\left(\dfrac{E_0}{E_1}\right)$	$\dfrac{H_{m,1}\rho_1}{H_{m,0}\rho_0}\cdot\left(\dfrac{E_0}{E_1}\right)$	$\dfrac{C_{m,1}\rho_1}{C_{m,0}\rho_0}\cdot\left(\dfrac{E_0}{E_1}\right)$
	主梁	$\left(\dfrac{E_0}{E_1}\right)^{1/2}$	$\dfrac{\rho_1}{\rho_0}\cdot\left(\dfrac{E_0}{E_1}\right)^{1/2}$	$\dfrac{H_{m,1}\rho_1}{H_{m,0}\rho_0}\cdot\left(\dfrac{E_0}{E_1}\right)^{1/2}$	$\dfrac{C_{m,1}\rho_1}{C_{m,0}\rho_0}\cdot\left(\dfrac{E_0}{E_1}\right)^{1/2}$
	板材	$\left(\dfrac{E_0}{E_1}\right)^{1/3}$	$\dfrac{\rho_1}{\rho_0}\cdot\left(\dfrac{E_0}{E_1}\right)^{1/3}$	$\dfrac{H_{m,1}\rho_1}{H_{m,0}\rho_0}\cdot\left(\dfrac{E_0}{E_1}\right)^{1/3}$	$\dfrac{C_{m,1}\rho_1}{C_{m,0}\rho_0}\cdot\left(\dfrac{E_0}{E_1}\right)^{1/3}$
受制于强度的材料指数	支撑	$\left(\dfrac{\sigma_{y,0}}{\sigma_{y,1}}\right)$	$\dfrac{\rho_1}{\rho_0}\cdot\left(\dfrac{\sigma_{y,0}}{\sigma_{y,1}}\right)$	$\dfrac{H_{m,1}\rho_1}{H_{m,0}\rho_0}\cdot\left(\dfrac{\sigma_{y,0}}{\sigma_{y,1}}\right)$	$\dfrac{C_{m,1}\rho_1}{C_{m,0}\rho_0}\cdot\left(\dfrac{\sigma_{y,0}}{\sigma_{y,1}}\right)$
	主梁	$\left(\dfrac{\sigma_{y,0}}{\sigma_{y,1}}\right)^{2/3}$	$\dfrac{\rho_1}{\rho_0}\cdot\left(\dfrac{\sigma_{y,0}}{\sigma_{y,1}}\right)^{2/3}$	$\dfrac{H_{m,1}\rho_1}{H_{m,0}\rho_0}\cdot\left(\dfrac{\sigma_{y,0}}{\sigma_{y,1}}\right)^{2/3}$	$\dfrac{C_{m,1}\rho_1}{C_{m,0}\rho_0}\cdot\left(\dfrac{\sigma_{y,0}}{\sigma_{y,1}}\right)^{2/3}$
	板材	$\left(\dfrac{\sigma_{y,0}}{\sigma_{y,1}}\right)^{1/2}$	$\dfrac{\rho_1}{\rho_0}\cdot\left(\dfrac{\sigma_{y,0}}{\sigma_{y,1}}\right)^{1/2}$	$\dfrac{H_{m,1}\rho_1}{H_{m,0}\rho_0}\cdot\left(\dfrac{\sigma_{y,0}}{\sigma_{y,1}}\right)^{1/2}$	$\dfrac{C_{m,1}\rho_1}{C_{m,0}\rho_0}\cdot\left(\dfrac{\sigma_{y,0}}{\sigma_{y,1}}\right)^{1/2}$

注:下标"0"代表原材料性能;下标"1"代表替代材料。有关碳排量的比例函数与隐焓能的类似,仅需把 H_m 改换为 CO_2。

表 9.6　适用于热系统产品替代设计的相关方程式

	固定稳态下的热损耗 $Q(kJ)$ 壁厚 $t(m)$	给定热容下的体积 $V(m^3)$	热循环中的热损耗 $Q(kJ)$
	用替代材料来提高生态指标		
方程式	$\dfrac{t_1}{t_0}=\dfrac{\lambda_1}{\lambda_0}$	$\dfrac{V_1}{V_0}=\dfrac{C_{p,1}\rho_1}{C_{p,0}\rho_0}$	$\dfrac{Q_1}{Q_0}=\left(\dfrac{\lambda_1 C_{p,1}\rho_1}{\lambda_0 C_{p,0}\rho_0}\right)^{1/2}$

　　一个支撑、主梁或板材的重量随着取代材料而改变的函数可以通过特定因子给出,它是由新材料与旧材料的指数比来决定的。同理,替代产品的隐焓能、碳排量或替代成本也可以通过相关指数的比率来计算(见表9.5)。比如,描述绝热体的材料指数为导热系数 λ(见表9.4)。当绝缘层厚度改变时,为保持热损失值不变,则必须选择一个比例函数使计算简单化。表9.6给出热循环系统中热损耗变化的比例方程。

　　实例 4. 利用替代材料降低产品重量　一个抗弯钢梁将由铝合金替换以减轻重量,前提是梁的刚度保持不变。利用以下表格数据,计算重量减轻的最大值。

材料	密度 ρ（kg/m³）	杨氏模量 E（GPa）
钢	7 850	210
铝	2 710	70

答案：根据表 9.5，重量比例方程式为 $\dfrac{m_1}{m_0} = \dfrac{\rho_1}{\rho_0} \cdot \left(\dfrac{E_0}{E_1}\right)^{1/2} = 0.6$

这里，下标带"0"的为钢的数据，下标带"1"的为铝的数据。鉴于两者的比例为 0.6，说明重量最多可以减轻 40%。

实例 5. 利用替代材料降低产品厚度　常规聚苯乙烯泡沫被用于小型冰箱的热绝缘，其导热系数（$\lambda_0 = 0.035$ W/m·℃）。在保持热性能不变的前提下，若使用聚甲基泡沫，其导热系数（$\lambda_1 = 0.028$ W/m·℃），则会有更薄的墙壁（因为增加了有效体积）。试利用厚度比例函数，计算材料替代后厚度最多可以减少多少。

答案：根据表 9.6，厚度比例方程式为 $\dfrac{t_1}{t_0} = \dfrac{\lambda_1}{\lambda_0} = 0.8$

说明材料替代后厚度最多可以减少 20%。

9.6　用折衷法解决目标冲突

如同汽车的选择一样，现实生活中的材料优选也存在着目标冲突和达成妥协的问题，最能满足某个设计目标的材料通常不会同时满足其他目标，如最轻的材料往往不是最廉价的或最具有节能低碳性能的。设计者需要使用折衷方法对产品的重量、成本和碳排量三者之间进行权衡。本节将介绍解决目标冲突、达到平衡的折衷法。

设计目标冲突这一事实已有一个世纪以上的历史，工程师们一直在寻求适当的方法来解决这一难题。传统的做法是，用经验和判断给每一个约束条件和目标分配适当的"权重因子（weight-factor）"，用它们来指导材料选择。

权重因子（w）　权重因子寻求量化判断，其原理如下：首先确认哪些是材料的关键性能或主要材料指数 M_i，根据它们的数值可对有希望的候选材料进行排序。鉴于 M_i 的绝对值大多依赖于它们的测量单位，跨越范围可以很广，因而在优选前首先要对 M_i 值进行"归一化（normalisation）"处理：设具有 $M_i = M_{max}$ 的性能权重因子为 1（$M_{max}/M_{max} = 1$），则其余 M_i 的性能权重因子 w_i 应介于 0 和 1 之间，即 $w_i < 1$ 但 $\sum w_i = 1$。w_i 数值越大，说明组件性能越重要。因此，权重指数 W_i：

$$W_i = w_i \frac{M_i}{(M_i)_{max}} \tag{9.5}$$

相反，对于那些需要尽量减小到最低限度的性能（如腐蚀速率），应该使用 $(M_i)_{min}$ 来计算权重指数 Wi：

$$W_i = w_i \frac{(M_i)_{min}}{M_i} \tag{9.6}$$

优选的材料对应于 W_{max}：

$$W_{max} = \sum_i W_i \tag{9.7}$$

　　然而,这些表面上看起来简单的计算实际上并不简单,比如对产品部件重量的估计,经验丰富的工程师和初出茅庐的同行可以给出截然不同的权重值,因为它们的估算依赖于个人判断。出于这个原因,本节的其余部分将侧重于探讨一种权衡折衷优选法,以使其结果独立于个人判断。

　　权衡折衷法　设某材料的设计需要同时满足两个目标——最轻重量(性能度量 P_1)和最低成本(性能度量 P_2)以及一组约束条件——在特定环境中所需要的强度和耐久性。根据优化理论的标准术语,我们定义每个解决冲突的方案为一个变量,该变量应该可以满足所有的设计约束条件但未必能够达到任何最佳目标。图 9.9 给出了可以同时满足性能度量 P_1 与 P_2 的所有替代方案,图中每个气泡代表一个解决方案。但是,能够最大限度地减少 P_1 的方案不能最大限度地减少 P_2,反之亦然。另一些解决方案(例如 A 点)远非最佳选择,但是图中所有以 A 点为极限值的左下方区域内的解决方案都具有 $P_1 < P_1(A)$ 和 $P_2 < P_2(A)$ 的特性。我们称类似 A 点的解决方案为"受支配方案(dominated solution)",称类似 B 点的解决方案为"不受支配的方案",因为没有其他任何点(其他解决方案)比 B 点的 P_1 和 P_2 值都可以同时更低了。用该点和其他相关点所绘制的曲线被称之为最佳折衷线(trade-off line)。P_1 和 P_2 所对应的不受支配方案集值被称为帕累托集(Pareto set)。

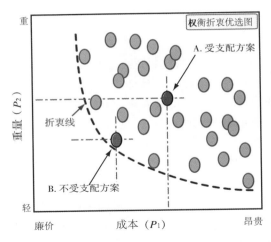

图 9.9　在多个设计目标的情况下,如何运用权衡折衷法来同时满足性能 P_1 与 P_2 的替代方案

　　如同图 9.2 对汽车的优选,在折衷线上或靠近折衷线的方案为最佳方案,其余的可以被筛选掉。接下来,以此为基础,建立一个短名单,并靠直觉对名单上的候选者进行排序。但当情况不那么简单时,还需要定义一个"补偿函数"(也称"处罚函数"penalty function)来帮助解决问题。

　　补偿函数　设某设计的主要目标是将其成本 C 最低化(单位:USD),另一个目标是将其重量 m 最轻化(单位:kg)。我们由此定义一个局部线性补偿函数[1]:

---

　　〔1〕　也称为价值函数(value function)或效用函数(utility function)。该函数帮助找到一个局部最小值。当搜索空间很大,精炼的短名单不易建立时,交换常数 α_i 可以帮助缩小范围。注意,α_i 值取决于性能度量 P_i 值。

$$Z = C + \alpha_m m \tag{9.8}$$

这里，α_m 为"交换常数"，它是函数 $Z(\$)$ 中与 m 相关部分的一个系数，其单位为 USD/kg。(9.8) 式还可用以下形式表达：

$$m = -\frac{1}{\alpha_m}C + \frac{1}{\alpha_m}Z \tag{9.9}$$

(9.9) 式定义了一个在给定补偿函数 Z 值下的线性函数 $m(C)$。图 9.10 显示了折衷图上不同 Z 值的平行线，它们的斜率均为交换常数 α_m 的负倒数 $-1/\alpha_m$。Z 值沿图左下方的方向减小，其最小值 Z_1 是折衷线上的一个切线，对应于最佳方案。

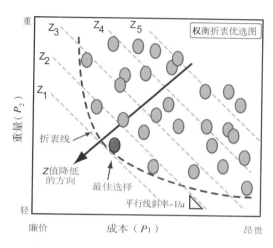

图 9.10 在不同的补偿函数 Z_i 平行线叠加在权衡折衷图上

如果一个设计的主要目标为降低成本、次要目标为降低碳排量，则补偿函数应为

$$Z = C + \alpha_c CO_2 \tag{9.10}$$

这里，α_c 也为"交换常数"，它是函数 $Z(\$)$ 中与 CO_2 相关部分的一个系数，其单位仍为 USD/kg。从类似图 9.10 的图表中可以得到相关的最佳方案。

当以上 3 个目标均成为设计目标时，其补偿函数为(9.9)和(9.10)式的综合：

$$Z = C + \alpha_m \cdot m + \alpha_c CO_2 \tag{9.11}$$

然而，该式已无法用二维图表来显示。一个有效的求解方式是寻求并利用候选材料的 α_m 和 α_c 值，尽量使 Z 值最低化，以决定最佳方案。

交换常数 α_m 和 α_c 的物理意义 通常来说，一个交换常数的设立是为了在不同性能及不同的度量单位之间建立起对等比较关系，交换常数的大小显示相关性能的"效用(utility)"。比如，在上面所举的例子中，α_m 代表增加(或减轻)1 kg 材料重量需要付出(或可以节省)的美元数。α_m 值的大小取决于应用领域：减轻 1 kg 重量对 1 t 重的家用轿车意义不大，但减轻同等质量对航空航天装置则意义非凡；又如，热交换常数在民居里的效用仅与房子的取暖(或制冷)耗电相关联，但它在电子器件上的效用是与数据传输效率密切相关的(热交换常数值越大，传输效率越高)。值得指出的是，交换常数的数值既可以反映实际情况(这意味着它代表着一个实实在在的成本节约数)，也可以反映因环境因素而波动的虚拟值(比如由于某种材料的稀缺或广告及时尚的影响会使交换常数的效用偏离其性能度量的真正价值)。

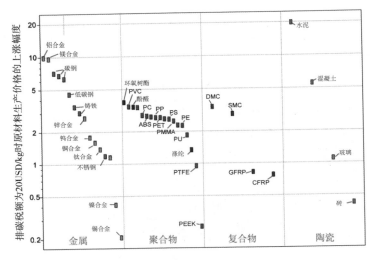

图 9.11　材料价格与排碳税的关系

在许多工程应用中,一个系统的交换常数值可以通过与其寿命成本相关的工程标准来近似评估。正如表 9.7 所示,运输系统的荷载和成本之间的交换常数值是通过耗油量或有效荷载而得以评估的。表中最引人注目的是交换常数值变化的量级之大:$\alpha_m = 1 \sim 10\,000$,说明它非常依赖于材料使用的领域。比如铝合金,尽管普遍被使用在飞机上,但用它来替代家用汽车中的钢板却不一定有明显的经济效益;又如钛合金,被更多地使用在军用飞机上;而铍合金多限于在太空计划中使用。通常来说,发射荷载进入太空的成本范围为 $3\,000 \sim 10\,000$ USD/kg。此外,交换常数值还随时间而变化,因为燃油的成本在变化中,政府部门也可通过立法等手段来提高燃油经济性,导致 α_m 值随之而变化。

表 9.7　运输系统中荷载与成本权衡之交换常数 α_m 常用值

运输系统	注重点	交换常数 α_m (USD/kg)
家用车	省油	$1 \sim 2$
卡车	有效荷载	$5 \sim 20$
民用飞机	有效荷载	$100 \sim 500$
军用飞机	有效荷载,特性	$500 \sim 1\,000$
宇宙飞船	有效荷载	$3\,000 \sim 10\,000$

应该说,基于工程标准而评估交换常数值是相对较容易的事情。难以评估的是那些基于"感性"的 α_m 值。比如汽车的性能和成本折衷值:汽车迷的目标通常是能够迅速加速,他们宁愿多付款而使车子可以在 5 s(而不是在 10 s)之内从 0 加速到 60 mph(我们将在第 10 章中讨论这一实例)。还有其他情况同样可以使得评估交换常数值变得十分困难。另一个典型的例子是产品的生产或使用对环境所造成的破坏性影响。把对环境的破坏降低到最低限度已经成为与降低成本同等重要的现行设计目标。巧妙的设计者完全可以实现环保目标而不把产品成本提高太多。那么折衷点在哪里呢?

带有环保色彩的交换常数评估　京都议定书(参见第 5 章的内容)的成果之一是为(限制)

碳排量创造了一个"市场"。比如,年排放 1 t 的 CO_2 在 2011 年 3 月时的"售价"为 17 欧元。可惜,并不是所有的碳排放者(公司或个人)都为排碳而付款。如果说普通家庭的排碳尚未列入征收"碳税"的名单之内,那么未买排碳许可证而大量排碳的公司和企业正面临着缴纳"每年每吨 20 欧元"碳税的可能性。排碳许可证或碳税的款额为碳排量和价格之间提供了一个环保交换常数 α_c,因为它的存在使得相应的补偿函数可以得以评估,因而得到一个适当的权衡折衷结果。

实例 6. 补偿函数的应用(1) 轻型货车载重荷载与价格之间的交换常数 $\alpha_m = 12$ USD/kg(意为每减重 1 kg 可节省 12 美元)。某轻型货车制造商为此提供了 3 种材料模式:①采用钢板车身;②采用铝板车身;③采用碳纤维板车身。已知,铝板车身比钢板车身减重 300 kg,但制造费用要增加 2 500 USD;碳纤维板车身比钢板车身减重 500 kg,但制造费用要增加 8 000 USD。试求购买哪种车辆最合适?

答案:钢制车辆(下标为 1)和铝制车辆(下标为 2)的补偿函数分别为

$$Z_1 = C_1 + \alpha_m m_1$$

和

$$Z_2 = C_2 + \alpha_m m_2$$

如果 $Z_2 < Z_1$,则铝板车比钢板车要更经济实用。事实上,

$$Z_2 - Z_1 = C_2 - C_1 + \alpha_m(m_2 - m_1) = 2\ 500 - 12 \times 300 = -1\ 100 (USD)$$

可见,购买铝板车比购买钢板车可节省 1 100 美元。

同理可以算出 $Z_3 - Z_1 = +2\ 000$ USD。所以,并不是车辆越轻越省钱的。

实例 7. 补偿函数的应用(2) 欧洲范围内已计划实施征收排碳税,税额初定为 0.02 USD/kg。这项税收是否会导致原材料生产价格的显著上升?试用百分比单位来鉴定价格上涨最高的都是哪些材料。

答案:这里 $\alpha_c = 0.02$ USD/kg,所以相应的补偿函数为

$$Z = C_m + 0.02 \times CO_2$$

式中 C_m 代表材料的价格,其单位为 USD/kg;CO_2 代表碳排量,其单位为 kg/kg。等式(1)可以另外表示为 $\left(\dfrac{Z - C_m}{C_m}\right) \times 100 = \dfrac{2 \times CO_2}{C_m}$。

从相对应的图 9.11 可以看出,排碳税收将导致水泥的价格上涨 20%,铝、镁的价格上涨 10%,其他材料的价格也都会有显著的增加。

9.7　7 种常用的材料性能图表

本节介绍 7 种常用的材料性能图表,作为以减少重量、隐熔能、碳排量和热损失为宗旨的材料优选指南。图中的数据来源于表 9.3 和 9.4,也可以在本章结尾拓展阅读中找到出处[1]。

杨氏模量—密度图(见图 9.12) 工程材料的杨氏模量(E)范围值的跨度高达 10^7 倍,从 $\sim 10^{-4}$ GPa[2] 到 $\sim 10^3$ GPa;其密度(ρ)范围值的跨度为 2 000 倍,从 10 kg/m³ 到 20 000

---

[1] 有些图表可以免费从 grantadesign.com/education 网站上下载。

[2] 密度很低的泡沫和凝胶(它们可以被认为是分子级的流体填充泡沫)材料的杨氏模量甚至低于 10^{-4} GPa。比如,果冻明胶的杨氏模量约为 10^{-5} GPa。

kg/m³。如果我们把每类材料都看成一个家庭,并在材料性能图表上把每个家庭的成员聚集在一起,则会形成一个又一个的特有区域。比如,陶瓷和金属家庭的成员都具有高于 10 GPa 的模量和大于 1 700 kg/m³ 的密度。与此相反,聚合物的模量和密度都低于 10 GPa 和 1 700 kg/m³,聚合物的密度常常在 1 000 kg/m³ 左右。弹性体的密度与其他聚合物的类似,但其杨氏模量要低100 倍左右。比聚合物密度更低的材料属多孔材料,如人造泡沫和木材、软木等结构。

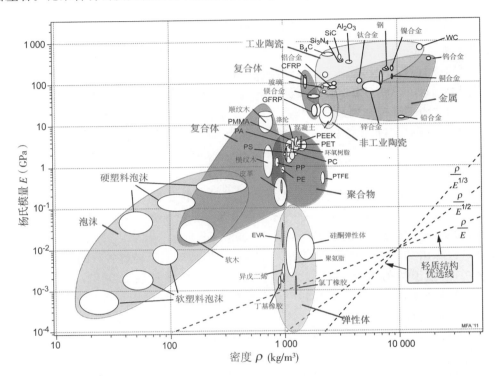

图 9.12　杨氏模量—密度气泡图

杨氏模量—密度图是以减少受制于刚度的产品重量为目标的材料优选工具。为了实现这一目标,我们需要了解表 9.3 中所描述的 3 个材料指数 M_t,M_b 和 M_p。这 3 个材料指数的斜率在杨氏模量—密度图上构成轻质结构优选线(参见图 9.7)。需要强调指出的是,大多数结构材料的主要性能是刚度,而不是强度。对于这一点,人们往往有错误的理解。刚度不仅决定了材料荷载下的弹性变型,同时也决定了其振动频率和抗弯曲性。比如对于一个"硬顶"外加"开顶"的汽车来说,其最关键的性能是要确保刚度,而不是强度。

屈服强度—密度图(见图 9.13)　工程材料的屈服强度(σ_y,又称为弹性极限 σ_{el})范围值的跨度也高达 10^6 倍,从 10^{-2} MPa 到 10^4 MPa。用于包装和能量吸收系统中的泡沫材料之 σ_y 值低于 10^{-2} MPa,而用于机械加工和部件抛光的金刚石工具之 σ_y 值则为 10^4 MPa。

比较图 9.12 和图 9.13 中所显示的材料的模量—密度和强度—密度气泡图的形状可以发现,它们之间有着明显的不同:如果说材料的弹性模量值定义清楚、范围狭窄,则它们的屈服强度就没有那么确定的数值了,因而 σ_y 值的范围也会相应变大。仅以金属类的不锈钢材料为例,其 σ_y 值的变化可以有 10 倍以上的差异,这是因为不锈钢材料的 σ_y 值取决于其加工硬化和热处理的过程。再看聚合物的情况,该家族的屈服强度值通常在 10~100 MPa 范围内。复合

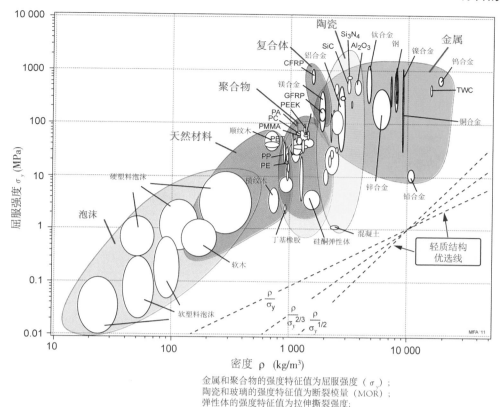

图 9.13　屈服强度—密度气泡图

金属和聚合物的强度特征值为屈服强度（σ_y）；
陶瓷和玻璃的强度特征值为断裂模量（MOR）；
弹性体的强度特征值为拉伸撕裂强度；
复合体的强度特征值为拉伸断裂强度

材料，如 CFRP 和 GFRP 的 σ_y 值范围在聚合物和陶瓷之间（这是在人们预料之中的，因为 CFRP 和 GFRP 都是聚合物和陶瓷两者的混合物）。

　　屈服强度—密度图是以减少受制于强度的材料重量为目标的材料优选工具。为了实现这一目标，我们同样需要了解表 9.3 中所描述的 3 个受制于强度的材料指数 M_t，M_b 和 M_p。这 3 个材料指数的斜率同样可在屈服强度—密度图上构成轻质结构的优选线。

　　杨氏模量—隐熔能图和屈服强度—隐熔能图（见图 9.14 和图 9.15）　如同杨氏模量—密度图和屈服强度—密度图是以减少受制于刚度/强度的材料重量为目标的优选工具一样，这里所要描述的杨氏模量—隐熔能图和屈服强度—隐熔能图是以减少受制于刚度/强度的材料的隐熔能为目标的优选工具。图 9.14 显示了杨氏模量与单位体积隐熔能（$H_m\rho$）之间的关系以及 3 条受制于刚度的材料最低隐熔能优选线；图 9.15 显示了屈服强度与单位体积隐熔能（$H_m\rho$）之间的关系以及 3 条受制于强度的材料最低隐熔能优选线。（$E-H_m\rho$）和（$\sigma_y-H_m\rho$）气泡图与（$E-\rho$）和（$\sigma_y-\rho$）气泡图的使用十分相似。

　　杨氏模量—碳排量图和屈服强度—碳排量图（见图 9.16 和图 9.17）　显然，这两个性能图表是以减少受制于刚/强度的材料的碳排量为目标的优选工具。具体来说，图 9.16 显示了杨氏模量与单位体积碳排量（$CO_2\rho$）之间的关系，而图 9.17 则显示了屈服强度与单位体积碳排量（$CO_2\rho$）之间的关系。如同前面的几个性能图表一样，3 条受制于刚度或强度的材料最低碳排量优选线也在这两个图中被标注出来。

导热系数—热扩散系数图(见图 9.18) 导热系数 λ(又称热导率,单位 W/m·K)是物质导热能力的量度,它代表在稳定的温度梯度(dT/dt)下材料通过单位面积时所传递的热通量 q(也称热流密度,单位 W/m²):

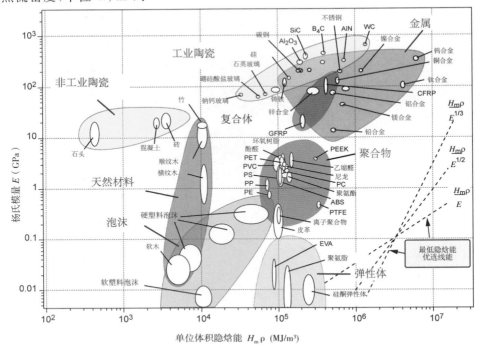

图 9.14 杨氏模量—隐熔能气泡图

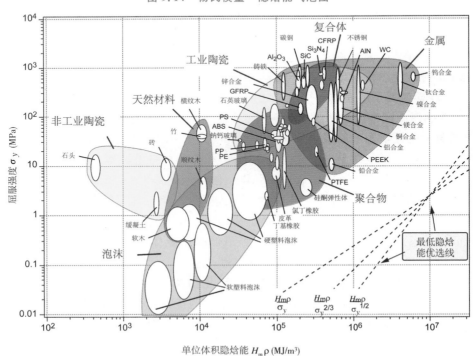

图 9.15 屈服强度—隐熔能气泡图

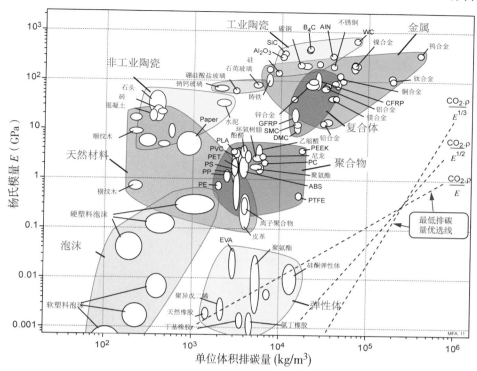

图 9.16 杨氏模量—碳排量气泡图

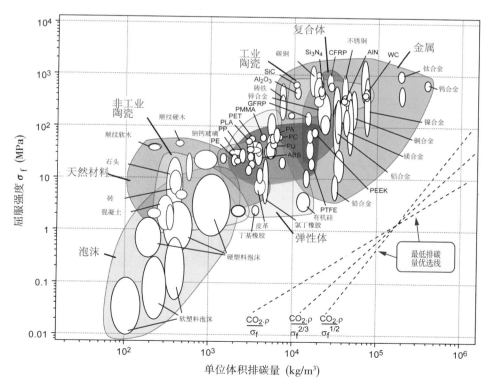

图 9.17 屈服强度—碳排量气泡图

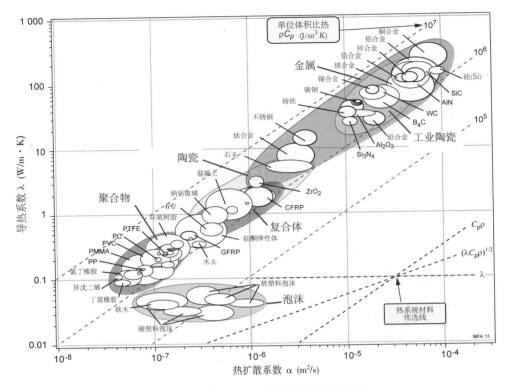

图 9.18　导热系数—热扩散系数气泡图

$$q = -\lambda \frac{\mathrm{d}T}{\mathrm{d}x} \tag{9.12}$$

热扩散系数 α（又称热扩散率，单位 $\mathrm{m^2/s}$）确定材料表面的热扩散到材料基体的速度，它是热导率 λ 与容积热容 ρC_p 之比：

$$\alpha = \frac{\lambda}{\rho C_p} \tag{9.13}$$

固体的容积热容值大约为 $\rho C_p \approx 3 \times 10^6\ \mathrm{J/m^3 \cdot K}$，这表明它几乎是一个不随材料而改变的常数。因此，

$$\lambda = 3 \times 10^6 \alpha \tag{9.14}$$

然而，当某些材料的容积热容值低于 $3 \times 10^6\ \mathrm{J/m^3 \cdot K}$ 时，其热扩散率与热导率的关系会偏离式（9.14）所示的规律。很显然，最大的偏差出现在多孔材料中：如泡沫、低密度耐火砖、木材等。这是因为这类材料的单位体积内所含原子数目少，因而密度低而导致容积热容低的缘故。所以，泡沫材料虽然具有很低的热导率（这一性能使得它们很适合于用做绝缘体），但其热扩散率未必低，这意味着泡沫材料虽不传输大量的热，但它们被加热或被冷却的速度却可以相当的高。

实例 8．如何使用生态性能图表　哪种片状聚合物材料的单位功能碳排量最低？（注：这里的单位功能为弯曲刚度。）

答案：根据表 9.3 提供的数据可知这里的材料指数为

$$M = \frac{CO_2 \cdot \rho}{E^{1/3}}$$

在图 9.16 中找到对应于该材料指数的优选线，将其向左方平行移位，直到仅有一个聚合物保持在线的上方：PLA（聚乳酸，一种生物聚合物）。结论：PLA 片状聚合物是优选"单位功能碳排量最低"的最佳候选材料。

9.8　利用软件工具进行材料优选

我们在上一节中所介绍的 7 种常用材料性能图表自然是非常方便和实用的，但它们不可能囊括所有的材料数据和各种各样的性能组合。这两个缺陷都可以通过计算机软件工具来弥补，以实现全面而迅速地进行材料优选的目的。

剑桥 Granta 教育软件公司出版的"CES 材料优选软件"就是为了实现这一目的而创建的（见图 9.19）。该软件含有极其丰富的材料数据库，它不但有搜索和选择引擎，还配有绘图工具，可以根据使用者的需要绘制各类性能图表，并用它们来进行材料的各种优化，完善设计目标和策略。更多信息可在网站 www.grantadesign.com/education 上找到。

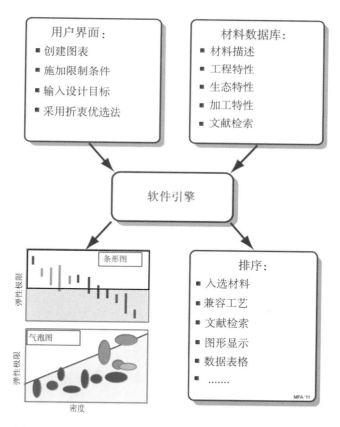

图 9.19　一个典型优选软件的操作过程和输出结果示意图

9.9 本章小结

在工程领域里存在着一个广泛的战略手段,它使得我们几乎可以优选任何东西:从产品到维修……,但一切都离不开材料的优选。所有的优选都必须有一个优秀的靶向目标,它既可以与价格相连(价格越便宜越好),也可以与重量相连(重量越轻越好),还可以以生态影响为既定目标(生态影响越低越好),等等。设计时,我们首先需要根据材料必须(或者必须不能)拥有的属性制定一组约束条件,然后根据这些约束条件,筛选候选材料并对它们进行排序。对于排列在前三到四名的候选材料,还要进一步去挖掘它们更多的信息,比较后重新排序,以保证最终的选择的确为最佳选择,即优选。

可以约束材料的条件总是很多的,但这并不妨碍优选的巧妙进行:我们仅仅需要对这些约束条件一个接一个地进行分析,然后建立一个可以满足所有约束条件的材料名单。优选的目标在通常情况下也会有两个或两个以上,这倒确实会妨碍优选的顺利进行,因为最符合其中一个目标的选择通常很难同时符合另一个目标的最佳选择。这时,两个"平衡折衷法"就会发挥出它们的作用:①图表法——将各种替代品的数据综合在同一图表中,确定一条折衷线,然后发挥个人的判断力在折衷线上或折衷线附近进行优选(参见图 9.2);②分析法——通过制定一系列补偿函数 Z_i (也称"处罚函数"),寻求相关的交换常数值,以便将处罚程度降低到最低值。

现在,我们拥有了一整套的研究工具。在接下来的第 10 章中,我们将利用这些工具来对具有环保色彩的产品设计进行分析和材料优选。

9.10 拓展阅读

[1] Ashby,M. F. (2011),"Materials selection in mechanical design",4rd edition,Butterworth Heinemann,Oxford,UK. ISBN 978-1-85617-663-7 (*A text that develops the ideas presented here in more depth,including the derivation of material indices,a discussion of shape factors and a catalog of simple solutions to standard problems*)

[2] Ashby,M. F.,Shercliff,H. R. and Cebon,D. (2009),"Materials:engineering,science,processing and design",2nd edition,Butterworth Heinemann,Oxford,UK. ISBN 978-1-85617-895-2 (*An elementary text introducing materials through material property charts,and developing the selection methods through case studies*)

[3] Bader,M. G. (1977),Proc. ICCM-11,Gold Coast,Australia,Vol. 1:"Composites applications and design",ICCM,London,UK. (*An example of trade-off methods applied to the choice of composite systems*)

[4]Bourell,D. L. (1997),"Decision matrices in materials selection",ASM Handbook,"Materials Selection and Design",Vol. 20,pp 291～296,ASM International,Ohio,USA. ISBN 0-87170-386-6 (*An introduction to the use of weight-factors and decision matrices*)

[5] Dieter,G. E. (2000),"Engineering design,a materials and processing approach",3rd edition,pp 150～153 and pp 255～257,McGraw-Hill,New York,USA. ISBN 0—07—

366136—8 (*A well-balanced and respected text*, *now in its 3rd edition*, *focusing on the role of materials and processing in technical design*)

[6] Field，F. R. and de Neufville，R. (1988)，"Material selection-maximizing overall utility"，Metals and Materials，pp378～382 (*A summary of utility analysis applied to material selection in the automobile industry*)

[7] Goicoechea，A.，Hansen，D. R. and Druckstein，L. (1982)，"Multi-objective decision analysis with engineering and business applications"，Wiley，New York，USA. (*A good starting point for the theory of multi-objective decision-making*)

[8] Keeney，R. L. and Raiffa，H. (1993)，"Decisions with multiple objectives：preferences and value tradeoffs"，2nd edition，Cambridge University Press，UK. ISBN 0—521—43883—7 (*A notably readable introduction to methods of decision-making with multiple*，*competing objectives*)

9.11 附录：材料指数的推导

本节介绍如何推导材料指数(读者还可以在本章的拓展阅读[1]和[2]文献里找到更多的例子)及其应用实例：

（a）以降低重量为目标的刚度和强度指数推导(仅考虑简单的截面形状)；

（b）以降低重量为目标、利用改变形状来提高材料的刚度和强度；

（c）利用拱形和壳形结构来提高材料的刚度和强度；

（d）以降低隐焓能或碳排量为目标的刚度和强度指数推导；

（e）以降低产品成本为目标的刚度和强度指数推导。

一个组件的性能可以由"目标函数(objective function)"方程式来显示,该方程式包括材料的一组特性,这组特性可以由一个材料指数 M 来代表。在简单的受力情况下,材料的"一组"特性实际上只需要用"一个"特性来表示。比如,对均匀梁木的主要性能要求是要具有很好的刚度,而材料的刚度通常用弹性模量 E 来衡量。但在大多数的受力情况下,材料的"一组"特性往往包含两个或更多的特性。我们比较熟悉的例子是"比刚度(E/ρ, specific stiffness)"和"比强度(σ_y/ρ, specific strength)"。这些材料指数的推导旨在寻求其最低(或最小)值,其原因在下文推导过程中将看得很清楚。

（a）以降低重量为目标的刚度和强度指数推导(仅考虑简单的截面形状)

回想前几节的内容可知,基于燃料供应的运输系统,其生命周期中耗能和**排碳**最多的阶段是"使用"阶段。显然,运输系统的重量越轻,它的耗能和碳排量就越少。因此,一个良好的设计起点是以降低重量为目标的——当然,该目标首先要满足其他必要的约束条件,如材料的刚度或强度必须得以保证。让我们首先来研究 3 个通用组件的荷载受力情况：支撑杆与轴向张力,板材与弯曲受力,梁和壳结构与弯曲受力。

轻质坚硬支撑杆 某产品中寻求一个尽可能轻的圆柱拉杆(见图 9.20(a)),其长度为 L_0。当圆杆承受轴向拉力(F, tensile force)时,其弹性形变(又称"挠度 deflection")极限为 δ^*,相应的刚度为 $S^* = F/\delta^*$。我们在优选设计时可以自由选择圆杆的横截面面积 A 和材料种类。"翻译"后的综合设计要求见表 9.8。

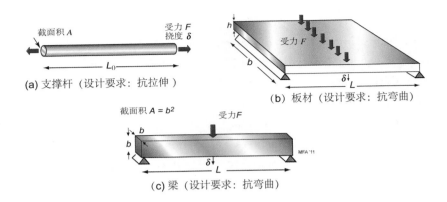

图 9.20　具有简单截面的通用组件之受力（F）情况

表 9.8　轻质坚硬支撑杆的设计要求

功能	支撑杆	
约束条件	刚度值 S^* 固定	（功能约束条件）
	长度 L_0 固定	（尺寸约束条件）
目标	尽量减轻产品的重量 m	
自由变量	任何材料	
	任何截面面积 A	

我们首先寻求并建立一个能够把设计目标与其他已知参数连系在一起的"目标函数方程式"：

$$m = AL_0 \rho \tag{9.15}$$

其中，ρ 代表圆杆的密度。从表面上看，显然可以通过缩小圆杆截面积 A 来减轻产品的重量 m，但是我们面临着一个尺寸约束条件，因为圆杆的刚度还可以表示为

$$S = \frac{AE}{L_0} \tag{9.16a}$$

这里，E 代表杨氏模量。如果所选的产品材料 E 值小，则需要有足够大的 A 值来满足 $S > S^* = F/\delta^*$ 这一约束条件。因此，

$$A \geqslant \frac{L_0 S^*}{E} \tag{9.16b}$$

将上式代入 式（9.15）可得

$$m \geqslant S^* L_0^2 \left(\frac{\rho}{E} \right) \tag{9.17}$$

鉴于式（9.17）中的 S^* 和 L_0 都是固定的设计值，在满足其他的设计约束条件的同时，可以降低产品重量的刚度指数显然应为

$$M_{t1} = \frac{\rho}{E} \tag{9.18a}$$

如果约束条件不是刚度而是（屈服）强度 σ_y，同理可以导出强度指数：

$$M_{t2} = \frac{\rho}{\sigma_y} \tag{9.18b}$$

该指数显示能够承受荷载 F 而不屈服变形的优选材料应具有最小的 $M_{t2} = \frac{\rho}{\sigma_y}$ 值。

轻质坚硬板材 最常见的工程材料受力的形式不是拉伸张力而是弯曲受力,如楼地板搁栅(floor joist),飞机翼梁(wing spar),高尔夫球杆和球拍的轴(shaft)。材料的弯曲刚度(bending stiffness)指数有别于张力下的刚度或强度指数。下面,让我们通过考察一个板材受力的情况(见图9.20(b))来导出以降低产品重量 m 为目的的材料弯曲刚度指数。已知板材的长度 L 和宽度 b 都是固定的,但厚度 h 是自由变量。板材在其中心部位受力而弯曲,其弹性形变量极限为 δ^*,相应的刚度为 $S^* = F/\delta^*$。"翻译"后的综合设计要求见表9.9。

表9.9 轻质坚硬板材的设计要求

功能	板材	
约束条件	刚度值 S^* 固定	(功能约束条件)
	长度 L 和宽度 b 固定	(尺寸约束条件)
目标	尽量减轻产品的重量 m	
自由变量	任何材料	
	任何板材厚度 h	

板材设计的目标函数方程式为

$$m = AL\rho = bhL\rho \tag{9.19}$$

材料的弯曲刚度 S 必须满足的约束条件为

$$S = \frac{C_1 EI}{L^3} \geqslant S^* \tag{9.20}$$

其中的 C_1 是一个仅取决于荷载分配的常数,I 代表截面惯性矩(又称"截面二次矩",second moment of area),当截面的矩形面积为 bh 时:

$$I = \frac{bh^3}{12} \tag{9.21}$$

由(9.19)式看,我们似乎可以通过减少厚度 h 来降低重量 m。然而,将其与(9.20)和(9.21)式结合可以得出:

$$m \geqslant \left(\frac{12 S^*}{C_1 b}\right)^{\frac{1}{3}} (bL^2) \left(\frac{\rho}{E^{1/3}}\right) \tag{9.22}$$

鉴于 S^*,L,b 和 C_1 都有固定的量值,所以,要想降低产品的重量,最佳方式是减小材料指数:

$$M_{P_1} = \frac{\rho}{E^{1/3}} \tag{9.23a}$$

如果约束条件不是刚度而是(屈服)强度 σ_y,同理可以导出强度指数:

$$M_{P_2} = \frac{\rho}{\sigma_y^{1/2}} \tag{9.23b}$$

指数 $M_{P_1} = \frac{\rho}{E^{1/3}}$ 和 $M_{P_2} = \frac{\rho}{\sigma_y^{1/2}}$ 表面看上去与指数 $M_{t1} = \frac{\rho}{E}$ 和 $M_{t2} = \frac{\rho}{\sigma_y}$ 差别不大,但实际上正如我们在9.4节所看到的那样,它们导致了不同材料的选择。板材的指数推导过程可以

总结如下:根据尺寸约束条件可知,板材的面积是一个固定值但厚度是一个自由变量。既然设计的目标是尽量降低产品的重量 m,那么我们就需要利用刚度约束条件来取代目标函数方程式中所出现的这一自由变量。推导过程中,只要我们从一开始就明确什么是约束条件,什么是试图最大化或最小化的设计目标,哪些参数是固定的,哪些是自由变量,这一过程的实现并不困难。

下面,让我们来分析另一个弯曲的问题——梁的弯曲。这里,可以自由选择的形状变量比板材变量(仅可以改变厚度)更充分。

轻质坚硬梁   让我们首先来考虑一个具有非常简单的正方形横截面梁,其截面积为 $A = b^2$。该梁的中心部位受力 F,其跨度为固定长度 L(见图 9.20(c))。这里的刚度约束条件仍为 $S \geqslant S^* = F/\delta^*$。表 9.10 总结了轻质坚硬梁的设计要求。

表 9.10   轻质坚硬梁的设计要求

功能	梁	
约束条件	刚度值 S^* 固定	(功能约束条件)
	长度 L 和截面形状固定	(尺寸约束条件)
目标	尽量减轻产品的重量 m	
自由变量	任何材料	
	任何截面面积 A	

轻质坚硬梁的目标函数方程式为

$$m = AL\rho = b^2 L\rho \tag{9.24}$$

梁的弯曲刚度 S 必须等于或大于 S^*。即

$$S = \frac{C_1 E I}{L^3} \geqslant S^* \tag{9.25}$$

其中的 C_1 是一个常数,I 为截面惯性矩。方形截面的惯性矩为

$$I = \frac{b^4}{12} = \frac{A^2}{12} \tag{9.26}$$

综合(9.24),(9.25)和(9.26)式,可以得到:

$$m = \left(\frac{12 S^* L^3}{C_1}\right)^{\frac{1}{2}} (L)\left(\frac{\rho}{E^{1/2}}\right) \tag{9.27}$$

鉴于 S^*,L 和 C_1 的值都是固定值,在满足设计的其他约束条件的同时,可以降低产品重量的刚度指数显然应为

$$M_{b_1} = \frac{\rho}{E^{\frac{1}{2}}} \tag{9.28a}$$

如果约束条件不是刚度而是(屈服)强度 σ_y,同理可以导出梁的强度指数:

$$M_{b_2} = \frac{\rho}{\sigma_y^{2/3}} \tag{9.28b}$$

事实上,如果设计目标是使产品的重量最小化,则方形截面梁不是一个很好的选择。我们需要思考通过选择哪种截面才能更高效地达到设计目标——这是下面紧接着要讨论的问题。

(b) 以降低重量为目标、利用改变形状来提高材料的刚度和强度

现在,我们对产品设计目标有了更高的要求:在材料优选的基础上改变产品形状以达到轻质坚硬高强的目的。图 9.21 显示了几个不同于方形截面并且仅受轴向拉力的通用组件之受力(F)情况——这些复杂截面都可以提高产品的弯曲刚度和强度。

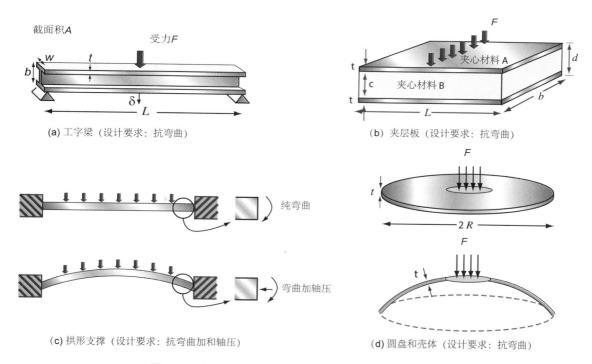

(a) 工字梁(设计要求:抗弯曲)

(b) 夹层板(设计要求:抗弯曲)

(c) 拱形支撑(设计要求:抗弯曲加和轴压)

(d) 圆盘和壳体(设计要求:抗弯曲)

图 9.21 具有较为复杂截面的通用组件之受力(F)情况
——复杂截面可以增高组件的刚性和强度

具有有效区域形状(efficient shape)的工字梁(I-beam)

从理论上讲,增大梁的抗弯刚度 S 的有效方法之一是增大截面惯性矩 I(见式(9.25))。如果梁具有正方形截面积 A,则增大 I 意味着要增加 A(见式(9.26)),进而增加重量 m(见式(9.24))。但实际上梁的机械效率的提高并不是通过增加 A(或 m)而是通过变方形梁为工字梁[1]或薄壁管来实现的(见图 9.21(a) 和 9.22)。图 9.22 中所显示的实心正方形梁的截面面积为 A。如果我们把等面积的正方梁改制成工字梁或薄壁管,则梁的重量不会改变,但截面惯性矩 I[1]会增大,从而增大了弯曲刚度 S。从材料优选的角度讲,一些材料会比另一些材料更容易被加工而制作成复杂高效的形状。这就意味着仅仅依靠材料指数(如式(9.28a)所示)来优选会导致意想不到的问题:低指数的优选材料很可能并不适合于高效形状的制作。因此,我们需要综合考虑解决问题的办法。

---

〔1〕 工字梁的力学原理:在两个支架上水平放置一个横梁,当横梁受到垂直于轴线向下的压力时,横梁发生弯曲。在横梁的上部发生压缩形变,即出现压应力,越接近上缘压缩越严重;在横梁的下部发生拉伸形变,即出现拉应力,越接近下缘拉伸越严重。而中间一层既不拉伸也不压缩,所以无应力,通常称该层为中性层(也称"中性轴 neutral axis")。由于中性层对抗弯的贡献很小,因此工程应用上经常用工字梁代替方形梁,用空心管代替实心柱——为方便读者温习或拓展知识,译者加注。

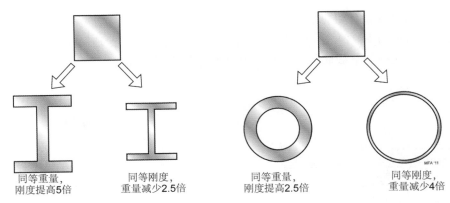

| 同等重量，刚度提高5倍 | 同等刚度，重量减少2.5倍 | 同等重量，刚度提高2.5倍 | 同等刚度，重量减少4倍 |

图 9.22　截面形状对弯曲刚度和产品重量的影响
（方形截面梁与具有相同面积的工字梁（左图）和薄壁环状梁（右图）的刚度和重量之比较）

复杂形状的惯性矩 I 与实心正方形（同面积 A，同重量 m）的惯性矩 I_0 之比被称作"形状因子（shape factor）"：$\Phi = \dfrac{I}{I_0}$（同理，重量比 $\Phi_m = \dfrac{m}{m_0}$）。截面的尺寸越细长，Φ 的值就越大。但是，形状因子的数值不可能无限大，它有一个极限值 Φ_{max}，比如法兰（flange）过薄会变形、管壁过薄会扭结。从另一个角度来看，既然改变形状可以提高产品的刚度，那么在保持同样刚度的前提下，改变形状也可以减轻材料的重量，使产品更轻质化。鉴于重量 $m \propto C_1^{-1/2}$（见式（9.27）），而 C_1 又与形状因子 Φ 成正比关系，因此，Φ_m 与 Φ 之间的关系为 $\Phi_m \propto \Phi^{-\frac{1}{2}}$。每个材料都有依赖于其属性的形状因子极限值。表 9.11 给出了不同材料的 Φ_{max} 和 Φ_m 的典型数据。

表 9.11　不同材料的最大形状因子和重量比的典型数据

材料	典型的 Φ_{max} 值	典型的 Φ_m 值
钢材	64	1/8
铝合金	49	1/7
复合增强材料（GFRP，CFRP）	36	1/6
木材	9	1/3

从材料加工的角度看，金属和复合类材料比木材更容易通过加工而改变形状（比如，木材很难被制作成薄壁形状）；从通过最低指数优选材料的角度看，复合材料（特别是 CFRP）拥有最具吸引力的 M_t，M_p 和 M_b 指数值，但是由于它们不如金属易加工，所以在综合优选时的优越性会降低。

〔1〕工字梁和薄壁管的截面积 A 和惯性矩 I 分别为：——为方便读者温习或拓展知识，译者加注（摘自《机械设计中的材料优选》Material selection in mechanical design，同为本书作者所著）。

	A	I
（薄壁管）	$\pi(r_0^2 - r_i^2) \approx 2\pi rt$	$\dfrac{\pi}{4}(r_0^4 - r_i^4) \approx \pi r^3 t$
（工字梁）	$2t(h+b)$ $(h, b \gg t)$	$\dfrac{1}{6}h^3(1 + 3\dfrac{b}{h})$

最后,让我们提及几种综合优选的特殊情况:①优选时保持梁的原截面形状不变但更换另一种材料;②设计的约束条件之一是保持形状的自相似性(self-similarity)。因此,产品的尺寸会按比例改变,但前面所推导出的材料指数(见式(9.28a)和(9.28b))不变;③产品的形状改变时,式(9.25)中的常数 C_1 值相应改变,但式(9.28a)和(9.28b)依然有效。

夹层(sandwich)结构 夹层结构通常由两种材料组合而成:一种材料作为上下表层体,另一种材料作为夹心体。这类结构的特点是高弯曲刚度、高强度但低重量(见图 9.20(b)),因为表层材料与夹心材料的不同增大了截面惯性矩 I。夹层结构通常用于必须使用轻质材料的地方,如运输工具(飞机、火车、卡车、乃至汽车)、便携式产品和许多运动器材。

厚度为 t 的夹层结构表面体需要承受大部分荷载,所以它们必须坚硬牢固;同时,因为处在产品的表面,它们直接与工作环境相接触,所以还必须有抵抗环境侵蚀的能力。而厚度为 c 的夹心部分占据了产品的大多数体积,所以它必须轻质、坚硬、高强,以承受整个产品所面临的剪应力(shear stresses)。当然,如果 $c \gg t$,则剪应力度很小。

举例来说,如果图 9.20(b)中的板材(厚度为 h,弯曲刚度为 S_{mono})被劈成两半作为图 9.21(b)中的夹层材料(厚度为 d,弯曲刚度为 S_{sandwich})的上下表面,则 S_{sandwich} 将会增大。S_{sandwich} 与 S_{mono} 的近似关系为

$$\frac{S_{\text{sandwich}}}{S_{\text{mono}}} = 1 + 3\,\frac{d}{h}\left(\frac{d}{h} - 1\right) \tag{9.29a}$$

当然,上式的有效性是建立在表层材料负载而不变形的基础上——这需要表层材料之厚度足够的大。同理,弯曲强度 $P_{f\,\text{sandwich}}$ 也会增大:

$$\frac{P_{\text{f, sandwich}}}{P_{\text{f, mono}}} = 3\,\frac{d}{h} + \frac{h}{d} - 3 \tag{9.29b}$$

因此,如果 $d = 2h$,则 $S_{\text{sandwich}} = 4\,S_{\text{mono}}$,$P_{f\,\text{sandwich}} = 3.5\,P_{f\,\text{mono}}$;如果 $d = 3h$,则 $S_{\text{sandwich}} = 19\,S_{\text{mono}}$,$P_{f\,\text{sandwich}} = 6\,P_{f\,\text{mono}}$。显然,巧妙设计和利用夹层结构可使材料的性能大大提高。

(c) 利用拱形和壳形结构来提高材料的刚度和强度

无论是具有单面还是双面曲率(curvature)的板或壳都要比平面板或壳更坚硬,强度更高,这是因为在承受同等外荷 F 时,平面板仅仅产生纯弯曲(pure bending),而具有一定弧度的材料不仅会产生纯弯曲、还会产生沿轴向方向的拉伸或压缩应力(见图 9.21c)。后者是由一个作用于板或壳的平面方向(in-plane)的应力——薄膜应力(membrane stress)而引起的。弯曲形状的荷载主要由薄膜应力承担,因此,$S_{\text{curv}} > S_{\text{flat}}$ 和 $\sigma_{\text{curv}} > \sigma_{\text{flat}}$。同理,如果维持刚度或强度不变,则具有弧度的材料之重量可以减轻。

图 9.21(d)给出了半径为 R、厚度为 t 的圆盘和壳体中心部位受力的情况。圆盘或壳体在局部荷载 F 的作用下产生挠度 δ 和薄膜应力 σ。材料的刚度约束条件为 $S \geqslant S^*$(S^* 代表设计刚度),强度约束条件为 $\sigma \leqslant \sigma_y$($\sigma_y$ 代表屈服强度)。表 9.12 总结了轻质、坚硬、高强度圆盘或壳体的设计要求。

表 9.12　轻质、坚硬、高强度圆盘或壳体的设计要求

功能	支撑荷载 F 而不产生过大的挠度致使产品失效	
约束条件	刚度 S^* 和失效荷载 F^* 的值固定	(功能约束条件)
	半径 R 固定	(尺寸约束条件)

（续表）

功能	支撑荷载 F 而不产生过大的挠度致使产品失效
目标	尽量减轻产品的重量 m
自由变量	任何材料 任何壳壁的厚度 t

圆盘或壳类产品的目标函数方程式为

$$m \approx \pi R^2 t \rho \qquad (9.30)$$

圆盘的刚度[1]为

$$S_{\text{disc}} = \frac{F}{\delta} = \frac{E t^3}{AR^2} \geqslant S_{\text{disc}}^* \qquad (9.31)$$

圆盘的最大薄膜应力为

$$\sigma_{\text{disc}}^{\max} = B \frac{F^*}{t^2} \leqslant \sigma_y \qquad (9.32)$$

式(9.31)、(9.32)中的 E 代表杨氏模量，S^* 代表刚度设计值，F^* 代表载荷设计值，$A \approx 0.27$ 和 $B \approx 0.95$ 是两个常数，它们的值略微取决于泊松比和荷载的表面分布。

同理，壳体的刚度为

$$S_{\text{shell}} = \frac{F}{\delta} = \frac{E \, t^2}{CR} \geqslant S_{\text{shell}}^* \qquad (9.33)$$

壳体的最大薄膜应力为

$$\sigma_{\text{shell}}^{\max} = \frac{F^*}{t^2} \leqslant \sigma_y \qquad (9.34)$$

式(9.33)、(9.34)中的 $C \approx 0.4$ 和 $D \approx 0.65$ 是两个常数，如同 A 和 B，它们的值也略微取决于泊松比和荷载的表面分布。

将式(9.31)、(9.32)、(9.33)和(9.34)代入式(9.30)，可以得出圆盘重量为

$$m_{1\text{disc}} = \pi R^2 (ARS^*)^{1/3} \left[\frac{\rho}{E^{1/3}} \right] \quad （刚度约束） \qquad (9.35)$$

和

$$m_{2\text{disc}} = \pi R^2 (BF^*)^{1/2} \left[\frac{\rho}{\sigma_y^{1/2}} \right] \quad （强度约束） \qquad (9.36)$$

相应的壳体重量为

$$m_{1\text{shell}} = \pi R^2 (CRS^*)^{1/2} \left[\frac{\rho}{E^{1/2}} \right] \quad （刚度约束） \qquad (9.37)$$

和

$$m_{2\text{shell}} = \pi R^2 (DF^*)^{1/2} \left[\frac{\rho}{\sigma_y^{1/2}} \right] \quad （强度约束） \qquad (9.38)$$

式(9.35)、(9.36)、(9.37)和(9.38)方括弧中所显示的为相关材料指数。比较壳体和盘体的刚度值可以得出"壳体比盘体更坚硬、强度更高"的结论：

---

[1] 详见拓展阅读中 Young 的工作。

$$\frac{S_{\text{shell}}}{S_{\text{disc}}} = \frac{A}{C}\frac{R}{t} \approx 0.8\frac{R}{t} \quad \text{和} \quad \frac{\sigma_{\text{shell}}}{\sigma_{\text{disc}}} = \frac{D}{B} \approx 1.5 \tag{9.39}$$

超轻质坚硬和超高强度结构通常是采用夹层与壳体(单体建筑结构 monocoque construction)相结合的办法来实现的。我们将在第 10 章的实例研究部分进一步探讨单体建筑结构。

(d) 以降低隐焓能或碳排量为目标的刚度和强度指数推导

最复杂情况下的材料指数推导已在(a)、(b)、(c)中完成。下面,我们可以运用同样的原理导出以降低隐焓能或碳排量为目标的刚度和强度指数——仅需要将上面式中的密度 ρ 用 $H_{\text{m}}\rho$ 或 $CO_2\,\rho$ 取代即可。

尽量降低隐焓能或碳排量　设单位重量隐焓能为 H_{m},则一个重量为 m 的产品之总隐焓能 H_T 应为 mH_{m}。因此,通用材料(支撑杆、板材或梁)的目标函数方程式为

$$H_T = mH_{\text{m}} = ALH_{\text{m}}\rho \tag{9.40a}$$

同理,

$$CO_{2T} = m(CO_2) = AL(CO_2)\rho \tag{9.40b}$$

随后,参照(a)、(b)、(c)中的推导模式可以得出类似式(9.18a、b)、式(9.23a、b)和式(9.28a、b)的指数表达式(仅需要将式中的密度 ρ 用 $H_{\text{m}}\rho$ 取代即可)——详见表 9.3。结论:当设计的目标是尽量降低隐焓能(碳排量)而非降低产品重量时,材料指数不变。

(e) 以降低产品成本为目标的刚度和强度指数推导

尽量降低产品的成本　设单位重量的产品成本为 C_{m},则一个重量为 m 的产品之总成本 C_T 应为 mC_{m}。因此,通用材料(支撑杆、板材或梁)的目标函数方程式为

$$C = mC_{\text{m}} = ALC_{\text{m}}\rho \tag{9.41}$$

随后,参照(a)、(b)、(c)中的推导模式可以得出相关的材料指数表达式(仅需要将式中的密度 ρ 用 $CO_2\,\rho$ 取代即可)——详见表 9.3。结论:当设计的目标是尽量降低产品的成本而非产品的重量时,材料指数不变。

9.12　习题

E9.1　什么是设计的目标(objective)和设计的约束条件(constraint)?它们之间有何不同?试举例说明。

E9.2　以设计一个儿童游乐场的攀登架为例,阐述并图示材料优选过程中的"翻译(Translation)"内容。提示,游乐场所使用的材料都要求做到安全和环保。你将如何把这些设计要求"规范化(specification)"来进行材料优选呢?

E9.3　自行车有多种类型,它们所面对的市场需求不同:

场地型,旅游型,山地型,购物型,儿童型,折叠型。

利用你自己的判断,确定各类自行车的优选所必须满足的首要目标和约束条件。

E 9.4　作为产品设计工程师,你被要求设计一个节能烹饪锅。什么是你的设计目标?什么是产品必须满足的约束条件?

E9.5　什么是制作赛车前叉材料优选的目标和约束条件?

E9.6　什么是材料指数(material index)?

E9.7 超薄便携计算机外壳材料的优选目标是要将其厚度 h 尽量减少,同时还要满足抗弯刚度 S^* 的约束条件,以防止屏幕受损。试选择适当的材料指数。

E9.8 在 E - ρ 性能图(如图 9.12)上绘制材料指数为 ρ/E 的轻质结构优选线,该线的位置应使 6 个材料(不应包括脆性陶瓷)置于线的上方。试问这 6 个材料属于哪种类型的材料?

E9.9 我们需要一批抗弯强度足够高但隐熔能尽量低的板材来保护尚未进入使用期的某建筑物窗户,以防止坏人由此非法进入建筑物内。如何选取适当的材料指数 M 呢?

在 σ_y - ρH_m 性能图(见图 9.15)上绘制材料指数为 M 的板材优选线,该线的位置应使 6 种材料(不应包括脆性陶瓷)置于线的上方。试问这 6 种材料属于哪种类型的材料?

E9.10 一家快餐连锁店寻找一次性使用的叉具材料。试列出满足这一用户要求的设计目标和各种约束条件。

E9.11 利用 $E - H_m\rho$ 图(见图 9.14)找出杨氏模量 $E > 100\,\text{GPa}$ 和体积隐熔能最低的材料。

E9.12 用替代材料来降低产品重量 一钢梁弯曲受力,为了减轻其重量,现由铝合金取代,但梁的弯曲强度必须保持不变。试问可以减轻的最大重量是多少?下面是可以参考的材料性能数据。

材料	密度 ρ(kg/m³)	屈服强度 σ_y(MPa)
YS260 钢	7 850	288
6061-T4 铝	2 710	113

E9.13 材料的替代对碳排量的负面影响 著名的西班牙毕尔巴鄂(Bilbao)的古根海姆博物馆(Guggenheim Museum)的建筑特色之一是其表面使用了金属钛板的包覆。某专家从机械性能的角度提出,如果使用同等厚度的不锈钢板来代替钛板,则建筑生产的碳排量会降低很多。这一观点是否正确?试用下表中的数据给出具体答案。

材料	密度 ρ(kg/m³)	碳排量(kg/kg)	杨氏模量 E(GPa)
不锈钢	7 800	5.0	200
钛	4 600	46.4	115

E9.14 材料的替代对碳排量的负面影响 题中那个具有环保意识的专家进一步指出,不锈钢比钛合金的弹性模量更高,所以替代后并不改变材料的弯曲刚度(只是厚度增加而已)。利用 E9.13 题中的数据,试求这两种材料的单位面积碳排量之比。

E9.15 某林园用具制造商(主要使用聚丙烯材料)正在被一个新的竞争现象所困扰:因为"传统"的林园家具材料——铸铁的隐熔能和碳排量似乎要比聚丙烯的少得多。典型的聚丙烯椅重 1.6 kg,而典型的铸铁椅重 11 kg。试使用这两种材料在第 14 章的数据表,验证新一轮的竞争依据是否正确?铸铁和聚丙烯的隐熔能和碳排量差异是否显著(请不要忘记在第 6 章的开头关于数据精度的警告)?设聚丙烯椅的使用寿命为 5 年,而铸铁椅的使用寿命为 25 年,重新回答上述的两个问题。

E9.16 求证以减少单位重量隐熔能 H_m 为目的的优选高强抗弯板材的材料指数为

$$M = \frac{\rho H_{\mathrm{m}}}{\sigma_{\mathrm{y}}^{1/2}}$$

其中，ρ 是材料的密度，σ_{y} 是材料的屈服强度。提示：参照第 9.11 节中的推导可以得出：

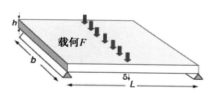

$$F = C_2 \frac{I\sigma_{\mathrm{y}}}{hL} > F^*$$

这里的 C_2 是一个常数，$I = \frac{bh^3}{12}$ 代表板材的截面惯性矩。

使用 CES 软件可以做的习题

E9.17　使用软件中的选择"Limit"来寻找杨氏模量 $E > 180$ GPa 和 隐熔能 $H_{\mathrm{m}} < 30$ MJ/kg 的材料。

E9.18　使用软件中的选择"Limit"来寻找屈服强度 $\sigma_{\mathrm{y}} > 100$ MPa 和 碳排量 < 1 kg/kg 的材料。

E9.19　绘制聚合物类材料的重量隐熔能 H_{m} 的条形图。选择并创建一个子集"Polymer"文件夹。其中的哪些聚合物具有最低 H_{m} 值？

E9.20　在 $E - \rho$ 性能图上绘制材料指数为 ρ/E 的轻质结构优选线，该线的位置应使 6 种材料置于线的上方。试问这 6 种材料属于哪种类型的材料？

E9.21　为链接一谷仓的前后壁以稳定两者，需要一个能够抵抗拉伸应力的支撑杆。该组件必须满足一定的强度约束条件——其断裂韧性 $K_{1c} > 18$ MPa·m$^{1/2}$，并有尽可能低的隐熔能。这里所使用的材料指数为

$$M = \frac{H_{\mathrm{m}}\rho}{\sigma_{\mathrm{y}}}$$

试使用"Limit"阶段，绘制 σ_{y} - $H_{\mathrm{m}}\rho$ 图表和适当的优选线并找出 3 种优选材料。

E9.22　一家产品公司希望提升自己的环保形象，它用天然高分子基材料取代了原来的石油基塑料产品。请使用 CES 软件中的"搜索（Search）"功能寻找"生物聚合物（biopolymer）"。然后列出你所找到的该类材料名单。试问，生物聚合物的隐熔能和碳排量是否均低于传统的塑料？请用两者的条形图来论证。

第 10 章

环保材料的优选实例

内 容

超轻车范例:(1)壳牌环保马拉松车,(2)加州理工 Supermilage 队的赛车,(3)法国 La Joliverie 中学学生创造的"微焦耳车"(Microjoule)和(4)日本 Nissan 公司创造的"Pivo2"电动车。以上所有车身的设计都是在坚硬高强的基础上以尽量降低重量为材料优选的主要目标。

10.1 概述

我们在第 7 章和第 8 章中分析讨论了产品的整个生命周期中耗能和排碳的情况,并为此研究制定出一系列的生态审计方法和材料优选策略。接下来的任务是要考虑如何具体实施这些方案以达到既定的环保目标。这意味着要从"审计"转向"优选"(实现从图 3.11 的顶部到底部的每一步骤)。

我们在第 9 章中介绍了产品材料的优选方法。本章将分 4 部分内容来分析具体实例,以加深理解优选方法的原理和使用:

- 饮料容器用材的优选;
- 建筑结构用材的优选;
- 加热和制冷设备用材的优选;
- 运输车辆用材的优选。

前两部分的实例比较简单,主要是展示如何运用优选方法。值得注意的是,涉及环保问题的解决方案往往存在着"不唯一性"。例如,本章第 10.12 节所提出的"用环保材料取代传统材料"的方案的确是解决问题的方法之一,但并不是唯一的方案,因为如果产品设计的原理不变,而仅仅更换材料,则其效果总有一天会达到极限。有时完全放弃旧的设计原理而更换理念则可能是上乘之选,比如,放弃运输工具中的内燃发动机,采用燃料电池或电力取代之,而不是仅限于如何提高、再提高内燃发动机的效率。纵观材料领域的环保大方向,除了"材料取代"和"更新设计理念"外,还有第三种选择——"改变生活方式"(如不使用私家车等)。

本章将要分析的 4 组功能材料的优选实例是相互独立的。读者可以根据自己感兴趣的内容选读,但要注意,这 4 组材料的分析排序是由简到繁、循序渐进的。

10.2 视最佳单位功能而优选饮料容器用材

饮料容器可以使用不同的原材料来制造,玻璃、聚乙烯、PET、铝或钢等都在可选范围之内(见图 10.1)。这 5 种材料的生态共性是它们均具有可回收性。那么,选用其中的哪一种来做饮料容器最为环保呢?回顾我们在第 7 章中对 PET 饮水瓶所做过的生态审计结果,可以看出:饮料容器"制造过程"中的耗能和排碳占其整个生命周期的主导地位。图 10.2(a)还具体给出了以上 5 种材料制造过程中单位隐熔能值的比较(该过程中不同材料的碳排量比较结果显示出类似的排序)。显然,玻璃具有最低的"单位重量"隐熔能和排碳量。但这是否意味着玻璃就是环保容器原材料的最佳选择呢?

| 玻璃 | 聚乙烯 | PET | 铝 | 钢 |

图 10.1 饮料容器用材范例

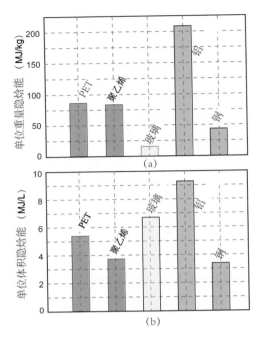

图 10.2　5 种饮料容器原材料生产过程中的隐焓能值比较

(a) 单位重量隐焓能；(b) 单位体积隐焓能

为了对比，图 10.2(b) 给出了同样 5 种材料的"单位体积"隐焓能值的比较。显然，玻璃容器的"单位体积"隐焓能值在其中已不再占有优势，所以很难笼统地下定论："玻璃是饮料容器的最佳选择"。事实上，材料优选应基于"单位功能能量值"的大小来定夺。现在，让我们重新回顾并列出饮料容器的设计要求(见表 10.1)。首先，对饮料容器用材的约束条件包括以下几点：它们必须抗弱酸性(如果汁)或弱碱性(如牛奶)流体的侵蚀；它必须易于加工制造并易于回收(因为饮料容器的寿命很短)。

表 10.1　饮料容器的设计要求

功能	饮料容器
约束条件	必须抗腐蚀 必须易于制造 必须易于回收
目标	尽量减轻产品的生产耗能
自由变量	任何材料

表 10.2 列举了使用 5 种原生材料制造的饮料容器的隐焓能数据一览表。表中所入选的材料均具备易于制造和可回收的特性。除了钢材之外的其余 4 种材料还具有很好的抗弱酸、弱碱性(钢制品表面易腐蚀的弱点可以通过涂保护漆来解决)。表中最后一列的数据和图 10.2(b) 所显示的结果均表明，如果以饮料容器的"单位功能能量值"(这里为"单位体积的隐焓能值")作为材料优选的标准，则钢制容器实为最佳选择，聚乙烯次之，玻璃和铝制品乃是耗能和排碳量大的劣选。

表 10.2　使用原生材料制造饮料容器的隐焓能数据一览表

饮料容器的体积和功能	原材料	重量 (g)	重量隐焓能 (MJ/kg)	体积隐焓能 (MJ/L)
400 mL 饮料瓶	PET	25	84	5.3
1000 mL 奶瓶	高密度聚乙烯(PE)	38	81	3.8
750 mL 玻璃瓶	纳玻璃	325	15.5	6.7
440 mL 铝罐	5000 系列铝合金	20	208	9.5
440 mL 钢罐	普通碳钢	45	32	3.3

值得指出的是,尽管我们所要进行的材料优选是以保护生态环境为首要目标的,但是任何设计都要考虑到产品的成本问题。使用回收的二手材料原则上讲是可以降低产品的隐焓能值、进而降低产品成本的,但这要取决于回收材料中所含杂质的多少。目前市场上正在使用的饮料容器材料中均含有一定量的回收材料,但这仍不足以改变原材料生态优选的排序结果。此外,还有其他因素也在影响着饮料容器用材的选择,如环保立法对某些材料的使用给予补贴式的鼓励,而对另一些材料的使用则给予罚款式的制裁;饮料容器的选择还要考虑到产品外观和透明度对消费者的心理作用等等。除去这些其他因素,如果我们仅从工程材料角度去考虑环保,则钢制饮料容器显然是迄今为止耗能和排碳量最低的优选产品。

实例 1. 小节约"更轻的酒瓶盖　每年生产 420 亿酒瓶盖的南非米勒公司[1]已经研发出更轻的瓶盖,减少了钢材的使用,从而降低产品成本并减少生产和运输过程中的二氧化碳排放量。"

——摘自英国 2011 年 7 月 3 日版的《星期日泰晤士报》

现在,让我们来定量核实一下南非米勒公司的信息是否完全属实。已知,文章中所提到的酒瓶盖重量为 2.5 g。如果研发新成果使得该产品的重量降低 20%(−0.5 g),则一年可节省 21 000 t 钢材——显然这将使产品的耗能量和成本显著降低。但是,产品的交通运输耗能和排碳量的情况又如何呢?已知,500 mL 空啤酒瓶的重量为 310 g,盛满啤酒时重量为 810 g。如果每个瓶盖降低重量 0.5 g,则运输过程可节省的能量为 0.06%——要知道,这一节省是微不足道的,完全可以通过卡车司机略微降低行驶速度而达到。

10.3　汽水瓶的原材料优选

总的来说,饮水瓶均属于一次性使用产品:它们被使用一次后即作为废品或被回收或被烧掉。我们在第 7.2 节中为此所做的审计结果表明,饮水瓶的生命周期中耗能和排碳量最大的阶段是其原材料的生产阶段。现在,让我们再来考察分析一下如何降低带汽饮水瓶的隐焓能问题。表 10.3 列举了带汽饮水容器的设计要求,其中的一个特性为:该类产品均需要能够承受一定的内压(p)而不爆裂。此外的约束条件还有:瓶子需要透明、可以模制并且易于回收。

---

〔1〕　南非米勒(SABMiller)是一家总部位于英国伦敦的跨国酿酒和饮料公司,按营业额来算是世界第二大啤酒生产商,也是可口可乐的主要装瓶公司之一。旗下公司有巴伐利亚啤酒(Cervecería Bavaria)、贺尔喜(Grolsch)和佩罗尼(Peroni)啤酒等,分布在全球各大洲 75 个国家——译者注。

表 10.3　带汽饮料容器的设计要求

功能	带汽饮料容器
约束条件	必须抗内压 必须抗腐蚀 必须易于模制 必须易于回收
目标	尽量减轻产品的生产耗能 尽量减轻产品成本
自由变量	任何材料

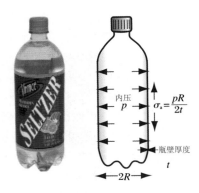

图 10.3　带汽饮料容器的设计约束条件

正如图 10.3 所示,内压 p 在瓶壁上产生张力,因此周向应力为 $\sigma_c = pR/t$,轴向应力为 $\sigma_a = pR/2t$(其中的 R 为容器的半径,t 为壁厚)。壁厚值必须足够大以承受内压:

$$t = S\frac{pR}{\sigma_y} \tag{10.1}$$

式(10.1)中的 σ_y 代表瓶身材料的屈服强度,S 代表安全因子。设瓶身材料的功能隐焓能为 H_A(单位面积隐焓能),单位重量隐焓能为 H_m 及密度为 ρ,则三者之间的关系为

$$H_A = tH_m\rho = S\rho R\frac{H_m\rho}{\sigma_y} \tag{10.2}$$

汽水瓶产品的节能优选对应于功能隐焓能指数 M_1 的最小值为

$$M_1 = H_m\rho/\sigma_y \tag{10.3}$$

从另一方面讲,所有新产品的设计都要考虑到成本问题,则汽水瓶产品的成本优化对应于成本指数 M_2 的最小值为

$$M_2 = C_m\rho/\sigma_y \tag{10.4}$$

表 10.4 给出了饮料容器通常使用的透明热塑性塑料的主要生态属性。

表 10.4　透明热塑性塑料的属性

透明热塑性塑料	密度 (kg/m³)	隐熔能 (MJ/kg)	价格 (USD/kg)	能源指数 $M_1 \times 10^4$	价格指数 $M_2 \times 10^2$
聚乳酸(PLA)	1 230	53	2.5	8.2	1.7
聚羟基烷酸酯(PHA, PHB)	1 240	54	2.4	5.6	1.2
聚氨酯(tpPUR)	1 180	119	5.4	3.3	0.7
聚苯乙烯(PS)	1 040	92	2.2	4.2	1.8
聚甲基丙烯酸甲酯(PMMA)	1 190	102	2.2	5.2	1.8
聚对苯二甲酸(PET)	1 340	84	1.7	5.3	2.6
聚碳酸酯(PC)	1 170	110	4.0	5.0	1.4

　　图 10.4 显示以 M_1 和 M_2 为轴线的节能与成本权衡折衷图以及原材料优选折衷线。显然,几乎具有最低功能隐熔能的材料为聚乳酸(PLA),具有最低造价成本的材料为聚酯(PET)。幸运的是,这两种材料的 M_1 和 M_2 指数值均在权衡折衷线上,理应为最佳选择。

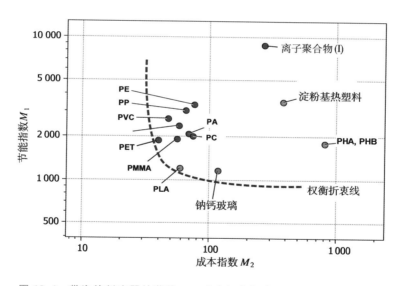

图 10.4　带汽饮料容器的节能——成本权衡折衷图及原材料优选线

　　附注:如今的大多数汽水饮料容器均使用 PET 材料,而且这种选择很可能会持续下去,因为目前阶段,①经济效益在人们的头脑中远超出环保效益之重要性;②用一种新材料来取代使用已久的传统材料、同时更换为之所建立起来的一整套回收循环系统,是一项代价昂贵并且不易被人们所接受的庞大工程(除非新材料的使用既降低成本又有利于环保)。

　　实例 2. 节约饮料容器用材　　已知,用 PET 材料所制成的百事可乐饮料瓶内压为 0.5 MPa,瓶的直径为 64 mm。如果安全因子 $S=2.5$,$\sigma_y = 70$ MPa,试求壁厚的最低值 t_{min}。又及,目前的百事可乐饮料瓶厚度约为 0.5 mm,在保持安全因子不变的情况下,可否继续减少厚度?

答案：

$$t_{\min} = S\frac{pR}{\sigma_y} = 2.5 \times \frac{0.5 \times 0.032}{70} = 0.000\ 57\ \text{m} = 0.57\ \text{mm}$$

可见，百事可乐饮料瓶实际壁厚已略低于安全因子为 2.5 的指标，因此若继续减少壁厚，很可能会出现使用安全的问题。

10.4 建筑结构用材之优选

建筑领域是最大的材料消费市场，同时该领域的产品生产和制造耗能（包括排碳）也是最高的，其数量级为吉焦（GJ）而不是兆焦（MJ），其单位功能为"单位建筑面积隐熔能"。构筑一个建筑物的过程包括原材料的生产、建筑产品的制造、运输和安装等等。

在西方，我们时常可以看到这样的房地产宣传广告："一个罕见精品出售：木制结构房体、钢架屋顶、混凝土停车空间——你必须亲临现场考察才能体会到它的无比优越性"。请注意，这一广告中有 3 个与材料相关的术语：木材、钢架和混凝土。的确，它们都是建筑"结构"的基本用材。"结构"是建筑物中最重要的一部分：它提供建筑支架以支撑自重和负载，并且具有抗风、抗外力乃至抗地震的功能。除此之外，建筑结构一般需要有"外围（envelope）"来包装和绝缘，以实现防水、隔音、保温、屏蔽辐射和耐用性等设计目标。建筑物内则需要提供各种"基础设施（services）"，如供水、供电、供气、供暖、制冷、通风、导光以及垃圾处置系统等等。建筑物内还必须有"内部装修（interior）"，如地板和墙面、家具和配件等等。总之，一个建筑物的四大组成部分——结构、外围、设施和内饰尽管各自具有其功能，但它们都是无一例外的材料消费大户（见表 10.5）。

建筑物的单位面积隐熔能大小取决于它使用的原材料以及生产基地的条件，总耗能值约为 5.3 GJ/m²。图 10.5 给出了耗能的具体分布：约 1/4 用于建筑施工、1/4 用于外围材料、1/5 用于结构材料、1/5 用于基础设施，其余用于场地工程和内部装修。需要指出的是，结构材料的选择与其他材料的选择截然不同。表 10.6 给出了钢架、钢筋混凝土和木结构建筑用材的单位面积隐熔能值。可以看出，钢架结构耗能量最高，它是钢筋混凝土结构的 33%，木结构的 72% 以上。

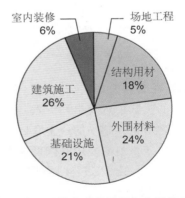

图 10.5 典型的三层楼房建筑用材生产耗能之比例分布

表 10.5   以混凝土为框架的建筑物之单位面积耗能分布

	材料耗能（GJ/m²）	占总耗能量（%）
场地工程	0.29	5
结构	0.93	18
外围	1.26	24
设施	1.11	21
施工	1.37	26
内部装修	0.30	6
总计	5.26	100

表 10.6   钢架、钢筋混凝土和木结构建筑物的单位面积隐焓能一览表

结构类型	单位面积用材重量/(kg/m²)	单位面积隐焓能*/(GJ/m²)
钢架	86 钢材 625 混凝土	1.2
钢筋混凝土	68 钢 900 混凝土	0.9
木架	80 梁木	0.67

* 数据来自 Cole and Kernan（1996）的文章。如果含有地下车库的建筑物,则数据要额外另加 0.26 GJ/m²。

值得思考的问题：如上所述,木材是最节能的建筑结构材料。那么,人们为什么不把所有的建筑物都设计成木材结构呢？显然,还有其他方面的考虑。首先是尺度约束：木结构仅适用于小型经济建筑物,但高于 4 层的楼房建筑则需要使用钢筋混凝土;其次结构选材还受约于材料的可用性：在森林大面积覆盖的美国马萨诸塞州,木材的确被普遍用于房屋建造,而在英国伦敦则没有这样的便利条件;此外还有材料回收的问题：钢材易于回收,但木材或混凝土在其使用生命的尽头很难达到循环使用的目的。总之,建筑物选材应视具体情况而权衡决定。

10.5   建筑物的初建耗能和周期性耗能

建筑物的生命周期审计要比普通产品的审计更复杂、更费时,因为建筑物除了其初建时的大量耗能外,还需要进行周期性的维修和改善,以提高使用者们的居住质量。以下为建筑物的五大耗能阶段：

- 原材料生产之耗能;
- 建筑施工之耗能;
- 正常运转之耗能（通电、通气、通风、控温、控光等）;
- 周期性维修和改善之耗能;
- 生命终结时拆除和回收处理废料之耗能。

现在,让我们来分析一个小型办公室整个生命周期里的耗能情况。该建筑物结构为钢筋

混凝土,初建用材约 968 kg/m²(参见表 10.6),初建耗能约 5.3 GJ/m²(参见表 10.5)。建筑物的设计使用寿命为 60 年,但其外围、基础设施和内部装修等部分每 15 年需要维修翻新一次(维修翻新的内容包括:加固或更换室内墙壁、地板、门窗以及机电设备)。每次维修翻新约耗能 3 GJ/m²。由此可以推出,在该建筑物的整个生命周期中将有 3 次维修翻新工程,其总耗能量约为 9 GJ/m²,几乎成倍于初建办公室的耗能。

所幸的是,重视环保的建筑行业在过去的 30 年里一直专注于减少建筑物的运行使用耗能,目前综合耗能指数已下降到每年 0.5~0.9 GJ/m²。如果我们采用其中间值(取每年耗能值为 0.7 GJ/m²)来估算建筑物的运行耗能量,则小型办公室 60 年使用期间的耗能总量应为 42 GJ/m²。此外,如果所有建筑用材都需要经过 500 km 的运输才能到达使用地点,根据表 6.9 所提供的输运耗能计算方法(0.8 MJ/t·km),则该办公室初建交通耗能量应为:0.000 8×500×0.968 = 0.4 GJ/m²。最后,还要考虑该建筑物 60 年后被拆除和随后的垃圾处理之总耗能值,其值约为 0.13 GJ/m²。图 10.6(a)用条形图方式给出了耗能总量的分配情况。依此可以推算出建筑物初建耗能约占总耗能值的 10%,周期性维修耗能约占 16%,而使用耗能则高达总数的 72%。图 10.6(b)显示出各阶段耗能以及总耗能量随着时间的延续而不断增加的趋势。可见,建筑物的运行耗能在短短的 7 年时间里即超过了初建耗能,周期性维修耗能每 15 年增高一台阶,60 年中增高三个台阶。

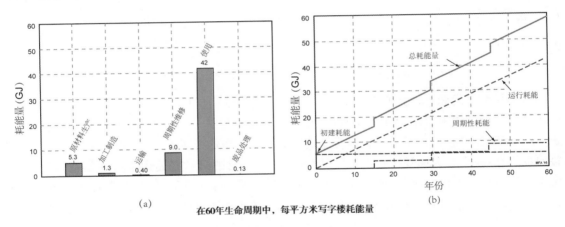

(a)
在60年生命周期中,每平方米写字楼耗能量

(b)

图 10.6 三层写字楼的生命周期各阶段之耗能情况

附注:随着人们环保意识的逐渐增加,当今房产市场上已出现了带有"碳中和"或"零能耗"特色的商品房,其原理是在朝阳一端的墙壁里运用高热容材料日间捕获太阳能,而夜间释放热能以供暖。与此同时建造一个能够遮掩墙壁的大屋顶,以便当夏季日光高照时,可以通过空气对流和地下散热来制冷。此外,房内的用电可以通过太阳能电池板来获得。

图 10.6(a)显示出使用阶段是建筑物耗能量最大的阶段。如果该阶段的耗能量被减小到接近零值,则建筑物的初建耗能和周期性维修耗能将占据主导地位,那时的节能关注点应优先考虑降低单位"功能"的隐焓能值("功能"包括建筑结构的抗弯强度、墙壁热阻和地面覆盖物的耐用性等等)。

拓展阅读

Cole, R. J. and Kernan, P. C. (1996), "Life-cycle energy use in office buildings", Building and Environment, Vol. 31, No. 4, pp 307-317. (*An in-depth analysis of energy use per unit area of steel, concrete and wood-framed construction.*)

10.6 加热和制冷系统(1):制冷耗能

加热和制冷是最能吞噬能量和排放二氧化碳最多的过程,尤其是这类系统的使用阶段。加热系统的例子如中央供暖、烘烤箱、焙烧窑和孵化器;制冷系统的例子如冰箱、冰柜和空调。具体来说,孵化器和冰箱的大量耗能主要是由于其运行阶段需要在很长时间内保持恒温,而诸如烘烤箱和焙烧窑之类的设备,每次使用时都要台阶式地升温和降温,其运行周期至少在几个小时以上,所以耗能量也相当大。商业写字楼的耗能方式介于两者之间:周一至周六的工作时间段里需要对办公室进行加热或制冷,但晚间、周末和假日则(基本)不需要使用控温设备。总之,系统的使用功能和使用周期决定着节能减排的效果。

电冰箱 欧盟指令把冰箱归类于"耗能产品(EuP)"之列。如同其他的 EuP 产品一样,冰箱耗能的主要阶段也是使用阶段。冰箱的功能是提供长期的冷却空间。下面,让我们来定量分析节能冰箱的优选途径和方法。设 H_f^* 为冰箱每年每立方米的耗电量("*"表示立方空间,"f"表示冰箱),H_f^* 的单位为 kW·h/m³·y。常理告诉我们,H_f^* 值低的产品往往初始购买价格(用 C_f^* 表示)较高,反之亦然。因此,有智慧的消费者在选择冰箱时会考虑这两个带有冲突性目标之间的折衷(参见第 9 章所阐述的权衡折衷优选法),以实现冰箱整个生命周期中的有效节能和由此带来的不言而喻的经济效益。表 10.7 给出了优选节能型电冰箱的综合指标。

表 10.7 优选节能型电冰箱的综合指标

功能	提供长期冷却空间
目标	尽量减少冰箱的运行耗能 尽量降低购买成本
自由变量	从目前的供应市场中优选

图 10.7 绘出了对 2008 年市场上 95 种冰箱产品的耗能及成本的统计结果,权衡折衷线以及补偿函数线也在同一图中绘出。我们已经从前几章的阐述中了解到,距离折衷线越近的产品越属于优选对象(它们被通称为是"非支配解集"。参见 9.6 节的内容),这些优选对象或者相对于同等价格的产品具有更低的耗能量,或者对于同等耗能量的产品具有更低的购买价格。

然而,图 10.7 中接近折衷线的冰箱数目依然很多,并且它们之间的功能特性也存在着很大的区别。为了进一步优选,我们需要审视补偿函数 Z^* 并将其值最小化:

$$Z^* = C_f^* + \alpha_e H_f^* t \tag{10.5}$$

上式中的 α_e 为交换常数,t 为冰箱的使用寿命。如果电力的成本为每千瓦时 0.2 美元,则 $\alpha_e = 0.2$ USD/kW·h。如果冰箱的使用寿命为 10 y,则 $t=10$ a,式(10.5)可简化为

$$Z^* = C_f^* + 2H_f^* \qquad\qquad (10.6)$$

因此，

$$H_f^* = \frac{1}{2}Z^* - \frac{1}{2}C_f^* \qquad\qquad (10.7)$$

可见，H_f^* 与 C_f^* 之间呈线性关系，其斜率为 $-1/2$。图 10.7 同时给出了 Z^* 值介于 2 000 美元和 6 000 美元之间的补偿函数线。显然，节能冰箱的最佳选择对应于最低的 Z^* 值，即那些最接近折衷线"鼻子"（左下方）的产品，如 Indesit SAN400S，Whirlpool RC1811，Elcetrolux ERC39292，Hotpoint RLA175。

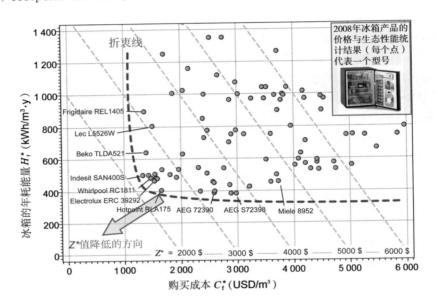

图 10.7　冰箱的购买成本与使用耗能之间的权衡折衷线及补偿函数值

倘若由于某种奇迹的发生，能源成本降低了 10 倍，则式（10.7）中线性关系的斜率变得十分陡峭（几乎是条垂直线），那么无论电冰箱的运行功耗多少，最佳选择自然应是最廉价产品；相反，如果灾难来临，能源成本陡升了 10 倍，则线性关系的斜率变得十分平缓（几乎是条平行线），这时无论产品价格贵贱，冰箱的最佳选择应是最为节能的。然而，这一更注重经济效益的优选建议是不会被坚定的环保主义者所采纳的。的确，节能减排要比每千瓦时节省 0.2 美元更有社会价值。环保者们可以通过改变交换常数 α_e 值来引导顾客进行节能优选。

最后，还需要指出的是，图 10.7 中所显示的折衷优选线有一个比较尖窄的鼻子，意味着在这种情况下优选决策往往不太受 α_e 值的影响。除非该值可以将 Z^* 改变许多，否则折衷线或多或少地总是会在同一地点与最低 Z^* 线汇合。然而，当"尖鼻子"变得平缓圆滑时，优选决策将极受 α_e 值的影响。我们将在稍后的实例研究中体会到这一点。

附注：图 10.7 右上角所示的冰箱价格要比其他产品的价格高出 3 倍以上，那么为什么还是会有购买者呢？显然消费者的购物标准并非完全取决于产品的经济性，其他因素诸如产品的质量、美观、品牌和档次等也深深影响着消费心理和决策。坦白地说，这些次要因素是可以通过巧妙的营销来操纵的。

10.7　加热和制冷系统(2):被动式太阳能取暖用材

捕获太阳能取暖有多种途径,如太阳能电池(solar cell),充液式换热器(liquid filled heat exchanger)和固体热储层(solid heat reservoir),其中最简单的方式是采用厚墙壁贮热供暖:墙壁外侧朝阳,白天通过日照而吸收热量,夜间通过冷热空气对流向其内表面散发热量(见图10.8)。这种太阳能取暖方式通常可将稳定的热流在墙壁中保持 12 小时左右,然后将向冷壁一方散热。如果墙壁的厚度被限制在 0.4 m 以内,那么使用何种材料才能达到取暖目标呢?表 10.8 总结了对被动式太阳能取暖用材的设计要求。

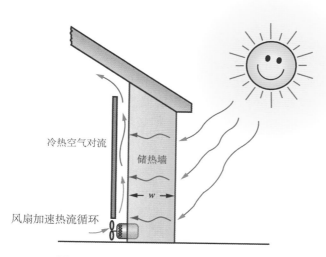

图 10.8　利用储热墙壁吸收太阳能取暖示意图

表 10.8　被动式太阳能取暖用材的设计要求

功能	储热介质
约束条件	墙壁保温时间 $\Delta t \approx 12$ h 壁厚 $w \leqslant 0.4$ m 工作温度 $T > 100\,^{\circ}\mathrm{C}$
目标	尽可能地提高材料的储热能力
自由变量	任何材料 任何厚度 w

设每单位面积墙壁的储热量为 Q,则穿过温差为 ΔT 时的目标函数为

$$Q = w\rho C_p \Delta T \tag{10.8}$$

式中的 ρ 代表储热材料的密度,C_p 代表其比热,则 ρC_p 之积代表其容积比热。墙壁需要保温 12 h($\Delta t = 12$ h)是设计的主要约束条件。已知,墙壁厚度 w 与 Δt 之间的关系为

$$w = \sqrt{2a\Delta t} \tag{10.9}$$

其中，α 代表储热材料的热扩散系数。将式(10.9)代入式(10.8)可得：

$$Q = \sqrt{2\Delta t}\,\Delta T \alpha^{1/2} \rho C_p \tag{10.10}$$

又知 $\alpha = \lambda / \rho C_p$（其中的 λ 代表导热系数），因此

$$Q = \sqrt{2\Delta t}\,\Delta T \left(\frac{\lambda}{\alpha^{1/2}}\right) \tag{10.11}$$

可见，在昼夜温差 ΔT 和约束条件 Δt 固定的情况下，若想提高墙壁材料的储热能力，必须提高材料指数：

$$M = \frac{\lambda}{\alpha^{1/2}} \tag{10.12}$$

此外，由式(10.9)和对壁厚的约束条件可以得出：

$$\alpha \leqslant \frac{w^2}{2\Delta t} \tag{10.13}$$

当 $w \leqslant 0.4$ m 并且 $\Delta t = 12$ h $= 4.3 \times 10^4$ s 时，入选材料的热扩散系数必须符合以下条件：

$$\alpha \leqslant 1.9 \times 10^{-6} \text{ m}^2/\text{s} \tag{10.14}$$

图 10.9 给出了导热系数—热扩散系数的相关气泡图以及 α 极限值和储热材料优选线等综合信息。借助于该图可以筛选出一批用于太阳能储热所需要的材料（见表 10.9）。这些材料不同于普通墙壁用材（多为多孔和泡沫材料），它们必须是密度高而且非常坚固的材料。

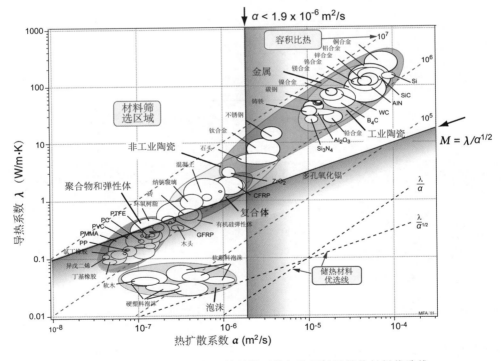

图 10.9　材料的导热系数—热扩散系数气泡图以及储热材料优选线

表 10.9　太阳能储热用材一览表

材料	指数 M ($W \cdot s^{1/2}/m^2 \cdot K$)	成本 (USD/m^3)	评估
混凝土	2.2×10^3	200	指数高、成本低——最佳选择
石头	3.5×10^3	1 400	比混凝土储热能力稍高，但成本高——不错的选择
砖	1.0×10^3	1 400	比混凝土储热能力低，但成本高——不良的选择
玻璃	1.6×10^3	10 000	指数低且造价昂贵，只能用做部分墙壁材料

10.8　加热和制冷系统(3)：窑炉和循环加热耗能

如果窑炉的功能仅限于保持窑室空间的恒温，则可以通过选用热导率 λ 值低的材料来进行节能。然而，窑室空间通常是以循环方式被加热和冷却的，而符合这一约束条件的节能材料优选会变得比较微妙。图 10.10 给出了窑炉构造及其热传导示意图，表 10.10 列举了窑壁用材的设计要求。

表 10.10　窑壁用材的设计要求

功能	窑炉循环加热和冷却 工作温度下窑室保温
约束条件	壁厚 $w \leqslant w_{max}$ 以保证窑室空间足够大 窑室工作温度 $T_i < 1\,000℃$
目标	尽量减少循环加热和冷却过程中的能耗
自由变量	窑壁厚度 w 任何材料

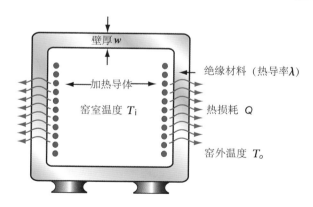

图 10.10　窑炉的内外热传导示意图

窑炉耗能主要有两个方面：

(1)当窑炉运行时，首先要将窑室温度从室温 T_o 升至工作温度 T_i，此时的单位面积吸热

量为

$$Q_1 = w\rho C_p(T_i - T_0) \tag{10.15}$$

我们可以巧妙地选择容积比热低、厚度薄的窑壁材料以降低 Q_1 能耗。

（2）由于窑室内外巨大温差 $\Delta T = T_i - T_0$ 的存在，总会有部分热量（Q_2）通过窑壁而损失：

$$Q_2 = -\lambda \frac{\mathrm{d}T}{\mathrm{d}x}\Delta t = -\lambda \frac{(T_i - T_0)}{w}\Delta t \tag{10.16}$$

上式即单位面积的傅立叶定律，其中的 Δt 代表高温下的保温时间。同理，我们可以巧妙地选择导热系数低、尽可能厚的窑壁材料来降低 Q_2 能耗。

两者的叠加即为单位面积总耗能量：

$$Q = Q_1 + |Q_2| = w\rho C_p \Delta T + \frac{\lambda \Delta t}{w}\Delta T \tag{10.17}$$

首先，让我们来计算一下窑壁厚度 w 固定时，Δt 对 Q 值大小的影响：当窑炉的加热保温周期短（Δt 值小）时，Q_1 在总耗能量中占主导地位，此时窑壁材料的最佳选择应为具有最低容积比热（ρC_p 最小值）的材料；相反，当窑炉的加热保温周期长（Δt 值大）时，Q_2 在总耗能量中占主导地位，此时窑壁材料的最佳选择应为具有最低热导率（λ 最小值）的材料。

下面，让我们再来分析 Δt 固定时，窑壁厚度 w 对 Q 值大小的影响。显然，当窑壁过薄时大部分热量会通过传导而损失掉，根本起不到窑室保温的作用；而窑壁过厚又会使散热冷却过程变得十分缓慢。因此，窑壁厚度的选择应存在一个最佳值 w_{opt}，它可以通过对式（10.17）进行一级求导而得到：

$$w_{\mathrm{opt}} = \left(\frac{\lambda \Delta t}{\rho C_p}\right)^{1/2} \tag{10.18}$$

如果用 w_{opt} 的这一表达式取代（10.17）中的 w，则可以得出：

$$Q = 2(\lambda \rho C_p \Delta t)^{1/2}\Delta T \tag{10.19}$$

鉴于 $\alpha = \lambda/\rho C_p$，$Q = 2(\Delta t)^{1/2}\Delta T\left(\dfrac{\lambda}{\alpha^{1/2}}\right)$。因此，窑炉节能减排（使 Q 值最小化）的材料指数应为

$$M = (\lambda \rho C_p)^{1/2} = \frac{\lambda}{\alpha^{1/2}} \tag{10.20}$$

图 10.11 所显示的导热系数—热扩散系数相关气泡图与图 10.9 的内容类似，只是新图中添加了更多的优质热绝缘体材料而已。此外，根据 3 个材料指数 ρC_p，λ 和 $(\lambda \rho C_p)^{1/2}$ 所绘制的折衷优选线也在图 10.11 中显示。对于加热保温时间长的窑炉，应重点优化 λ 值——优选材料均集中在图表的底部（如聚合物泡沫）。然而，聚合物泡沫不能承受很高的窑室温度。在这种情况下，需要考虑使用泡沫玻璃、发泡碳或蛭石（vermiculite）等性能次之的储热材料。至于节能关注点为窑炉壁厚的情况，根据式（10.19）之结果，应重点优化 $(\lambda \rho C_p)^{1/2}$ 值——优选材料与 λ 值低的材料结果近似。

附注：任何企图利用加厚窑壁的方式来实现节能减排往往是行不通的，因为过厚的窑壁会在升温过程中损失大量能源，相比之下，由于温差热传导而损失的热量颇显微不足道。人们通常选用泡沫材料来做窑壁，这是因为它们同时拥有极低的 λ 和 ρC_p 值，符合优选标准。实际上，集中供暖的楼房之运行方式与窑炉的使用过程很相似，只是由于房间温度不属高温，所以

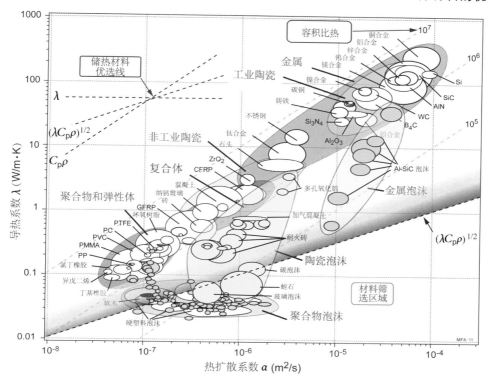

图 10.11　材料的导热系数—热扩散系数气泡图以及储热材料优选线

其墙壁材料的最佳选择仍为聚合物泡沫,间或热性能相近的软木和玻璃纤维。

此外,值得指出的是,图 10.11 已经给出了大量的材料信息,但由于空间有限,许多特殊材料(如耐火砖和混凝土)的信息还是无法在同一图表中显示出来的。这一缺陷只能通过借助于计算机软件所建立起来的数据库来弥补。

10.9　运输系统（1）:概述

运输,包括公路、铁路、航海和航空,共占人类总耗能量的 32%,占二氧化碳总排放量的 34%(见图 2.4),车辆行驶又是其中的耗能排污大户。因此,新型节能减排车辆设计的首要目标是要减少其运行中对环境的破坏。我们在第 8 章中已经指出,汽车使用阶段的耗能和排碳量超过其生命周期中所有其他阶段之总和。既然我们的目标是节能减排,那么就必须了解汽车的重量和推进系统与耗能排碳之间的关系。

首先,让我们回顾一下上一章中所谈及的新型汽车选购的全部过程及其优选方式:它们包括 3 个约束条件(动力大小,燃料类型和车门数量)和两个目标(环保等级和产品成本)(见图 9.1)。如果目标之间相互冲突,则需要建立权衡折衷图以进行优选(见图 9.2)。然而,图 9.2 属于原理解释示意图,图 10.12(a)则是根据 2 600 种车型的真实数据[1]而绘制的折衷图及优

---

〔1〕　数据来源于英国汽车杂志《选择何种车型? ("What Car")》2005 年版。本书中的图 6.6,6.7,10.10 和 10.11 均是根据这一资料并使用剑桥 Granta 教育软件公司 CES EduPack 2012 版软件绘制而成的。

选线,它显示出诸多车型的碳排量与购买成本之间的关系。幸运的是,图 10.12(a)中的折衷优选线有一个"尖鼻子",这说明排碳量低同时价格合理的车型是存在的——它们均集中在折衷图的左下角。值得注意的是,这些车型都属于小型车,理应同时达到两个既定目标。

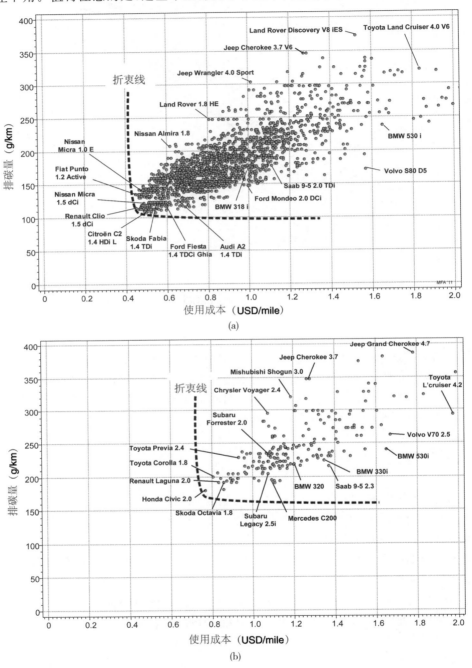

(a)

(b)

图 10.12 (a) 仅考虑汽车排碳量和使用成本之间的权衡折衷图和优选线;(b)添加了约束条件后的权衡折衷图及优选线

　　然而,图 10.12(a)所给出的权衡折衷优选线并未考虑顾客购车时可能会附加的种种约束条件,如燃油类型为汽油、功率应低于 150 马力、车门应少于 4 个,等等。如果将这些因素通通考虑进去,则图 10.12(a)中的大部分车型会被筛除的,折衷优选线的情况由图 10.12(b)具体给出。我们很幸运地看到,这里的优选线始终有个"尖鼻子",显然,"本田思域 2.0(Honda Civic 2.0)"车型是既满足节能减排目标、又符合顾客种种约束条件的最佳组合。"丰田花冠 1.8(Toyota Corolla 1.8)"和"雷诺拉古娜 1.8(Renault Laguna 1.8)"也是不错的选择。要知道,"尖鼻子"的出现使得优选过程得以简化(因为此时的环保目标与价格成本并未有大的冲突),因此可以省略建立及分析相关补偿函数的步骤,而直接进入优选过程的下一步:对入选购车对象进行文献索引和深入研究,以便了解更多的细节,如车的维修周期长短,维修地点远近,消费者杂志对其评价等等。过完这一关,你就可以放心地做出最终选择了。

　　可惜的是,大多数购车者并非如此权衡优选产品。除去相关的知识信息不足外,有相当一部分购车者更看重的是汽车的优越性能,而优越性能通常意味着大量的碳排放。图 10.13 显示另一权衡折衷图,它以汽车加速度作为第一优选目标,减排等级作为第二目标。在这种情况下,我们就没有原先那么幸运了 ——优选线的"尖鼻子"消失了,取而代之的是一条较为平缓的双曲线。自然,优良的选择是那些位于或接近折衷线的车型,其余的可以在初选时筛掉。进一步完善的优选将取决于购车者的嗜好:如果视优越性能为首选,则最佳车型位于图中左上角;如果视节能减排为首选,则最佳车型位于图中右下角。总之,现阶段的汽车设计尚未达到高性能和低排碳同时实现的双重目标。

　　下面,让我们言归正传,回到公路运输行业的能源消耗和排碳量这一重大命题上来。

　　众所周知,汽车的燃油量和排碳量是与其重量成正比关系的。我们曾经在图 6.6 和图 6.7 中分别给出了不同燃料类型(汽油、柴油、液化石油气或混合动力)车辆的单位耗能和排碳量值。接下来的表 10.11 给出了进一步的补充数据。由此可见,增加车重会相应地增加耗能和排碳,反之亦然。

表 10.11　汽车增重与耗能排碳量之间的关系(设汽车原重为 1 000 kg)

燃料类型	耗能(kJ/km·kg)	排碳(g/km·kg)
汽油	2.1	0.14
柴油	1.6	0.12
液化石油气	2.2	0.098
混合动力马达	1.3	0.092

　　统计和预测运输耗能的理论模型　运输过程中的能量损耗有三种方式:①车辆加速至巡航速度时所需要的动能(这部分能量在刹车时丢失);②行驶过程中抵抗空气阻力或雨水的耗能;③车轮与路面接触所产生的滚动摩擦阻力之耗能。根据 D. MacKay 2008 年所发表的相关研究结果,重量为 m 的车辆从起点加速至巡航速度 v 时所需要的动能为

$$E_{ke} = \frac{1}{2}mv^2 \tag{10.21}$$

如果在行驶了距离 d 后刹车,则在时间(d/v)段上的功耗 P 为

$$P_{ke} = \frac{dE_{ke}}{dt} \approx \frac{E_{ke}}{d/v} = \frac{1}{2}\frac{mv^3}{d} \tag{10.22}$$

　　行驶过程中的车辆会在其身后产生一个空气阻力柱。柱的截面积 A 与车身前部面积成正比,柱的体积与时间 t 成正比:$V = C_d A v t$,式中的 C_d 为空气阻力系数(汽车的 C_d 值通常约为 0.3,公交车或卡车的约为 0.4),而柱的重量与空气密度 ρ_{air} 成正比:$W = \rho_{air} C_d A v t$ 。因此,以速度 v 行驶的车辆抵抗空气阻力所耗动能和功耗分别为

$$E_{drag} = \frac{1}{2} m_{air} v^2 = \frac{1}{2} \rho_{air} C_d A v^3 t \tag{10.23}$$

$$P_{drag} = \frac{dE_{drag}}{dt} = \frac{1}{2} \rho_{air} C_d A v^3 \tag{10.24}$$

　　汽车运行过程中总是要不停地加速和减速,所以总功耗应为 P_{ke} 和 P_{drag} 之和(这里,我们姑且忽略滚动摩擦阻力对功耗的微小贡献):

$$P = \frac{1}{2} \left(\frac{m}{d} + \rho_{air} C_d A \right) v^3 \tag{10.25}$$

式(10.25)括号中的第一项显示,车辆运行功耗与其重量成正比关系,但与其行驶距离成反比关系;第二项显示功耗与车身前部面积和空阻系数成正比关系。因此,当运行模式为短途并走走停停(如市内驾驶)时,节省燃料耗能的最佳方式应为选择轻型车辆;而当运行模式为长途并具有相对稳定的巡航速度(如在高速公路上驾驶)时,减少空气阻力显然要比减少车重的节能效率更高,也更安全。

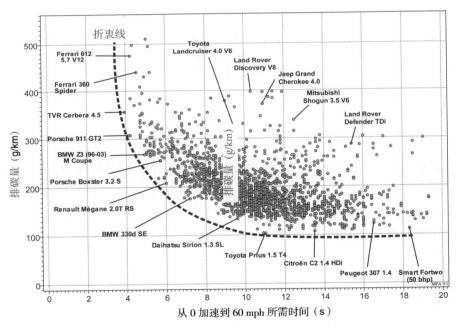

图 10.13　以加速度为购车第一选择目标、碳排等级为第二选择目标的权衡折衷图

　　既然运输过程中的燃油耗能和碳排放有 3 种形式,那么节能减排的措施也必须从这 3 个方面同时着手进行,行之有效的方法有:①启用"制动能量回收系统(recuperative braking)",目的是将制动时产生的热能转换并存储,当车辆重新启动时再将其迅速释放;②设计空阻系数小的汽车外形;③使用滚动摩擦阻力小的轮胎;④减少车身重量和载物量。表 6.10 和表10.11

所列举的车辆平均综合耗能[1]之数据均显示出耗能量几乎与重量呈线性关系,这意味着在车辆正常行驶的过程中,动能占主导地位(参见式(10.22))。因此,节能型车辆的设计必须把重点放在轻质材料的优选上。

10.10　运输系统(2):车辆安全用材

用于保护司机和乘客安全的器械分为两种类型:一种是静态护栏(static barrier),如高速公路上的中央分隔区;另一种则是动态护栏(mobile barrier),如汽车上的保险杠(bumper,见图10.14)。静态护栏跨越成千上万的里程,但一旦安置到位,它们不会继续消耗能量或排放二氧化碳,而且其生命周期也很长,所以这类材料的主要耗能阶段为其生产制造过程。汽车保险杠则与其相反,作为车辆的一部分,它增加了车重,因而增加了燃油量。从环保设计的角度来看,要实现静态护栏用材的节能目标,应尽量选用隐焓能低的材料;而要实现动态护栏的节能目标,则应选择轻质材料(见表10.12)。

表 10.12　车辆安全用材的设计要求

功能	当冲撞发生时应能吸收冲击载荷之能
约束	必须是高强度材料 必须有足够的断裂韧性 必须是可回收材料
目标	静态护栏:降低材料的隐焓能 动态护栏:降低材料的重量
自由变量	护栏的横截面积 任何材料

图 10.14 给出了当冲撞发生时护栏承受弯力的情况。抗冲撞部件的主要功能是将冲击点的负荷迅速转移到支撑结构中,巨大的冲击能或由护栏固定点所承受,或被保险杠所吸收。要满足这一功能,车辆安全用材必须具有很高的屈服强度(σ_y),并且还要有足够的断裂韧性和可回收性。选择隐焓能值低的静态护栏材料,意味着材料指数 M_1 的值必须尽量地低(见第9章的内容和图9.12):

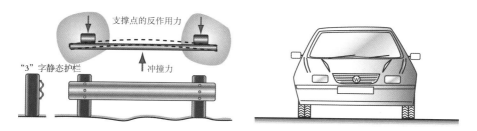

图 10.14　冲撞发生时静态或动态护栏承受弯力的情况

---

[1]　"综合耗能量(combined energy consumption)"是指城市内外车辆运行之耗能总和。

$$M_1 = \frac{\varrho H_m}{\sigma_y^{2/3}} \tag{10.26}$$

而选择重量轻的保险杠材料,意味着材料指数 M_2 的值必须尽量地低(见第 9 章的内容和图 9.14):

$$M_2 = \frac{\rho}{\sigma_y^{2/3}} \tag{10.27}$$

图 10.15 和图 10.16 分别给出金属、聚合物及聚合物基复合材料的指数 M_1 和 M_2 的条形图,用以指导静态护栏和汽车保险杠的优选。显然,从保护环境的角度来看,碳钢、铸铁或木材比较适合于护栏用材,其余材料则各有美中不足之处。例如,碳纤维增强复合材料(CFRP,如长纤维碳与环氧树脂的复合)、尼龙和聚碳酸酯(简称 PC)具有很高的抗弯强度,但它们不具备可回收性;铝、镁、钛轻合金虽然抗弯强度略低于前者但具有可回收性;低合金钢的抗弯强度和可回收性均属上乘,可惜的是重量过大。

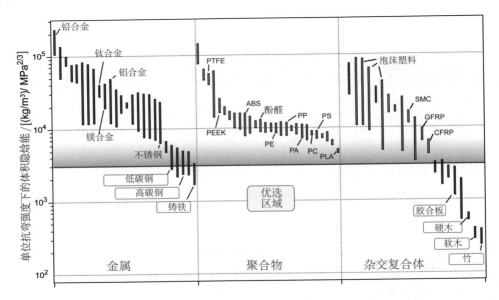

图 10.15　用以指导静态护栏材料优选的隐熔能指数 M_1 条形图

附注:马路边安全护栏的形状与图 10.14 左侧所显示的类似,其"3"字形轮廓增加了横截面的二次矩,因而增大了抗弯刚度和强度——这是将材料和产品形状结合来进行优化的又一个实例(参见 9.11 节和表 9.11 中的范例),其原理可以在拓展阅读中找到答案。

10.11　运输系统(3):车辆轻质用材

图 6.6 显示了车辆耗能与车重之间的相关性。通常来说,车重若减少 10%,油耗约可节省 8%。所以,环保节能车辆的设计工程师们所面临的主要挑战是如何减少车身重量,同时依然要满足车辆的其他性能指标和安全标准。

从车身受力的角度来看,如果仅仅需要承受拉伸或挤压情况下的负载,则降低车重的关注度应该集中在原材料本身的优选上,即寻求指数 ρ/E 和 ρ/σ_y 为最低值的候选材料。这一点并

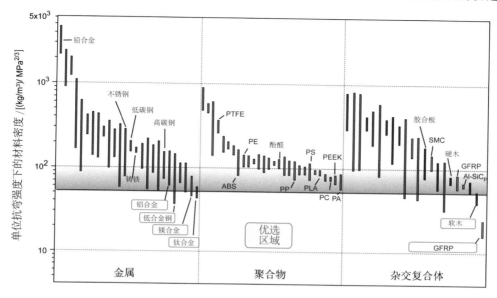

图 10.16　用以指导汽车保险杠轻质材料优选的指数 M_2 条形图

不是很难做到的。然而,如果需要面对车辆在弯曲负载情况下的减重问题,则不仅仅要考虑到轻质材料的优选,还必须考虑到产品的形状和结构之最佳组合。下面,我们将举实例来说明这一点。

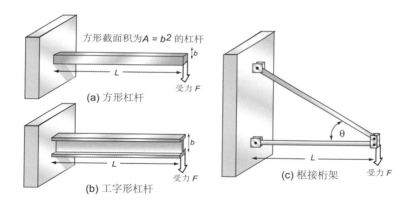

图 10.17　用不同形状的产品设计来支撑同等负载
（a）方形杠杆；（b）工字形杠杆；（c）枢接桁架

图 10.17(a)显示一个左端垂直固定于墙壁的杠杆梁,其臂力为 L。如果杠杆具有实心方形截面,则根据第 9 章附录中所描述的计算方法,梁的重量为

$$m_1 = 6F^{2/3}L^{5/3}\frac{\rho}{\sigma_y^{2/3}} \qquad (10.28)$$

显然,轻质杠杆材料的最佳选择对应于那些材料指数为 $\rho/\sigma_y^{2/3}$ 的最低值,表 10.13 为 4 种候选材料的特性一览表。

然而,实心方形截面并不是轻质杠杆的最佳设计形式。由于杠杆的主要受力(弯力)是由远离中心轴的"外部元素"所承受的,所以沿中性轴的弯曲负荷为零。如果希望提高轻质杠杆的抗弯强度和刚度,则需要改变其截面形状,以提高形状因子 Φ^f 的数值——工字型(见图 10.17(b))和空心管截面的形状因子都比实心方形的要大。Φ^f 值的增大使得截面模量 Z 值相应增大。

表 10.13 4 种轻质材料的特性一览表

材料	ρ (kg/m³)	σ_y (MPa)	$\dfrac{\rho}{\sigma_y}$	$\dfrac{\rho}{\sigma_y^{2/3}}$	Φ^f	$\dfrac{\rho}{(\Phi^f \sigma_y)^{2/3}}$	$\dfrac{m_2}{m_1}$
1020 标准钢	7 850	330	23.8	164	13	30	0.18
6061-T4 Al 合金	2 710	113	24	116	10	25	0.22
GFRP SMC(含 30% 玻璃)	1 770	83	21	93	6	28	0.30
顺纹橡木	760	40	19	65	3	31	0.48

与形状因子 Φ^f 相关的杠杆重量为

$$m_2 = 6F^{2/3}L^{5/3}\frac{\rho}{(\Phi^f\sigma_y)^{2/3}} \tag{10.29}$$

因此,降低杠杆重量需要寻求材料指数为 $\dfrac{\rho}{(\Phi^f\sigma_y)^{2/3}}$ 的最低值。其增益效果为

$$\frac{m_2}{m_1} = \frac{1}{\Phi^{f2/3}} \tag{10.30}$$

那么,是否还有其他方式可进一步探索以便继续减轻产品重量呢?回答是肯定的。除了优选轻质材料并改变产品的形状外,我们还可以考虑产品的结构配置方法。与简单的杠杆结构相比,形状结构较为复杂的枢接桁架(见图 10.17(c))就是很好的一例。该结构中的两部件均不承受任何弯力(上部仅承受纯张力,下部仅承受纯压力),但其有效地组合却可以抗衡任何外部负载所造成的弯力。如果两部件具有相同的横截面积,并由相同的材料制成的,则桁架的重量为

$$m_3 = FL\,\frac{\rho}{\sigma_y}\left[\frac{1}{\sin\theta}\left(1 + \frac{1}{\cos\theta}\right)\right] \tag{10.31}$$

这里出现了一个新的变量:桁架两个部件之间的角度 θ。如果底部部件垂直于负载方向,则当 $\theta = 52°$(当 $\dfrac{1}{\sin\theta}\left(1 + \dfrac{1}{\cos\theta}\right) = 3.3$)时对减轻桁架重量最为有利:

$$m_3^{\text{opt}} = 3.3\,FL\,\frac{\rho}{\sigma_y} \tag{10.32}$$

可见,优选最轻桁架的途径与优选承受纯张力(或纯压力)的轻质产品之途径一致,均需要寻求材料指数为 ρ/σ_y 的最低值。这也完全符合我们上述对桁架结构受力情况的分析结果。将式(10.32)与式(10.28)相比较可以得知,减轻产品重量的增益效果取决于 F 和 L:

$$\frac{m_3^{\text{opt}}}{m_1} = 0.55\left(\frac{F}{L^2/\sigma_y}\right)^{1/3} \tag{10.33}$$

下面,我们继续提问:当以"原材料优选和产品形状与结构组合"之模式进行轻质优化设计后,是否还有更多的潜力可以挖掘呢?回答依然是肯定的!仔细分析上述的桁架结构,显然,其上部部件仅承受张力负载,所以重要的是其截面面积的大小,而非其形状;而其下部部件则

仅承受压力负载,所以重要的是其外围形状而非其横截面积。如果采用细长的空管,则会进一步减重。需要提醒注意的是,管状结构仅会因弹性压曲(elastic buckling)而失效,与材料的屈服(yielding)无关。明白了这一原理,具体的数值优化则是相对容易的事情了。

实例 3. 轻质产品的优化设计　我们需要设计一个臂力 $L=1$ m、垂直承重为 $F=1\,000$ N 的单侧固定于墙壁的杠杆。试利用下表给出的数据估算方形截面、工字形截面以及桁架结构的重量 m_1,m_2 和 m_3。哪种结构的减重效果最为显著?

材料	ρ (kg/m³)	σ_y (MPa)	Φ^f	m_1 (kg)	m_2 (kg)	m_3 (kg)
1020 标准钢	7 850	330	13	9.8	1.8	0.078
6061-T4 Al 合金	2 710	113	10	6.9	1.5	0.079
GFRP SMC(含 30% 的玻璃)	1 770	83	6	5.6	1.7	0.069
Ti-6%Al-4%V 时效合金	4 430	1 050	11	2.6	0.53	0.025

答案:计算(细节省略)表明,桁架比其他两种结构要轻,而且钛合金桁架是最轻的。

壳体和夹心体结构　本章首页所显示的 4 种创新车型均具有轻薄外壳和双曲板外形之共性。这类一体式车型的设计需要车板足够的坚实并尽可能的轻巧。车辆外壳的双曲形状有助于实现这些目标,因为当出现弯曲负载时,因膜应力的产生,壳体结构会比同等厚度的平面板或单曲板结构显示出更坚硬、更高强的特性(参见第 9 章中的详细描述)。

表 10.14　一体式结构对轻质坚硬高强壳体的设计要求

功能	双曲壳体
约束条件	刚度值 S^* 以及荷载失效值 F^* 固定(功能约束条件) 荷载分配值以及半径 R 固定(尺寸约束条件)
目标	尽量减轻产品的重量 m
自由变量	任何壳体厚度 t 任何材料

那么,什么是满足此类结构的最佳材料呢?表 10.14 列出了一系列设计要求。正如我们在第 9.11(c) 节中所描述的那样:

$$m_1 = \pi R^2 (CRS^*)^{1/2} \frac{\rho}{E^{1/2}} \quad \text{(刚度约束占主导地位)} \tag{10.34}$$

和

$$m_2 = \pi R^2 (DF^*)^{1/2} \frac{\rho}{\sigma_y^{1/2}} \quad \text{(强度约束占主导地位)} \tag{10.35}$$

式中的 C 和 D 均为常数,其值一般选为 $C \approx 0.4$,$D \approx 0.65$。如果刚度和强度对车辆的性能同等重要,显然应该优先考虑降低 m_1 和 m_2 中数值较大者,这意味着需要寻求外壳材料指数 M_1 和 M_2 的最低值:

$$M_1 = \frac{\rho}{E^{1/2}} \quad \text{(轻质刚性壳体)} \tag{10.36}$$

和

$$M_2 = \frac{\rho}{\sigma_y^{1/2}} \quad \text{（轻质高强壳体）} \tag{10.37}$$

在此，我们反复强调：对于同等的抗弯刚度和强度之需求，壳体结构要比平板结构能更有效地降低产品重量。

优选壳体材料的方法，除了直接比较各种材料指数的数值外，还可以通过绘制相应的气泡图来实现这一目标。比如，若首选目标为寻求 M_2 的最低值，则通过对式（10.37）取对数：

$$\log\sigma_y = 2\log\rho - 2\log M_2 \tag{10.38}$$

然后绘制材料的屈服强度—密度相关气泡图，并从图中直接找到答案 —— 从理论上讲，所有斜率为 -2 的材料均符合轻质优选的需要。但从图 10.18 所显示的数据来看，显然是碳纤维增强聚合物（CFRP）和其他两个等级相似的硬塑料泡沫材料最符合优选条件，某些陶瓷材料次之。然而，陶瓷的脆性大，塑料泡沫的刚度和强度均欠佳（除非增大它们的厚度），这使得 CFRP 成为毫无疑问的最佳选择。假如首选目标为寻求 M_1 的最低值，则材料的杨氏模量—密度气泡图可以提供较直接的优选结果（见图 9.11）。

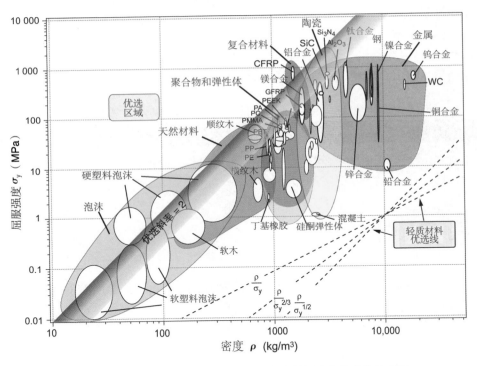

图 10.18　用材料的强度—密度气泡图来指导轻质壳体结构的优选

附注： CFRP 是制造马拉松赛车所使用的材料，它的超优越性能是由原材料优选和形状组合来共同实现的。作为原材料，CFRP 提供了卓越的单位重量之刚度和强度值；作为产品，它易于加工成形状复杂的双曲壳体，从而继续增大产品的刚性，进一步提高性能。更高的效益还可以通过制作 CFRP 表面与高性能泡沫芯所组合的夹层壳体结构来得到。

10.12　运输系统(4):环保材料取代传统材料

制造轻质汽车意味着要用更轻的材料来取代钢铁和铸铁部件,比如使用铝基、镁基或钛基合金以及使用由玻璃或碳纤维增强的聚合物和复合材料。然而,所有这些轻质材料的生产过程之隐熔能都要高于钢铁冶炼的耗能。所以,我们必须在降低隐熔能和降低车辆使用阶段的耗能之间进行权衡:只有当某个轻质材料在整个生命周期中的综合耗能量低于常规钢铁产品的总耗能量时,用前者取代后者才有实际意义。图 10.19 给出了取代过程中原材料生产耗能与产品使用耗能之间的权衡折衷图:图的横轴表示用轻质材料取代钢材时的原材料生产耗能差 ΔH_{emb},图的纵轴表示用轻质材料取代钢材时的产品使用耗能差 ΔH_{use} ——只有当这些差值为负值时,材料的更新换代才有实际的节能效益。据此,节能效益区在图表中的位置便显而易见了(左下方)。图中的蓝色斜线代表不同取值的补偿函数 Z,其值刚好是这两个能量差之和:

$$Z = \Delta H_{emb} + \Delta H_{use} \tag{10.39}$$

根据我们在第 9 章中所介绍的权衡折衷图使用方法可知,最佳材料的选择应该对应于最低的 Z 值(在此应为最大的负数值)。式(10.39)告诉我们,位于 $Z=0$ 线上的取代材料之耗能总量与钢材耗能总量等同,以此为界的右上方蓝色部分为"无节能效益区",而左下方的白色区域为"节能效益区"。节能材料的最佳选择应是那些距离折衷线切线最近的材料,如图 10.19 所示。

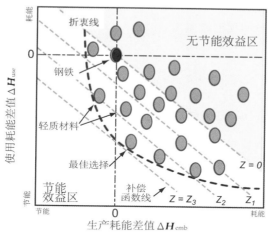

图 10.19　用轻质材料取代钢铁产品时生产耗能与使用耗能之间的权衡折衷图
(位于[0,0]的黑圈代表钢材,其余绿圈代表取代材料,蓝色斜线代表不同取值的补偿函数。)

使用轻质材料减重的原理有二:一是新材料的比重 ρ 要比旧材料的低,二是新材料的体积不同于旧材料。然而,材料的更新换代并非如此简单,尤其是那些对于机械性能要求高的产品用材。例如,铝合金的比重要比钢材小,但是钢材的机械性能却比铝合金要优越。若采用铝来取代钢,显然两者的体积不会相同,但却要保证产品的性能不变——这是新产品设计中必须满足的头等约束条件。

我们在第 9 章中所阐述的"替换规则"是一个有力的预测工具。比如,它可以预估当重量降低 Δm 时,隐焓能相对降低值 ΔH_{emb} 或使用耗能相对降低值 ΔH_{use}。以家用汽车的减重为例,我们可以根据表 10.11 中所提供的单位重量、单位距离的耗能数据,用其乘以 Δm、再乘以汽车的平均行驶寿命(一般为 200 000 km)来得到 ΔH_{use} 值。

下面,让我们以"轻质材料取代汽车钢制保险杠"为例,来定量分析材料替代的问题。正如早些时候已经描述过的那样,汽车保险杠如同梁结构,需要承受弯力。在保证抗弯强度的设计值不变的条件下,材料取代后的减重效益为

$$\Delta m = m_1 - m_0 = B\left(\frac{\rho_1}{\sigma_{y,1}^{2/3}} - \frac{\rho_0}{\sigma_{y,0}^{2/3}}\right) \tag{10.40}$$

式中的下标"1"代表轻质材料,下标"0"代表钢材,B 为一常数。B 值可以通过钢产品的原重 m_0 及其屈服强度和密度值来求得。例如,设 $m_0 = 20$ kg,则

$$B\frac{\rho_0}{\sigma_{y,0}^{2/3}} = 20 \tag{10.41}$$

将上式结果代入式(10.40)可得:

$$\Delta m = 20 \times \left(\frac{\rho_1}{\sigma_{y,1}^{2/3}}\left(\frac{\sigma_{y,0}^{2/3}}{\rho_0}\right) - 1\right) \tag{10.42}$$

如果我们使用 AISI1022 型轧钢板(其成分为 Fe+0.18%C+0.7%Mn)的数据,则 $\sigma_{y,0} = 295$ MPa,$\rho_0 = 7\,900$ kg/m³,$\frac{\sigma_{y,0}^{2/3}}{\rho_0} = 5.6 \times 10^{-3}$ MPa²/³/(kg/m³)。根据表 10.11 中的数据,车重为 1 000 kg 的汽油车耗油量为 2.1×10^{-3} MJ/km·kg。因此,当车辆的总行驶距离达到 200 000 km 时,其使用阶段的耗能量差为

$$\Delta H_{use} = 8.4 \times 10^3 \left(5.6 \times 10^{-3}\frac{\rho_1}{\sigma_{y,1}^{2/3}} - 1\right) \tag{10.43}$$

如果钢的隐焓能 $H_{m_0} = 33$ MJ/kg,则 20 kg 重的钢制保险杠的生产总耗能为

$$(H_{emb})_0 = m_0 H_{m_0} = B\frac{\rho_0}{\sigma_{y,0}^{2/3}}H_{m_0} = 20 \times 33 = 660 \tag{10.44}$$

同理,我们可以求得使用新型材料来取代钢制造保险杠与用原材料制造保险杠的生产耗能之差:

$$\Delta H_{emb} = C\left(\frac{\rho_1}{\sigma_{y,1}^{2/3}}H_{m_1} - \frac{\rho_0}{\sigma_{y,0}^{2/3}}H_{m_0}\right) = 660 \times \left[\frac{\rho_1}{\sigma_{y,1}^{2/3}}H_{m_1}\left(\frac{\sigma_{y,0}^{2/3}}{\rho_0 H_{m_0}}\right) - 1\right] \tag{10.45}$$

式中的 C 如同上述的 B,也为一常数。鉴于 $\frac{\sigma_{y,0}^{2/3}}{\rho_0 H_{m_0}} = 1.7 \times 10^{-4}$(MPa²/³/MJ/m³),式(10.45)可继续化简为

$$\Delta H_{emb} = 660 \times \left(1.7 \times 10^{-4}\frac{\rho_1}{\sigma_{y,1}^{2/3}}H_{m_1} - 1\right) \tag{10.46}$$

图 10.20 给出了试用一系列轻质材料(如低合金钢,6000 系列铝合金,变形镁合金,钛合金或复合材料)来取代钢制保险杠(材料为轧制碳钢 AISI1022,图中位于原点[0,0])的能耗权衡折表图。图中右上方的蓝色部分为"无节能效益区",而左下方的白色区域为"节能效益区"。对于处于右下方的一系列钛合金(黄色气泡)来说,用之取代碳钢的节能效益是微不足道的,而使用铝或镁的合金来取代碳钢则节能效益是相当可观的,但最大的节能效益仍是通过使用复

合材料来制作保险杠产品。图 10.20 中所绘制的补偿函数线（蓝线）一并给出了取代过程的总节能值，其中通过内插法而估算得到的 $Z \approx 7$ GJ 线与权衡折衷线相切，它确定了最佳取代材料的候选者：环氧玻璃压板（epoxy-glass laminate）。

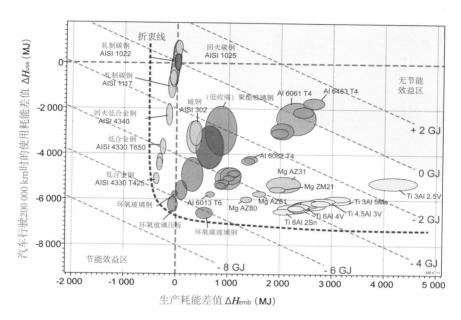

图 10.20　用轻质材料取代钢制保险杠的能耗权衡折衷图

　　然而，任何产品材料的更换过程都必须考虑其成本代价。设取代的使用成本之差为 ΔC_{use}，汽车耗油量为每升 0.8 美金（0.8 USD/L）。用后者乘以 ΔH_{use}（式 10.41）可以得到耗能成本（约为 0.025 USD/MJ）。因此，

$$\Delta C_{use} = 210 \times \left(5.6 \times 10^{-3} \frac{\rho_1}{\sigma_{y,1}^{2/3}} - 1 \right) \qquad (10.47)$$

而与取代的原材料成本之差 ΔC_{mat} 可以根据取代部件的重量 m 和单位重量的成本 C_m 而得到：

$$\Delta C_{mat} = C \left(\frac{\rho_1}{\sigma_{y,1}^{2/3}} C_{m_1} - \frac{\rho_0}{\sigma_{y,0}^{2/3}} C_{m_0} \right) = 20 C_{m_0} \left[\frac{\rho_1}{\sigma_{y,1}^{2/3}} C_{m_1} \left(\frac{\sigma_{y,0}^{2/3}}{\rho_0 C_{m_0}} \right) - 1 \right] \qquad (10.48)$$

假如我们取钢材的单位重量成本 $C_{m_0} = 0.8$ USD/kg，则

$$\Delta C_{mat} = 16 \times \left[7.0 \times 10^{-3} \left(\frac{\rho_1}{\sigma_{y,1}^{2/3}} C_{m_1} \right) - 1 \right] \qquad (10.49)$$

　　值得指出的是，取代后的产品价格往往上升，其原因不仅仅是因为原材料的改变，随后的加工制造工艺的相应改变（比如加工周期变长等）也可能会使新产品的成本增加。因此，在使用式（10.49）来估算取代材料成本时需要留有一定的余地。

　　与图 10.20 类似，图 10.21 给出了用轻质材料取代钢制保险杠的成本权衡折衷图。显然，使用钛合金毫无经济效益，而使用低合金钢、铝或镁合金则具有很大的经济吸引力，环氧玻璃的效益也旗鼓相当。然而，图 10.21 所给出的最重要也是最失望的信息是：轻质车辆在行驶了200 000 km 后所得到的成本节约效益竟是如此的微不足道（大约为 150 美元）。

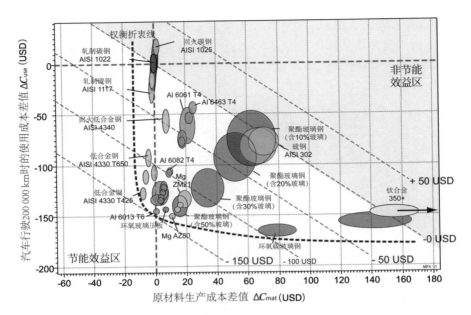

图 10.21　用轻质材料取代钢制保险杠的成本权衡折衷图

附注：通过以上的实例分析，我们了解到了如何使用轻质材料来降低汽车保险杠的重量以达到节能减排的目的。如果我们把这一效益称之为"初级效益"，则由此带来的综合减重效益可能会更加令人振奋：因为车身减重后，悬架（suspension）和轮胎都可以减重，对刹车系统的要求也不必再那么苛刻了——这些都属于"次级减重"的范围。但事实上，目前的铝基车辆并不比钢基车辆减轻了多少重量，因为汽车制造商们往往在轻质车辆中添加许多附件（如空调和双层玻璃等），致使车的总重量再次回升。

实例 4. 新型高效车　"大众汽车公司推出燃油效率为 313 mpg 的混合动力车型"。

——摘自英国 2011 年 2 月版 的《星期日泰晤士报》

燃油效率 313 mpg 意味着车辆每行驶 100 km 仅耗油 1 L。众所周知，汽车制造商们所标榜的燃油效率指标很少与使用者们的实际统计数据相吻合。然而，即便是不吻合，这一报道中的燃油效率值比正常值陡然提升了 5 倍之多也是一件令人吃惊的事情。那么，大众公司是如何创造出这一奇迹的呢？综合原因有：很好地利用了空气动力学原理、采用低损耗轮胎和容量仅为 800 mL 的小型柴油引擎及混合动力技术，⋯⋯ 但该公司最为重要的技术革新是通过使用碳纤维复合材料（CFRP）加之采用一体式（monocoque）结构来实现汽车重量的大幅度下降：795 kg——这约为中型汽车重量的一半。

我们前面曾指出，汽车耗能和排碳的主要阶段是使用阶段。倘若它们的燃油效率真正可以借助于 CFRP 而提升 5 倍，则生产该耗能原材料时比生产传统材料高出 4 倍之多的隐熔能也可以因此而得到部分抵消。在这种新情况之下，汽车的耗能和排碳之主要阶段将由使用阶段转换为原材料的生产阶段。材料优选的标准也将随之而改变。

实例 5. 材料取代减重　所有以 CFRP 材料为基的结构部件都具有极轻的优点。然而，如何保持轻质结构材料的必要刚度和强度是承载式车身机械性能设计的关键。在超轻车型的设计中，强度约束条件是关键。弯曲受力（而不是拉伸受力）是汽车负载的主要模式。假如钢制车身材料全部由 CFRP 所取代，在保持强度不变的情况下，试根据下表中所列出的材料特性，估算一下取代后的减重效益。

材料	密度（kg/m³）	屈服强度（MPa）	$\rho/\sigma_y^{2/3}$
低碳钢	7 850	310	171
CFRP	1 550	540	23

答案：在材料替代过程中决定减重效益的主要因素是新旧材料指数 $\rho/\sigma_y^{2/3}$ 之比值。显然 CFRP 与低碳钢之比在 7 倍以上。如果材料取代后部件的机械性能保持不变，并且 CFRP 部件与汽车动力系统的链接不出现增重现象，则此时的取代减重效益也应在 7 倍以上。

10.13　本章小结

合理选择环保材料应从"审视产品的整个生命周期，并从中鉴定出最为耗能和排碳阶段"入手，这一过程的实施需要大量的数据作为支撑和后盾。我们不仅需要了解产品的生态属性（如耗能、排碳、毒性和可回收性），而且还需了解产品的工程属性（如机械、热学、电学和化学性能）。如果产品原材料的生产是最大的耗能排碳阶段，则合理选择环保材料的关注点应集中在尽量降低原材料的隐熔能和尽量减少原材料的使用量上。但是，如果产品的使用阶段是最大的耗能排碳阶段，则合理选择环保材料的关注点应集中在以轻代重并尽量选用高效的绝热体或最佳电导体等。然而，"关注点"仅仅代表希望实现的目标，与此同时，我们还必须满足各种各样的约束条件（如保持产品原有的刚度、强度、耐久性等）。

产品的设计目标少有单一，而且多个目标之间总会有利益冲突。"权衡折衷优选法"也由此应运而生。本章列举实例展示了如何运用该方法来解决设计目标冲突问题的具体过程（更多的实例请参见本章的习题部分），其中的范例为解决同一产品生命周期中不同阶段上节能减排之冲突问题。例如，降低使用阶段的耗能很可能会增加原材料生产的耗能。"权衡折衷优选法"很适合于解决此类冲突问题，因为以上的两种耗能均可以量化。然而，以环保为主要目标的设计往往与产品成本发生根本性冲突，采用"权衡折衷优选法"来解决该类问题时常会出现这样或那样的困难，因为产品的市场价格受多种因素的影响，若将其简单地量化则效果会适得其反。

10.14　拓展阅读

［1］Ashby，M. F. （2011），"Materials selection in mechanical design"，4rd edition，Chapter 4，Butterworth Heinemann，Oxford，UK. ISBN 978－1－85617－663－7（*A text that develops the ideas presented here in more depth，including the derivation of material indices，a discussion of shape factors and a catalog of simple solutions to standard problems*）

［2］Ashby，M. F.，Shercliff，H. R. and Cebon，D. （2009），"Materials：engineering，science，processing and design"，2nd edition，Butterworth Heinemann，Oxford，UK. ISBN 978－1－85617－895－2（*An elementary text introducing materials through material prop-*

erty charts，*and developing the selection methods through case studies*）

　　[3] Caceres，C. H.（2007），"Economical and environmental factors is light alloys auto-motive applications"，Metallurgical and Materials Transactions，A.（*An analysis of the cost-mass trade-off for cars*）

　　[4] Calladine，C. R.（1983），"Theory of Shell Structures"，Cambridge University Press，UK. ISBN 0－521－36945－2（*A comprehensive text developing the mechanics of shell structures*）

　　[5]Carslaw，H. S. and Jaeger，J. C.（1959），"Conduction of Heat in Solids"，2nd edition，Oxford University Press，UK. ISBN 0－19－853303－9（*A classic text dealing with heat flow in solid materials*）

　　[6] Hollman，J. P.（1981），"Heat Transfer"，5th edition，McGraw Hill，New York，USA. ISBN 0－07－029618－9（*An introduction to problems of heat flow*）

　　[7] MacKay，D. J. C.（2008），"Sustainable energy-without the hot air"，Department of Physics，Cambridge University，UK. www. withouthotair. com/（*MacKay brings common sense into the discussion of energy use*）

　　[8] Young，W. C.（1989），"Roark's Formulas for Stress and Strain"，6th edition，McGrawHill，New York，USA. ISBN 0－07－072541－1（*A Yellow pages for results for calculations of stress and strain in loaded components*）

10.15　习题

　　E10.1 使用回收材料（或二手材料）制作饮料容器　图 10.1 给出了使用不同比例的回收材料而加工制造饮料容器的例子。表 10.2 给出了使用原生材料制造饮料容器的隐熔能数据一览表。如果将回收材料对降低产品隐熔能的贡献包括在表 10.2 的数据中，其排序结果会有怎样的变化呢？提示：请使用以下因子乘以表 10.2 的最后一列来帮助做结论：

$$1 - f_{rc}\left(1 - \frac{H_{rc}}{H_m}\right)$$

这里的 f_{rc} 代表新材料中的回收材料比例，H_{rc} 代表二手材料回收时的耗能，H_m 代表原生材料（或一手材料）的隐熔能。下表给出 5 种饮料容器的生态属性。

容器类型	原材料	隐熔能（MJ/kg）	回收耗能（MJ/kg）	f_{rc}
400 mL 聚酯（PET）瓶	PET	84	38.5	0.21
1 000 mL 聚乙烯（PE）奶瓶	高密度 PE	81	34	0.085
750 mL 玻璃瓶	纳钙玻璃	15.5	6.8	0.24
440 mL 铝罐	5000 系列铝合金	208	19.5	0.44
440 mL 钢罐	普通碳钢	32	9.0	0.42

　　E10.2 回收因子的计算　根据习题 E10.1 的内容，试导出各种材料的回收因子。

　　E10.3 建筑结构材料的隐熔能值估算　下表给出了钢架和木架建筑结构单位平方米所需要的材料重量值。假设钢架的回收率为 100%，而混凝土和木材的回收率为 0%，试求二结构的单位平方米隐焓能值并与表 10.6 中的数据做比较。提示：请使用第 14 章中有关 100% 回收碳钢、原生混凝土和软木的隐焓能数据。

结构类型	所需材料及重量
钢架	碳钢 86 kg/m²
	混凝土 625 kg/m²
木架	梁木 80 kg/m²

E10.4 建筑外围材料的隐焓能值估算 建筑的结构需要有覆层作保护，但覆层必须尽可能地避免增加结构的额外负载，同时它还要起到显示建筑师的理念和增加建筑外观美感的作用。现有一包覆材料，内含 1.5 mm 的铝板、10 mm 的胶合板和 3 mm 的 PVC 塑料。假设铝板的回收率为 50%，而其余材料的回收率为 0%，试使用第 14 章的相关数据来估算包覆每平方米建筑面积所消耗的原材料隐焓能值。

E10.5 材料储热能力的估算

（1）给出比热（specific heat）的定义和计算热量（Q）的公式及其国际单位。

（2）给出单位体积比热与单位重量比热之间的换算关系。

（3）如果你希望选择一种用于制作精简式（compact）储热装置的材料，应该选择上述的哪种比热值作为优选标准？

E10.6 交换常数值的重要性 在偏僻遥远的地区使用冰箱之花费成本比在基础设施发达的地区使用同一产品要高出 10 倍之余多（如果后者的使用成本仅为 0.2 USD/kWh，则前者的使用成本则高于 2 USD/kWh）。倘若冰箱的使用寿命为 10 年，试参考图 10.7 绘制一新图，并根据偏僻遥远地区的交换常数值绘出一系列相应的补偿函数线。如果你居住在那个偏远地区，你会选择图 10.7 中何种型号的冰箱？

E10.7 作为材料工程师，你被要求设计一个处于寒冷地带的大型加热空间。聚苯乙烯泡沫塑料自然是该工作室内墙壁保温的最佳选择。其密度为 50 kg/m³，比热为 220 J/kg·K，热导率为 0.034 W/m·K。工作室仅在白天需要加热 12 小时。试求泡沫墙壁的最佳厚度以最大程度地减少热损失。

E10.8 使用与汽车护栏相关的材料指数（见式 10.26 和式 10.27），结合图 9.12 中所示的材料强度与密度关系的气泡图和图 9.14 中所示的材料强度与隐焓能关系的气泡图，分别为静态和动态护栏选材列出一个优选名单。每个名单中应包含一种金属材料，但脆性较高的陶瓷和玻璃材料不应列入考虑范围之中。

E10.9 利用图 9.11 所示的模量与密度关系气泡图和指数 $M_1 = \dfrac{\rho}{E^{1/2}}$，绘制在刚度约束条件下的轻质坚硬材料优选线（参见第 10.4 节的内容）并对壳体材料进行优选（陶瓷和玻璃因其脆性、泡沫材料因其厚度而被排除在入选材料之外）。哪些候选材料具有切实可行的应用意义吗？

E10.10 小型电动车的制造商们希望使用热塑性塑料来制作保险杠。假如选材的目的是为了最大限度地使用电池存储量，那么应该借助于何种材料指数来引导材料优选？绘制类似于图 9.11-9.14 的图表并对材料进行优选。

E10.11　汽车保险杠传统上使用钢制产品,但目前大多数的汽车均使用较轻的挤压铝或玻璃纤维增强聚合物(GFRP)取代了钢材。钢制保险杠的重量一般为 20 kg,而挤压铝的重量只有 14 kg,GFRP 则更轻。但是,挤压铝和 GFRP 的生产耗能均比钢材冶炼要高得多。根据表 10.11 所提供的数据,一辆 1 000 kg 重的汽车之耗能值应为 2.1×10^{-3} MJ/km·kg。

(a) 如果该车的行驶寿命为 200 000 km,试求用挤压铝取代钢制保险杠后所节约的能量值。

(b) 根据第 14 章的数据,估算用原生铝取代原生钢制作保险杠是否可为汽车产品的整个生命周期节省能源。附注:这两种材料的加工耗能之差微不足道,可以忽略不计。

(c) 根据第 14 章的数据,估算用 100% 的回收铝取代 100% 的回收钢制保险杠是否可为汽车产品的整个生命周期节省能源。附注:这两种材料的加工耗能之差微不足道,可以忽略不计。

(d) 需要指出的是,使用铝制保险杠取代钢制品后,汽车的成本价格净增 60 美元。假如汽油的平均价格为每升 1 美元(1 USD/L),试求行驶寿命为 200 000 km 的车辆使用铝制还是钢制保险杠的总成本花费更低?

使用 CES 软件可以做的习题

E10.12　运用 CES 2 级软件,绘图对第 10.11 节所描述中车身材料的选择进行进一步的优化。图表需要使用以下两个材料指数线 $M_1 = \dfrac{\rho}{E^{1/2}}$ 和 $M_2 = \dfrac{\rho}{\sigma_y^{1/2}}$ 分别作为 x 和 y 轴坐标。还需要借助软件中的"高级工具(Advanced facility)"来绘制图表。请在金属、聚合物、复合材料和天然材料这四大类材料中进行优选。哪些材料为最佳选择?为什么?

E10.13　参照表 10.12 中的数据以及对材料的可回收性和断裂韧性极限值的要求 $(K_{1c} \geqslant 18\mathrm{MPa \cdot m^{1/2}})$,进行如下练习:

(1) 运用 CES 2 级软件,绘图分析动态护栏材料的优选问题。设图的 x 轴和 y 轴分别代表材料的密度和屈服强度。请标出具有适当斜率的材料指数($M_2 = \dfrac{\rho}{\sigma_y^{2/3}}$)选择线用以指导(如汽车保险杠)材料的优选,然后列出最佳候选材料名单。

(2) 运用 CES 3 级软件,重复(1)的内容,但最佳候选材料仅限制在金属材料范围之内。你的结论是什么?

E10.14　用指数 $M_1 = \dfrac{\rho}{\sigma_y^{2/3}} H_\mathrm{m}$ 取代指数 $M_2 = \dfrac{\rho}{\sigma_y^{2/3}}$,将"动态护栏"改为"静态护栏",然后重复习题 E10.13(1)和(2)的内容。需要借助于"Advanced facility"绘图。

第 11 章

低碳发电系统及其用材

内 容

法国布列塔尼陆上风电机组(左上图);太阳能电池阵列(右上图,图片由美国加州 Voodo Solar 提供);葡萄牙海蛇波浪发电机(左下图)和冰岛地热发电厂(右下图,图片由 Asegeir Eggertsson 提供)

11.1 概述

任何材料的制造和使用都是以消耗能源为代价的。当今世界上化石能源（煤炭、石油、天然气）的总消费量已接近 500 艾焦（EJ）[1]。所幸的是，人类社会完全依赖化石能源而生存发展的趋势将在未来几年内逐渐减弱，因为我们正在面临 3 个新的威胁：

- 石油和天然气的储量在萎缩；
- 大气中温室气体的浓度在增加；
- 许多国家的化石燃料依赖进口，造成世界局部紧张局势此起彼伏。

全球范围内对能源的需求量预计在 2050 年将增长至现在的 3 倍，其中的大部分为电力。如何生产更多的电力以应对以上威胁并缓解这些压力呢？工业社会需要多少年的时间才能从单纯依赖化石燃料的状况过渡到混合能源的使用？表 11.1 是 2008 年不同电力系统的使用和开发状况一览表。这些信息有助于我们解答以上问题。

表 11.1　2008 年不同电力系统的使用和开发状况一览表

电力系统（类型）	额定输出功率（GW）	年增长率（%）	运输成本（USD/kWh）	使用寿命（y）
常规天然气	960	1.5	0.01～0.03	30～40
常规燃煤	2 800	1.5	0.015～0.04	30～40
燃料电池	0.1	50	0.08～0.1	10～15
裂变核能	400	2.2	0.02～0.04	30～40
风能	204	20～35	0.02～0.05	25～30
太阳热能	1.3	50	0.013～0.016	25～35
太阳光伏能	154	40	0.04～0.07	20～30
水势能	675	4.5	0.003～0.014	75～100
波浪能	0.004	50	0.03～0.07	20～30
潮汐流能	0.03	10	0.015～0.04	20～30
潮汐坝能	0.26	10	0.009～0.015	75～100
地热能	8.9	20	0.01～0.02	30～40
生物质能	35	16	0.007～0.02	30～40

借鉴历史，图 11.1 显示了工业社会近 150 年间电力资源更新换代的情况，由此而得到的主要结论为：一种能源被另一种能源替代 50% 所需要的时间大约为 40 年。不要忘记，更新换代的速度是与社会需求的紧迫性密切相关的。展望未来，化石燃料被可再生能源逐步替代的时间应该大大少于 40 年。

---

[1]　1 EJ $= 10^{18}$ J $= 280 \times 10^9$ kWh

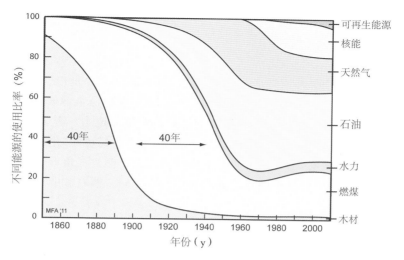

图 11.1　工业社会近 150 年间电力资源更新换代的历史

（作者根据国际能源机构 IEA2010 年的数据绘图。）

传统的动力系统使用化石燃料进行火力发电,新兴的动力系统挖掘可再生资源,以多种途径提供电力,如太阳能、风能、波浪能、潮汐能和地热能。然而,需要提醒人们注意的是:千万不要误认为这些自然资源的使用是"无偿"的。任何动力系统的组建和维修都需要消耗资本、材料、能源并排放有害气体,有时还会占用大片土地。

为了有效地比较不同再生资源动力系统的利弊,让我们引入电力系统的"资源强度（resource intensity）"[1]这一概念,其定义为每输出 1 kW 的额定功率所需要消耗的资本、土地面积、能量和排碳量等。评估各电力系统的"材料强度（material intensity）"同样重要（它被定义为每输出 1 kW 的额定功率所需要消耗的材料量）,因为如果某个国家计划兴建一座超大规模发电站,则该系统对材料的大量需求很可能会影响到国际市场供应链的稳定性。本章主要内容为:①统计分析各种电力系统所需关键材料的数量（关键材料,又称"战略物资",取决于每个国家的材料资源和经济状况,通常由政府机构视国情而列单）;②指出在何处、何范围、何阶段可能出现材料供应短缺的情况。

以上命题的主要研究结果将在第 11.2 节中介绍,后续章节将一一阐述不同动力系统的运作原理和对材料的需求。在我们进入细节之前需要提醒大家的是:①评估一个电力系统的资源消耗强度取决于多种因素,如系统的类型和规模、系统的安装地点及其管理方式。重要系统的资源消耗强度和其使用信息在本章表格中可以找到,它们还被绘制成曲线加以比较,其他系统的参数可参见拓展阅读的内容;②请注意区分以下术语之间的不同:"能量"和"电力（或功率）","额定功率"和"实际功率","效率"和"容量因数","组建"系统时的耗能和排碳与"操作"系统时的耗能和排碳。附录 1 将给出这些相关术语的定义和单位。

---

[1]　类似的量纲被 IAEA（1994）和 San Martin（1989）所采用。相关综述文章请参见 Rashad and Hammad（2000）。

11.2. 电力系统的资源强度

当今世界上的总发电量约为 2 000 GW，其中 66％来自火力发电、16％来自水力发电、15％来自核能发电，其余 3％由再生能源所提供（参见 2008 年国际能源署 IEA 的数据）。除了运输系统仍需要使用其他动力外，几乎所有设备的运行均依靠电力。首先让我们来分析一下混合能源发电在一些具有代表性国家中的情况。图 11.2 中所描述的"化石燃料—核能—可再生能源发电"的三角关系表明，电力的生产是多样性的。图左侧大三角形中的两个绿色箭头分别为减少碳排量和降低对化石及核燃料的依赖性指出了方向。图右方的小三角形给出定量解读该类图表的范例。

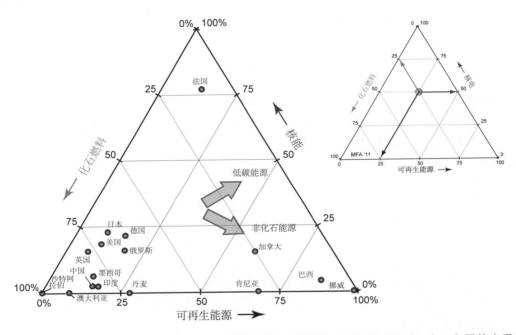

图 11.2　大三角图给出部分国家使用化石燃料、核能和可再生能源发电的比例；小三角图给出混合型能源结构范例：25％化石燃料＋50％核能＋25％可再生能源

混合能源发电模式已在某些国家中得以实现，它向全世界展示出一个令人欣慰的前景：人类从此将不会被堵在化石燃料这一唯一角落里了。拥有丰富自然资源的国家（挪威、巴西、加拿大、冰岛）正在卓有成效地开发和使用当地的可再生资源，法国高度依赖核能的国策也是一种值得鉴戒的可行方案。

接下来我们要问，混合能源所提供的电力在人类社会中是怎样被分配使用的呢？表 11.1 用列表法给出了工业用能源之种类及其转换信息，图 11.3 则利用桑基图（Sankey diagram[1]）清晰

---

〔1〕　桑基图，也叫桑基能量平衡图，是爱尔兰工程师、船长 Riall Sankey 于 1898 年创建的用制图法显示蒸汽发动机能源效率的一种特定流程图，图中各分支的宽度对应于数据流量的大小。桑基图的诞生为能源、材料、金融乃至集群人口等领域的复杂数据分析带来了可视化效果，它化难为易、化繁为简，起到了一目了然的作用。

地显示出更多的相关内容,如能源在工业体系中的分布和其最终服务目的(为家电、商业、工业和运输提供动力)。桑基图中各种初始能源从图的左侧输入,通过能量的中间转换过程,最终输送到右侧框栏里的诸多能源使用领域。图中的主要能量转换是将化石燃料(石油、天然气和燃煤)转换为电能,其最高效率约为33%,这意味着三分之二的初始能源将作为低品位热而损失掉。随后,电力再次被转换为其他类型的能源并提供有效服务:加热、照明、制造,运输等。当然,初始能源也可以被直接用来进行有效服务——桑基图显示了3种化石燃料以及生物质能被直接应用的领域。桑基图中带宽与能量值成正比关系,带的颜色用于区分不同类型的能源或特性。比如,浅灰色代表低品位热,其带宽代表低品位热的耗能值;深灰色带表示提供有效服务的能量值(后者通常在提供有效服务后降解为废热)。图 11.3 告诉我们这样一个基本事实:仅有约 40% 的初始能源可被用来提供有效服务,其余的 60% 均在各种能源中间转换过程中损失掉了。

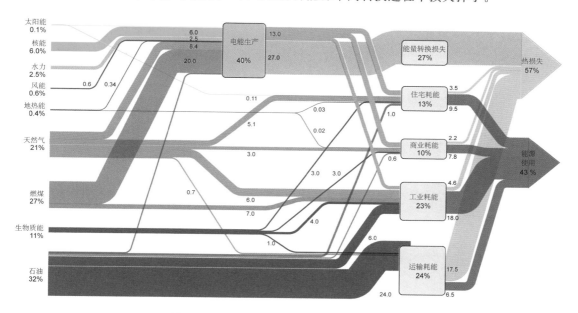

图 11.3　2009 年美国能源分流使用之桑基图

(作者根据多个数据来源编制绘图。)

实例 1. 利用 2009 年美国能源分流的桑基图,评估①用电能供应工业、商业和民居服务行业的总效率;②用石油供应运输行业的总效率。

答案:①以煤炭、天然气、核能和水力为主要初始能源的电力输出效率约为 32%(来自于 13/40);②用石油供应运输业的总效率约为 25%(来自于 6.5/25.7),因石油转换成动能还需要损失部分能源)。

表 11.2 给出了不同电力系统的各项资源强度和材料强度参数以及相应的容量因数(Capacity factor)值。鉴于电力系统的设备利用率很难达到 100%,实际平均输出功率总是低于额定功率,因此容量因数值总是小于 100%。表中数据显示:核电容量因数通常高于 75 %,水电介于 45%~70% 之间,离岸风能为 30%~40%,路基风能为 17%~ 25%,而光电光伏太阳能的容量因数仅为 10% 左右(欧洲平均值)。值得指出的是,该表中所收集的各项资源强度数据,有些是很容易从文献中直接搜索到的,有些则需要通过不同的推理手段而获取(例如通

过图表参数而得到中间插值、利用类推法评估未知数据,间或根据系统的物理特性进行演绎推算等)。读者还应该意识到,电力系统使用材料强度值在很大程度上取决于产品的设计理念(例如,选择何种磁性材料制作发电机、采用何类半导体板材制作太阳能电池等,都会影响到使用材料强度值的大小),这意味着该类数据的精确度不高,但并不妨碍决策者们利用不同电力系统之间所存在的使用材料的强度值差异而做出正确的判断和结论。

表 11.2　电力系统的各项资源强度以及材料强度和容量因数参数

电力系统	资本强度 (kUSD/kW$_{nom}$*)	面积强度 (m²/kW$_{nom}$)	材料强度 (kg/kW$_{nom}$)	兴建能源强度 (MJ/kW$_{nom}$)	兴建排碳强度 (kg/kW$_{nom}$)	容量因数 (%)
常规天然气	0.6～1.5	1～4	605～1 080	1 730～2 710	100～200	75～85
常规燃煤	2.5～4.5	1.5～3.5	700～1 600	3 580～9 570	100～700	75～85
磷酸燃料电池	3～4.5	0.1～0.5	80～120	5 000～10 000	600～1 000	＞95
固体氧化物燃料电池	7～8	0.3～1	50～100	2 000～6 000	200～400	＞95
裂变核能	3.5～6.4	1～3	170～625	2 000～4 300	105～330	75～95
陆基风能	1.0～2.4	150～400	500～2 000	3 500～6 000	240～600	17～25
离岸风能	1.6～3	100～300	300～900	5 000～10 000	480～1 000	30～40
单晶硅太阳能光伏	4～12	30～70	800～1 700	30 000～60 000	2 000～4 000	8～12**
多晶硅太阳能光伏	3～6	50～80	1 000～2 000	20 000～40 000	1 500～3 000	8～12**
薄膜太阳能光伏	2～5	50～100	1 500～3 000	10 000～20 000	550～1 000	8～12**
太阳热能	3.9～8	20～100	650～3 500	19 000～40 000	1 500～3 500	20～35***
土坝水力发电	1～5	200～600	15 000～100 000	7 260～15 000	630～1 200	45～65
钢筋混凝土坝水力发电	1～5	120～500	8 000～40 000	30 000～66 000	1 000～4 000	50～70
波浪能	1.2～4.4	42～100	1 000～2 000	22 950～31 540	1 670～2 070	25～40
潮汐流能	10～15	150～300	350～650	12 000～18 000	800～1 130	35～50
潮汐坝能	1.6～2.5	200～300	5 000～50 000	30 000～45 000	2 400～3 520	20～30
浅层地热	1.15～2	1～3	61～500	7 000～13 500	160～250	75～95
深层地热	2～3.9	1～3	400～1 200	20 000～40 700	1 700～3 900	75～95
生物质能	2.3～3.6	10 000～33 000	500～922	5 000～19 800	600～1 800	75～95

* kW$_{nom}$代表额定输出功率。

** 英国和同等纬度欧洲国家的光伏容量因数值。澳大利亚中部、撒哈拉和莫哈韦大沙漠的容量因数值可高出其 4 倍以上。

*** 设立在西班牙、北非、澳大利亚和美国南部地区的太阳能热电站的典型容量因数值。

　　实例 2. 何谓电力系统的效率?何谓容量因数?它们之间的区别为何?

　　答案:电力系统的效率(%)是指在理想工作状态下,将天然能源(如燃煤、太阳辐射能,风能、波浪能或潮汐能等)转换为电能的效率。以太阳能光伏发电为例,半导体电池板吸收太阳辐射能量,然后将其转换成电能,其效率约为20%左右。

　　容量因数(%)是指电力系统的全年实际输出功率与额定功率之比值。它与发电设备的实际运行时间相关联,它因设备需要定期添加或更换燃料、需要停机维修保养等而很难达到100%。同样以太阳能光伏发电为例,当天空中阴云密布或夜间无太阳辐射时,电池板几乎停止工作,所以该系统的平均容量因数仅为10%。

实例 3. "一个无日照的冬天 英国气象局昨日报道,英格兰东南部地区刚刚经历了有史以来最悲哀的冬季。自 2010 年 12 月至 2011 年 2 月的 3 个月间,伦敦大区仅享受过 98 小时的日照。"

——摘自英国 2011 年 3 月 3 日版的《泰晤士报》

由此可以推测这 3 个月(2 160 h)期间位于伦敦的太阳能电池板之容量因数最大值应为 98/2 160＝4.5%。如果电池板安装的位置与日照方向和时间不在最佳组合状态,则实际的容量因数值会低得惨不忍睹。

实例 4. 何谓电力系统的"额定"资源强度? 何谓"实际"资源强度? 它们之间的区别为何?

答案: 电力系统的兴建和调试需要以各种资源为后盾,它们包括资金、材料、能源和空间(土地或海域)。以"兴建能源强度"为例(参见表 11.2 中的内容),如果其单位为 MJ/kW_{nom},即为每单位"额定"发电功率所需要的能量;如果其单位为 MJ/kW_{actual},即为每单位"实际"发电功率所需要的能量。两者之间的关系为:实际资源强度 = 额定资源强度/容量因数。可见,实际资源强度值总是高于额定资源强度值的,有时甚至可以高出许多,因为它取决于电力系统的实际运作状况。可再生资源系统的实际资源强度还非常取决于天气的变化状况。

资源强度图表 根据表 11.2 所提供的数据,4 种不同类型的资源强度图表分别通过图 11.4～11.7 而显示。图 11.4 给出了电力系统中材料强度与面积强度之间的关系图。该图首先向我们显示出不同系统的面积强度之间的巨大差异:除了火力、核能和地热发电厂大约仅需要 3 m^2/kW_{actual} 的面积强度外,所有其他系统均需要 50～500 倍的面积强度。这一"空间消耗"之特性对于离岸风能和波浪能系统的影响不大,但是对于陆基系统的兴建则会引发有限土地被吞噬的问题。此外,通过图 11.4 我们还可以了解到,火力、核能和地热能发电系统都具有较低的材料强度。哪些因素会影响可持续电力系统的材料强度,将是我们后续所要讨论的内容。

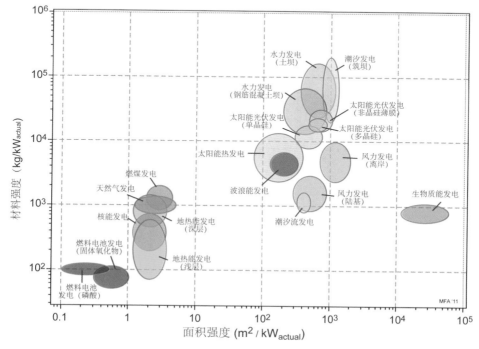

图 11.4　电力系统中材料强度与面积强度关系图

实例 5. 电力系统对空间的需求 根据表 11.2 所提供的数据,比较利用以下 3 种类型的能源兴建一座额定输出功率为 0.5 GW 的发电站所需要占有的土地面积:①核能;②单晶太阳能光伏;③陆基风能。如果发电站的实际输出功率为 0.5 GW,情况又如何呢?

答案:如果 0.5 GW 为额定输出功率,则核电站的面积强度值为 1 km^2,单晶光伏发电站的面积强度值为 50 km^2,陆基风能核电站的面积强度值为 138 km^2;

如果 0.5 GW 为实际输出功率,则核电站的面积强度值为 $1/0.8 = 1.25(km^2)$,单晶光伏发电站的面积强度值为 $50/0.1 = 500(km^2)$,陆基风能核电站的面积强度值为 $138/0.21 = 657(km^2)$。

实例 6. 一离岸风电机组的额定材料强度为 825 kg/kW$_{nom}$,该系统的容量因数为 0.35。试求该系统的实际材料强度。

答案:$825\ kg/kW_{nom} = 825/0.35\ kg/kW_{actual} = 2\ 357\ kg/kW_{actual}$。

图 11.5 为电力系统中兴建能源强度与兴建资本强度之间的关系图。这两个实际强度值在图中大致呈正比关系,其原因部分是由于耗能系统的兴建要比非耗能系统的兴建更加昂贵,部分是由于容量因数低的系统(如太阳能光伏)自然导致这两项指标的增值。

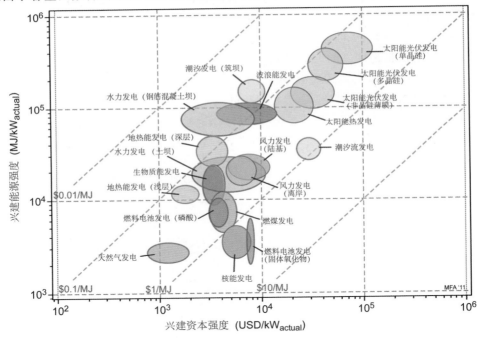

图 11.5 电力系统中兴建能源强度与兴建资本强度关系图

图 11.6 给出不同类型发电站兴建耗能与电力输出之间的关系图。需要注意的是,兴建耗能的单位为"油当量(MJ$_{oil}$)",而实际电力输出的单位为"千瓦年(kWy)",两者之间的换算关系还需要考虑到容量因数的影响。图中的绿色虚线代表预测的能源投资回收期(energy payback time),即电力系统累计供电量超过兴建能源投资所需要的年限。例如,风电和水电系统的回收期为 1~2 年,太阳能和潮汐坝系统的回收期为 3~10 年。

图 11.7 给出不同发电系统的排碳量之比较结果,其中的每一条形高度均为以下 3 项

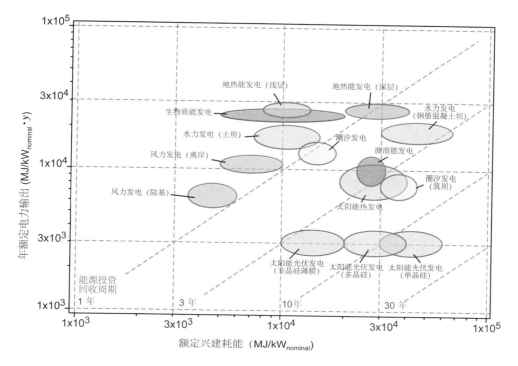

图 11.6　不同类型发电站的兴建耗能与电力输出关系图

之和：

　　• 电力系统的额定兴建排碳量（其单位为 kg/kW_{nom}）[1]；

　　• 发电过程中的排碳量（其单位为 kg/kWh）。举例来说，燃煤发电的排碳量约为 0.03 kg/kWh，其余系统的排碳量约为 0.02 kg/kWh（数据来源于 White 和 Kulcinski 发表于 2000 年的文章）；

　　• 输运电力过程中碳氢燃料所释放的二氧化碳量（假定燃料电池燃烧甲醇）[2]。

　　该图告诉我们，没有一个电力系统是完全不排碳的，因为从兴建电站到定期维修都不可避免地要使用额外的能源，但是可再生能源的排碳量与火力发电的排碳量相比，要减少近 30 倍。

　　目前，世界上的发电总量约为 2 000 GW，2050 年时将增长为现在的 3 倍。这意味着倘若我们希望实现既环保又保证供应的目标，则必须在未来 10 年内将传统电力系统更换为可持续性体系，并预估这一全球性庞大工程对关键材料的总需求量，以保证市场供应链的稳定，特别是当以下 3 种情况发生时：①所需材料的全球储存量有限；②所需材料的主要矿体未进入国际自由贸易市场（如稀土元素）；③所需材料具有至关重要的经济意义而且尚无替代品存在（如最佳导体"铜"

---

　　[1]　"额定兴建排碳量＝兴建排碳强度/8 760CL"。这里的 C 代表容量因数，L 代表电力系统的使用寿命（以年为单位计算），8 760 为一年所折合的小时数。

　　[2]　对于燃煤发电系统，这一过程的单位排碳量 ＝ 0.088 $kg/MJ×3.6$ $MJ/kWh/0.33$ ＝ 0.96 kg/kWh（0.33 为煤转电的效率）；对于天然气发电系统，这一过程的单位排碳量 ＝ 0.055 $kg/MJ×3.6$ $MJ/kWh/0.38$ ＝ 0.52 kg/kWh。同理，核能发电过程的单位排碳量约为 0.022 kg/kWh。

和钢中的重要合金元素"锰")。图 11.8 给出了全球 29 种战略元素〔1〕的年生产总量信息(其中的许多用于发电站的兴建和运作),以便为我们在具体分析各种电力系统时提供依据。

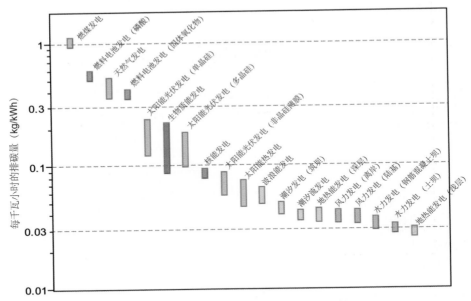

图 11.7　不同发电系统的排碳量之比较

(假设所有系统的使用寿命均为 20 年。)

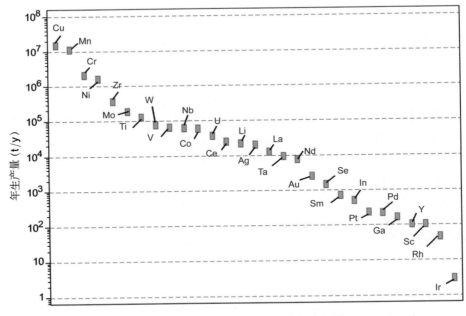

图 11.8　全球 29 个战略元素的年生产量

〔1〕　关于"何种元素为战略元素"这一问题没有统一定论,但可以参考英国地质调查局 2011 年的总结报告 (British Geological Survey 2011)。

实例 7. 为什么石墨、镓和锂被列为战略物资？

答案：

石墨：世界上 65％以上的石墨供应来自一个国家（中国），这使得国际石墨市场很容易受到供应国国策的影响或限制。

镓：世界上 90％以上的镓是由铝土矿（bauxite）提炼纯铝时所得到的副产品。由于伴生关系，镓的年产量极低。除非从铝土矿中回收镓的效率大大改进，否则，若铝的产量不增加，镓的产量很难提高。

锂：锂主要产于南美国家，而南美的这些国家政治和经济常常失控，所以，锂被归类为战略物资，因为它是制造电池所不可缺少的原料。

11.3　火力发电

由于地球上化石燃料的日益短缺和大量污染，人类正在尽力开发可再生能源，以求解决工业发展所面临的能源不足问题。使用化石燃料作为能源的历史可以追溯到 18 世纪初，此后的自然资源消耗量就有增无减了。化石燃料能量密度高，仅占用很少的土地面积便可以大功率地输出电力，并且易于运输，所以迄今为止它们依然是工业社会的主要动力来源，同时也是造成世界局部地区政治和社会紧张状态的根源。

天然气　希腊神话中的天然气是从特尔斐（Delphi）古都的地缝里冒出并燃烧的，于是当地居民怀着敬畏之情在那里修建起举世闻名的阿波罗（太阳神）神殿。无论这一传说是否属实，天然气资源都是化石燃料中的一颗明星。天然气发电厂的兴建资本低、交货周期短，因此有很大的优越性。天然气的主要成分是甲烷，它属于燃烧最清洁和污染最低的碳氢燃料。早先的天然气资源来自于煤炭，如今人们已经可以从自然界中直接获取它，也可以与石油和重烃页岩气伴生获取。然而，世界上可以开发的天然气储量正在枯竭，它的生产量预计将在 2050 年之前达到峰值。而有待开发的资源大都处于地层深处，甚至藏身于水源或冰源之下，因此对该资源的保护势在必行。

天然气的发电原理是：气体通过燃烧而产生高温燃气，随即膨胀做功并带动燃气涡轮机运行。在燃气—蒸汽联合发电组中，燃气涡轮机在产生电力的同时排出废热，后者可被用来再次产生蒸汽以促使涡轮机的循环运行，使得系统的转换效率由通常的 35％提升至 50％以上。此外，天然气还可以被用来制作燃料电池（见第 11.6 节的内容），以进行小规模发电。天然气的用途不仅仅局限于燃料，它也是塑料、织物和其他化学品以及材料制造的重要资源。

煤炭　煤炭是一种固体可燃有机矿物。根据它的含碳量（又称"煤化程度"）和潜热量（又称"燃烧热值"），可以划分为四大类型：①无烟煤（anthracite），其含碳量高达 86％～98％，是最清洁的燃煤种类；②烟煤（bituminous coal），其含碳量为 46％～86％，是最常见的燃煤种类；③次烟煤（sub-bituminous）；④褐煤（lignite），它的含碳量均在 46％～60％，由于富含挥发成分，所以燃烧时易于冒烟。煤炭可用于大功率发电，其转换效率约为 38％。此外，蒸馏后的煤焦油还是许多塑料和有机化学品的生产所依赖的原料。

煤炭的全球储量远远超过石油和天然气，它是火力发电的主力军。然而，煤中含有氢、氮、硫和其他许多元素，因此燃烧后不仅释放大量的二氧化碳等温室气体，还释放含硫和氮的氧化物，导致酸雨现象出现。近年来，各种"清洁"煤炭技术在大力发展，比如通过"清洗"可降低煤中的氮含量;通过"擦洗"——即将水和石灰的混合物喷洒到煤烟里,可中和硫的酸性氧化物;通过"碳捕捉(carbon capture and storage,简称 CCS 技术)",可将燃煤发电过程所释放的二氧化碳捕捉后,压缩遣送至枯竭的油田或天然气或其他安全的地下场。新兴环保的 CCS 技术的发明使得燃煤发电体系有可能被列入低碳能源名单之中,尽管材料供应在 CCS 技术中的影响因素尚未搞清。

图 11.9 给出了燃煤电站的示意图以及相关材料的使用(后者的细节见本章附录 2 的内容)。作为材料工程师,我们所关心的主要问题是:如果在未来 10 年里需要兴建足够的新型燃煤电站以满足对 2 000 GW 电力的需求,那么相关的材料产品供应是否到位? 为了定量研究这一命题,我们将以百分比(%)为单位来显示各种电力系统对相关材料的需求量,而该需求量被定义为材料的年度总需求与材料的年度总产值之比。举例来说,如果某种材料的需求量为1%,则意味着兴建电站仅需要消耗该材料全球生产总量的 1%;如果需求量为 100%,则意味着兴建电站会吞噬掉该材料当年的全球生产总量——这一兴建计划显然是不现实的。图11.10具体给出了燃煤发电系统中关键元素的需求量。好在该发电系统的材料强度并不高,只有铬的供应可能会不时令人担忧。

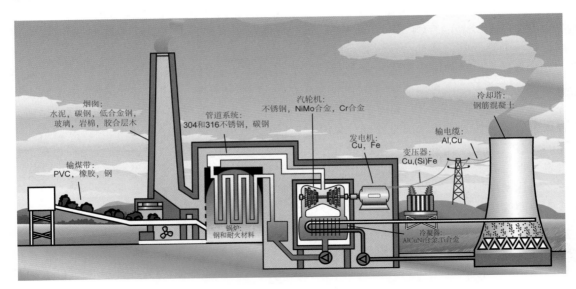

图 11.9　燃煤电站示意图及材料

(作者根据维基百科中 Bill C. 原图绘制。)

11.4　核能发电

核电是一个具有争议性的供电模式:一部分人认为它是长期满足未来需求的一种可行手段,另一部分人则认为它只是一个临时的解决方案,而且存在着核事故和核扩散的风险。大规模使用核能技术之难点是如何处理放射性核废料,因为理论上讲,核废料的放射性要在一千年之后才能衰减到对人类和环境无害的地步。目前许多国家依然采取发展核电的能源政策,因为尽管核电有风险,但它毕竟是一种减少依赖化石燃料进口的最有效供电模式,同时核电属于低碳能源,它至少可以保证直至 2050 年的能源供应。

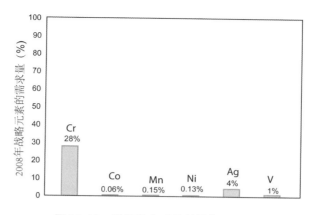

图 11.10　燃煤发电系统所需战略元素

核能发电是利用铀燃料进行核分裂连锁反应所产生的能量,使冷却剂(通常为水)变成蒸汽和高压水的混合物,再经过汽水分离器和蒸汽干燥器,用分离出来的高温蒸汽来推动汽轮发电机组发电。核能反应所释放的热量较燃烧化石燃料所释放的热量要高百万倍。至于核能的材料强度,大约每生产 1 kWh 的电力需要消耗 1 mg 的铀。核燃料每 1～2 年需要更换一次,在此期间,核电站必须停产。

目前,世界各地共有 436 座核电站。其中,60% 的核反应堆是压水堆(pressurized water reactor,简称 PWR),21% 是沸水堆(boiling water reactor,简称 BWR),其余 19% 包括加拿大坎度堆(CANDU)、气冷堆(gas-cooled reactor)和一些新型反应堆。图 11.11 为压水堆核电站示意图及其材料的使用。应用于控制棒的铟和核燃料铀的年需求量将大大超过目前这两种材料的年生产量。压水堆由压力容器和堆芯两部分组成。压力容器是一个密封的圆筒形大钢壳,所用钢材需耐高温、耐高压、抗腐蚀,用来推动汽轮机运行的蒸汽即在这里产生。容器顶部设有控制棒驱动机构,以驱动控制棒在堆芯内的上下移动(控制棒使用材料为 B_4C 或 Ag-In-Cd 合金包嵌在 304 不锈钢或 Inconel 627 合金管中)。堆芯是反应堆的心脏,它是由浓缩铀氧化物(UO_2)或铀钚混合氧化物燃料(MOX)所构成,被安放在 200 多根圆柱形陶瓷导向管中(陶瓷包层材料为锆合金 Zr-4)。核电站工作时,主泵将一回路冷却水送入反应堆(在约为 15 MPa 的高压下淡水可升温至 600 K 而不沸腾)。作为"冷却剂(coolant)"的水,把核反应所释放出的巨大热量带出反应堆,并通过蒸汽发生器、传热管等在二回路产生蒸汽(560 K,7 MP),以此推动汽轮发电机组发电。而作为"中子减速剂(又称慢化剂,moderator)"的水,顾名思义,其主要功能是减缓核反应时所产生的高能中子速度。

图 11.12 给出在未来 10 年中若兴建总量为 2 000 GW 的核电站对关键材料的需求量信息。显然,用做"控制棒"的铟材料和用做"核燃料"的铀之年需求量均大大超过了这两种战略物资目前的年生产总量。

实例 8.　铀的能量密度为 470 GJ/kg,此能量转换为电力的效率为 38%。试求每年需要为额定功率为 1 GW 的核电站提供多少吨的铀资源?

答案:1 kg 铀可提供 $470 \times 10^3 \times 0.38/3.6 = 49\ 611$ kWh 电量。1 年有 8 760 h,所以 1 GW 的额定功率相当于 $8\ 760 \times 10^6$ kWh 的需求。两者之比 $8\ 760 \times 10^6/49\ 611 \approx 177$ t,这就是 1 GW 的核电站每年对铀的需求量。

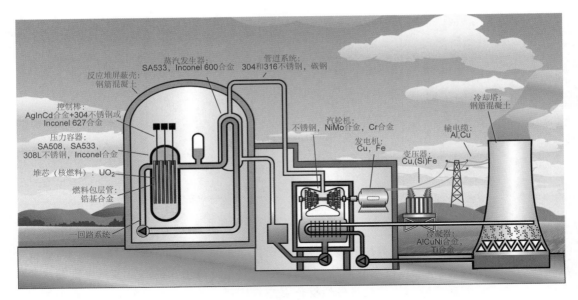

图 11.11　压水反应堆核电站示意图及材料

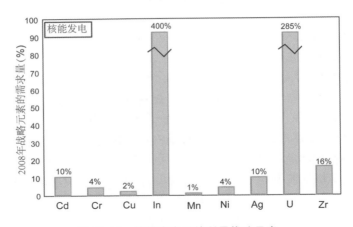

图 11.12　核能发电系统所需战略元素

实例 9.　2008 年铀的全球产量为 40 000 t。这一数据能够支持总额定功率为多少的核电站运行？2050 年的情况又将如何？

答案：根据实例 8 的计算结果，如果 1 GW 的核电站每年对铀的需求量为 177 t，则 40 000 t 铀的年产量可以提供 40 000/177 = 226 GW。这相当于目前用电量的 15％ 或 2050 年用电量的 5％。

11.5　太阳能(热能、热电能和光伏能)发电

地球表面若被看作是一个大圆盘，那么太阳直接辐射到盘子里的平均能量密度高达 1 000 W/m²。设圆盘面积为 10^{14} m²，则地球可以吸收的太阳能总量为 10^{17} W ——这是一个天文数据，可惜仅仅是一个理想状态，因为地球表面是不可能 100％ 的吸收这些太阳能量的，其中有

一部分会被大气层所吸收,另一部分会被地球表面所反射掉,还有许多会散射到人类不可及的地方。此外,太阳辐照地球表面的能量密度也不是均匀分布的,它取决于日照时间长短和日照角度,因此南北极与热带地区的能量密度有天壤区别,温带地区的平均太阳能密度约为 100 W/m^2,而热带地区的平均密度值为温带的 3 倍以上。

太阳能集热系统 该系统是太阳能应用中最简单的一种。集热板受到日照辐射后,大量吸收光子(photon),光子能量进而转换为声子(phonon,即晶格振动)而使集热板温度升高。这种低品热通过进入面板的水或空气来加热水或空间。太阳能集热系统所需要的材料必须具有"耐久性能高"且"价格低廉"的特点。"耐久性能高"意味着集热板的设计寿命应在 30 年以上并且无需中期维护,"价格低廉"意味着集热板的制造成本应迅速被该系统所创造的盈利价值所抵消。

聚光太阳能集热系统 传说古希腊时代的阿基米德为抵御罗马军团的海上入侵,曾设计出抛物镜面,利用聚焦的太阳能烧毁了敌人的战船。聚光太阳能集热系统(Concentrating Solar Thermal,简称 CST)的工作原理(见图 11.13)与之近似,都是采用聚光材料吸收太阳能而产生高温蒸汽以带动涡轮机发电的。CST 发电模式有 3 种:

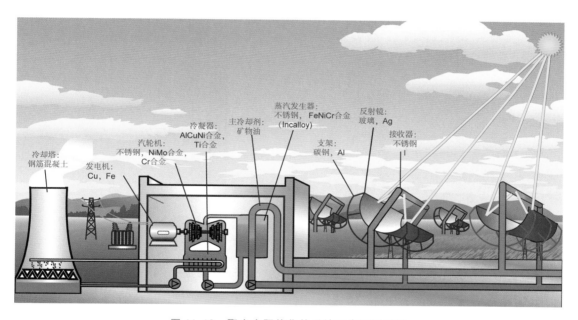

图 11.13 聚光太阳能集热系统示意图及材料
(注:图中的抛物面反射镜可以用菲涅耳反射镜代替。)

(1)塔式:其静电定向反射镜将太阳光聚焦到塔顶的接收器上,并在那里将熔盐或高压水加热至 400℃以上,加热流体随后产生蒸汽带动涡轮机发电。

(2)槽式:其抛物面或菲涅耳反射镜以一维线性方式聚焦辐射热,接收器是抛物面反射镜中间的一个管道,管内充有传热流体(通常为矿物油),遇热产生蒸汽并带动涡轮机发电。

(3)碟式:旋转抛物面的碟式反射镜前装有中央卫星接收器。接收器是由 Stirling 耦合发动机组成,通过 3 个旋转轴跟踪阳光。

碟式装置的发电效率最高,但其昂贵的投资费用阻碍了它们的普遍应用。槽式结构最经济也最耐用,它与塔式结构均可以达到较高的加热温度。总体来说,聚光太阳能集热系统的效率约为30%~50%。无论是塔式、槽式或碟式,总有一部分聚集的能量会被反射掉,还有一部分以传导或对流的方式损失掉。如果采用聚光太阳能系统发电,则热能转换为电能时又有附加损失,最终发电效率仅为8%~15%。

图11.14给出了槽式聚光太阳能发电系统所需要的关键元素用量。很显然,该系统的推广受限于反射器用材"银"的有限供应。许多研究正在致力于采用以聚合物为基的铝涂层反射镜面,以摆脱对银的依赖并降低设备成本。本章附录2列表介绍聚光太阳能系统所需战略物资参数。

实例10."法国跨国石油公司Total向沙漠进军　世界上最大的太阳能发电站数月后将在距阿布扎比(Abu Dhabi)50 km处的沙漠地带建成,其面积相当于290个足球场大小。"

——摘自法国2011年4月25日版的《费加罗报》

Total的这一庞大开发计划被命名为"沙姆斯1号"(Shams在阿拉伯语中表示"太阳"的意思),旨在使用抛物面反射镜吸取太阳能来将充满石油的管道加热至400℃,然后将热油传送到交换器,以带动蒸汽涡轮机发电。高达400℃的热油哪怕是在夜间仍可保留足够的能量以驱动涡轮机在半功率状态下运行。"沙姆斯1号"工程占地面积2.5 km²,耗资4.4亿欧元。全面投产后将提供该酋长国1%的电量需求。

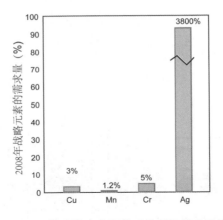

图11.14　槽式聚光太阳能系统所需战略元素

热电传导系统　1821年Seebeck将两种不同的金属导线首尾相连构成一个电流回路,并由此发现了热电效应(又称"塞贝克效应"):$\Delta V = S\Delta T$,即回路中两个结点之间的温差ΔT可以产生电势差ΔV,式中的S被称为"塞贝克常数",其单位为V/K,属于热电偶材料的特性之一。热电传导发电机(Thermoelectric generator,简称TEG)正是运用温差将热能直接转换为电能的一种装置。这种发电机可以与光伏装置组合并用,将光伏废热变为有效的电功率。TEG的效率取决于电偶材料的特性S及温差,在实际应用中,它常常被无量纲的ZT值代表:$Z = \dfrac{S^2 \kappa_e}{\lambda}$为系统的品质因数(figure of merit),T代表两个结点温度的平均值(κ_e为材料的电导率,λ为材料的热导率)。ZT值越大说明效率越高,但只有当$ZT>3$时TEG系统才能与传统的发电模式相竞争。目前只有铋、硒、碲、镱和锑的化合物之ZT值可以满足此条件,但尚没有达到4。此外,这些非常用元素的储备量十分有限,分布也很局部化,所以阻碍了热电传导发电机的大规模应用。

光伏(photo-voltaic,简称 PV)发电系统 虽然目前阶段利用该系统发电的造价依然昂贵(其兴建资本强度、能源和材料强度均很高),但是借助于政府的环保补贴,光伏发电的世界产能却在迅速增长,其优势特别显示在偏远地区,因为通过长距离传输化石燃料所生产的电力之成本很高,如果在当地安装光伏装置,从长远而计是很有竞争力的。

图 11.5 给出了光伏发电示意图(左)和光伏面板的工作原理(右)以及系统所需战略物资。光伏设施的核心是太阳能电池板,面板材料为硅基半导体,其发电原理为:半导体吸收太阳光子,具有足够能量的光子[1]在半导体的 p-n 结上将电子激发,产生新的电子—空穴对,它们在电场的作用下产生电势差 ΔV ,连接成回路后即可向外输电。

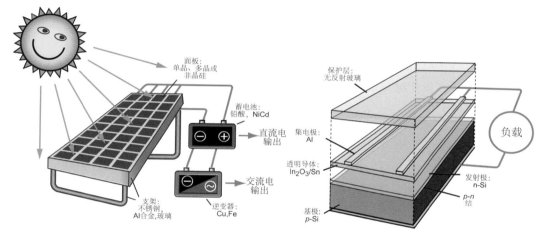

图 11.15　光伏太阳能发电示意图(左)和硅基光伏面板工作原理(右)及材料

电势差 ΔV 与光子能量和电子电荷 e 之间的关系为

$$\Delta V = hc/\lambda e \tag{11.1}$$

对晶体硅太阳能电池来说,开路电压的典型数值为 $0.5\sim0.6$ V,而太阳光子所引发的 ΔV 介于 0.5 V 和 2.5 V 之间。电池面积越大,吸收的光能越多,在界面层产生的电子—空穴对也越多,因此在电池回路中形成的电流也越大。为此,硅半导体的基极中多掺杂有电子受体的 p-Si (B,Ga),以产生尽量多的电子空穴;相反,其发射极中多掺杂有电子给体的 n -Si(P,As),以释放尽量多的电子。

光伏发电系统的效率普遍较低,其最大值是通过"单晶硅"元件获得的,约为 $15\%\sim17\%$ 。然而,单晶硅的制造设备投资和制造耗能均很高,价格次之的多晶硅元件之发电效率约为 $12\%\sim14\%$,更廉价的非晶硅静态薄膜器件之发电效率仅有 $8\%\sim9\%$,其原因是因为太阳光子的能量仅有一小部分被半导体电池所捕获,波长长的光子能量低,不足以激发 p-n 结上的电子,这部分能量仅被面板吸收为热量,而波长短的光子能量又太高,用于激发电子后的多余能量将再次被吸收为热量——实际上,只有 λ 约为 0.5 μm 的光子对光伏系统的效率贡献最大。此外,如

---

〔1〕　光子的能量 $E = hc/\lambda$,其中的 h 为普朗克常数,其值为 6.6×10^{-34} J/s;c 为光速,其值为 3×10^8 m/s;λ 为波长,其值介于 0.3 μm 至 3 μm 。

果固定的光伏面板与太阳辐照方向呈一定的角度,则其发电效率还会进一步降低。由此可知,提高该系统发电效率的有效途径应为:①面板随时跟踪太阳时角,效率可提升至 20%;②使用透镜或反射镜来吸收光子能量;③采用新型半导体材料,如 CdTe、Cu(In, Ga)Se$_2$ 等。

如同所有发电系统一样,光伏发电的实际平均输出功率值取决于系统的容量因数,而后者对日照密度(solar power density)极为敏感:晴朗无云的夏日午时密度值可接近 1 000 W/m^2,而全年不分昼夜的平均日照密度值仅为 100 W/m^2。由此推断,热带地区的容量因数约为 30%,而温带地区的容量因数仅为 10%,甚至更低。光伏系统容量因数低这一事实相对增大了其兴建资本强度和材料强度,致使电站的成本回收期 3 年至 10 年不等(见图 11.5 和 11.6)。但从环保角度讲,太阳能光伏发电系统一旦兴建完毕,原则上是不会再排碳的,因为该系统具有超长的使用寿命和极低的维修费用。

图 11.16 给出了太阳能光伏发电系统所需要的关键元素用量,其中的铟、镓和碲是至关重要的战略物资。该发电系统在全球范围内的迅速扩展,使得人们对这些非常用元素持续而不间断的供应能力产生怀疑。目前已有研究旨在采用更廉价、更易得的材料(如铜或铁的硫化物)取代之。光伏系统用材量细节详见附录 2。

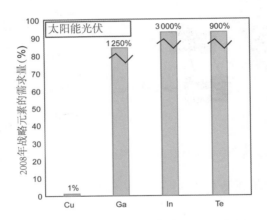

图 11.16 太阳能光伏发电系统所需战略元素

实例 11. "**2020 年太阳能将进入两百万英国家庭** 英国政府正在考虑对可以安装使用太阳能电池板的两百万家庭给予总额为数百万英镑的政府补贴,以实现太阳能计划。"

——摘自英国 2011 年 3 月 13 日版的《泰晤士报》

实例 12. "**消减补贴方案使政府的太阳能计划变得暗淡** 由于政府正在准备削减公共补贴,英国家庭太阳能取电计划之实施性遭到质疑。"

——摘自英国 2011 年 3 月 30 日版的《金融时报》

补贴政策可以促进新技术的推广,但突然改变政策会损害投资者的信心。

11.6　燃料电池发电

固体导电可以以电子或离子方式进行,许多离子导电体同时也是电子绝缘体。燃料电池正是利用离子导电这一特性而将化学能转换为电能的。燃料电池是一种电化学装置,由阴极、

阳极和隔离二者的电绝缘电解质组成。发生在阳极(燃料极)的氧化反应释放电子,电子随后在阴极(空气极)被还原吸收:

$$2H_2 \rightarrow 4H^+ + 4e^- \qquad (典型的阳极反应) \qquad (11.2a)$$

$$O_2 + 4H^+ + 4e^- \rightarrow 2H_2O(典型的阴极反应) \qquad (11.2b)$$

以上的电化学反应是质子(H^+)在铂的催化作用下,通过电解质从阳极扩散到阴极而完成的。阴、阳极与外部负载组成回路,由此提供电力。电池工作时,阳极所需的氢气可以通过重整甲烷蒸汽而获得:

$$CH_4 + H_2O \rightarrow 3H_2 + CO \qquad (11.3a)$$

$$CO + H_2O \rightarrow H_2 + CO_2 \qquad (11.3b)$$

以上的化学反应必须通过高温下的镍催化来完成,所以被称之为"高温燃料电池"。高温燃料电池中的甲烷重整是通过电解质进行的,而低温燃料电池使用额外装置对甲烷进行重整。这两个重整过程都会排放二氧化碳。燃料电池通常是按照电解质类型来划分的,主要有磷酸燃料电池和固体氧化物燃料电池。

磷酸燃料电池(PAFC)　PAFC 作为大型节能发电技术,目前的年总产量已超过 75 MW,该系统还具有廉价和使用寿命长(10 年)的巨大优势。PAFC 采用液体磷酸电解质在 $150 \sim 200℃$ 的温度和铂的催化作用下运行,质子(H^+)在阳极氧化,然后通过磷酸电解质在阴极与空气中的氧发生反应,形成水蒸气(见图 11.17 左)。PAFC 因受限于低温工作条件,其效率低于 40%,所以很难与高效的气体发电系统竞争。图 12.18(左)显示,铂元素是该系统中唯一可能限制其大力发展的制约材料。附录 2 给出磷酸燃料电池所需材料的细节。

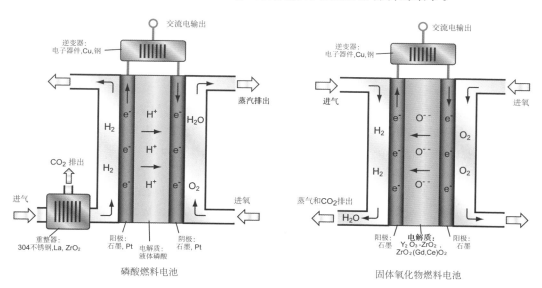

图 11.17　燃料电池工作原理

固体氧化物燃料电池(SOFC)　顾名思义,SOFC 采用全固体氧化物电解质,最常见的有"钇安定氧化锆"(YSZ)SOFC 电池。这种材料在高温下($600 \sim 1\,000℃$)具有良好的离子导电性,因而避免了使用昂贵的铂元素做催化剂。电池运行时,氧离子通过电解质扩散至阳极,与氢气发生反应,形成水蒸气(见图 11.17 右):

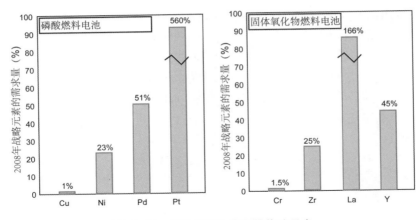

图 11.18　燃料电池生产所需战略元素

$$O_2 + 4e^- \rightarrow 2O^{2-} \qquad （阴极反应） \qquad (11.4a)$$
$$2O^{2-} + 2H_2 \rightarrow H_2O + 4e^- \qquad （阳极反应） \qquad (11.4b)$$

SOFC 的优势是它可以直接使用天然气、液化石油气或沼气作为燃气,其效率随着温度而增加,一般为 $50\% \sim 60\%$。然而,由于 SOFC 系统中的许多部件属陶瓷材料,为防止热冲击,运行启动必须缓慢。为此,科学家们已研制出中温 SOFC,例如采用"铈钆氧化物"替代 YSZ 电解质,可将电池的工作温度降低到 $500 \sim 600$℃,许多陶瓷器件也因此可以用不锈钢器件代替,从而大大提高了材料的热冲性,减少了系统启动时间而节能效果显著。图 11.18(右)显示,元素 Y、Zr 和 La 的有限供应量将是 SOFC 系统发展受限的主要材料因素。附录 2 中给出固体氧化物燃料电池所需材料的细节。

11.7　风能发电

风被人类用来做功已有数百年的历史。如今,风力发电和太阳能光伏发电是可再生能源发展最快的两个领域,均享受政府补贴。如同大多数可再生能源发电系统一样,风力发电也存在着"功率密度(power density)"和容量因数低的问题。陆基风力发电的平均功率密度仅为 2 W/m^2、容量因数 21%。以英国的人均土地面积 3 500 m^2 计算,整个国家哪怕布满风力发电站,最多所能提供的人均电力也只有 7 kW,刚刚能够满足英国目前的需求(参见 D. MacKay 2009 年著作之内容)。离岸风力发电的平均功率密度略高,约为 3 W/m^2(容量因数 35%),所以必须开发离岸风力发电模式以解决陆基拥挤和提高效率等难题,但海上维修成本也相对较高。

实例 13. 风能在容量因数较高(30%)的国家之发展　荷兰的土地总面积为 41 526 km^2,人口总数为是 1 650 万,人均耗电 6.7 kW。试利用表 11.2 中的数据平均值,预测荷兰的电力需求是否可以通过单一的陆基风力涡轮机发电而得以满足?

答案:为满足全荷兰的用电需求,风力涡轮机所需占用的土地面积为

$$A = 全国人口 \times 人均电力需求量 \times 面积强度 / 容量因数$$

从表 11.2 得知,陆基风力发电机组的平均面积强度为 275 m^2/kW_{nom}。因此,

$$A = 1.65 \times 10^6 \times 6.7 \times 275 / 0.3 = 1.01 \times 10^{11} (m^2) = 1.01 \times 10^5 (km^2)$$

这相当于荷兰国土的 2.4 倍面积。所以,该国的电力需求是不可能通过单一的陆基风力涡轮机发电而得以满足的。

图 11.19 给出了风力涡轮机发电示意图及其所需材料。风力涡轮机的工作原理如下:当风接触到涡轮机转子时,驱动叶片旋转,将动能通过齿轮箱连接和带动发电机运转而转换为电能。显然,风速 v 与涡轮机离地面的距离(即高度)h 成正比关系:

$$v(h) \approx v_{10} \left(\frac{h}{10} \right)^{0.14} \tag{11.5}$$

式中的 v_{10} 代表高度为 10 m 时的风速。鉴于电功率大小与风速的立方值成正比(见式 11.6),因此涡轮机的安装高度若增加一倍,则可使功率提高 30%。风力涡轮机具有切入风速(3~4 m/s)和切出风速(20~25 m/s)。当自然风速低于切入风速时,系统自动停止运行。

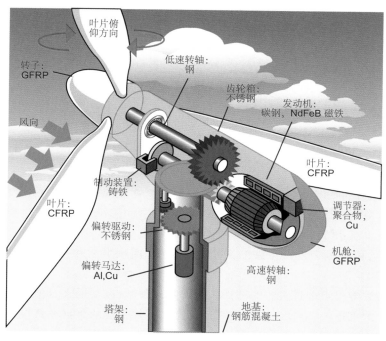

图 11.19　风力涡轮机发电示意图及所用材料

(作者根据美国能源署网站资料 http://energy.gov/eere/wind/how-do-wind-turbines-work 绘制。)

根据贝兹定律(Betz' Law),哪怕在最理想的情况下,风力涡轮机的动能转换效率也不可能超过 59.3% 的极限值——这一数值被称为"贝兹极限 C_B"。下面,让我们根据质量和能量守恒的原则,来简单推导极为重要的贝兹定律[1]。图 11.20 为自然风进出涡轮机前后的速度变化示意图:设进风口的风速为 v_1,出风口的风速为 v_2,叶片扫风面积为 S,则 S 处的平均风速为 $\bar{v}_S = \frac{1}{2}(v_1 + v_2)$。由此可知风的初始动能为 $E_1 = \frac{1}{2}mv_1^2$,风的做功速率为

$$P_1 = \frac{1}{2}\dot{m}v_1^2 = \frac{1}{2}(S\rho v_1)v_1^2 = \frac{1}{2}S\rho v_1^3 \tag{11.6}$$

----

〔1〕 详细的数学推导见 https://fr.wikipedia.org/wiki/Limite_de_Betz

上式中的 ρ 为空气密度，$\dot{m}$ 为物质流量。进而，在 S 处的功率为

$$P_S = \frac{1}{2}(S\rho\bar{v})(v_1^2 - v_2^2) = \frac{1}{4}S\rho(v_1 + v_2)(v_1^2 - v_2^2) \tag{11.7}$$

风力涡轮机的效率（$\eta = \dfrac{P_S}{P_1}$）可由以上两式之比得到：

$$\eta = \frac{P_S}{P_1} = \frac{1}{2}\left(1 + \frac{v_2}{v_1}\right)\left(1 - \left(\frac{v_2}{v_1}\right)^2\right) \tag{11.8}$$

对式（11.8）求导，可知当 $\dfrac{v_2}{v_1} = \dfrac{1}{3}$ 时，$\eta = \eta_{max} = 16/27 = 0.593 = 59.3\%$，这就是贝兹极限值 C_B。由此而得到的最佳输出功率为

$$P = C_B P_1 = \frac{1}{2}C_B \rho S v_1^3 \approx 0.3\rho S v_1^3 \tag{11.9}$$

可见，风力涡轮机的额定功率与叶片扫风面积 S 和进风速度的立方值 v_1^3 呈正比关系。

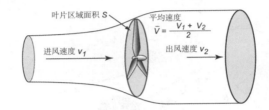

图 11.20　自然风进出涡轮机前后的速度变化示意图

　　风能本身是免费的，但风能的利用却需要投资和消耗能源。图 11.6 中的数据表明，风力发电站的能源投资回收期通常为 1～2 年。该模式发电的主要问题在于输出功率甚微，即便是系统的容量因数可高达 50%，也需要兴建大约一千个 2 MW 的风力涡轮机，才可能取代一个常规燃煤发电站，所以风力发电系统的兴建资本强度、面积强度和材料强度都是相对较高的（见图 11.4 和图 11.5）。

　　叶片是风力发电机组中最脆弱的部件。增加叶片长度（以便增大 S 值）的企图为选择叶片材料平添了不少约束条件。当涡轮机运转时，首先是叶片本身的重量在其根部形成弯曲负载，其次是离心力造成轴向负载以及风压引发额外弯曲负载。正如我们在第 9 和第 10 章中所讨论过的，最适合于满足这种复杂受力状态的材料组件，应为既轻巧又坚硬的壳体结构，其材料指数 ρ/σ_y 应达到最小值。胶合木、玻璃钢以及碳纤维增强复合材料（CFRP）都是不错的选择，其中 CFRP 为大型风力涡轮机叶片公认的首选材料。

　　发电机，自然是风力发电机组中的关键组成部分。风力涡轮机通常每分钟旋转 10～20 转（10～20 rpm），而感应发电机通常是在旋转速度为 750 rpm 时才能有效做功，所以发电机中需要有齿轮箱提速。若采用永磁同步发电机，则可以避免齿轮箱的使用，从而在低速下直接发电。钕铁硼（Nd-Fe-B）合金是迄今为止的最佳永磁材料，钐钴（Sm-Co）合金性能与其接近，但造价昂贵。

　　图 11.21 显示风力发电系统所需战略元素的情况，其中制造叶片所使用的 CFRP 和制造发电机所用的 Nd-Fe-B 磁铁之需求量均远远超过目前的生产能力。所以，若计划大力发展风能电站，必须大量增加 CFRP 和 Nd-Fe-B 的生产量，间或寻求替代材料。附录 2 给出了风力涡轮机发电所需材料的细节。

实例 14. 风能发电的代价和危险性

"现在是启用风力发电的时候了,西班牙风电公司 Gamesa 在英国兴建起三座大型风力发电机组后,有计划地继续开发利用当地的风能,使英国成为世界风能利用中心,重新夺回工业革命时代的领军地位。"

——摘自英国 2011 年 2 月 8 日版的《泰晤士报》

"巨型风力涡轮机面临史诗般的挑战:它将比伦敦摩天大楼 Gherkin 更高,比伦敦摩天轮 London Eye 更大。丹麦 Vestas 集团昨日宣布,他们计划生产 7 兆瓦的巨型风力涡轮机发电站。"

——摘自英国 2011 年 3 月 31 日版的《泰晤士报》

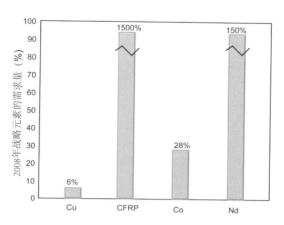

图 11.21　风力发电系统所需战略元素

"缺乏风源令人对绿色能源的未来感到担忧　英国一家可再生能源领跑公司报道,该公司去年的风力发电量因为缺少风源下降了 20%。"

——摘自英国 2011 年 2 月 2 日版的《泰晤士报》

"离岸风电站的兴建有煞海岸世界遗产区的风景　荷兰能源公司 Eneco 计划在英国南海岸兴建一座由 240 个涡轮机组成的大型离岸风力发电机组,但这一计划遭到了部分当地人的反对和抗议。示威者们说:'侏罗纪海岸是英格兰唯一的世界地质遗产。离岸风电站建成后,会在侏罗纪海岸的东部跃入眼帘,有煞这一古老地质遗产区的风景。'"

——摘自英国 2011 年 2 月 19 日版的《泰晤士报》

可见,风力发电的前途不仅取决于良好的气象条件和工程设计,还需要做好宣传和说服工作,以得到社会的认可和支持。

11.8　水力发电

水力发电可提供比其他任何可再生能源更多的能量(图 11.22 为水力发电系统示意图及其所需材料)。世界上有 13 个国家主要靠水力发电,其中挪威和巴西领先。水力发电的技术操作简单,并不总是需要建坝,只要在适当的水源处配备涡轮机和发电机即可,而且只要不遇干旱,发电机总是可以运行的。水力发电系统还有很大的灵活性,它既可以储存又可以生产能量,因此能够根据用电需求及时调整输出功率。

储存水库水位的能量来自于太阳,但是驱动涡轮机运转的能量则来自于水的重力。水在水轮机中的流量,如同空气在风力涡轮机中的流量,都是由流体力学基本定律——伯努利方程所支配的。当水流从一个基本静止水库(上池)倾泻到另一个基本静止水库(下池)时,水轮机入水口和出水口之间的压力差为 $\Delta p = \rho g \Delta h$(Δh 代表上池与下池之间的高度差),由此而产生的功率为

$$P = \eta g \dot{Q} \Delta h \tag{11.10}$$

式中的 η 为系统效率(大型水电站的效率可以高达 90% 以上,小型水电站的效率约在 50% 左右), $\dot{Q}$ 为水的体积流率。大型水电站寿命很长,而且极少需要维修,其运作不排碳,资源也免费。只是水电站的兴建成本很高,属于一种长期投资,而且或多或少地破坏了自然环境和人类栖息地。

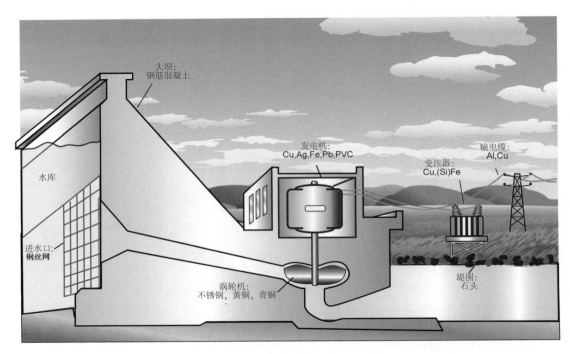

图 11.22　水力发电系统示意图及材料

　　兴建水电站最消耗材料的部分是水坝。小型水坝可为土坝,中、大型水坝则需要大量使用钢筋混凝土来兴建。举例来说,每输出额定功率 1 kW,需要耗用 5 t 钢筋混凝土。好在兴建水电站对其他材料的需求量是比较少的(见图 11.23)。

　　实例 15. "北极建坝之规划"　世界上最大的铝业厂商之一 Alcoa(美铝公司)计划利用北极冰川融化的水源发电,进而生产'绿色'铝材料。该厂家希望在北极圈内兴建铝冶炼基地,以便降低铝生产时因大量耗能和排碳而耗费的成本。格陵兰岛和冰岛都是 Alcoa 青睐的目标。"

——摘自美国 2010 年 11 月 20 日版的《纽约时报》

　　铝的需求量预计将从 2009 年的 3 800 万吨上升至 2020 年的 7 400 万吨,届时仅仅来自中国的需求就会高达 4 400 万吨。

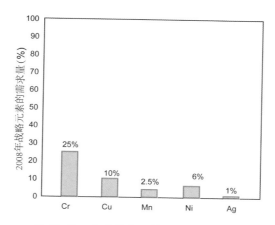

图 11.23　水力发电系统所需战略元素

11.9　波浪能发电

海洋中的波浪蕴藏着巨大的能量。波浪能是以每单位长度的焦耳数来计算的,其功率约为 40 kW/m。然而,捕获波浪能并不是一件容易的事情,目前发电系统能够实际利用的波浪能尚不足四分之一。此外,该类能源仅适合于少数具有漫长海岸线的国家。预算估测,对于一个人口为 5 000 万的国家来说,若提供人均 1 kW 的用电需求,必须兴建 4 000 km 长的"海蛇"或"巨蟒",其海上维修操作将是一个不小的难题。

波浪能发电方式有多种,主要分为浮子式(buoyancy)、越浪式(overtopping)和振荡水柱式(oscillating water-column)三大类。浮子式装置内有液压缸,浮子通过波浪的上下运动带动涡轮泵运行而产生动力;越浪式(或漫溢式)装置使用垂直轴涡轮机的浮动坡道,使上行波浪漫溢坡道并在水轮机下方溢出,进而带动出水管口的水轮机发电;振荡水柱式(又称空气透平式)装置,是目前应用最为广泛的波浪发电技术。该装置使用大体积流动的水作为气缸活塞,当波浪涌入时空气被排出气缸,当波浪下降时新空气又被吸入。空气的交替压缩膨胀运动驱动涡轮机做功。图 11.24 为海蛇牌(Pelamis)浮子式波浪发电示意图。发电装置漂浮在海洋表面,再用电缆和锚将其固定在海底。装置中的链接部分使得整个系统可以随波浪而弯曲运动,从而驱动涡轮油泵活塞的运转而发电。

目前世界上波浪发电的总产量仅有 4 MW,但是许多设备正在开发研制之中。由于波浪发电装置需要在恶劣环境中运作,所以设备制造需要使用大量的不锈钢材,这种发电模式被列为"三高系统":材料强度高、能源强度高、排碳强度高。铜,是该系统兴建所需要的唯一战略物资。如果希望用波浪发电来提供 2 000 GW 的电力,则未来 10 年内会消耗全球铜产量的 20%。好在除铜之外的其他材料的市场供应不存在大的问题。

实例 16."波浪和潮汐粉碎幻想　多年来科技专家们一直向我们描绘着使用海洋潮汐和波浪发电的诱人前景,并且规划在海上和潮汐河口外兴建大型发电机组,以满足全美 10% 的用电之需。然而,事实证明这一设想并不切合实际。去年,一座价值为 250 万美元的波浪电机沉没在俄勒冈(Oregon)州海岸,安装在纽约州东江的试验潮汐涡轮机叶片均已折断。葡萄牙

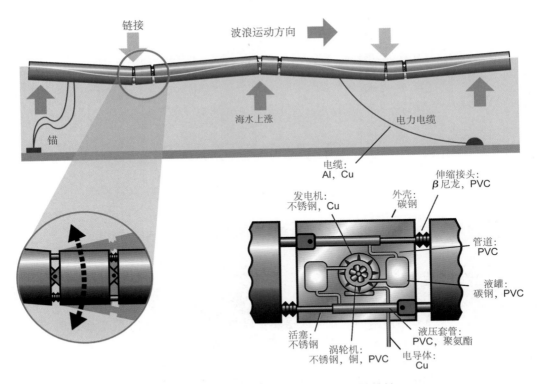

图 11.24　浮子式波浪能发电系统示意图及材料

蛇型发电机组的部署也因离岸系泊受阻而减缓进度。"

——摘自美国 2008 年 9 月 22 日版的《纽约时报》

可见,驾驭波浪和潮汐的任性而造福于人类是工程领域所面临的巨大挑战。

实例 17. "**波浪发电站海底枢纽安装到位**　经过 7 年的努力,第一个波浪发电站枢纽终于在九月份安装到了北康沃尔(Cornwall)地区的海底。该枢纽的建立将为海洋发电提供必要的基础设施,使波浪能计划与国家电网挂钩。它如同一个巨大的水下电插座,供企业租用,以避免四处铺设海底电缆。"

——摘自英国 2010 年 11 月 2 日版的《泰晤士报》

该例表明,将远离陆地用电区的太阳能、风能、波浪能和潮汐能传输到目的地是需要配备昂贵的基础设施的。

11.10　潮汐能发电

月球围绕地球运转,地球围绕太阳运转。这些运动通过重力和离心力作用于海水,导致海平面周期性地升降,这就是潮汐现象。潮汐发电与水力发电原理类似,涨潮时将海水储存于水库中,落潮时将其放出,因而利用高、低潮位之间的势能差,推动水轮机运转而发电。

世界上最大的潮汐地带位于加拿大东南岸的新苏格兰省(Nova Scotia)和英国的塞文河口(Severn Estuary),那里可以提供约 3 W/m² 潮汐能,与风力发电旗鼓相当。潮汐发电形式有 3 种:潮汐流(tidal-stream)发电、潮汐堰坝(tidal-barrage)发电和动态潮汐能发电(Dynamic

Tidal Power,简称 DTP)。图 11.25 为潮汐流发电站的示意图及其对材料的需求。由英国研制的名为 Seagen 的桨叶式潮流发电系统是目前唯一的运行系统,它位于水下,其涡轮机通过涨潮、退潮的水流而驱动发电机运行,可具有 1.2 MW 的额定功率,48% 的容量因数和 20 年的设计寿命。潮汐堰坝的发电原理与水坝发电的原理类似,其唯一区别在于前者使用潮汐而后者使用雨水来储存水位。世界上最大的潮汐堰坝位于法国的航思河(Rance)入海口,那里的潮汐落差高达 8 m 之多,可驱动一个 240 MW 的发电机组。潮汐堰坝因为其机械部分简单,要比潮汐流发电机有更长的使用寿命。DTP 是一种尚未进入使用阶段的新型发电模式,它利用潮汐流在势能和动能之间的交互作用,从海岸建坝一直延伸到大海,并在大坝末端再建一个与海岸平行的坝体,从而形成一个 T 形长坝。该庞大建筑物将干扰与海岸平行的潮汐波运动,从而引发坝体两侧的水位差,由此带动坝体内的双向涡轮机发电。潮汐发电的优越性在于其容量因数可以根据季节性而预测,缺点是该发电模式也属于三高系统:材料强度高(尽管不需要使用任何战略物资,但对铜的需求量却占消费总量的 5%),能源强度高和资本强度高(参见图 11.4、11.5 和 11.6)。此外,从生态角度来看,无论是潮汐流还是堰坝式潮汐电站都会影响到海洋生物的生存环境。

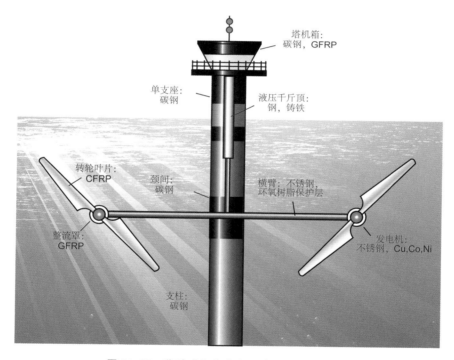

图 11.25 桨叶式潮汐发电系统示意图及材料

实例 18."潮汐能受到劳斯莱斯的青睐 劳斯莱斯(Rolls-Royce)集团公司正在大举进军潮汐发电领域。它旗下的富时 100(FTSE-100)工程集团计划在苏格兰和奥克尼(Orkney)群岛之间的彭特兰海峡(Pentland Firth)水域安装一个 1 MW 的涡轮发电站。"

——摘自英国 2011 年 4 月 10 日版的《星期日泰晤士报》

11.11 地热能发电

地球核心部分的温度高达 5 000 ℃以上。地热能即来自地球深部的热能,它是通过地球的熔融岩浆和放射性物质的衰变而产生的。深处地下水的循环和来自极深处的岩浆侵入到地壳后,将热量通过传导和地幔中的岩浆对流方式带至近表层,可提供的热量密度为 50 mW/m²。该热量因地球表面温度低是不能够使用来直接发电的,因为电力生产所需要的水温应在 200 ℃以上。所以,使用地热发电必须向地下钻井,并在约 10 km 处安置发电系统。这一苛刻条件使得地热发电在通常的温度梯度为 20 ℃/km 情况下变得极为昂贵。然而,部分国家和地区(冰岛、美国、新西兰和意大利)的地理位置特殊,那里的地幔岩浆升至地表的温度梯度高达 40 ℃/km,自然可以很好地开发利用地热能而发电。

图 11.26 为地热发电站的示意图及其对材料的需求。地热发电可以细分为 3 种:干蒸汽发电(dry steam station)、闪蒸汽发电(flash steam station)和双循环发电(binary cycle power station)。它们的操作过程大体一致:首先将室温水注入到地下的热岩层中,以获取热水(闪蒸汽式)或蒸汽(干蒸汽式),再通过高温设备将蒸汽送入涡轮机发电,随后再将冷凝的水重新注入岩石中循环利用。双循环模式是最新技术,它将热岩加热后的低温水热量传给沸点比水低得多的流体,以获取流体蒸汽并驱动涡轮机发电。地热发电的输出功率为 0.1~2 GW。

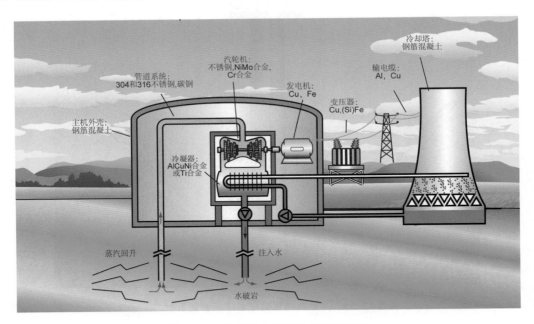

图 11.26 地热发电系统示意图及材料

地热很可能是所有可再生能源中最有潜力的一种。据 2008 年美国地质调查局的研究估测,全美的地热发电潜力有望超过 500 GW。就目前阶段来说,这一巨大的潜力尚未得到全面开发,主要问题在于钻井技术和成本。如同波浪和潮汐发电系统一样,地热发电唯一需要大量使用的材料是铜,其需求量约占铜消费总量的 2%。

实例 19. "冰岛计划将火山电力输送到英国 冰岛大型国立电力公司 Landsvirkjun 正在

研究如何铺设冰岛与英国之间的 1 170 条电缆以向英输送电力。"

——摘自英国 2011 年 3 月 6 日版的《星期日泰晤士报》

计划中的电缆将输送地热产生的高压电力 0.68 GW。如果电缆的横截面积为 20 cm²,则制造单条电缆的铜需求量为 18 t,制造 1 170 条电缆的总需求量为 21 060 t。所幸世界上铜的年产量为 1 600 万吨,冰岛的这一宏伟计划仅消耗世界上 0.13% 的铜年产总量。

11.12 生物质能发电

绿色植物捕获太阳能而产生光合作用(photosynthesis),进而把大气中的二氧化碳和水转化成储存能量的有机物(碳水化合物,油脂和蛋白质),同时释放氧气。这些有机物可以经过干燥燃烧而直接释放能量,也可以经过发酵而首先得到烯烃(甲烷,乙烷)和醇(甲醇,乙醇),然后被用做燃料。籽油(如大豆油,葵花油,棕榈油)经过加工处理后可以转换为生物柴油(见图 11.27)。

图 11.27 用于生物质能的美国 Ohio 州的大豆作物

生物质能的巨大优越性在于,植物的生长仅需要消耗极少量的化石资源,而且可持续发展性强且清洁低碳——事实上,生物质资源在被燃烧使用之前一直是捕获二氧化碳的,但其种植和产品运输过程还是会排碳的。然而,利用植物储存能量的效率极低,通常只有 0.5%。以温带地区为例,平均太阳辐射年通量约为 100 W/m²,折合成生物质能的面积强度约为 2 000 m²/kW,实为动力源面积强度之最。经过各类加工处理后,生物质能的转换效率还会进一步下降,致使其实际面积强度高达 5 000~10 000 m²/kW$_{nom}$。此外,利用生物质制作液体燃料自然导致农耕土地面积的萎缩。2007 年,美国粗粮产量的 25% 和欧盟植物油产量的 50% 被用于制作生物燃料,但它们提供的能源仅占全球能源供应市场中的 0.36%。据 Pimm 2001 年所报道的数据,全球自然生物质和培育生物质的年产量总和约为 140×10⁹ t,其中用于食品、牲畜饲料、木柴燃烧、森林转牧场、建筑和纤维的年消费总量为 58×10⁹ t,约占年产量的 40%。

可见,生物质能的发展前景是有局限性的。

11.13　本章小结

预测结果表明,如果人类社会需要的能源仅以电力来计算,那么 2050 年需要达到的发电量应为 6 000 GW($6×10^{12}$ W)。这一指标若通过各种可持续能源发电的叠加来达到是绰绰有余的,地球上的燃煤和核燃料总储备量也可以满足这一庞大的需求。单一使用其中的任何一种能源都有许多问题存在,即便是各种能源的综合利用也会有不尽人意之处。

可再生能源发电站也会排碳,但相对于我们现在所使用的火力发电系统之排碳量要低 10 到 30 倍之余,所以属于"低碳发电系统"。然而,与化石燃料发电站相比,可再生能源发电站的兴建需要占用更多的土地、耗费更多的资金和材料。最棘手的问题在于,大多数可再生源动力系统的容量因数低、功率密度低,因而,取代大功率且廉价的火力发电从而实现能源转型并不是一蹴而就的。

如果某动力系统所需要的材料拥有丰富的储量,哪怕该材料有较高的材料强度,也不会影响其全球供应链——铸铁、碳钢、混凝土、木材和常用聚合物均能满足这些条件。但是,如果人类社会对能源需求的胃口不减,则在未来 10 年里需要建设庞大规模的各种电站,其后果会导致一些关键材料的供应链出现危机,甚至断链。

新型能源功率密度低之弱点迫使人们不得不占用大量土地"捕获"之。如果一个国家的许多土地被用来捕获太阳能和制造生物质能,则农业和畜牧业所需要的土地就会相应减少。此外,可再生源动力系统的兴建地点分散,连接成网和"离岸"维修均需要额外投资(D. MacKay 2009 年出版的专著对这些情况做了更深入的探讨)。目前所有的研究结果均表明:期望得到既丰富又廉价、还没有碳污染的大功率可再生发电系统是不现实的想法。我们必须接受这一现实。

11.14　拓展阅读

概述

[1] Andrews, J. and Jelley, N. (2007), "Energy science: principles, technologies and impacts", Oxford University Press, UK. ISBN 978−0−19−928112−1 (*An introduction to the science behind energy sources and energy storage systems*)

[2] Boyle G. (2004), Sustainability, DE. 158.

[3] British Geological Survey (2011), "Risk list 2011", www. bgs. ac. uk/mineralsuk/statistics/riskList. html(*A supply risk index for critical elements or element groups which are of economic value*)

[4] Cullen, J. M. (2010), "Engineering fundamentals of energy efficiency", PhD thesis, Engineering Department, University of Cambridge, UK. (*A revealing analysis of energy use and efficiency of energy conversion in modern society*)

[5] Fay, J. A. and Golomb, D. S. (2002), "Energy and the environment", Oxford University Press, UK. ISBN 0−19−515092−9 (*The environmental background to energy pro-*

duction，with an exploration of the potential for replacing fossil fuels by lower carbon alternatives）

［6］Harvey，L. D. D.（2010），"Energy and the new reality 1：energy efficiency and the demand for energy services"，Earthscan Publishing，London，UK. ISBN978－1－84971－072－5（*An analysis of energy use in buildings，transport，industry，agriculture and services，backed up by comprehensive data*）

［7］Harvey，L. D. D.（2010），"Energy and the new reality 2：carbon-free energy supply"，Earthscan Publishing，London，UK. ISBN 978－1－84971－073－2（*An comprehensive analysis low-carbon power generation systems*）

［8］Hunt，W. H.（2010），"Linking transformational materials and processing for an energy efficient and low-carbon economy"，The Minerals，Metals and Materials Society（TMS），www. energy. tms. org（*A pair of reports assessing the materials challenges raised by a low-carbon economy*）

［9］IAEA（1997），"Sustainable development and nuclear power"，International Atomic Energy Agency，Vienna，Austria.

［10］IEA（2008），"International Energy Agency Electricity information 2008"，OECD／IEA，Paris，France. ISBN 978－92－64－04252－0（*An extraordinarily detailed，annual，compilation of historical and current statistics on electricity generation and use*）

［11］Lund，H.（2010），"Sustainability systems—the choice and modelling of 100% renewable solutions"，Elsevier，Amsterdam. ISBN 978－0－12－375028－0（*An analysis of the social and political challenges of deploying Sustainability systems on a large scale*）

［12］MacKay，D. J. C.（2009），"Sustainable energy—without the hot air"，UIT Publishers，Cambridge UK. ISBN 978－0－9544529－3－3 www. withouthotair. com（*MacKay takes a critical look at the potential for replacing fossil fuel base energy by alternatives. A book noteworthy for clarity of argument and style*）

［13］McFarland，E. L.，Hunt，J. L.，Campbell，J. L. E.（2007），"Energy，physics and the environment"，Thompson Publishers，UK. ISBN 0－920063－62－4（*The underpinning physics for alternative power systems and more*）

［14］Meyer，P. J.（2002），"Life cycle assessment of electricity generation systems and applications for climate change policy analysis"，PhD Thesis（Report number UWFDM-1181），Fusion Technology Institute，University of Wisconsin，USA.（*Case studies of alternative power generating systems，making use of triangle-maps like that of figure* 11. 2）

［15］Quaschning，V.（2010），"Sustainability and climate change"，John Wiley，London，UK. ISBN 978－0－470－74707－0（*A readable，well-illustrated introduction to Sustainability systems，with examples of deployment*）

［16］San Martin，R. L.（1989），"Environmental emissions from energy technology systems：the total fuel cycle"，US Department of Energy，Washington DC，USA.

［17］Sorensen，B.（2004），"Sustainability—its physics，engineering，environmental impact，economics and planning"，3rd edition，Elsevier，Amsterdam，The Netherlands. IS-

BN 978－0－12－656135－1(*A densely-written tomebut with much useful data*)

[18] Tester, J. W., Drake, E. M., Driscole, M. J., Golay, M. W. and Peters, W. A. (2005), "Sustainable energy—choosing among the options", MIT Press, USA. ISBN 978－0－262－20153－7 (*A comprehensive and very long text exploring the economic and environmental issues raised by alternative sources of sustainable energy*)

[19] UK Department of Energy and Climate Change (2010), "Statistics", www. decc. gov. uk/assets/decc/Statistics.

煤炭与天然气发电

[1] CCSA (2010), "About CCS, Carbon Capture and Storage Association", www. ccsassociation. org. uk

[2] EPRI (2009), "Program on Technology Innovation: Integrated Generation Technology Options", Energy Technology Assessment Centre.

[3] Hondo, H. (2005), "Life cycle GHG emission analysis of power generation systems: Japanese case", Elsevier, Energy, Vol. 30, pp 2042~2056.

[4] IEA (2002), "Environmental and Health Impacts of Electricity Generation", www. ieahydro. org/reports/ST3-020613b. pdf

[5] Kaplan, S. (2008), "Power Plants: Characteristics and Costs", CRS Report for Congress, www. fas. org/sgp/crs/misc/RL34746. pdf

[6] Mayer-Spohn, O. (2009), "Parametrised Life Cycle Assessment of Electricity Generation in Hard-Coal-Fuelled Power Plants with Carbon Capture and Storage", Universitat Stuttgart, http://elib. uni-stuttgart. de/opus/volltexte/2010/5031/pdf/100114 Dissertation Mayer Spohn FB105. pdf

[7] Meier P. J. (2002), "Life cycle assessment of electricity generation systems and applications for climate change policy analysis", University of Wisconsin, USA. http://fti. neep. wisc. edu/pdf/fdm1181. pdf

[8] National Grid (2010), "Calorific Value description", www. nationalgrid. com/uk/Gas/Data/help/opdata

[9] NaturalGas. org (2010), "Overview of Natural Gas", http://naturalgas. org/overview/overview. asp

[10] Stranges, A. N. (2010), "Coal, Chemistry Explained", Advameg Inc., www. chemistryexplained. com/Ce-Co/Coal

[11] White, S. W. and Kulcinski, G. L. (2000), "Birth to death analysis of the energy payback ratio and CO2 gas emission rates from coal, fission, wind and DT-fusion electrical power plants", Fusion Engineering and Design, Vol. 48, pp 473~481.

核能

[1] Andrews, J. and Jelley N. (2007), "Energy science", Oxford University Press, UK. ISBN 978－0－19－928112－1

[2] British Energy (2005), "Environmental Product Declaration of Electricity from Torness Nuclear Power Station", Environmental Science and Technology, 42:2624-2630 www.

british-energy. com&http://ec. europa. eu/environment/integration/research/newsalert/pdf/109na4. pdf

[3] Glasstone, S. and Sesonske, A. (1994), "Nuclear reactor engineering", 4thedition, Chapman and Hall, New York, USA. ISBN 0－412－98521－7

[4] Kaplan, S. (2008), "Power Plants: Characteristics and Costs", CRS Report for Congress, www. fas. org

[5] Rashad, S. M. and Hammad, F. H. (2000), "Nuclear poser and the environment: comparative assessment of the environmental and health impacts of electricity-generating systems" Applied Energy, Vol. 65, pp 211 ~ 229.

[6] Roberts, J. T. A. (1981), "Structural materials in nuclear power systems", Plenum Press, New York, USA. ISBN 0－306－40669－1

[7] Storm van Leeuwen, J. W. (2007), "Nuclear Power-the energy balance", Ceedata Consultancy, www. stormsmith. nl/report20071013/partF. pdf

[8] Voorspools, K. R., Brouwers, E. A., D'Haeseleer, W. D. (2000), "Energy content and indirect greenhouse gas emissions embedded in emission-free power plants: results for the Low Countries", Applied Energy, Vol. 67, pp 307~330.

[9] White, S. W., and Kulcinski, G. L. (1998), "Birth to death analysis of the energy payback ratio and CO_2 gas emission rates from coal, fission, wind and DT-fusion electrical power plants", Fusion Engineering and Design, Vol. 48 (248), pp 473~481.

[10] White, S. W., Kulcinski, G. L. (1998), "Energy Payback Ratios and CO2 Emissions Associated with the UWMAK-I and ARIES-RS DT-Fusion Power Plants", Fusion Technology Institute, Wisconsin, USA. http://fti. neep. wisc. edu/pdf/fdm1085. pdf

[11] WISE Uranium project (2009), "Nuclear Fuel Energy Balance Calculator", www. wise-uranium. org/nfce

[12] World Nuclear Association (2009), "Nuclear Power Reactors", www. world-nuclear. org/info/inf32

太阳能

[1] AMP Blogs network (2009), "New Solar Panel Materials Studied", www. aboutmy-planet. com/alternative-energy/new-solar-panel-materials-studied/

[2] Ardente, F., Beccali, G., Cellura, M., Lo Brano, V. (2005), "Life cycle assessment of a solar thermal collector", Sustainability, Vol. 30, pp 1031~1054.

[3] Bankier, C., Gale, S. (2006), "Energy payback of roof mounted photovoltaic cells", The Environmental Engineer, www. rpc. com. au/pdf/Environmental Engineer Summer 06 paper 2. pdf

[4] Blakers, A., Weber, K. (2000), "The Energy Intensity of Photovoltaic Systems", Centre for Sustainable Energy Systems, Australian National University, www. ecotopia. com

[5] Carbon Free Energy Solutions(2010), "Philadelphia solar modules", www. carbon-freeenergy. co. uk

[6] Denholm, P., Margolis, R. M., Ong, S. and Roberts, B. (2010), "Sun Gets E-

ven", National Sustainability Laboratory, http://newenergynews. blogspot. com/2010/02/sun-gets-even. html

[7] Energy Development Co-Operative Limited (2010), "Solar Panels-Solar PV Modules", www. solar-wind. co. uk/solar panels

[8] Genersys Plc. (2007), "1000-10 Solar Panel Technical Datasheet", www. genersys-solar. com

Ginley, D. , Green, M. A. , and Collins, R. (2008) *Solar energy Conversion towards* 1 *Terawatt*, MRS Bulletin, Volume 33, No. 4.

[9] Ginley, D. , Green, M. A. , and Collins, R. (2008), "Solar energy Conversion towards 1 Tera-watt", MRS Bulletin, Vol. 33, No. 4

[10] Intelligent Energy Solutions(2010), Solar Panel Cost www. intelligentenergysolutions. com

[11] Kannan, R. , Leong, K. C. , Osman, R. , Ho, H. K. , Tso, C. P. (2005), "Life cycle assessment study of solar PV systems: An example of a 2. 7 kW$_p$ distributed solar PV system in Singapore", Elsevier.

[12] Keoleian, G. A. and Lewis, G. McD. (1997), "Application of life cycle energy analysis to Photovoltaic Module Design, Progress in Photovoltaics: Research and applications", Vol. 5, http://deepblue. lib. umich. edu

[13] Knapp, K. E. , Jester, T. L. (2000), "An Empirical Perspective on the Energy Payback Time for Photovoltaic Modules Solar Conference", Wisconsin, USA.

[14] Koroneos, C. , Stylos, M. and Moussiopoulos, N. (2005), "LCA of Multi-crystalline Silicon Photovoltaic Systems", Aristotle University of Thessaloniki, Greece.

[15] Lewis, G. M. , Keoleian, G. A. (1997), "Life Cycle Design of Amorphous Silicon Photovoltaic Modules", EPA, www. umich. edu/nppcpub/research/pv. pdf

[16] Meier P. J. (2002), "Life cycle assessment of electricity generation systems and applications for climate change policy analysis", University of Wisconsin, USA. http://fti. neep. wisc. edu/pdf/fdm1181. pdf

[17] Sanyo (2009), "HIT photovoltaic module", www. shop. solar-wind. co. uk

[18] Sharp (2008), "210W/200W Photovoltaic solar panels", ND Series, www. shop. solar-wind. co. uk/acatalog/Sharp Solar Panel ND 210E1F Brochure. pdf

[19] Solar Systems (2010), Projects, Mildura solar farm, www. solarsystems. com. au/projects

[20] Tritt, T. M. , Bottner, H. , Chen, L. (2008), "Thermoelectrics: Direct Solar Thermal Energy Conversion", MRS Bulletin, Vol. 33, No. 4.

[21] US Department of Energy (2011), "Concentrating Solar Power", http://www1. eere. energy. gov/solar/csp_program. html

[22] US Department of Energy (2011), "Dish/Engine Systems for Concentrating Solar Power", http://www. eere. energy. gov/basics/renewable energy/dish engine. html

[23] US Department of Energy (2011), "Linear Concentrator Systems for Concentra-

ting Solar Power", http://www. eere. energy. gov/basics/renewable energy/linear concentrator. html

[24] US Department of Energy (2011), "Power Tower Systems for Concentrating Solar Power", http://www. eere. energy. gov/basics/renewable energy/power tower. html

[25] Vidal, J. (2008), "World's biggest solar farm at Centre of Portugal's ambitious energy plan", The Guardian, Environment, Sustainabilitywww. guardian. co. uk/environment/2008/jun/06/renewableenergy. alternativeenergy

[26] Viebahn, P. Kronshage, S. Trieb, F. and Lechon Y. (2004), "Final report on technical data, costs, and life cycle inventories of solar thermal power plants", New Energy Externalities Developments for Sustainability (NEEDS) project, European Commission 6thFramework Programme, www. needs-project. org/docs/results/RS1a/RS1a％20D12. 2％20Final％20report％20concentrating％20solar％20thermal％20power％20plants. pdf

[27] Woodall, B. (2006), "World's Biggest Solar Farm Planned for New Mexico", Planet Ark www. planetark. com/dailynewsstory. cfm/newsid/36162/story. htm

燃料电池

[1] Karakoussis, V. Brandon, N. P. Leach, M and van der Vorst, R. (2001), "The environmental impact of manufacturing planar and tubular solid oxide fuel cells", J. Power Sources, Vol. 101, pp 10 ～ 26

[2] US Department of Energy (2011), "Fuel cells", http://www1. eere. energy. gov/hydrogenandfuelcells/fuelcells/fc types. html

[3] Van Rooijen, J. (2006), "A life-cycle assessment of the pure cell stationary fuel cell system: providing a guide for environmental improvement", Report No. CSS 06～09, Center for Sustainable Systems, University of Michigan, USA.

风能

[1] Ardente, F. , Beccali, M. , Cellura, M. , & Lo Brano, V. (2008), "Energy performances and life cycle assessment of an Italian wind farm", Renewable and Sustainable Energy Reviews, 12(1), pp 200～217.

[2] Hood, C. F. (2009), "The history of carbon fiber", www. carbon-fiber-hood. net/cf-history

[3] Crawford, R. H. (2009), "Life cycle energy and greenhouse emissions analysis of wind turbines and the effect of size on energy yield", Renewable and Sustainable Energy Reviews, Vol. 13, Issue 9, pp 2653～2660.

[4] Danish wind industry association (2003), "What does a Wind Turbine Cost?", http://guidedtour. windpower. org

[5] EWEA (2003), "Costs and Prices, Wind Energy-The Facts", Vol. 2, www. ewea. org

[6] Hau, E. (2006), "Wind turbines: fundamentals, technologies, application, economics", 2nd edition, Springer, ISBN 3－540－24240－6.

[7] Hayman, B. , Wedel-Heinen, J. andBrondsted, P. (2008), "Materials Challenges

in Present and Future Wind Energy", MRS Bulletin, Vol. 33, No. 4.

[8]Martinez, E., Sanz, F., Pellegrini, S., Jimenez, E., Blanco, J. (2007),"Life cycle assessment of a multi-megawatt wind turbine", University of La Rioja, Spain. www. assemblywales. org

[9] McCulloch, M., Raynolds, M., Laurie, M. (2000),"Life cycle Value assessment of a Wind Turbine", Pembina Institute, http://pubs. pembina. org/reports/windlcva. pdf

[10] Musgrove, P. (2010),"Wind Power", Cambridge University Press, UK. ISBN978−0−521−74763−9

[11] Nalukowe, B. B., Liu, J., Damien, W., Lukawski, T. (2006),"Life cycle assessment of a Wind Turbine", http://www. infra. kth. se/fms/utbildning/lca/projects%202006/Group%2007%20(Wind%20turbine). pdf

[12] Vestas (2008),V82-1,65 MW, Vestas Wind turbine brochure.

[13] Vindmølleindustrien (1997),"The Energy Balance of Modern Wind Turbines", Wind Power Note, http://www. apere. org/manager/docnum/doc/doc1249 971216 wind. fiche37. pdf

[14] Weinzettel, J., Reenaas, M., Solli, C., Hertwich, E. G. (2009),"Life cycle assessment of a floating offshore wind turbine", Sustainability, Vol. 34, pp 742~747.

[15] Windustry (2010), "How much do wind turbines cost?", Windustry Project, Minneapolis, USA. www. windustry. org/how-much-do-wind-turbines-cost

水力发电

[1] Davies, J., Wright, M., Monetti, K., Van Den Berg, D. (2007),"Hydroelectric Section of the Energy Task Force", www. investfairbanks. com/documents/Hydronarrative12-07. pdf

[2] Energy Saving Trust (2003),"Small Scale Hydroelectricity",www. savenergy. org

[3] IEA (2000),"Hydropower and the World's Energy Future", www. ieahydro. org/reports/Hydrofut. pdf

[4] Ribeiro, F de M., da Silva, G. A. (2010),"Life cycle inventory for hydroelectric generation: a Brazilian case study", J. Cleaner Production 18, pp 44~54.

[5] Sims, R. E. H. (2008),"Hydropower, Geothermal and Ocean Energy", MRS Bulletin, Vol. 33, No. 4.

[6] Hoover Dam(2008), "Frequently Asked Questions and Answers", Bureau of Reclamation,US Department of the Interior, The Dam, www. usbr. gov/lc/hooverdam/faqs/damfaqs. html

[7] Vattenfall, A. B. (2008), "Certified environmental product declaration EPD of electricity from Vattenfall's Nordic hydropower", www. vattenfall. com

波浪发电

[1] Anderson, C. (2003),"Pelamis WEC-Main body structural design and materials selection, DTI", http://webarchive. nationalarchives. gov. uk/http://www. dti. gov. uk/renewables/publications/pdfs/v0600197. pdf/

[2] Boronowski，S.，Wild，P.，Rowe，R.，van Kooten，G. C.（2010），"ntegration of wave power in HaidaGwaii"，RenewableEnergy，Vol. 35，pp 2415～2421.

[3] Carcas，M.，"The Pelamis Wave Energy Converter-A phased array of heave ＋ surge point absorbers"，Ocean Power Delivery Ltd.，http：//hydropower. inel. gov/hydroki-netic wave/pdfs/day1/09 heavesurge wave devices. pdf

[4] Energy Action Devon（2010），"Wave Power"，Devon Association for Sustainability，www. devondare. org/wavepower

[5] Henry，A.，Doherty，K.，Cameron，L.，Whittaker，T. and Doherty，R.（2010），"Advances in the design of the Oyster wave energy converter"，www. aquamarinepower. com/pub

[6] Parker，R. P. M.，Harrison，G. P. and Chick，J. P.（2007），"Energy and carbon au-dit of an offshore wave energy converter"，School of Engineering and Electronics，University of Edinburgh，UK.

[7] Peak Energy（2010），"Wave power potential in Australia"，http：//peakenergy. blogspot. com/2010/09/wave-power-potential-in-australia. html

[8] Pelamis Wave Power（2010），"Environmental Characteristics"，www. pelamiswave. com

[9] Wave Dragon（2005），"Wave Dragon"，www. wavedragon. net

潮汐发电

[1] Douglas，C. A.，Harrison，G. P. and Chick，J. P.（2008），"Life cycle assessment of the Seagen marine current turbine"，J. Engineering for the Maritime Environment（Proc. IMechE），Vol. 222，pp 1 ～ 12.

[2] Harvey，L. D. D.（2010），"Energy and the New Reality"，Carbon Free Energy Sup-ply，Earthscan Ltd.，London，UK.

[3] Miller，V. B.，Landis，A. F. and Schaefer，L. A.（2010），"A benchmark for life cy-cle air emissions and life cycle impact assessment of hydrokinetic energy extraction using life cycle assessment"，Sustainability，Vol. 35，pp 1～7.

[4] Roberts，F.（1982），"Energy Accounting of River Severn Tidal Power Schemes"，Applied Energy，Vol. 11，pp 197～213.

地热发电

[1] Frick，S.，Kaltschmitt，M. and Schroder，G.（2010），"Life cycle assessment of ge-othermal binary power plants using enhanced low-temperature reservoirs"，Energy，Vol. 35，pp 2281～2294.

[2] Geothermal Energy Association（2010），"Geothermal basics-Power plant costs"，www. geo-energy. org/geo basics plant cost. aspx

[3] Huttrer，G. W.（2001），"The status of world geothermal generation 1995～2000"，Geothermics，Vol. 30，pp 1～27.

[4] Kaplan，S.（2008），"Power Plants：Characteristics and Costs"，CRS Report for Congress，www. fas. org/sgp/crs/misc/RL34746. pdf

[5] Lawrence, S. (2008), "Geothermal Energy", Leeds School of Business, University of Colorado, USA. www. scribd. com/doc/6565045/Geothermal-Energy

[6] MIT (2006), "The Future of Geothermal Energy", Geothermal Program, Idaho National Laboratory, http://geothermal. inel. gov/publications/future of geothermal energy. pdf

[7] Saner, D., Juraske, R., Kubert, M., Blum, P., Hellweg, S. and Bayer, P. (2010), "Is it only CO2 that matters? A life cycle perspective on shallow geothermal systems", Renewable and Sustainable Energy Reviews Vol. 14, pp 1798~1815.

[8] U. S. Department of Energy (2005), "Buried Treasure: The Environmental, Economic and Employment Benefits of Geothermal Energy", Energy Efficiency and Sustainability, www. nrel. gov/docs/fy05osti/35939. pdf

[9] Usui, C. andAikawa, K. (1970), "Engineering and Design Features of the Otake Geothermal Plant, Geothermics", O. N. Symposium on the Development and Utilization of Geothermal Resources, Pisa, Italy. Vol. 2, Part 2.

生物质能

[1] AsgardBiomass (2009), "Biomass fuels", www. asgard-biomass. co. uk/biomass boiler fuels. php

[2] Bauer, C. (2008), "Life Cycle Assessment of Fossil and Biomass Power Generation Chains", Paul ScherrerInstitut, http://gabe. web. psi. ch/pdfs/PSI Report/PSI-Bericht％2008-05. pdf

[3] Ellington, R. T., Meo, M. and El-Sayed, D. A. (1993), "The Net Greenhouse Warming Forcing of Methanol Produced from Biomass", Biomass and Bioenergy, Vol. 4, No. 6, pp 40~18.

[4] HM Government (2010), "2050 Pathways Analysis", www. decc. gov. uk/assets/decc/What％20we％20do/A％20low％20carbon％20UK/2050/216-2050-pathways-analysis-report. pdf

[5] Kim, S. and Dale, B. E. (2008), "Cumulative Energy and Global Warming Impact from the Production of Biomass for Bio-based Products Research and Analysis", http://ar-rahman29. files. wordpress. com/2008/02/lca-use. pdf

[6] Mann, M. K. andSpath, P. L. (1997), "Life Cycle Assessment of a Biomass Gasification Combined-Cycle Power System", National Sustainability Laboratory, www. nrel. gov/docs/legosti/fy98/23076. pdf

[7] Pollack, A. (2010), "His Corporate Strategy: The Scientific Method", The New York Times, www. nytimes. com/2010/09/05/business/05venter. html? _ r = 1&src = me&ref＝general

[8] World Bank (2010), "Commodity Prices", http://siteresources. worldbank. org/INTDAILYPROSPECTS/Resources/Pnk_0910. pdf

11.15　附录 1. 电力系统专用术语的定义和通用单位

各种资源强度的含义和单位不尽相同,时有混乱和模糊。以下的解释有助于明确概念。

能量和动力

➢ 能量(Energy)　单位:兆焦(MJ)或 千瓦时(kWh)(换算:1 kWh ＝ 3.6 MJ)

能量的国际单位为焦耳(J)。当我们希望对可再生动力系统与常规动力系统做比较时,通常使用的单位是兆焦(MJ)和油当量(oil equivalent)或煤当量(coal equivalent)。由于用原油来生产电力的平均转换效率为 36%,因此,每生产一兆焦的电能,需要消耗 1/0.36 ＝ 2.8 MJ 的原油。

➢ 动力(或功率 Power)　单位:千瓦(kW),兆瓦(MW)或吉瓦 (GW),是指每单位时间内所产生的能量,其国际单位为"焦耳/秒",即"瓦特"(W)。

➢ 额定(或标称)输出功率(Rated or nominal power output)　单位:kW_{nom},是指某动力系统在最佳条件下所能提供的功率。火力发电站一年中大部分时间处于最佳运行状态,可再生能源发电站则不然,它们的运行状态非常取决于太阳辐射的强度、风速、浪高和潮汐流量等,许多时候其最低额定功率值很难达到。

➢ 实际平均输出功率(Actual or real average power output)　单位:kW_{actual},是指动力系统实际提供的年平均输出功率,其值总是比额定输出功率值要低(因为任何系统的容量因数值 C 均小于 100%)。如果一个动力系统的 $C＝10\%$,这意味着要获得到 1 kW 的实际平均输出功率,需要兴建一个具有 10 kW 额定功率的电力系统。

资源强度(Resource intensity)

电力系统的兴建和维修均需要资源投资,其中包括资金、材料、能源和空间(土地或海域)的投资。"资源强度"是指生产单位动力所需要的资源量。

➢ 资本强度(Capital intensity)　单位:货币值(如 USD,EURO,GBP,RMB)/kW_{nom},是指生产单位额定功率的动力系统所需要的资本(实际资本强度＝资本强度/容量因数)。

➢ 燃料资本强度 (Fuel capital intensity)　单位:货币值(如 USD,EURO,GBP,RMB)/kW,是指生产 1 kW 的电力所消耗的燃料成本。它的计算基于发电站的输入/输出功率值,一般以对等的额定值作为计算基础。

➢ 面积强度(Area intensity)　单位:m^2/kW_{nom},是指兴建单位额定功率的动力系统所需要占用的面积。

➢ 材料强度　单位:kg/kW_{nom},是指兴建单位额定功率的动力系统所需要使用的材料重量。

➢ 兴建能源强度　单位:MJ/kW_{nom},是指兴建单位额定功率的动力系统所需要的耗能量。

➢ 燃料能源强度　单位:MJ/kWh,是指动力系统每生产 1 kWh 的能量所需消耗的燃料资源。

➢ 兴建排碳强度　单位:kg/kW_{nom},是指兴建单位额定功率的动力系统所排放的二氧化碳量。

➢ 燃料排碳强度　单位:kg/kWh,是指动力系统每生产 1 kWh 的能量所排放的二氧化碳量。

操作参数（Operational parameters）

➢ 容量因数（Capacity factor） 单位：％，是指动力系统全年实际发电量与额定发电量之比。这一因数是系统实际运行时间的函数。电力系统很难达到其额定发电值，因为设备总是需要维修或者系统所使用的自然资源在某时间段上不可用等都会降低容量因数值。

➢ 系统效率（System efficiency） 单位：％，是指初始能源转换为电能的效率。

➢ 系统寿命（Lifetime） 单位：年，是指电力系统能够实际运作的时间年限。

状态（Status）

➢ 目前装机容量（Current installed capacity） 单位：GW，是指目前全球电力系统的额定发电总量。

➢ 年增长率（Growth rate） 单位：％/y，是指电力系统额定发电总量的年增长速率。

➢ 交货成本（Delivered cost） 单位：货币值（如 USD，EURO，GBP，RMB）/kWh，是指电力系统生产 1 kWh 的电力所付出的投资。

11.16　附录 2.电力系统的材料强度

本书将动力系统生产单位额定功率所需消耗的材料总量定义为"材料强度（I_m）"，其单位为 kg/W_{nom}。这一概念尚属本书首创，它是综合了各种不同材料的评估参数而建立的，所以评估值的精度并不高。评估参数的确定取决于评估细节和材料的使用范畴。例如，有些评估值仅仅考虑动力系统本身所使用的材料，而另一些评估值则把连接系统和运输电网所使用的铁、铜等其他材料也包括进去。后者应用范围更广，比如风能、波浪能和太阳能的电力输运。还有一些评估仅给出相关材料的间接信息，所以我们只能由此而推断所需信息。总之，使用现有的不全面、不统一的材料用量评估方法很可能会导致矛盾的结果。

尽管如此，我们手中已经掌握了足够的材料信息，可以依次来预测任何大规模低碳电力系统对材料供应的需求量。本章所有关于这方面的曲线图表都是基于以下诸表中的数据资料制作而成的。我们估算材料需求量的方法主要基于以下两个假设：①全球的电力需求量将在2050 年达到 6 000 GW（是目前需求量的 3 倍）；②若要满足这一需求，电力系统的生产能力必须每年扩增至 200 GW，即 2×10^8 kW/y。

如果设某种材料的全球年生产总值为 P_a，其需求量为 R_s。又知，电力系统每年增值所需要的材料总重量为 $2 \times 10^8 I_m$，则 R_s，P_a 与 I_m 之间的关系为

$$R_s = \frac{2 \times 10^8 I_m}{P_a} （\%）$$

本章所有涉及材料需求量的计算都是以该式为基础的。下列诸表中各电力系统所需关键材料均用"＊"号突出表示。

表 11.2 综合给出各种燃料的单位耗资、耗能和排碳量参数。这些参数同时在图 11.7 中显示出来。从中可以看出，某些燃料主要用来生产动力，而另一些燃料则主要用于系统的运作和维修。

燃料	千瓦时耗资 （USD/kWh）	千瓦时耗能 （MJ/kWh）	千瓦时排碳 （kg/kWh）
煤炭	0.02～0.04	9.7～12	0.9～1.1
天然气	0.025～0.055	6～8	0.33～0.5
磷酸燃料电池	0.025～0.055	9～10	0.49～0.55
固体氧化物燃料电池	0.025～0.055	6～7.2	0.33～0.39
核燃料	0.005～0.006	9.6～12	0.06～0.07
其他电力系统	0.05～0.09	0.05～0.1	0.005～0.01

压水堆发电

材料	强度（kg/kW$_{nom}$）
铝	0.02～0.24
硼	0.01
黄铜/青铜	0.04
镉	0.01
碳钢	10.0～65
铬 *	0.15～0.55
混凝土	180～560
铜 *	0.69～2
镀锌铁	1.26
铬镍铁合金	0.1～0.12
铟 *	0.01
绝缘体	0.7～0.92
铅	0.03～0.05
锰 *	0.33～0.7
镍 *	0.1～0.5
聚氯乙烯	0.8～1.27
银 *	0.01
不锈钢	1.56～2.1
铀 *	0.4～0.62
木材	4.7～5.6
锆 *	0.2～0.4
所有材料的总重量(kg)	**170～625**

* 材料和数据摘自 White and Kulcinski（2007）。

燃煤发电

材料	强度（kg/kW_{nom}）
铝	2.58～4.5
沥青	0.33～0.37
黄铜	0.24～0.27
碳钢	30～614
陶瓷砖	0.39～0.44
铬*	2.33～3.2
混凝土	460～1200
铜	1.47～5.17
环氧树脂	0.21～0.23
玻璃纤维增强塑料	0.55～0.605
玻璃	0.026～0.029
集成材料	0.004～0.005
高密度聚乙烯	0.16～0.17
高合金钢	0.5
铁	50.2-809
铅	0.04-0.23
低合金钢	13.6～15.1
锰*	0.084
钼*	0.032
镍	0.01
聚丙烯	0.08～0.09
聚氯乙烯	1.82～2.02
岩棉	3.9～4.3
橡胶	0.12～0.13
苯乙烯丙烯腈	0.026～0.031
银*	0.001-0.007
不锈钢	37-41
钒*	0.003
锌	0.06～0.08
所有材料的总重量(kg)	**520～1 800**

材料和数据摘自 White and Kulcinski（2007）。

硅太阳能电池

材料	强度(kg/kW$_{nom}$)
酸＋氢氧化物	7.0～9
铝	15～20
氨	0.05～0.1
氩	3.0～5.0
碳同素异形体	10.0～20.0
铜	0.2～0.3
玻璃	60～70
金	0.05～0.1
铟	0.02～0.08
塑料	20～60
硅	25～40
碳化硅	6.0～10.0
锡	0.1～0.2
木材	10.0～20.0
所有材料的总重量(kg)	**150～250**

材料和数据摘自 Phylipsen & Alsema (1995)。Keoleion 等(1997)和 Tritt 等 (2008)。

聚光太阳能集热发电

材料	强度(kg/kW$_{nom}$)
碎石	50～500
铝	0.1～0.3
硼硅酸盐玻璃	3
铬(不锈钢)	2～10
混凝土	200～2 000
铜	0.5～5
玻璃	90～220
镁	0.3～0.9
锰	0.008～0.2
镍	0.001
涂料	1～3
银	2.5～6.5
钢铁	300～800
所有材料的总重量(kg)	**650～3 500**

材料和数据摘自 Viebahn，et al. (2004)。

碲化镉(CdTe)系薄膜太阳能电池

材料	强度(kg/kW_{nom})
铝	20
镉	0.1～0.3
碲	0.1～0.3
铜	1
玻璃	60
铟	0.005～0.025
铅	0.05
塑料	30
不锈钢	20
锡	0.2
所有材料的总重量（kg）	**130**

材料和数据摘自 Fthenakis and Ki（2005）and Pacca，Sivaraman，and Keoleian（2006）。

磷酸型燃料电池

材料	强度(kg/kW_{nom})
铝	0.9～1.1
碳同素异形体	5～9
陶瓷	1～5
铬	3～7
混凝土	10～20
铜	3～8
钢铁	60～90
钼	0.02
镍	1.7
钯	0.000 5
磷酸	0.5～2.5
塑料	1.5～5
铂	0.005
锌	2.3
所有材料的总重量(kg)	**89～150**

太阳能光伏工厂其他用料

材料	强度(kg/kW_{nom})
铝	20～30
混凝土	500～550
铜	1～2
钢	1 000～1 200
所有材料的总重量(kg)	**1 500～1 800**

材料和数据摘自 Pacca & Hovarth（2002）and Tahara et al.（1997）。

固体氧化物燃料电池

材料	强度(kg/kW_{nom})
铝	0.5～2
混凝土	10～20
铬	0.5～3
钢铁	60～80
镧	0.01～3
锰	0.01～1
镍	1～6
钇	0.1～0.4
锆	0.1～3
锌	0.01～1
所有材料的总重量(kg)	**70～110**

材料和数据摘自 Karakoussis et al. 2001 and Thijssen 2010。

陆地风电

材料	强度(kg/kW_{nom})
铝	0.8～3
碳纤维增强复合材料	5.0～10
混凝土	380～600
铜	1.0～2
玻璃纤维增强塑料	5.0～10
钢	85～150
钕	0.04
塑料	0.2～10
所有材料的总重量(kg)	**500～750**

材料和数据摘自 Ardente et al.（2006），Crawford（2009），Vindmølleindustrien（2007），Vestas（2008）和 Martinez et al.（2007）。

海上风电

材料	强度（kg/kW$_{nom}$）
铝	0.5～3
铬（不锈钢）	4.5
混凝土和碎石	400～600
铜	10.0～20
玻璃纤维增强塑料	5.0～12
钢	250～350
钕	0.04
塑料	1.0～10
有材料的总重量（kg）	**650～1 000**

材料和数据摘自 Ardente et al. （2006），Crawford （2009），Vindmølleindustrien（2007）和 Weinzettel （2009）。

水力发电

材料	强度（kg/kW$_{nom}$）
铝	0.8～6
黄铜	0.09
水泥和碎石	7 500～30 000
铬	0.5～2.5
铜	0.1～2
铁	50～300
铅	0.3
镁	0.1
锰	0.2
钼	0.25
塑料	1.0～6
锌	0.4
木材	80
所有材料的总重量（kg）	**7 500～30 000**

材料和数据摘自 Vattenfall （2008），Pacca & Hovath （2002），和 Ribero & da Silva （2010）。

波浪能发电（来自 Pelamis 发电站的数据）

材料	强度（kg/kW$_{nom}$）
铝	25～30
铜[*]	10～20

（续表）

材料	强度（kg/kW$_{nom}$）
尼龙 6 号	8～12
聚氨酯	12～18
聚氯乙烯	25～31
沙镇流器	640
不锈钢	50～60
钢	410
所有材料的总重量（kg）	**1 145～2 000**

材料和数据摘自 Anderson（2003）。

潮流发电（来自 SeaGen 系统的数据）

材料	强度（kg/kW$_{nom}$）
碳纤维增强复合材料（刀片）	3.25
铜*	3.88
环氧树脂	0.25
玻璃纤维增强塑料（外壳）	4.5
铁	28.3
钕或钴	0.9
不锈钢	2.33
钢	344
所有材料的总重量（kg）	**387**

材料和数据摘自 Douglas et al.（2008）。

潮汐拦坝发电

材料	强度（kg/kW$_{nom}$）
含 30% ABS 的玻璃纤维	0.019
水泥	1 728
铜*	0.004
砾石	996
预应力混凝土	3416
岩石	28 686
沙石	20 488
不锈钢	0.026
钢	33
所有材料的总重量	**55 350**

材料和数据摘自 Roberts（1982）和 Miller 等（2010）。

地热发电

材料	强度(kg/kW$_{nom}$)
膨润土	20.9～45
碳化钙	37.9
碳钢	10.8
水泥	3.3～41
白垩	31
混凝土	21.9
铜*	1.2～2.2
乙烯-醋酸乙烯共聚物(EVA)	1
高合金钢	342.4
低密度聚乙烯	20.4
低合金钢	2～476
(波特兰)水泥石灰	133
聚氯乙烯	0.1
硅砂	39.6
所有材料的总重量(kg)	**61～1 200**

材料和数据摘自 Saner et al(2010)。

生物质发电

材料	强度(kg/kW$_{nom}$)
铝	1.1～6.7
沥青	0.5
黄铜*	0.37
铸铁	1.47
陶瓷砖	0.59～9.3
铬*	0.002 4
钴*	0.001 8
混凝土	36～790
铜*	1.04～3.5
环氧树脂	0.31
玻璃纤维增强塑料	0.82
玻璃	0.04
胶合层木	0.006

（续表）

材料	强度（kg/kW_{nom}）
高密度聚乙烯	0.23
低密度聚乙烯	3.25
铅	0.104
低合金钢	20
低碳钢	33～112
镍 *	0.02
聚丙烯	0.12
聚氯乙烯	0.45～2.74
岩棉	1.65～6
SAN	0.04
不锈钢	4.5～5.5
钢（电炉冶炼）	0.82
合成橡胶	0.18
TiO_2 *	0.4
锌	0.16
所有材料的总重量（kg）	**69～922**

材料和数据摘自 Bauer（2008）和 Mann & Spath（1997）。

11.17 习题

E11.1 能量（energy）和动力（power）的区别是什么？

E11.2 油当量（"oil equivalent" energy）和电能之间的转换关系是什么？

E11.3 列举可持续发展能源的名单，并评价它们的优缺点。

E11.4 何谓电力系统的"名义材料强度"？何谓其"实际材料强度"？

E11.5 美国纽约州的土地面积为 131 255 km^2，人口为 1 950 万，人均耗电量为 10.5 kW。如果希望用风力涡轮机提供该州 50% 的能源需求，需要占用多少土地面积？需要消耗多少吨位的材料？请利用表 11.2 所提供的数据解题。

E11.6 美国人口总数为 3.01 亿，人均耗电量 10.2 kW。已知，单晶硅光伏太阳能电池的面积强度约为 80 m^2/kW_{nom}，它在阳光十足的新墨西哥州之容量因数为 25%。试问该州的土地面积（337 367 km^2）能否提供全美三分之一的太阳能发电需求量？

E11.7 光伏太阳能电池的制造需要使用许多战略性元素材料，其中的铟（In）用于电池表面的透明导电涂层。请根据本章附录 2 所提供的数据表格，确认铟的材料强度，并用其来估算上题所描述的项目实施所需要的铟需求量。目前世界上的铟年产量为 600 t。如果该项目计划在 5 年内付诸实施，现有的铟年产量是否能够满足工程需求？

E11.8 新一代的陆基风力涡轮机正在大力开发研制中。该涡轮机的设计指标为：直径 125 m（相当于世界上最大的摩天轮之一"伦敦眼"的尺寸），额定功率 4 MJ，预期容量因数 $C = $ 30%。已知，制造这样一个巨型涡轮机需要大约 410 t 的材料和 $2×10^7$ MJ 的能量。

（a）试求新型涡轮机的名义材料强度和名义能量强度。与现有陆基涡轮机的数据（见表11.2）相比较，可以得出哪些结论？

（b）预测该系统的能量回收年限。

E11.9 根据表11.2所提供的材料强度值，试比较使用下列不同能源来兴建一个0.5 GW的发电站所需要的材料吨位：

（a）核能；

（b）单晶硅光伏太阳能；

（c）陆地风能。

E11.10 撒哈拉大沙漠是一个阳光十分充足的地方，其光伏发电的容量因数可以高达40％，而气候温和地区的容量因数仅为10％左右。

（a）重新绘制图11.4和图11.5，并以黄色椭圆来代表撒哈拉大沙漠的光伏太阳能数值范围（单晶、多晶和非晶硅型），比较容量因数40％与10％是如何影响光伏发电系统的材料、面积、能量和资本强度的。

（b）改变容量因数可以使发电站的功率输出成倍增长。然而，这并不能减少兴建电站所需要的能量强度。试求这两套容量因数不同的动力系统之能量回收期。

E11.11 无烟煤的燃烧能量为32 MJ/kg，将其转换为电能的效率为38％。试求每年需要消耗多少吨位的无烟煤以提供1 GW的电力？

E11.12 如E11.7.所述，铟是一种战略物资，请使用谷歌或其他互联网搜索引擎，了解铟的主要产地和产量，并寻求和论证铟可能的替代品（替代材料不应是图11.8中所描述的任何战略元素）。

E11.13 钕（Nd）也是一种战略物资。钕基永磁体是已知磁性材料中具有最高剩磁感应和最高矫顽力的材料，这使它成为制造直流电动机和特殊发电机（如混合动力汽车、电动汽车和风力涡轮机等）材料中最具吸引力的候选者。但目前钕的全球产量90％以上在中国，这不得不使人们对该战略物资的全球供应链更加关注。请使用谷歌或其他互联网搜索引擎，寻找钕基永磁体的替代品（替代材料不应是图11.8中所描述的任何战略元素）。

E11.14 某发电站的额定发电功率为20 GJ/kW$_{nom}$，$C = 35\%$，该电站的年发电量应为多少千瓦时？折合为多少兆焦（MJ）？该动力系统的预估能量回收期为多少？

使用"CES 低碳发电站数据库"可以做的习题

E11.15 设动力系统能量预期回收期为y轴（以"年"为单位），3个太阳能光伏发电系统为x轴：单晶硅、多晶硅和非晶硅器件。分别计算这些电站的能量回收期并绘制条形图给予可视化的结果。

E11.16 绘制所有动力系统的面积强度条形图（以 m^2/kW$_{actual}$为单位），并确认哪种动力系统最耗费土地资源。

E11.17 参照图11.4建立新图表：设y轴为实际材料强度，x轴为实际面积强度。可以得出何种结论？

E11.18 参照图12.5建立新图表，以显示建筑施工所需的实际能源强度和实际资本强度之间的关系。

  E11.19 "移动电源"意味着紧密轻巧和高电源密度的产品装置。何种电力系统具有最大单位面积功率（W/m^2）？何种电力系统具有最大单位重量功率（W/kg）？这些指标均与面积强度和材料强度呈反比关系。绘制相关图表并确定最有前途的动力系统是哪种。

  E11.20 参见本章附录 2 并使用 CES 生态审计工具 2 级数据，估算海蛇型波浪发电系统之兴建所需要投入的能源强度。假使兴建所用的全部金属都是回收材料，并用石子代替沙子，试估测额定发电功率，并与表 11.2 中的相应数据作比较。

第 12 章
材料的使用效率

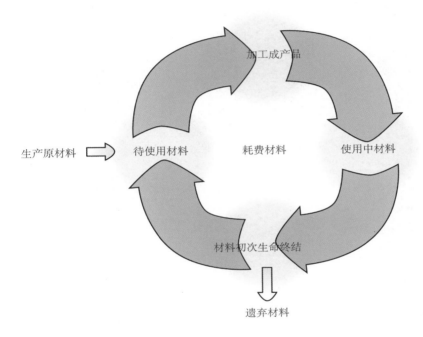

图片引自 GPS Tracking Solutions www.trackingtheworld.com/

12.1　概述

大自然是有效利用资源的典范。食肉动物越凶猛,捕捉的猎物越高级;被猎动物越敏捷,逃离虎口越有效。植物生长越高大,所获阳光越充足……无论是食肉动物、猎物、还是植物,它们都需要在环境中猎取资源。不仅如此,最有效使用资源者,定是生存能力最强者。观察大自然,可以启发我们研究并提高材料的使用效率,即最大限度地减少单位功能所消耗的材料资源。

在地球上的某些贫穷落后地区,人们为了生存,依旧采用如动物猎食般的初级手段来争夺自然资源——在那里,没有任何材料会被浪费掉。相反,在物质发达的消费国家里,资源丰富甚至可以廉价获取,致使人们以挥霍的方式消耗资源,产品材料通常仅使用一次即被丢弃。所以,发达国家的材料使用效率往往很低。

研究材料的使用效率(Material efficiency,简称"材料效率")之目的,是如何使用最少的材料来提供最大的服务。换句话说,如何将产品材料尽量保留在循环使用圈内,以此节省资源,减少浪费。材料的生产量并不等于材料的消费量,后者往往大于前者(因为总会有部分旧材料被回收再利用)。增加材料的使用效率,意味着减少其生产量但提供等同的服务效应。

实例 1. 冰箱的材料效率　冰箱有许多不同的类型和尺寸。设冰箱 A 的容量为 $0.35\ \mathrm{m}^3$,重量为 65 kg;冰箱 B 的容量为 $0.28\ \mathrm{m}^3$,重量为 60 kg;两者均由钢板制成。试问冰箱 A 和冰箱 B 的材料效率哪个更高?

答案:冰箱的功能是提供冷却空间,衡量其材料效率的指标应为单位冷却空间所需要的材料量。冰箱 A 的材料效率为 $186\ \mathrm{kg/m}^3$,冰箱 B 的材料效率为 $214\ \mathrm{kg/m}^3$。可见,冰箱 A 的材料效率高于冰箱 B。

正如我们在第 2 章中所了解到的,全球材料的生产量大多用于满足建筑业和各类基础设施建设的需求。尽管目前阶段尚未出现材料紧缺的现象,但是材料的生产和加工对环境的负面影响令人担忧。此外,部分战略物质长期依赖进口,使得一些国家的经济乃至政治失稳。2011 年 Allwood 发表文章,阐述了研究材料效率的必要性,提出了增加效率的可行方案,并且针对阻碍增效的原因提出了应对策略。本章将按照 Allwood 的思路[1],分别介绍这些内容。

12.2　提高材料效率的必要性

工业革命之前,材料价格昂贵但劳动力廉价,因此社会服务主要依靠人力,机器(由材料制作的产品)的数量很少。物以稀为贵。那时的产品被精心维护、反复维修,极受重视,材料效率自然很高。然而,自工业革命以来,"原材料生产—产品制造—产品使用—产品废弃"已逐渐形成了一个"开环链",产品的第一生命结束后便作为废物被丢弃。随着工业社会的不断发展,加之新兴国家的巨大需求,如果我们对材料的使用仍不加以管控(不重视提高材料的使用效率),则在不久的将来"供求失衡"之现象必然会出现。

就目前阶段来说,大多数矿物资源足以满足市场的需求。然而,高品位的富矿储蓄在缩

〔1〕　参见"拓展阅读"中[1-4]的内容。

小,人们需要耗费越来越多的能量来开采和提炼低品矿,这必将影响到随后的材料供应。除了能源危机和环境受损这两大危机因素外,地缘政治也会对原材料的供应产生负面影响:矿物稀缺使得资源丰富的国家得益而资源匮乏的国家忧虑,从而将地缘政治带入自由贸易市场。提高材料效率至少可以达到以下 4 个目标:

(1)减缓不可再生资源的枯竭;

(2)减少对进口物资的依赖;

(3)减少对其他资源(特别是能源)的需求;

(4)减少产品整个生命周期中不必要的碳排放。

实例 2. "锂资源的全球储存量足以满足电动汽车的需求 根据密歇根大学的一份新近报告,世界上有足够的锂资源以满足本世纪内电动汽车的需求量。然而,该大学可持续发展中心主任 Keoleian 教授提醒道:'即便是在资源丰富的情况下,合理和负责任地使用资源也是非常必要的。关键是要高效率地利用资源,不能让它们很快失去经济性。'不难理解为什么国会议员们要求立法将锂作为战略物质保护起来,以确保美国的需求供应。"

——摘自美国 2011 年 7 月 28 日版的《纽约时报》

材料效率的桑基图 我们在第 11 章中已经提到,桑基图来源于爱尔兰船长 Sankey 的创新,他于 1898 年利用这个图表以分流方式来反映蒸汽发动机的能源效率。桑基图的诞生为能源、材料、金融乃至集群人口等领域复杂的数据分析带来了可视化效果,它化难为易、化繁为简,起到了一目了然的作用。图 12.1 和 12.2 给出了材料领域中桑基图应用的两个实例,图中数据的单位均为"百万吨(Mt)"。

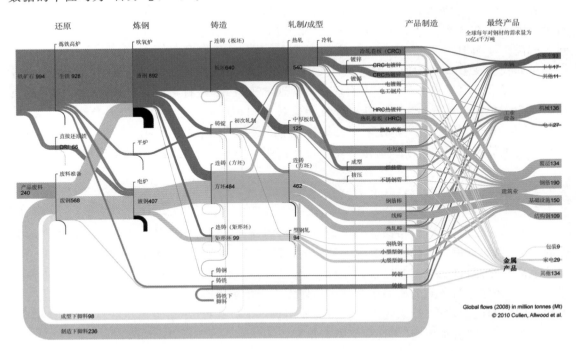

图 12.1 钢铁工业的桑基图

(该图来源于剑桥大学 Cullen 和 Allwood 的研究结果。)

人类所使用的大部分金属材料为钢铁,其全球年消费量为 1 040 Mt,其中的 928 Mt 为原生钢铁,其余为废料回收(包括各级加工过程中的下脚料)。图 12.1 是钢铁产品的桑基图:从图的左侧切入,铁通过铁矿石首先被还原成生铁,然后经过炼钢、铸造、轧制等成型工艺处理转换为钢铁产品(效率约为 74%)。该转换过程主要分为 5 个阶段,每个阶段的宽度均与金属流量成正比,它们在图中用不同的颜色来显示——"有用"部分用彩色显示,"下脚料/废料"部分用灰色显示,"损失"部分用黑色显示(大部分的损失是由于高炉炼铁中形成的浮渣和表面氧化物而造成的)。有用部分从一个流程转换到另一个流程,而下脚料则回收后回炉。

实例 3. 利用钢铁桑基图,了解哪个行业钢材使用量最大,具体使用在何处以及该行业用钢占全部钢材总消费的百分比。

答案:建筑行业(使用 583 Mt),主要用于制造钢筋混凝土。建筑行业用钢占全部钢材总消费的 56% 左右。

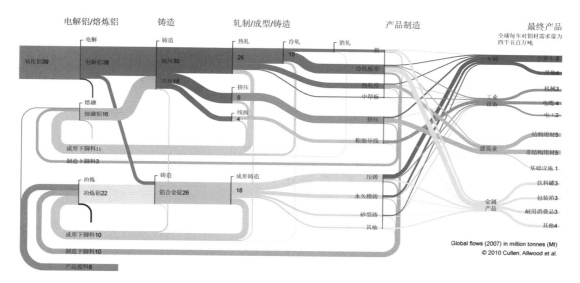

图 12.2 铝合金制造过程的桑基图

(该图来源于剑桥大学 Cullen 和 Allwood 的研究结果。)

图 12.2 是铝合金产品(其社会需求量仅次于钢铁)的桑基图。铝合金的全球年消费量为 45 Mt,其中的 38 Mt 为电解原生铝,其余为重新利用的回收废料。由于铝产品制造过程中的下脚料相当可观,所以铝的效率仅为 59% 左右。其桑基图显示出上下两个循环回路:上循环中主要是电解原生铝回路,它们利用铸造、轧制和其他成型工艺而成为最终产品(三分之二的铝产品以电解铝为原材料);下循环中主要是熔炼再生铝,它们通过冶炼和各种成型铸造工艺而成为最终产品(约占总消费中的三分之一)。铝的回收废料中因含有诸多杂质而且不易分离提纯,熔炼后仅适合于铸造成型,特别是当硅含量高达 13% 时,其他工艺成型均失效。

从以上对钢铁和铝的桑基图分析中,我们可以得到减少大宗材料需求量的两个策略:①尽量设计含有较低金属成分的产品;②尽量减少金属产品制造过程中所产生的下脚料。

12.3 提高材料效率的方式(1):工程手段

图12.3综合显示出提高材料效率的不同途径。其中,图的左上方为"材料技术"部分,显示出如何有效地生产材料、改善其性能、提高其功能性并拓展其再利用;图的右上方为"工程设计"部分,显示出如何运用正确的设计理念,将产品材料尽量保持在循环使用圈内,以节省资源。这两项方案的实现均不需要改变消费者们的社会行为,它们被统称为"工程解决方案",这是本节所要介绍的内容。图12.3的下方为"非工程解决方案",其中包括"经济手段"和"社会变革",这将是下一节中所要介绍的内容。

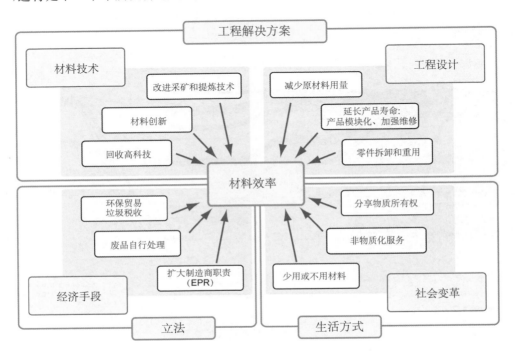

图 12.3 提高材料效率的不同途径

12.3.1 材料技术

(1)提高原材料的提炼效率 人类20%的能源积累被消耗在产品原材料的提取和精炼过程中。所以,哪怕降低此过程耗能的1%,也是对整个社会的巨大贡献。我们需要研究新工艺,让矿石的开采和金属的提炼比现在更高效、更简练。剑桥大学1996年创新的FFC炼钛法(Fray-Farthing-Chen process)就是很好的例子。

实例4. 传统的克罗尔(Kroll)法提炼金属钛之隐熔能约为 580 MJ/kg。如果FFC新工艺在不久的将来实现普及化,则可以减少20%的耗能量。试利用第14章有关钛的数据表格,估算这一创新工艺可为全球节省多少能量。

答案:全球钛的年生产总量为 5.8×10^9 kg。如果用FFC法取代Kroll法提炼金属钛,将节省 116 MJ/kg,折合为每年节能 6.7×10^8 GJ,相当于20万吨的石油。

（2）**研发新材料**　本书第 6 和第 9 章中所介绍的材料性能图表具有一个共性：图中被已知材料性能所填充的空间仅占一部分。而理论上讲，图中所有空间均可以被填满——这意味着还有数量众多的未知材料等待着我们去研发（或进行材料组合），而研发的机制是与优选材料指数密切相关的。

研发新材料的方式之一是在各类材料的内部不断拓展，即继续研发新型金属合金材料、新型高分子材料、新型玻璃和陶瓷材料等等。这种提高材料效率的方式不仅投资巨大，增益效果缓慢，而且还存在着某些不确定性。另一种研发方式是将两个或多个不同类的材料相混合，以便获得它们的性能叠加。这方面的范例有：碳纤维或玻璃纤维增强塑料（CFRP，GFRP），夹心板或壳体组合材料（sandwich panel，shell）以及蜂窝结构（cellular structure）等等。总之，这两种研发新材料的方式都有助于从现有的材料性能图中已填充部分向周边的处女地推进。

实例 5.　一种提高尖端复合材料弹性模量的设想是在环氧基体里弥散添加 30% 的单壁碳纳米管（SWNT）。设三分之一的碳纳米管用来增加材料强度（无论它们在基体中如何排列）；复合材料的密度和强度通过混合规则来计算。试评估这一设想的结果，并在图 9.11 上标出这一新材料的位置。

复合材料	密度（kg/m³）	强度（MPa）
SWNT	1 350	30 000
环氧基体	1 250	60

答案：根据混合规则求得的 SWNT 增强环氧复合材料的密度和强度分别为

$\rho = 0.3 \times 1\,350 + 0.7 \times 1\,250 = 1\,280$（kg/m³）

$\sigma_y = 0.1 \times 30\,000 + 0.7 \times 60 = 3\,000$（MPa）

这一新材料在图 9.13 所示的强度—密度图中的位置可由读者用红点标出，可见它的强度是所有已知材料中最高的。

（3）**革新加工工艺**　传统的产品加工过程之能源效率和材料效率历来均低，几十年的工艺改进尝试收效甚微。这一领域需要根本性的变革。众所周知，用浇铸法制作金属部件的耗能量很高，浇铸过程中所产生的废料量也很大，而金属的形变加工过程耗能较低，下脚料也少。所以，革新理念之一是寻求新的形变工艺，使得产品部件的制作免用浇铸法。另一个可行途径是采用多道成形工艺来取代传统铸造工艺。例如，可以通过电沉积或气相沉积法制作形状复杂的模具，或者通过激光烧结、粘接和超音速压等方法将产品部件直接键合。

（4）**废品回收高科技**　目前正在拟定的环保条文旨在回收 90% 以上的废材料。废料回收再利用的政策自然与提高材料效率的理念十分吻合。回收的关键在于如何分离和识别不同类型材料的混合物。新型飞机机体上的各个部件现已加注了金属合金和聚合物等所用材料的信息以及回收标志。识别还可以通过专门标记和条形码等现代化手段进行，前提自然是要在废料被支离破碎之前运作。支离破碎之后的识别（如飞机坠毁残片）则需要借助于材料科学领域的研究手段，如借助光、电、介电、磁以及惯性等鉴定法来进一步区分材料的种类。科学方法尽管有效，但成本高而且无法区分每种材料的等级，所以解决问题的根本方法是在材料内部嵌入"标识符（internal identifier）"，它是在产品的原材料生产时被添加进去的，这样做可以保证每一碎片里都携带特定的标志——犹如人体中的 DNA。

实例6. 许多产品在生命的尽头都被粉碎,如果碎片物质被行政指令规定必须回收再利用,则需要对其进行分类。金属废料的分类和识别相对较易,而聚合物的分类和识别则难度较大,因为后者尽管成分和结构不同,但密度却大同小异,而且几乎都是非磁性的绝缘体。因此,更有必要为之配备"内部标识符"。那么,如何实现这一目标呢?

答案:在聚合物产品制作时嵌入亚微米或纳米级磁粒子或荧光、吸光等粒子作为内标。这些带有编码信息的标记粒子必须有一定的浓度,以便保证产品外部监控和跟踪的可能性。

12.3.2 工程设计

(1) 使用最少的材料提供最大的服务 优质产品设计总是使用最少量的资源来提供最大的服务。我们在第9章中所引入的"材料指数优选"和"产品形状改变"之概念即由此应运而生。更复杂的方法,如拓扑优化(topological optimization,参见2000年Sigmund发表的文章内容),是通过(软件)设计逐步细化产品形状,以便将材料从低应力区分配到高应力区,它有助于节省产品材料。航空航天领域的材料效率极低[1],因为其部件形状复杂,只能通过固态毛胚——加工而成型,所以浪费极大(参见图12.2和图12.3的灰色废料带)。

(2) 延长产品使用寿命或更新换代 的确,延长产品的使用寿命可以节省原材料制造时的隐熔能,但并不能节省产品使用时的耗能。产品的使用寿命越长,累计使用耗能越多。随着科技的进步与发展,产品使用阶段的耗能都在逐步下降。那么,环保节约是否仍意味着应该尽量延长产品的使用寿命呢?图12.4用上下两个图表的比较,非常形象地显示出不同情况应不同对待的策略。显然,当产品的原材料生产耗能大时,尽量延长其使用寿命应是上策;但当产品的原材料生产耗能低时,应及早将使用耗能量大的旧产品更换为低耗能新产品。大多数家电(冰箱、洗衣机、洗碗机、微波炉和电烤箱等)的使用耗能远远大于它们制造时的生产耗能。因此,一旦新产品有效地降低了使用耗能量,应及早更换,绝不怜惜产品的使用寿命和购买投资。

(3) 修复产品和使用旧货 在产品价格昂贵但劳动力低廉的情况下,通过修复而延长产品的使用寿命是非常有商业价值的,即便是在劳动力昂贵的发达国家里,使用旧货也是很有市场的,特别是旧车、旧船和二手房屋的使用。当然,销售旧货者必须提供质量保证依据和透明的价格,以取得消费者的信任。著名的网购站eBay之成功证明了一个事实:旧货依旧受到青睐。

(4) 二次加工制造(Re-manufacturing) 二次加工制造是指对已有产品中因磨损、消耗而失效的部件进行再次加工或修补更新之过程。例如,车辆发动机的再生和轮胎的二次制造,复印机和打印机墨盒的重装等。二次加工制造在民用航空领域非常流行,一些小的航空公司将大公司的旧飞机低价买下,经过加工维修和部分零件更换后重新使用,可为顾客们提供廉价安全的旅游服务。

二次加工制造是以合理的产品设计为前提的,合理的产品设计必须包括:

• 产品应易拆易卸,以保证快速廉价的部件分离;

• 产品应易于通过其模型和装配型号而辨认;

---

[1] 在航空航天制造业中,下脚料量值反映在"购买与起飞比(buy-to-fly ratio,是指原生材料的使用量与产品重量之比)"的高低上。机身壁厚越薄,该值越高(可高达20:1),浪费越大。

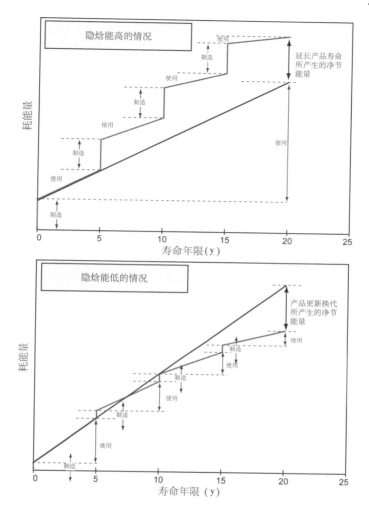

图 12.4 当产品的使用耗能逐渐降低时,原材料生产耗能的高低决定了节能策略的选择

· 产品内应配有嵌入式监控记录仪,便于了解其使用历史并预测寿命长短。

图 12.5 用可视化手段综合展示了产品整个生命周期中各阶段上可以实施的提高材料效率之方案。

12.4 提高材料效率的方式(2):社会变革

12.4.1 经济手段

"经济手段"旨在利用立法和指令的形式迫使社会减少生产新材料,而对旧材料尽量地循环利用(参见第 5 章的内容)。图 12.3 左下方列举了一些普遍使用的经济手段以提高材料效率。"胡萝卜和大棒"是政府部门通用的做法。图 12.6 根据第 5 章中所述的各种立法和指令条文,综合显示经济手段的走向和趋势。任何材料密集型产品(如汽车和家电)的制造商们不仅需要深入了解这些法律条文,还必须严格依此执行,以免遭到经济制裁。

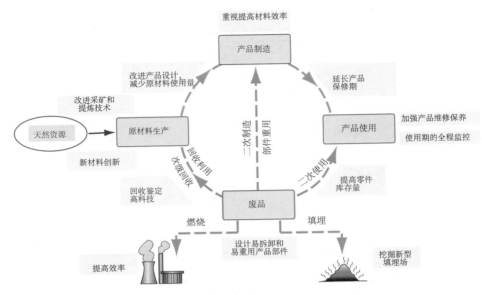

图 12.5 从产品材料生命周期的各阶段入手提高材料效率

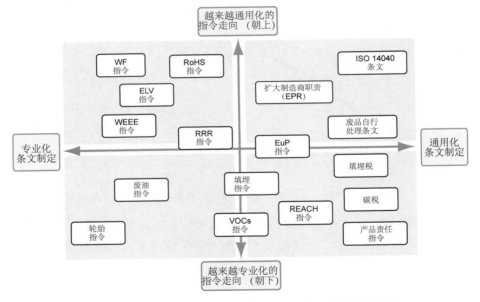

图 12.6 部分欧洲国家通过立法和经济指令而提高材料效率
（作者根据 2008 年 Loader 发表的结果改编。）

12.4.2 社会变革

"社会变革"意味着人们需要改变固有观念和生活方式,尽量抛弃"独自占有",而接受"产品共享"和"租赁服务"。

(1) 产品共享 生活在发达经济体中的大多数家庭拥有一辆汽车。据统计,98％的汽车后座椅没有任何他人使用过,即材料的使用效率仅为 2％。私人飞机、游艇以及度假别墅等的使用率就更低,即便是高效使用的商业建筑其效率也只有 25%。我们既然可以分享医院、学校、教堂、公园、飞机和火车等等,为什么不能分享其他? 一台洗衣机在公用洗衣店的使用效率,如同租赁汽车的使用效率,都是极高的,值得提倡。

(2) 少用或不用材料 发达经济体中许多资源的消耗是不必要的。在这些国家里,汽车、冰箱、电视机,智能手机和平板等不被认为是奢侈品,而是所谓的必需品。种种迹象表明,发展中国家正在变富,同时他们也不加思考地跟随发达国家的脚步。好在发达国家中的一些社区和宗教组织在努力地宣传降低物质消费的必要性。但愿这一尚属少数人的声音会被越来越多的听众所闻,并加入到节省材料资源的行列里来。

(3) 以"物联网"取代实际用品 电脑里的各种应用程序,一旦投资(经济和智力等多方面投资)获取,可进行十分便利的"非物质"交易。计算机除了本身是由多种材料的组合而制成外,它所提供的各项服务均可以是非物质化的。物联网的理念和实施正在四处蔓延,它不仅有利于制造业、零售业、教育及娱乐等领域,金融行业正在考虑取消印刷"硬"货币。

实例 7. 改变人们的行为,使之适应社会是否只是空想命题?

答案:尽管在自由国度里实现该目标有不少困难,但这一命题并不是空想。40 年前,没有人在汽车里系安全带、带头盔骑摩托但到处允许吸烟。而如今,上述行为被视为是不负责任、不文明的表现。

12.5 增效阻力和应对策略

尽管以上所述的增加材料效率的环保理念都很好,但实施起来不仅会遇到这样那样的困难,还会遇到许多阻力。下面,我们将从技术、经济和社会这三个方面来分析障碍的存在以及应对策略。

(1) 技术障碍 如今的产品制造技术非常集成化,只有少数产品便于拆卸或更换子系统,所以跟踪其运行并及时排除故障变得愈加困难、愈加昂贵,以至于生产制造商们对二次加工制造等有抵触情绪。然而,如果制造商们在制造新产品的同时,开发二手部件,对旧产品(如二手汽车和飞机等)进行翻新再加工,并重新认证和保修,则不仅符合环保理念,而且物尽其用,效果将是非常好的。

(2) 经济障碍 一个经济社会的运转完全是以"增值"为前提的,而增值的有效方式之一是鼓励消费、鼓励产品更新。目前,世界上就"材料效率"这一命题有两种对立的观点:一种认为,此命题没有专门研究的意义,因为材料市场的力量足以调节供需关系。相反的观点则认为,尽管目前阶段物质资源是充足的,但将资源变为产品时的耗能排碳以及由此对社会和环境所造成的负面影响,早已超出了经济市场所能控制的范围。而且,这些负面影响成本——环境的"外部成本"并未反映在产品的出售价格之中,目前完全是由社会和政府来承担着,其后果显然是与可持续发展相悖的。

材料的生产总是需要耗费大量的能源。随着能源价格的上涨,本应减少对材料的需求量。但是,这一"技术"思维方式与厂家的"经济"头脑并不吻合,因为产品的最终价格不仅与生产材料的能源密度有关,更与制造产品的劳动力成本相连。在过去的一百年里,抛开通货膨胀因素,能源的价格是相对稳定的,但同一时期的原材料价格却因技术进步在不断下降。此外,发达国家的 GDP 不断上升,导致劳动力成本愈加高涨。为了获取最大的利润,生产商们宁肯忽略材料的使用效率,并不惜本国的失业和远途运输的耗能,而将产品制造基地转移到劳动力成本低的国家和地区。除非提高材料效率可以帮助那些重视"商业道德"的企业提高社会声誉,否则这一理念是不会被轻易接受的。

(3) 社会障碍 在一个和平富有的国家里是很难培养起"废料回收"文化的。消费观念和行为从工业革命伊始一直延续至今。个人拥有的商品/头衔越多似乎越成功;时尚全新的产品广受青睐,而二手产品被视为"贫穷"和"过时"的象征。现代化的生活方式已经改变了人们的传统道德思想,物品"用完即弃"已司空见惯,"废物回收"反倒令人惊讶。当市场力量失效时,必须通过行政手段来调控。我们在前面已经提到过,产品的生产和使用所造成的环境损害之"外部成本"并没有充分体现到其市场价格中,这一缺失是可以通过征收各种税务来补偿地,如征收碳税、污染税和土地填埋税等(尽管没有人会喜欢它们!)。如果立法并强制遵守一定的回收配额,则材料的使用效率自然会增加,从而降低了社会对新材料生产的需求。

最后需要指出的是,某些法律条文很可能会阻碍材料的效率增加或二次使用。例如,①现有的行政标准和法规条文都是针对全新材料产品而制定的,再生材料尚未被政府机构明文确认其价值;②在某些特殊领域中,如饮食(食品包装)、卫生和健康(医疗器械)领域,不提倡材料的循环利用;③车辆部件回收条文禁止循环利用复合材料;④为安全起见,建筑物中不允许增加材料效率。

总之,尽管有这样或那样的障碍,提高材料效率的理念正在逐步受到重视,回收循环利用和二次加工制造的基础设施正在逐步建立。从家用汽车到咖啡机的制造都在朝着更耐用、更轻巧、更紧凑和更高效的方向发展。能源价格在上涨,我们必须预测并积极应对所有后果。

12.6　本章小结

低效使用材料只会加速资源的耗竭、排碳量的上升和对进口物资的依赖。材料科学家和工程师们的职责是在"供给制"来临之前,研制并推广各种提高材料效率的技术措施,并协助各级政府颁发指令和法规,以求改变社会观念和行为。

12.7　拓展阅读

[1] Allwood, J. M., Cullen, J. M., Carruth, M. A., Cooper, D. R., McBrien, M., Milford, R. L., Moynihan, M. and Patel, A. C. H. (2012), "Sustainable Materials: with both eyes open", UIT Cambridge, UK. ISBN 978-1906860059

[2] Allwood, J. M., Ashby, M. F., Gutowski, T. G. and Worrell, E. (2011), "Material efficiency, a White Paper", Resources, Conservation and Recycling, Vol. 55, pp 362～381 (*An analysis of the need for material efficiency, possible ways of achieving it, and the obstacles to implementing them*)

[3] Allwood, J. M., Cullen, J. M., Carruth, M. A., Milford, R. L., Patel, A. C. H., Moynihan, M., Cooper, D. R. and McBrien, M. (2011), "Going on a metal diet-Using less liquid metal to deliver the same services in order to save energy and carbon", Department of Engineering, University of Cambridge, UK. ISBN 978－0－903428－32－3, www. wel-

met2050. com(*A report exploring ways of using less metal to deliver the same services in order to save energy and carbon, and detailing the Sankey diagrams shown in Figures 12.2 and 12.3.*)

［4］Allwood, J. M., Cullen, J. M., Cooper D. R., Milford, R. L., Patel, A. C. H., Moynihan, M., Carruth, M. A. and McBrien, M. (2011), "Conserving our metal energy", University of Cambridge, UK. ISBN 978－0－903428－30 (*Ways of avoiding melting steel and aluminium scrap to save energy and carbon*)

［5］Ashby, M. F. and Johnson, K. (2009), "Materials and Design, the Art and Science of Material Selection in Product Design", 2nd edition, Butterworth Heinemann, Oxford, UK. ISBN978－1－85617－497－8 (*A dealingwith the aesthetics, perceptions and associations of materials and the bipolar influence of industrial design in manipulating consumer choice*)

［6］Bendsoe, M. P. and Sigmund, O. (2003), "Topology Optimization: Theory, Methods and Applications", 2nd edition, SpringerVerlag. ISBN: 978－3540429920 (*The topology optimization method solves the basic engineering problem of distributing a limited amount of material in a design space, using iterative finite-element analysis.*)

［7］Eggert, R. G., Carpenter A. S., Freiman, S. W., Graedel, T. E., Meyer, D. A. and McNulty, T. P. (2008), "Minerals, critical minerals and the US economy", National Academy Press, Washington DC. (*An examination of the criticality of 11 key elements, ranking them on scales of availability (supply risk) and importance of use (impact of supply restrictions)*)

［8］Geiser, K. (2001), "Materials matter: towards a sustainable materials policy", MIT Press, USA. ISBN 0－262－57148－X (*A monograph examining the historical and present-day actions and attitudes relating to material conservation, with informative discussion of renewable materials, material efficiency and dematerialization*)

［9］Gutowski, T. G., Sahni, S., Boustani, A. and Graves, S. C. (2011), "Remanufacturing and energy savings", Environmental Science and Technology, America Chemical Society, USA.

［10］Hertwich, E. G. (2005), "Consumption and the rebound effect: an industrial ecology perspective" Journal of Industrial Ecology, Vol. 9, pp 85~98 (*The rebound effect is the increase in consumption that occurs when improved technology reduces the energy consumption of products, cancelling the expected environmental gain.*)

［11］International Energy Agency (IEA2007), "Tracking industrial energy efficiency and CO2 emissions", OECD/IEA, Paris, France. (*The IEA provides the most reliable and complete statistics of energy consumption and consequent emissions, globally and nationally.*)

［12］International Energy Agency (IEA2008), "Energy Technology Perspectives 2008: Scenarios & Strategies to 2050", OECD/IEA, Paris, France.

［13］Loader, M. (2008), "Driving sustainability", Materials World, Vol. 16, pp 30~

32 (*Loader presents figure with the same axes as Figure 12.3 of the text，detailing the complexity of automotive and materials legislation.*)

［14］Lomborg，B.（2001），"The sceptical environmentalist-measuring the real state of the world"，Cambridge University Press，UK. ISBN 0－521－01068－3 (*A provocative and carefully researched challenge to the now widely held view of the origins and consequences of climate change，helpful in forming your own view of the state of the world*)

［15］Lomborg，B.（2010），"Smart solutions to climate change：comparing costs and benefits"，Cambridge University Press，Cambridge UK. ISBN 978－0－52113－856－7 (*A multi-author text in the form of a debate-"The case for ...","The case against..."- covering climate engineering，carbon sequestration，methane mitigation，market and policy-driven adaptation*)

［16］MacKay，D.J.C.（2008），"Sustainable energy-without the hot air"，UIT Press，Cambridge，UK. ISBN 978－0－9544529－3－3 www. withouthotair. com/(*MacKay analysis of the potential for renewable energy is particularly revealing.*)

［17］Pimm，S.L.（2001），"The world according to Pimm：a scientist audits the earth"，McGrawHill，New York，USA. ISBN 0－07－137490－6 (*Pimm provides and enlightens discussion of bio-mass production and its limits.*)

［18］Sigmund，O.（2000），"Topology optimization：a tool for the tailoring of structures and materials"，Phil. Trans. Roy. Soc. A，Vol. 358，pp 211～227 (*An introduction to topological optimization，developed more fully in the book by Bendsoe and Sigmund，listed above*)

［19］Szargut，J.（1989），"Chemical energies of the elements"，Applied Energy，Vol. 32，pp 269～286(*Szargut analyses the thermodynamics of metal extraction*)

［20］USGS（2010），"Mineral commodity summaries 2010"（*The ultimate source of data for mineral production and metal production*）

12.8 习题

E12.1 利用钢铁桑基图，了解什么是制作连铸板坯和方坯的前一步给料。

E12.2 利用钢铁桑基图，了解钢材生产过程中的哪一阶段所产生的废料或下脚料最多。

E12.3 利用铝的桑基图，了解铝生产过程中所产生的三大半成品。

E12.4 利用铝的桑基图，列出使用铝制品的四大行业。

E12.5 利用铝的桑基图，了解哪种产品（汽车、电缆、建筑、饮料罐、铝箔等等）用铝量最大。

E12.6 碳钢的隐焓能为 27 MJ/kg，原生铝的隐焓能为 210 MJ/kg。利用碳钢和铝的年生产总量数据（第 14 章）估算，若提高钢和铝的生产效率 1%，可为全球节省多少能量。

E12.7 铝的生产过程排放大量的二氧化碳：12 kg CO_2/kg(Al)。2011 年 4 月的原生铝市场价格为 2.5 USD/kg，能源成本约为 0.007 USD/MJ，碳税约为每吨 15 USD。如果能源价格翻倍并且碳税增至 5 倍，原生铝的价格会上涨多少？

E12.8 一种提高复合材料弹性模量的设想,是在环氧基体里弥散添加 24% 的单壁碳纳米管(SWNT)。设三分之一的碳纳米管用来增加刚度(无论它们在基体中如何排列);复合材料的密度和模量通过混合规则来估算。试评估预测这一设想,并在图 9.11 上标出这一新材料的位置。你的结论如何?

复合材料	密度(kg/m³)	模量(GPa)
SWNT	1 350	940
环氧基	1 250	2.4

E12.9 为环保所需,以减少车身重量为目的的新车设计正在进行中。如果传统车身的用钢量为 490 kg,则减少其 3% 并且增加防腐保护,可以将汽车的平均使用寿命从目前的 250 000 km 延长至 275 000 km。应如何估算车辆用钢的增效?

E12.10 上题通过降低车身重量而提高了材料效率,后者进而可促使燃油效率的增加(以 MJ/1 000km 为计算单位)。如果某常规汽油车的总重量为 980 kg,试利用表 6.10 的数据计算燃油效率的增益效果。

E12.11 如果提炼金属所需要的矿石品位 G_m 下跌,则采矿、运输和浓缩矿石浓度等所需要的能量都会增加,进而增大了该材料的隐焓能值 H_m:

$$H_m = A + \frac{B}{G_m}$$

式中的 A 代表提炼过程的能量常数, B 代表采矿、运输和浓缩矿石浓度等过程的能量常数。若铜的 $A = 40$ MJ/kg, $B = 1.2$ MJ/kg,试求当 $G_m = 4\%$ 和 2% 时,铜的不同 H_m 值。结论如何?

E12.12 镁可以通过电解盐湖(如死海)水或海水而获取,该过程耗电量为 40 kWh/kg。2011 年 4 月的原生镁市场价格为 5 USD/kg,能源成本为 0.06 USD/kW·h,试求该价格中能源成本占多少百分比?

第 13 章

描绘未来的大图像

内　容

上述 4 图片分别显示 4 种自然灾害：洪涝、干旱、沙化和飓风——这难道就是人类的未来？

13.1　概述

　　自由经济体系正在朝着优化经济体系发展,最简单的例子就是,如果可以通过其他方式创造价值或增加财富,人们自然而然地趋向于改变现状而去做这件事情(当然,在采取行动前需要进行综合考虑并权衡改变现状后的利弊)。新产品材料的设计也如此,其理念必须与经济现状和社会环境紧密结合,并且需要不断地调整,以适应市场原材料和能源价格的变动以及人类健康幸福对优良环境的期望。

　　纵观人类发展的历史,在其中的某些阶段里,经济和社会之"边界条件(boundary-conditions)"保持恒定或演变过程缓慢,但在另一些阶段里,变化过程可以是循次渐进的(例如经济实体间的换位),也可以是异常显著的(例如国家与国家之间的武装冲突)。无论如何,在后一阶段里原先被视为是最佳组合的社会状态由于"边界条件"的改变而不再被公认,从而为社会带来了变革动力。于是,为了"生存"(请注意,这里的"生存"通常是指"经济生存",但很可能涉及到更广层面上的"人类生存"),人类必须具备以下两种能力:①感知变化和变化后果的能力;②规划和实施向前迈进的能力。一言以蔽之:要有适应性。无论经济与社会的边界条件之变更被视为"威胁"或"机遇",人类都需要适应之。本章论述变革动力并展望未来。

　　首先,让我们总结一下本书自第 2 章至第 10 章中一惯采用的"自底向上(bottom-up)"的工程材料研究方法,这种方法有诸多的优点:①它是建立在公认理念基础之上的;②因此可以避免在环保问题上沸沸扬扬的争议所带来的困扰;③进而促进冲突目标之间的相互谅解;④所得出的种种结论不仅依据充分,用事实取代猜测和误传,而且还拓展了人们的视野。本书以环保为目的,以节能减排为目标,专注于产品材料的优选方法及实施。尽管这一领域并不是大气中二氧化碳过量的罪魁祸首,但是积少成多,由小变大,量变引起质变——人人都从自我领域开始重视环保问题并为之做贡献,是每一位工程师和科学家的义务和责任。

　　然而,从另外一个角度讲,如果产品材料整个生命周期中的总排碳量只不过是污染海洋中的一条"小鱼",那么工程师和科学家们的主要任务应当是捕获"大鱼"。接下来,我们进一步要问,是否捕获了"大鱼"和"小鱼"就可以为人类未来提供一个可持续发展的环境呢? 让我们通过一个简单的例子来侧面回答这一问题:由于周围环境的改变(比如发生了危机),使得你的日常生活受到干扰。这时,你的第一反应(也是最正常的反应)是检查受干扰的程度,并想尽一切办法来排除外界干扰,尽量维持固有的生活习惯。然而,如果问题继续存在,你可能会理智地去探索导致干扰的原因所在;如果这些干扰明显地存在着并且是不可阻挡的,那么你有必要大幅度地去调整自己——尽管这种大幅度的调整会把你的日常生活搞得紊乱,尽管它是你非常不情愿去做的事情。遇到危机时,消极、被动,乃至赌博式地等待灾难过去,安慰自己:"事情不会像报道的那么糟糕"是许多人的心理常态。但是,一旦赌注失败,你将措手不及,那时就必须接受毫无选择余地的大调整。与之相反,我们大力提倡"预防"理念。"预防"可以使我们随时掌握自己的命运,而不要等到灾难来临时再去"反应"——这就是所谓的"预防原则(The precautionary principle)"。

　　也许有人会说,用以上的小例子和解决办法与全球资源危机、气候变暖等大问题作比较似乎过于简单化了。我们不禁要反问:为什么不能复杂问题简单化呢? 当然,本书所涉及的材料环保问题以及为此所提供的解决方案也是有限的,不仅如此,哪怕这些解决方案全部得以实施,最佳效果也只能是改善环境,而不能从根本上控制环境——因为还有更大的干扰力存在着。在下面的章节里,让我们分三个部分来探讨人类必须面对的重大问题:威胁、机遇和选择未来。首先让我们提出一个"专业性"的问题:为什么人们普遍对"材料价值"的关注度不高呢?

13.2 被忽略的材料价值

没有人会扔掉黄金,因为其价值家喻户晓。但请不要忘记,在人类发展历史上,铁、铝和玻璃等材料也被视为贵重物品而珍藏。如今的废物流是如此之巨大,以至于人口密集但缺少发展空间的国家正在面临垃圾无处填埋的难题。的确,我们已经开始了废料回收的行动,但那是在"立法、补贴、罚款和税收"等行政手段的胁迫下实施的。归根结底是人们对绝大多数的"材料价值"关注度不高。这是什么原因造成的呢?

为回答这一问题而提供线索,图13.1给出了过去150年间发达国家中3种指标变化的趋势,图(a)显示材料的综合价格指数[1],图(b)显示能源指数[2](用石油价格作代表),图(c)显示社会购买力指数[3](用人均GDP作代表)。这3种指标统一用2000年的美元价格进行了"数据标准化"[4]以便于比较。该图给我们的启示是:随着时间的推移,①原材料的实际价格一直在不断下降,并且当今的价格比以往任何时候都更加低廉;②能源的价格直至2002年基本保持稳定势头(抛开最初开采石油的代价和1980年的石油危机效应),随后便持续走高(自2014年夏季开始的石油价格持续下跌的现象在此不作讨论[5]);③社会购买力也在过去的150年间持续增长。这里,有一个不可忽视的现象值得引起注意:尽管原材料本身的生产成本下降了,但相关劳动力的成本却上升了,从而导致经济平衡体系由节约原材料而转向节约劳动力所付出的时间。

(1) 能源价格与材料价格　众所周知,材料的价格与能源的价格有相关性。那么,如果能源的价格上涨,赖以生产的原材料价格是否也会随之而"敏感"上涨呢?图13.2试用能源生产的成本与原材料生产的成本之比值来衡量材料价格对能源价格的敏感度。显然,该比值越高,说明敏感度越大。比值为1,意味着能源价格增长一倍,则原材料价格也增长一倍;比值为0.1,意味着能源价格增长一倍,则原材料价格上升10%。举例来说,由于铝、镁、水泥以及常用聚合物(如聚乙烯和聚丙烯)的生产极为耗能,所以它们的价格很容易受到能源价格浮动的影响。相比之下,隐熔能较低的碳纤维和玻璃纤维强化复合材料对能源价格的波动不是很敏感(但这类原材料制作时的劳动力成本和设备成本都相对较高)。

---

〔1〕　参见《经济学人》周刊2000年1月15日所报道的"市场指数"。

〔2〕　参见美国能源部能源信息署(EIA)的《年度能源述评》(www.eia.doe.gov)。

〔3〕　本书作者根据2001年隆伯格(B.Lomborg)所收集发表的数据绘制。人均GDP按2000年不变价美元计算。

〔4〕　鉴于150年间所发生的通货膨胀,在进行任何比较之前人们都必须首先对价格指数"归一化"。其转换因子的细节见www.measuringworth.com。

〔5〕　译者注。

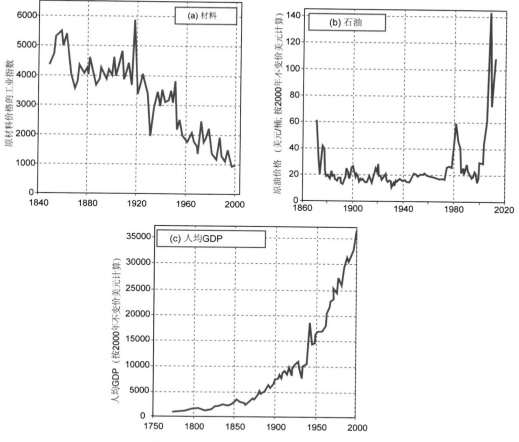

图 13.1　材料(a)、石油(b)和人均(c)在过去 150 年间的变化均势

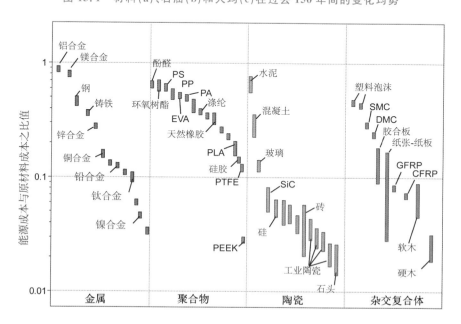

图 13.2　材料价格对能源价格变动之敏感度

（2）**材料价格与产品价格**　我们在讨论了原材料价格对能源价格波动的敏感度后，接下来将要讨论产品价格对原材料价格波动的敏感度问题。总的结论是：该问题的答案要取决于"产品的材料强度（material－intensity of the product）"。图13.3和图13.4对此作出了具体而形象化的解释。两图的纵轴分别表示原材料和产品的单位重量价格（USD/kg），以便于简单明了地量化和分类比较。假如某产品的价格仅仅是原材料价格的2～3倍，则该产品属于材料强度高的产品，其价格自然对原材料的价格浮动很敏感；相反，如果某产品的价格是原材料价格的百倍，则该产品属于材料强度低的产品，其价格对原材料的价格浮动就不那么敏感了。

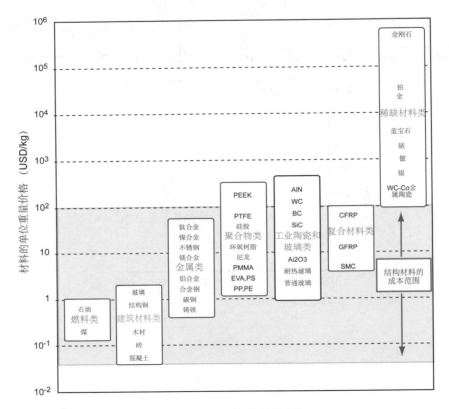

图13.3　单位重量的材料价格

（蓝色区域代表通用结构材料及价格，左下角的燃油类价格是作为比较参考系而给出的。图中红字部分代表该类材料的平均价格。）

首先，让我们来分析图13.3所给出的原材料价格的排序信息。总体来说，结构材料的价格范围大约在0.05～100 USD/kg左右，其中，建筑用材（如砖、木材、混凝土和结构钢等）的价格最低，钛合金等最高；聚合物材料中聚乙烯廉价，聚四氟乙烯（PTFE）则昂贵；陶瓷与复合材料的价格普遍偏高（好在随着使用愈来愈普遍的CFRP产量的不断增加，其成本可望降低）。然而，最昂贵的原材料非"稀缺型"和贵金属莫属。

图13.4给出了八大应用领域产品价格的排序信息，其中位于蓝色区域的产品均属于材料强度较高的产品。例如，材料成本在民用建筑、造船业和消费包装业中所占的比例高达50%（在家用汽车成本中也占20%）。尽管在这些行业里，将原材料转换成产品的额外成本（即加

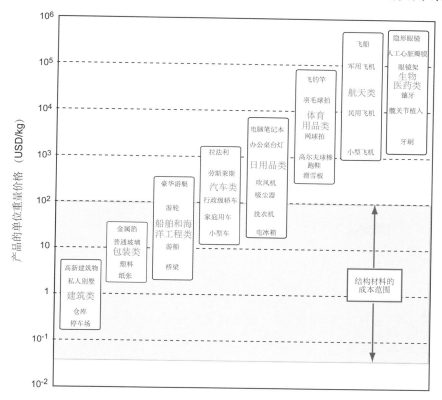

图 13.4　产品的单位重量价格
（蓝色区域为生产相关产品所普遍使用材料之价格。）

工制造成本）并不高,但其市场销售量却是相当大的。在这种情况下的材料优选必须满足的约束条件是尽量选用成本低的材料。优选目标可以是多方面的:①降低产品的成本而不损害其性能;②提高产品的可靠性而不增加成本;③减轻产品的重量而不大幅度地增加其成本,等等。为此,行之有效的改进措施依然是继续提高材料本身的性能(如改善钢铁产品的结构和形状及其加工制造方法、提高部件润滑领域的技术水平等),而不是用高科技新材料来取代传统材料。

值得指出的是,图 13.4 上半部所显示的产品中原材料所占比例不足 10%(有时不足 1%),昂贵的价格主要是由于产品的制造技术复杂而造成的。产品的竞争力是与材料的性能紧密相关的,因此新产品的设计师们总是倾向于采用具有特性的新材料来取代旧材料,这时的设计目标首先是"特性",而非"成本"(次要目标),因为增强产品性能或/和减少产品体积总是很受市场欢迎的。这一设计目标的制定往往是推动新型材料研发的巨大动力,材料市场需要有更轻巧、更坚硬、更高强、更高韧性、更低膨胀率、更大导电或导热性的产品出现。附加一句,新型材料的使用往往耗能更多,因此有必要利用折衷法对冲突目标进行权衡优选。

此外,图 13.4 中所显示的产品分类及价格沿横轴方向呈递增趋势。那么横轴代表何种内容呢?比较确切地说,应该是代表"技术成分"。例如,对生产隐形眼镜或人工心脏瓣膜的技术要求显然要比对生产啤酒瓶或塑料瓶的技术要求高得多。如果说图中左侧的产品对材料性能的要求并不十分苛刻,那么图中右侧的产品几乎把对材料性能的要求推到了其极限范围,与此同时,对产品的加工精度及其可靠性也有十分严格的要求。所以,从左至右产品价格依次上升是符合逻辑的。然而,产品的价格还受许多其他因素的影响,诸如产品的上市规模和竞争能力、用户的品位和接受状况以及时尚价值等。因此,图13.4仅为读者提供一定的产品价格信息概况,并没有准确的量化意义。

13.3 能源,碳排放和 GDP

使用资源的人口越多,资源耗竭的速率越快。设人口总量为 P,则人均生产总值为 GDP/P。因此,原材料消耗的定量计算表达式为

$$材料消耗 = P \times \frac{GDP}{P} \times \frac{材料总量}{GDP} \tag{13.1}$$

式中的 $\left(\dfrac{材料总量}{GDP}\right)$ 被定义为"单位 GDP 的材料强度(material intensity of GDP)"。同理,能源消耗量的表达式为

$$能源损耗 = P \times \frac{GDP}{P} \times \frac{能源总量}{GDP} \tag{13.2}$$

式中的 $\left(\dfrac{能源总量}{GDP}\right)$ 被定义为"单位 GDP 的能源强度(energy intensity of GDP)"。

总排碳量的表达式为

$$总排碳量 = P \times \frac{GDP}{P} \times \frac{能源总量}{GDP} \times \frac{总排碳量}{能源总量} \tag{13.3}$$

式中的 $\left(\dfrac{总排碳量}{能源总量}\right)$ 被定义为"单位能量的碳排放强度(carbon intensity of energy)"。至此,我们可以试图深入理解图2.19所给出的材料—能源—排碳量之间的三角关系。

实例 1. 保持材料消费水平恒定　全球人口数目预计将从2011年中期的71亿增长到2020年的80亿,同时期的全球 GDP 预计将上升40%。试求需要降低单位 GDP 的材料强度之百分数以维持目前的材料消费水平至2020年。

答案:自2011年至2020年间的人口增长预计为现在人口的1.13($=$ 80/71)倍。如果人均 GDP 同时期上升40%,故若要保持恒定的材料消费量,则需要降低材料强度因子至1/(1.13×1.4) $=$ 0.63,即从2011年的100%需要降低约40%。

人类若想实现可持续性发展的计划,必须将材料和能源消费以及碳排量数据逐步降低——这意味着至少要降低以上三式(式(13.1)～式(13.3))右边的某一项。然而,人口预测数据表明短期内的世界人口会继续增加(P 值继续增加),相应的人均 GDP 也会增加。那么,我们不仅要问:人均 GDP 应该达到何值才可以满足人类的幸福指标呢?图13.5绘出了(2011年)联合国人类发展指数(HDI)[1]与各国人均 GDP 之间的带有渐近线的指数增长关系。该结果显示,人均 GDP 若达到每年在3万到4万美元之间就应该是绰绰有余的了,进一步的财富积累并不会显著增加 HDI 指数。遗憾的是,当今世界多被物质欲望所支配,这一结论并不会被社会轻而易举地认可,所以任何企图去限制人们增加财富的行为都注定是徒劳的。回到

---

〔1〕 人类发展指数 HDI 是衡量一个国家国力的重要指标,它将经济与社会相结合,审视每个国家公民的健康长寿、受教育机会、生活水平、生存环境和言论自由度等指标的综合发展状况而给出评价。

本段初始的命题,若想在被社会舆论所接受的前提下降低材料和能源消费以及碳排量,我们只能把关注点集中在如何减少式(13.1)、(13.2)和(13.3)中的第三项指标值上,即减小单位GDP的材料强度,单位GDP的能源强度以及单位能量的碳排放强度。

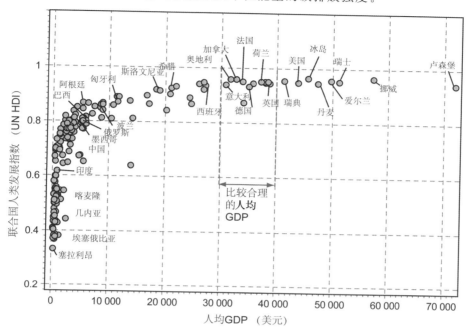

图 13.5　联合国人类发展指数与人均 GDP 之间的关系

(中国 2014 年的 HDI 排名为第 77 名,人均 GDP8280USD——译者注。)

　　图 13.6 给出了世界上主要工业国家碳排量和能源消耗与 GDP 的比值以及碳排量与能源消耗之间的比值关系。由此可以得出以下结论:可持续性发展情况最好的 3 个国家是瑞典、挪威和冰岛,瑞士、芬兰和法国也相当出色。那么这些典范国家的秘诀是什么呢? 瑞典、挪威和瑞士都有着极大的水资源优势,这些国家的发电主要依靠大型水电站,因此 CO_2/GDP 比值很低。此外,这些国家还拥有高效产业,因而$\dfrac{能源总量}{GDP}$比值也低;冰岛拥有大量的地热源,所以排碳量低,但该国仍属于能源密集型的经济体;法国,如同大多数的国家一样,并不享有丰富的自然资源,但通过核电与高效的制造业相结合,也为可持续性发展的规划提供了一种值得借鉴的模式。

　　当然,各国的可持续性发展状况还深受其他因素的影响。诸如,国家的自然资源储备情况(是否享有博大的土地和丰盛的矿产、石油和煤炭资源?)国家的 GDP 来自何处(农业、制造、贸易、金融、旅游……)炎热或冰冷的国家如何优化温度调控(使用暖气还是空调?)……此外,国家的管理制度也会左右其生态平衡状况。尽管如此,图 13.6 所显示的数据仍可启发我们去思考:如果世界上所有的国家都能达到法国现状,那么全球碳排量和能源总消费值将会减半。接下来我们进一步要问,采用耗能和排碳与 GDP 的比值来衡量环保状态是否恰当合理呢?

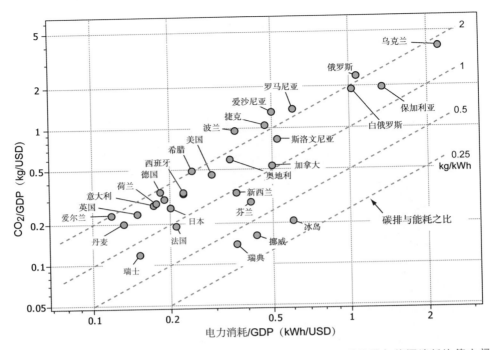

图 13.6　30 个工业国家的碳排量和电力消耗与 GDP 的比值以及碳排量与能源消耗比值之间的关系

13.4　GDP 是否代表一个国家的真正财富[1]

对经济学家来说,经济增长意味着 GDP 的增长。"增长"总是好现象,而"停滞"或"减退"则是坏现象。然而,GDP 值真的是衡量一个经济体系的正确指标吗? 值得指出的是,在 GDP 的计算内容里包括了一个国家每年所提供的产品和服务价值的累积,但并不包括该国当年的自然资本(nature capita)之耗费(自然资本包括矿物和矿石、清洁空气和淡水资源、可耕种土地和养鱼农场,特别是森林资源)。正如我们在前面所警示的那样,已经有足够的数字和证据表明,如果人类继续以现行的速度和方式开发并使用自然资本,其后果只能是负面的。无论是人口增加还是财富积累都会助长负面影响的扩大和延伸。

的确,人类通过工业行为逐渐积累了"技术资本"(如建筑物、公路、工业厂房)和"人力资本"(医药、教育、科学技术),并且建立起各种"机构"(学校、医院、政府机构);的确,它们都为 GDP 的增值做出了贡献。与此同时,这些工业行为却使自然资本受到了极大的破坏。如何解决人类社会发展进程中的这一主要矛盾呢? 根据本书第 9 章所引入的权衡折衷方法,我们需要在尽可能增大 GDP 的同时尽量减少自然资本的消费。为此,寻找合适的交换常数(α_e)以确定权衡折衷的相关补偿函数是我们未来的首要任务。比如正确选择 α_e 迫使直接而明显消费自然资本的工业用户支付废品填埋税(参见第 3 章所引入的"环境成本内部化"概念)。在某些

─────────────

〔1〕　Dasgupta 于 2010 年对该问题提出质疑,他认为 GDP 所衡量的仅仅是经济效益,而忽略了财富积累的同时对周围生态环境的破坏,所以 GDP 的增长是以自然资本的损失为代价的。

情况下,当自然资本的消费不容易被量化或不容易直接归因于某些特定行业时,我们只能将"环境成本外部化",通过政府间协商设置合理的交换常数值,如征收排碳税和使用污染源税等。大气中的臭氧层被过量二氧化碳所破坏以及水源被硝酸盐化肥所污染就是"环境成本外部化"所要考虑的典型实例。

至此,对"GDP是否反映一个国家的真实财富"之命题的回答就不言而喻了。显然,对自然资本的丧失不加任何考虑的 GDP 增值是一种给人错觉的定论方式,违背了可持续发展的原则,因为可持续性发展的重要目的之一是让人类的财富积累承先启后、一代接一代地传下去。

当自然资本不可避免地趋于萎缩时,人类只能通过挖掘本身的聪明才智、提高科技水平,用高科技来救急并弥补资源的损失。

13.5 威胁来临[1]

图 13.7 为我们概括了当今人类社会所面临的种种威胁(图 13.7 左)以及如何变威胁为改革动力和机遇(图 13.7 右),并且通过设计或重新设计过程达到新产品与环保的最佳匹配模式(图 13.7 中)。

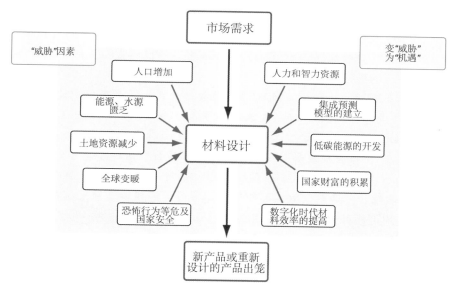

图 13.7 经济社会变革的两大动力:威胁(左)和机遇(右)

(1) 人口过剩 纵观人类的发展历史,初始阶段的人口数量不多而且上升速率缓慢(见图1.3),然而,在过去的 150 年中人口数量出现了爆炸式的增长,从 15 亿剧增到 2011 年的 71亿。人口学和经济学专家们的研究表明:世界人口在达到 90 亿之前不会停止增长,而当今地球上可供人类享用的土地面积已经不足以维持现代化的生活水平了(参见第 1 章的内容)。

实例 2. "人口增加与受教育程度之间的关系 有关研究指出,左右人口增长率的一个主要原因是妇女们的受教育状况。若要减缓发展中国家的人口迅速增长问题,必须优先考虑让更

---

[1] 其详细内容可参见"拓展阅读"中的 Nielsen(2005)和 IPCC(2007)的文章和资料。

多的女性接受入学教育。如果这一建议能够被及时采纳,相关计划能够尽快而有效地得以实施,则 2050 年的世界人口总数为 88 亿。否则,悲观的预测数据将接近 100 亿。"

—— 摘自美国 2011 年 7 月 29 日版的《纽约时报》

实现这样雄伟的计划将是一个庞大的工程,也是对教育界的极大挑战。

(2) 能源匮乏　迄今为止,人类所使用的大部分能源仍为化石燃料。在过去的 100 年中化石燃料的消费量陡增了 14 倍,而且这种现象仍在继续。鉴于储量大而且便于输运的原油和天然气资源仅仅掌握在世界上少数几个国家手中,因此耗能大国(OECD)的经济严重依赖于欧佩克组织(OPEC)的能源供给。这种单一片面的能源市场行情很容易在全球造成供应短缺、价格波动,因而能源危机总会时隐时现。

实例 3. "油价的大起大落　石油的发现已有 150 年的历史,但它继续在全球经济中起着极其重要的作用。如果说油价在 2002 年至 2007 年间稳步攀升,但在 2008 年飙升至每桶 147 美元,5 个月后又骤降至每桶 33 美元,2011 年油价的攀升趋势类似于 2008 年,以至于汽油价格比 2010 年上涨了 30%。这反映了能源市场对动乱的中东地区石油供应链能否维持的极度担忧。"

—— 摘自美国 2011 年 8 月 23 日版的《纽约时报》

如此巨大的能源价格波动往往使得计划经济难以控制局面。

(3) 水源短缺　水,是除了能源之外的第二大宝贵资源。水源短缺对人类的威胁很可能会比能源短缺更为致命。勘探查明,地球表面上的水资源只有 2.5% 是淡水,而且其中的大部分属于深层地下水或冰水,目前阶段尚可望而不可及。不断增长的世界人口和全球气候变暖使得水源短缺的现象日益加重。20 世纪末已有三分之一的世界人口无法得到足够的水供应,而这种情况只会越来越糟糕。

实例 4. "非洲和亚洲的饮水安全问题　享有纯净的饮用水源是生命和健康之本,它不分国籍、年龄、性别、职业或身份。然而,新近发表的全球 165 个国家水源安全风险指数报告指出,索马里、毛里塔尼亚、苏丹和尼日尔这 4 个非洲国家的水源存在着极度危险,伊拉克、乌兹别克斯坦、巴基斯坦、埃及、土库曼斯坦和叙利亚等亚洲国家的局势同样岌岌可危。"

—— 摘自 2010 年 6 月 25 日版的《深度新闻网(IDN-InDepthNews)》

(4) 耕种面积收缩　工业化国家需要使用人均 6 公顷的耕种土地来维持他们现阶段的生活方式。而全球人均可耕种土地如今只剩下 1.8 公顷,其趋势将是进一步的减少(这与人口的不断增长密切相关)。发展中国家渴望享有发达国家的生活水平,但他们往往由于众多的人口而缺少发展空间(除非他们选择另一种生活方式)。

实例 5. "投资商正在让非洲农民失去土地　全球土地投资商们正在大片吞噬非洲和其他地区发展中国家的农耕面积。一向保持传统习俗的非洲农民近来惊奇地发现,他们的政府已廉价地将其祖祖辈辈耕种的土地租给了私人或国外投资商。"

—— 摘自美国 2010 年 12 月 22 日版的《纽约时报》

众所周知,土地是一种宝贵的资源。

(5) 气候变化异常　图 3.8 显示,如今人类每年向大气中排放的二氧化碳量大约为 600 万吨,致使其浓度已经从英国工业革命前的 270×10^{-6} 上升到目前的 400×10^{-6},相应地全球平均气温自 19 世纪以来已经上升了 0.75℃。根据种种气候变化模型所得出的结论来看,即便是今后没有更多的二氧化碳进入大气层,生态系统自身的惯性仍然会导致全球气温继续上升 0.6℃,可能的后果包括:北极浮冰融化(已十分显著),海平面上升(已可以测量到),淡水短缺、人口迁移以及部分物种灭绝(都已经发生了!)。气候变化模型对气温上升 4℃所预测的结果为:南极和格陵兰冰盖的融化,海平面的大幅度上升和低洼国家的部分淹没;倘若上升 6℃,其后果则不堪设想。由于以上这些预测结果仅仅基于建模而得出,因而总会听到部分质疑的声音[1]。但是无论如何,气候变暖与已经观察到的无可争辩的事实之间的相关性是不容忽视的。如果我们能够认真听取科学建模者们的警言,则会有足够的时间去思考并选择应对气候变化的有效方式,以此拯救人类。

(6) 国家安全临危 这里,我们要谈到的是一个性质截然不同的威胁因素。由于现代化武器的巨大杀伤力和它在民间的相对易得性,加之社会普遍的开放性,使得国家很容易受到恐怖分子的袭击。起源于(至少是部分起源于)宗教信仰的不同和穷富国之间的差异而造成的恐怖袭击是一个很难应对的恶魔。

实例 6. "计算机的安全问题 正如当年原子弹的发明加速了二次世界大战的进程,并导致了随后威慑性更大的新型武器之竞相研发一样,当今国际社会已经进入了网络武器和系统的开发时代。在美国,每天都有数以千计的政府和私人电脑系统受到网络攻击,有些是蓄意破坏,有些是在测试美国的网络防火墙系统是否真正坚不可摧。这一现象迫使奥巴马政府重新审视美国的网络保护措施。"

——摘自美国 2009 年 6 月 1 日版的《纽约时报》

13.6 变威胁为机遇

威胁来临是人类社会发生重大变革的动力之一,这一时刻正在到来,我们应该竭尽全力变威胁为机遇。

(1) 智力资源开发 人类的智力资源是巨大的。我们曾经在第 2 章中提及过,参与现代科学发展史的 75%的科技人员都还健在,这就是为什么制造、医疗、通信、监控和防御技术在过去的 50 年间发展得如此迅猛的主要原因之一。当威胁来临时,科技人员的作用——如同医生对于病人,如果不能除去病根,至少可以减缓痛苦。不过目前尚不清楚,单靠科学技术是否能够将人类社会无限期的延续下去——毕竟,有许多问题超出了科技范围[2]。

(2) 预测模型蜂拥而至 众所周知"防患于未然"的重要性。随着计算机科学的发展,建模工程正在成为我们防范于未来威胁的极有价值的工具之一。预见和感触到问题的存在是着手解决问题的第一步。如果不能及时体察到威胁的存在,无论你日后采取何种应急措施都会出师不利的。具体到材料领域的建模,其规模小至分子大至航天器,其尺度自纳米至千米不等,需要研究的内容和预期的创新成果均极为可观。新的挑战方向是要把材料的性能、尺度与产品设计结合起来,以提高其使用效率,降低能耗和废气的排放量。

实例 7. "具有全球竞争力的材料基因组计划 正如上个世纪 70 年代硅基材料的诞生促使了现代信息技术产业的大力发展一样,我们相信更多先进材料的研发必将推动新兴产业的崛

---

[1] 参见丹麦环保专家隆伯格(Lomborg)2001 年发表的石破天惊之作《持疑的环保论者(The Skeptical Environmentalist)》和英国前财政大臣 N. Lawson 2008 年发表的《理智冷静面对全球变暖(An Appeal to Reason: A Cool Look at Global Warming)》,但后者科学依据不足。

[2] 参见"拓展阅读"中 Hardin (1968)的文章。

起,并挑战诸如能源、国家安全和医疗卫生等领域的危机。创建材料基因组之举措是为了鼓励全球性数据和分析的共享,从国家的基础设施层面上为研制新材料的科学家和工程师们提供一个庞大的知识数据库。该计划还将进一步推进材料领域的集成工程研究方法的出笼,拓展计算机领域的实用性范围并增强国家范围上的数据管理,以便更好地利用和补充现有的美国联邦政府在该领域的科技投资。"

——摘自 2011 年 6 月 24 日的《美国国家科技委员会期刊 (US National Science and Technology Council)》

美国材料基因组计划的主要目标是希望把发展新材料的平均期限——通过共享实验数据和综合计算模型——由现在的 10 年缩减到 2 年。

(3) 低碳发电前景乐观 若想在全球范围内实现低碳发电不是一件不可能做到的事情,但做起来却不那么容易,主要原因是迄今为止化石燃料的成本尚属廉价,人们缺乏足够的转向其他(暂时昂贵的)能源之动力。我们需要明白的事实有:①只有当原油价格超过每桶 100 美元时,使用替代能源(尤其是核能)才会有显著的经济效益,而这一天的到来仅仅是个时间的问题;②当政府机构下决心要实现大规模的安全低碳发电计划时,就需要巨大的投资和技术更新。随之而来的是政府对部署新系统的补贴和相应的科研经费增加以及环保材料的蓬勃发展。

(4) 全球财富合理支配 发达国家和石油资源丰富的国家之财富积累是巨大的。那么应该如何合理支配这些财富呢?的确,要实现从化石能源到低碳能源的转变必须牺牲全球0.5%~2%的 GDP 值,这一过程是痛苦的,但其正面效果也是不言而喻的。此外,人们可知道,2008年所发生的世界金融危机和 2011 年人们对国家经济失去信心所造成的 GDP 损失远远超过了从化石能源到低碳能源转变所需要的投资。

实例 8. "全球财富积累继续强劲复苏 鉴于诸多国家和地区的经济不断增长,2010 年世界的总增益值为 9 万亿美元,使得全球财富积累达到了 121.8 万亿美元的高峰。波士顿咨询集团(BCG)的一项最新研究数据表明,这一记录水平相比 2008 年金融危机时期的记录高出了20 万亿美元。"

——摘自美国 2011 年 5 月 31 日版的《波士顿咨询集团信息》

(5) 数字经济助一臂之力 减少人类对环境的破坏之有效措施之一是在维持 GDP 不变的情况下尽量使用节能材料。数字经济通过创建大量的软件工具进行设计规划,对提高材料的效率、实现节能减排这一全球性目标贡献突出。

实例 9. "纽约可否成为硅谷竞争的对手? 整个世界都在与硅谷竞争,没有任何一个国家和地区希望对本国的技术创新实行封锁。互联网在此起到了关键性的作用,这一趋势已经是不可逆转的了。我们已经、正在或将要看到'苹果'和'脸书'在中国、印度、巴西、东欧、西欧、中东、非洲以及地球上的其他地方生根结果。不久以前,所谓的'技术服务'还仅仅限于把'电子安装在线路上'。而如今,这一术语已意味着通过互联网来实现服务了。越来越多的工程师和企业家们正在充分发挥各自的聪明才智在互联网上创建各种引人注目的服务项目。"

——摘自美国 2011 年 8 月 3 日版的《纽约时报》

(6) 人类的适应性面临考验 如果说战略家们已经充分准备了足够的方案和规划来面对可能的威胁因素(参见图 13.7 的列举),那么目前最大的未知数或许是人类面对环境改变的适应能力。换句话说,灾难预测者们所提供的应对措施是否会被大众广泛接受。忆往昔,英国著名人口学家马尔萨斯早在1798年就预言道:"人口的持续增长是一个可怕的事情,总有一天这个地球上的食物会出现供不应求,那时英年早逝(premature death)等现象就会来访问人类了"。请注意,马尔萨斯并没有预测这种现象何时会发生,但他坚信总有一天会发生的。马尔萨斯论的支持者们还从其他角度论证了该理论的正确性,当今世界先进的气候模型预测以及其他科研结果似乎也都在为马尔萨斯理论增添依据。生活在21世纪的我们能否提出反证呢?

13.7　本章小结

回顾人类过去150年的历史,原材料日趋廉价而劳动力日趋昂贵——两者比值的大小深深影响着材料的开发、使用和回收之决策。在比值高的国家里(如印度和中国),人们相当重视材料的节省和回收;而在比值低的国家里(大多数发达国家),情况则相反,人们往往将废品材料轻易丢弃,因为西方昂贵的劳动力使得维修旧产品与购买新产品的成本已不相上下了。

如今,情况正在发生巨大的变化,尤其是能源价格的大幅度升降不仅影响着石油煤气依赖国的经济发展,同时也在影响着石油煤气生产国的经济发展。此外,世界人口的过度增加已造成了耕种面积的严重不足,有害气体的大量排放正在导致污染面积的扩大和污染时间的延长,全球温度的加速变暖正在导致气候变化反复无常,等等。如果我们继续容忍这些现象,则不仅会对人类赖以生存的农耕农种产生巨大影响,更会对人类的健康和社会发展造成巨大灾难。

然而,危则思变。环境遭受破坏对人类社会所带来的种种威胁是可以被转化为驱动变革之力量的,它可以使发达国家中原本已不再受重视的原材料价值重新被挖掘,进而改变我们研发、设计和使用材料的方式与途径,鼓励环保式的创新和回收。工程领域中有无数的挑战在等待着我们。下一代材料科学家和工程师们的任务将是更多更好地运用材料优选法、巧妙设计市场所需要的既方便人类生活、又保护自然环境的新型材料产品。

13.8　拓展阅读

[1] Dasgupta, P. (2010), "Nature's role in sustaining economic development", Phil. Trans. Roy. Soc. B, Vol. 365, pp 5~11 (*Dasgupta argues that measuring wellbeing by GDP, education and health ignores the loss of natural capital through damage to the ecosystem.*)

[2] Flannery, T. (2010), "Here on earth", The Text Publishing Company, Victoria, Australia. ISBN 978-1-92165-666-8 (*The latest of a series of books by Flannery documenting man's impact on the environment*)

[3] Hamilton, C. (2010), "Requiem for a species: why we resist the truth about climate change", Allen and Unwin, NSW, Australia. ISBN 978-1-74237-210-5 (*A profoundly pessimistic view of the future for mankind*)

[4] Hardin, G. (1968), "The Tragedy of the Commons", Science, Vol. 162, pp 1243~1248.

[5] Lawson, N. (2008), "An appeal to reason-a cool look at global warming", Duckworth Overlook, New York, USA. ISBN 978-1-5902-0084-1 (*A politician's view of*

it all，*starting* "*I readily admit that I am not a scientist*" *worth examining-these are the views of the people who govern us*）

[6] Lomborg，B.（2001），"The skeptical environmentalist —measuring the real state of the world"，Cambridge University Press，UK. ISBN 0−521−01068−3（*A provocative and carefully researched challenge to the now widely held view of the origins and consequences of climate change，helpful in forming your own view of the state of the world*）

[7] Lomborg，B.（2010），"Smart solutions to climate change：comparing costs and benefits"，Cambridge University Press，UK. ISBN 978−0−52113−856−7（*A multi-author text in the form of a debate-*"*The case for …*"，"*The case against…*"*- covering climate engineering，carbonsequestration，methane mitigation，market and policy-driven adaptation*）

[8] Lovelock，J.（2009），"The vanishing face of Gaia"，Penguin Books，Ltd. London，UK. ISBN 978−0−141−03925−1（*Lovelock reminds us that humans are just another species，and that species have appeared and disappeared since the beginnings of life on earth.*）

[9] MacKay，D. J. C.（2008），"Sustainable energy-without the hot air"，UIT Press，Cambridge，UK. ISBN 978−0−9544529−3−3 www. withouthotair. com/（*MacKay analysis of the potential for renewable energy is particularly revealing*）

[10] Malthus，T. R.（1798），"An essay on the principle of population"，London，Printed for Johnson，St. Paul's Church-yard. http：//www. ac. wwu. edu/～stephan/malthus/malthus（*The originator of the proposition that population growth must ultimately be limited by resource availability.*）

[11] Meadows，D. H.，Meadows，D. L.，Randers，J, and Behrens，W. W.（1972），"The limits to growth"，Universe Books，New York，USA.（*The "Club of Rome" report that triggered the first of a sequence of debates in the 20th century on the ultimate limits imposed by resource depletion.*）

[12] Meadows，D. H.，Meadows，D. L. and Randers，J.（1992），"Beyond the Limits"，Earthscan，London，UK. ISSN 0896−0615（*The authors of "The Limits to Growth" use updated data and information to restate the case that continued population growth and consumption might outstrip the Earth's natural capacities.*）

[13] Nielsen，R.（2005），"The little green handbook"，Scribe Publications Pty Ltd，Victoria，Australia. ISBN 1−9207−6930−7（*A cold-blooded presentation and analysis of hard facts about population，land and water resources，energy and social trends*）

[14] Plimer，I.（2009），"Heaven and Earth-Global warming：the missing science"，Connor Publishing，Victoria，Australia. ISBN 978−1−92142−114−3（*Ian Plimer，Professor of Geology and the University of Adelaide，examines the history of climate change over a geological time-scale，pointing out that everything that is happening now has happened many times in the past. A geo-historical perspective，very thoroughly documented.*）

[15] Schmidt-Bleek，F.（1997），"How much environment does the human being need-factor 10-the measure for an ecological economy"，Deutscher Taschenbuchverlag，Munich，Germany. IS-

BN 3－936279－00－4 (*Both Schmidt-Bleek and von Weizsäcker，referenced below，argue that sustainable development will require a drastic reduction in material consumption.*)

[16] vonWeizsäcker，E.，Lovins，A. B. and Lovins，L. H. (1997)，"Factor four：doubling wealth，halving resource use"，Earthscan publications，London，UK. ISBN 1－85383－406－8，ISBN13－978－1－85383406－6 (*Both von Weizsäcker and Schmidt-Bleek referenced above，argue that sustainable development will require a drastic reduction in material consumption.*)

[17] Walker，G. and King，D. (2008)，"The hot topic-how to tackle global warming and still keep the lights on"，Bloomsbury Publishing，London，UK. ISBN 9780－7475－9395－9 (*A readable paraphrase of the IPCC 2007 Report on Climate Change，with discussion of the political obstacles to finding solutions-a topic on which Dr. King is an expert-he was，for some years，chief science advisor to the UK Government.*)

13.9 习题

E13.1 材料价格对能源价格的敏感度(1)　一铝锅重量为 1.2 kg,市场出售价格为 10 美元。已知铝的隐熔能为 210 MJ/kg。如果工业用电的价格提高一倍(由 0.0125 USD/MJ 升至0.025 USD/MJ),铝锅的市场出售价格将上涨多少?

E13.2 材料价格对能源价格的敏感度(2)　一 MP3 播放机的重量为 100 g,市场出售价格为 120 美元。组装播放机内集成电路的总耗能量为 2 000 MJ/kg。如果工业用电的价格提高一倍(由 0.012 5 USD/MJ 升至 0.025 USD/MJ),MP3 的市场出售价格将上涨多少?

E13.3 向"碳中和(carbon neutrality)"方向迈进　预计表明,全球人口将会从 2011 年中期的 71 亿上升至 2020 年的 80 亿,而同时期的全球人均 GDP 将由 2011 年中期的约 1000 美元上升至 1 400 美元。倘若在此 10 年间,生产技术的提高将使单位能源强度下降 20%,那么调控何种因素可以使能源生产的排碳量降低以保持目前的碳排量水平?

E13.4 车龄为 25 年的老车在古巴常常被修复后继续使用,而平均报废车龄在美国仅为 13 年。试分析哪些原因导致了这种巨大区别。这种状况会发生变化吗?

E13.5 上网了解"预防原则(The precautionary principle)"的定义和历史,并给出你自己的见解。

E13.6 上网寻求研究未来预测模型的实例。

使用 CES 软件和"世界各国数据库(State of the World databases)"可以做的习题

E13.7 材料价格对能源价格的敏感度(图 13.2)所使用的数据是本书交付出版社印刷时期(2011 年)的数据。随着材料市场价格的波动,其相应的隐熔能数据也在不断地变更。为了配合此书的使用,剑桥 Granta 教育软件公司的 CES 数据库每年更新材料的生态数据。试使用该软件所给出的最新数据和"高级工具(Advanced facility)",绘制当今产品材料对能源价格的敏感图(我们取能源的平均价格为 0.01 USD/MJ):y 轴显示生产耗能价格与原材料价格之比(即在软件中选择[Embodied energy, primary production] * 0.01/[Price]);x 轴显示所要生产的不同类型原材料(即在软件中点击 x-axis/Advanced/Trees,然后依次点击 Metals and alloys,Polymers and elastomers,Ceramics and glasses,Hybrids 等等)。

E13.8 Granta 的 CES 数据库中有一个名为 Wanner 的世界各国数据库(可以免费从 Granta 网站上下载),它是由德国 Karlsruhe 大学教授 A. Wanner 创建的。该数据库收集了 226 个国家的经济发展数据。本书的图 13.5 和图 13.6 就是根据这些数据而绘制的。试使用 Wanner 数据库来研究检索你所感兴趣的国家之经济发展信息(比如,绘制石油消费—石油产量相关的条形图,以便深入了解世界上哪些国家是能源自给自足的,哪些国家的石油依赖进口,等等)。

第 14 章

63 种材料的基本性能和环保信息

内　容

14.1　概述

14.2　金属与合金材料

14.3　聚合物材料

14.4　陶瓷和玻璃材料

14.5　复合材料,泡沫,木材和纸张

14.6　人造纤维和天然纤维

14.1 概述

任何定量计算都需要有具体数字。本章提供了 63 种材料的基本性能和环保信息。了解材料的工程特性(如机械性能、热性能和电性能等)是十分重要的,因为这些性能决定了材料在使用期内的环境效应。在每种材料的信息中还具体给出了其年产值和储备量、其生产加工耗能量和碳排量以及相关的回收处理等重要数据。每个材料的数据表前都有简短介绍和图片显示。材料的性能值往往给出的是一个范围(例如:纯金的杨氏模量为 $77\sim81$ GPa)。当读者使用这些数据做习题或做项目时,应酌情选择一个平均值。本章将入选的 63 种材料分为 6 类来介绍:金属与合金(第 14.2 节),聚合物和弹性体(第 14.3 节),陶瓷与玻璃(第 14.4 节),复合材料(第 14.5 节)以及人造材料和天然纤维(第 14.6 节)。表 14.1 具体给出这些材料的名称和分类。

表 14.1　常用材料的分类

金属和合金	聚合物和弹性体	陶瓷与玻璃	复合材料,泡沫,木材和纸张	人造纤维和天然纤维
低碳钢	丙烯腈-丁二烯-苯乙烯共聚物	砖	碳纤维增强复合材料	芳纶
低合金钢	聚酰胺	石头	玻璃纤维增强复合材料	碳纤维
不锈钢	聚乙烯	混凝土	片状模复合材料	玻璃纤维
铸铁	聚丙烯	氧化铝	块状模复合材料	椰壳
铝合金	聚碳酸酯	钠钙玻璃	呋喃基复合材料	棉花
锰合金	聚酯	硼硅酸盐玻璃	硬质泡沫塑料	大麻
钛合金	聚对苯二甲酸乙二醇酯		软质泡沫塑料	亚麻
铜合金	聚氯乙烯		顺纹软木	黄麻
铅合金	聚苯乙烯		横纹软木	红麻
锌合金	聚乳酸		顺纹硬木	苎麻
镍铬合金	聚羟基烷基酸酯		横纹硬木	剑麻
镍基超合金	环氧树脂		胶合板	羊毛
银	酚醛		纸张和纸板	秸秆
金	天然橡胶			
	丁基橡胶			
	氯丁橡胶			
	乙烯-醋酸乙烯共聚物			

重要提示:关于材料的工程特性之数据,大都被准确测量过,可以在众多的技术手册和数据库中找到。其测量设备和手段均属国际公认,但任何测量数据都不可避免地带有测量误差。本书给出的性能数据一般准确到 3 位数,甚至更多。误差范围需要时也会给出。

反之,材料的环保性能是不能准确测定的,诸如材料生产和使用阶段的耗能量以及碳排量等指标,目前还没有先进的测试设备和公认的测量标准来裁定。本书第 3 章中所讨论过的国际标准 ISO14040,尽管有测试程序,但比较模糊且不容易使用,因为有诸多因素会影响测量结果的准确性。例如,生产材料的工艺不同,各国供电情况有别,乃至在确定评估系统边界和程序上的分歧等问题,都会给测量二氧化碳排放和材料的其他生态属性增加难度并造成不准确性。

那么,我们应该如何使用可信度不高的材料生态属性测量值呢?本书第 6.3 节中的分析结果表明,所有材料的相关测量数值之误差均在 10% 左右。因而,要明显区别两种材料的节能减排特性,其数值差应在 20% 以上。具体来说,耗能和节能型(同理,高排碳和低排碳型)材料的生产和使用所需要的能差如果高于 1 000 倍,即便考虑到了数据的 ±10% 之不准确性,其结论仍十分有效。反之,如果这一差值低于 1 000 倍,则其他因素(如材料的使用寿命、回收率和回收内容)的份量在优选材料时就需要考虑了。

14.2　金属与合金材料

元素周期表中的大多数元素是金属。金属内的"自由"电子使得这类材料具有良好的导电性、导热性和光反射性。然而,在产品设计中使用的金属几乎无一例外的是金属合金,其中使用量最大的是钢材(主要是由铁与碳组成,外加其他微量合金元素,以增强材料的硬度、韧性和耐腐蚀性),占世界上金属消费的 90% 以上;随后是铝、铜、镍、锌、钛、镁和钨的合金(见图 2.3 中的排序)。

金属材料相对于其他任何类型的材料都具有更高的强韧性和刚性,金属合金的熔点也较高,但这类材料的缺点是重量大。金属中只有一种元素是化学性质极为稳定的材料——黄金;其余元素都会与氧、硫、磷和碳发生化学反应,形成比纯金属更稳定的化合物。所以,除黄金以外的金属容易受到腐蚀。有多种预防或减缓金属腐蚀的方法,如定期维修金属器件。金属的延展性能(ductility)好,所以可通过轧制(rolling)、锻造(forging)、拉伸(drawing)和挤压(extrusion)等多种方式成形,而且加工精度高;金属器件之间还可以通过许多不同的方式连接,这一优点使得金属材料的设计具有很大的灵活性。而且只有聚合物材料可以在这方面挑战金属材料。

但是,金属材料的生产是极其耗费能源的。比如,生产单位重量的铝、镁、钛所消耗的能源至少是生产普通塑料产品的两倍以上(若按生产单位体积的材料来计算,铝、镁、钛所消耗的能源是生产普通塑料产品的 5 倍以上)。好在大多数的金属材料可以进行有效地回收利用,并且回收利用所需能量远远低于初次生产的耗能量。还需要指出的是,某些金属是有毒性的,尤其是重金属(如铅、镉和汞),还有一些金属"惰性"(inertia)大,可作为生物材料植入体内,如不锈钢、钴合金和钛合金等。本章节将按表 14.1 中的顺序,给出 14 种金属和合金材料的性能数据。

1. 低碳钢

材料介绍:铁路、船舶、石油钻塔和摩天大楼的建立都是以钢材为主要建材,更准确地说是以低碳钢为主要建材的。低碳钢的高强度、高韧性和易加工特性,加之其低廉的价格使得这类材料在以上工程建筑中必不可少,难以取代。低碳钢一般是由碳和铁以及少量的锰、镍、硅等元素组成的合金。低碳钢(或软钢)中的含碳量不足 0.25%,所以硬度不高,易轧制成板材或杆材(用来制作钢筋混凝土)。低碳钢是钢材中最廉价的结构钢,它们大规模用于加固建筑物,例如钢结构建筑、船舶板等。

成分

    Fe/0.02－0.3%C

基本数据

密度	7 800～7 900	kg/m³
价格	0.68～0.74	USD/kg

机械性能

杨氏模量	200～215	GPa
屈服强度	250～395	MPa
拉伸强度	345～580	MPa
延伸率	26～47	%
维氏硬度	107～172	HV
疲劳强度(10⁷周次)	203～293	MPa
断裂韧性	41～82	MPa·m^(1/2)

热性能

熔点	1 480～1 530	℃
最高使用温度	350～400	℃
导热体或绝热体?	好的导热体	
热导率	49～54	W/m·K
比热容	460～505	J/kg·K
热膨胀系数	11.5～13	μstrain/℃

电性能

导电体或绝缘体?	好的导电体	
电阻率	15～20	μohm·cm

软钢,世界上使用最广泛的材料

材料生产对环境的影响

全球年产总值	2.3×10⁹	t/y
储量	160×10⁹	t
初次生产耗能	25～28	MJ/kg
初次生产排碳	1.7～1.9	kg/kg
耗水量	23～69	l/kg
节能指数	106	millipoints/kg

材料加工对环境的影响

铸造耗能	11～12.2	MJ/kg
铸造排碳	0.8～0.9	kg kg
加工成型耗能	3.0～6.0	MJ/kg
加工成型排碳	0.22～0.46	kg/kg

废料处理

回收处理耗能	6.6～8.0	MJ/kg
回收处理排碳	0.4～0.48	kg/kg
回收率	40～44	%

典型用途：低碳钢用途非常广泛，几乎无所不及。如，建筑业的钢筋混凝土、屋顶等，车身、车板及其他板材用钢等。

2. 低合金钢

材料介绍：在钢中添加锰、镍、钼或铬可以降低材料的临界淬火速率并形成马氏体。回火后，即便是较厚的钢材也可因此增加硬度而不脆裂。钒的加入会细化碳化物颗粒，既保证了钢的韧性和延展性，又提高了其强度。铬钼钢（如 AIS 4140）多用于飞机管道和其他高强度零件。铬钒钢主要用于曲轴和传动轴及高质量工具。这类合金钢被称为低合金钢，它们的主要特性为"硬化性（hardenability）"强。

成分

Fe/<1.0 C/<2.5 Cr/<2.5 Ni/<2.5 Mo/<2.5 V

基本数据

密度	7 800～7 900	kg/m^3
价格	0.9～1.1	USD/kg

机械性能

杨氏模量	205～217	GPa
屈服强度	400～1500	MPa
拉伸强度	550～1760	MPa
延伸率	3～38	%
维氏硬度	140～692	HV
疲劳强度（10^7 周次）	248～700	MPa
断裂韧性	14～200	$MPa \cdot m^{1/2}$

热性能

熔点	1 380～1 530	℃
最高使用温度	500～550	℃
热导体或绝热体？	好的导热体	
热导率	34～55	W/m · K
比热容	410～530	J/kg · K
热膨胀系数	10.5～13.5	$\mu strain/℃$

电性能

导电体或绝缘体？	好的导电体	

电阻率	15～35	$\mu\Omega \cdot cm$

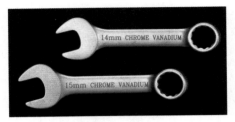

铬钼和铬钒低合金钢主要用来做高质量工具、自行车框架和汽车马达及传动部分

材料生产对环境的影响

全球年产总值	2.3×10^{9}	t/y
储量	159×10^{9}	t
初次生产耗能	31～34	MJ/kg
初次生产排碳	1.9～2.1	kg/kg
耗水量	37～111	l/kg
节能指数	200	millipoints/kg

材料加工对环境的影响

铸造耗能	10.9～12	MJ/kg
铸造排碳	0.8～0.9	kg/kg
加工成型耗能	7～14	MJ/kg
加工成型排碳	0.5～1.1	kg/kg

废料处理

回收处理耗能	7.7～9.5	MJ/kg
回收处理排碳	0.47～0.57	kg/kg
回收率	40～44	%

典型用途：弹簧，工具，球轴承，滚子，曲轴，齿轮，连接杆，刀具和剪刀以及压力容器。

3. 不锈钢

材料介绍：不锈钢是由钢外加铬、镍及其他 4～5 种元素所组成的合金。这种合金改善了易生锈并在室温下易脆化的普通碳钢之性能。大多数不锈钢在普通的环境中有很强的抗腐蚀性能。其中的奥氏体不锈钢（例如 AISI 302，304 和 316）在极低温的使用条件下仍可保持很好的延展性能。

成分

Fe/<0.25C/16～30Cr/3.5～37Ni/<10Mn＋Si，P，S（在 200 系列不锈钢中还要加氮）

基本数据

密度	7 600～8 100	kg/m³
价格	8.2～9.1	USD/kg

机械性能

杨氏模量	189～210	GPa

屈服强度	170~1 000	MPa
拉伸强度	480~2 240	MPa
延伸率	5~70	%
维氏硬度	130~570	HV
疲劳强度（10^7 周次）	175~753	MPa
断裂韧性	62~150	MPa·$m^{1/2}$

热性能

熔点	1 370~1 450	℃
最高使用温度	750~820	℃
热导体或绝热体？	差的热导体	
热导率	12~24	W/m·K
比热容	450~530	J/kg·K
热膨胀系数	13~20	μstrain/℃

电性能

| 导电体或绝缘体？ | 好的导电体 | |
| 电阻率 | 64~107 | $\mu\Omega$·cm |

左图:保时捷设计、西门子制造的拉斯不锈钢烤面包机

右图:铁素体不锈钢剪刀(请注意,铁素体不锈钢有磁性,而奥氏体不锈钢无磁性)

材料生产对环境的影响

全球年生产总值	30×10^6	t/y
储量	2.5×10^9	t
初次生产耗能	81~88	MJ/kg
初次生产排碳	4.7~5.2	kg/kg
耗水量	112~336	l/kg
节能指数	310	millipoints/kg

材料加工对环境的影响

铸造耗能	10.0~12.0	MJ/kg
铸造排碳	0.8~0.9	kg/kg
加工成型耗能	5.0~11.4	MJ/kg
加工成型排碳	0.4~0.8	kg/kg

废料处理

回收处理耗能	11~13	MJ/kg
回收处理排碳	0.65~0.8	kg/kg
回收率	35~40	%

典型用途:火车车厢,卡车,拖车,食品加工设备,水槽,炉具,炊具,餐具,餐具,剪刀和刀

子,建筑五金,洗衣房设备,化工加工设备,喷气发动机零件,外科手术工具,熔炉,锅炉部件,油燃烧机配件,石油加工设备,乳品设备,热处理设备,汽车装饰。在腐蚀环境下使用的建筑材料,如核电厂、船舶、海上石油设施、海底电缆和管道。

4．铸铁(球墨铸铁)

材料介绍：铸铁使工业革命得以实施,可以说它是现代工业社会的基础材料。如今,铸铁还拥有第二"荣誉":它是所有工程金属材料中最廉价的一个。铸铁中至少含有 2% 的碳(多至 $3\%\sim4\%$)和 $1\%\sim3\%$ 的硅。碳的作用是使铁在熔融时有很好的流动性,进而可铸成复杂的形状。铸铁分为 5 类:灰口铸铁、白口铸铁、球墨铸铁、可锻铸铁和合金铸铁。最常用的两种是灰口铸铁和球墨铸铁。以下的性能描述主要是针对球墨铸铁的。

成分

Fe/$3.2\%\sim4.1\%$C/$1.8\%\sim2.8\%$Si/$<0.8\%$Mn/$<0.1\%$P/$<0.03\%$S

基本数据

密度	7 050～7 250	kg/m³
价格	0.5～0.65	USD/kg

机械性能

杨氏模量	165～180	GPa
屈服强度	250～680	MPa
拉伸强度	410～830	MPa
延伸率	3～18	%
维氏硬度	115～320	HV
疲劳强度(10^7 周次)	180～330	MPa
断裂韧性	22～54	MPa·m$^{1/2}$

热性能

熔点	1 130～1 250	℃
最高使用温度	350～745	℃
热导体或绝热体?	好的热导体	
热导率	29～44	W/m·K
比热容	460～495	J/kg·K
热膨胀系数	10～12.5	μstrain/℃

电性能

导电体或绝缘体?	好的导电体	
电阻率	49～56	μΩ·cm

材料生产对环境的影响

全球年生产总值	2.3×10^9	t/y
储量	159×10^9	t
初次生产耗能	16～20	MJ/kg
初次生产排碳	1.4～1.6	kg/kg
耗水量	13～39	l/kg
节能指数	80	millipoints/kg

球墨铸铁或可锻铸铁主要用于铸造零件的生产,如齿轮(上图)和汽车悬挂部件等

材料加工对环境的影响

铸造耗能	10~11	MJ/kg
铸造排碳	0.75~0.83	kg/kg

废料处理

回收处理耗能	10~11	MJ/kg
回收处理排碳	0.48~0.55	kg/kg
回收率	66~72	%

典型用途:滚筒式和盘式制动器,轴承,凸轮轴,气缸套,活塞环,机床结构件,发动机汽缸本体,齿轮,曲轴;重型齿轮箱;管接头;泵壳;岩石破碎机组件。

5. 铝合金

材料介绍:铝曾经是稀缺物品。1860 年法国皇帝拿破仑三世订购了一套铝质餐具,其价格比一套银质餐具还贵。150 年后的今天,铝勺已成为人们可以随手丢弃的廉价用品(这一现象同时显示出人类技术创新和铺张浪费的双重本领)。铝合金为"轻合金之首"(第二和第三分别是镁合金和钛合金)。铝在地壳中的丰度仅次于铁和硅,它是继钢铁产业之后的第二大金属工业实体,铝合金是航空航天工业的中流砥柱。然而,从矿石中提炼铝需要耗费大量的能源。

成分

Al＋合金元素,如 Mg, Mn, Cr, Cu, Zn, Zr, Li

基本数据

密度	2 500~2 900	kg/m^3
价格	2.4~2.7	USD/kg

机械性能

杨氏模量	68~82	GPa
屈服强度	30~550	MPa
拉伸强度	58~550	MPa
延伸率	1~44	%
维氏硬度	12~150	HV
疲劳强度(10^7 周次)	22~160	MPa
断裂韧性	22~35	MPa・m$^{1/2}$

热性能

熔点	495～640	℃
最高使用温度	120～200	℃
热导体或绝热体？	好的热导体	
热导率	76～240	W/m·K
比热容	860～990	J/kg·K
热膨胀系数	21～24	μstrain/℃

电性能

导电体或绝缘体？	好的导电体	
电阻率	2.5～6	μΩ·cm

铸造和锻造铝合金的性能十分宽广，它们是使用最多的轻合金

材料生产对环境的影响

全球年生产总值	$37×10^6$	t/y
储量	$2.0×10^9$	t
初次生产耗能	200～220	MJ/kg
初次生产排碳	11～13	kg/kg
耗水量	495～1 490	l/kg
节能指数	710	millipoints/kg

材料加工对环境的影响

铸造耗能	11～12.2	MJ/kg
铸造排碳	0.82～0.91	kg/kg
加工成型耗能	3.3～6.8	MJ/kg
加工成型排碳	0.19～0.23	kg/kg

废料处理

回收处理耗能	22～30	MJ/kg
回收处理排碳	1.9～2.3	kg/kg
回收率	41～45	%

典型用途：航空航天工程，汽车工业中的活塞、离合器壳体、排气管，体育运动器材（如高尔夫球杆和自行车），家用压铸底盘和电子产品，建筑物墙板，反射镜中的反射涂层，铝箔容器和包装，饮料罐，电导体和热导体。

6. 镁合金

材料介绍：镁，作为金属，与铝的颜色几乎没有区别，但其密度比铝要低。它是三种轻合金（其他两种为铝合金和钛合金）中最轻的一种，举例来说，用镁合金制造的电脑重量仅为铝合金电脑的三分之二。镁和铝一样，是飞机制造业的主要材料支柱。在元素周期表中，只有铍比镁还要轻，但铍造价昂贵且有潜在的毒性，因而限制了它的使用范围。镁的易燃性高，但仅仅当它以粉末或超薄板的形式存在时才表现出较高的易燃性。镁的生产成本比铝高，但要低于钛。

成分

　　Mg＋合金元素，如. Al，Mn，Si，Zn，Cu，Li 及稀土元素

基本数据

密度	1 740～1 950	kg/m³
价格	4.7～5.1	USD/kg

机械性能

杨氏模量	42～47	GPa
屈服强度	70～400	MPa
拉伸强度	185～475	MPa
延伸率	3.5～18	%
维氏硬度	35～135	HV
疲劳强度（10^7 周次）	60～225	MPa
断裂韧性	12～18	MPa · m$^{1/2}$

热性能

熔点	447～649	℃
最高使用温度	120～200	℃
热导体或绝热体？	好的热导体	
热导率	50～156	W/m · K
比热容	955～1 060	J/kg · K
热膨胀系数	24.6～28	μstrain/℃

电性能

导电体或绝缘体？	好的导电体	
电阻率	4.15～15	$\mu\Omega$ · cm

镁合金是最轻的轻合金，作为交通工具逐渐被广泛使用

材料生产对环境的影响

全球年生产总值	0.6×10^6	t/y
储量	1×10^9	t
初次生产耗能	300～330	MJ/kg
初次生产排碳	34～38	kg/kg
耗水量	500～1 500	l/kg
节能指数	1500	millipoints/kg

材料加工对环境的影响

铸造耗能	11.1～12.3	MJ/kg
铸造排碳	0.83～0.92	kg/kg
加工成型耗能	3.8～6.6	MJ/kg
加工成型排碳	0.3～0.5	kg/kg

废料处理

回收处理耗能	23～26	MJ/kg
回收处理排碳	2.6～3.2	kg/kg
回收率	36～41	%

典型用途：航空航天，汽车，体育用品（如自行车），核燃料罐，机床的减振和屏蔽，机箱铸件，曲轴箱，传动箱外壳，汽车轮毂，梯子，电子设备外壳（特别是移动电话和便携式电脑机箱），相机机身；办公设备，船用五金和剪草机号。

7. 钛合金

材料介绍：钛合金是所有结构金属中强度/重量比最高的材料，它比铝合金或钢的比值至少要高出 25%。钛合金的温度使用范围高达 500℃，适用于制作飞机涡轮压缩机叶片。不同于其他金属，钛合金的热传导和电传导性能都很差，膨胀系数也低。以"Ti＋6%Al＋4%V"为主的钛合金使用数量超过其他所有钛合金之和的使用数量。以下显示的钛合金性能主要是针对"Ti＋6%Al＋4%V"合金的。

成分

Ti＋合金元素，如 Al, Zr, Cr, Mo, Si, Sn, Ni, Fe, V

基本数据

密度	4 400～4 800	kg/m^3
价格	57～63	USD/kg

机械性能

杨氏模量	110～120	GPa
屈服强度	750～1 200	MPa
拉伸强度	800～1 450	MPa
延伸率	5～10	%
维氏硬度	267～380	HV
疲劳强度（10^7 周次）	589～617	MPa
断裂韧性	55～70	MPa · m$^{1/2}$

热性能

熔点	1 480～1 680	℃
最高使用温度	450～500	℃
热导体或绝热体?	差的热导体	
热导率	7～14	W/m·K
比热容	645～655	J/kg·K
热膨胀系数	8.9～9.6	μstrain/℃

电性能

导电体或绝缘体?	差的导电体	
电阻率	100～170	μΩ·cm

飞机涡轮压缩机的运行使用需要首先将绝热空气加热至 500℃ 左右,使用钛合金叶片是很好的选择(该图片经劳斯莱斯公司批准转载,版权所有© 劳斯莱斯公司 2004 年)

材料生产对环境的影响

全球年生产总值	2.0×10⁵	t/y
储量	720×10⁶	t
初次生产耗能	650～720	MJ/kg
初次生产排碳	44～49	kg/kg
耗水量	470～1 410	l/kg
节能指数	3450	millipoints/kg

材料加工对环境的影响

铸造耗能	12.6～13.9	MJ/kg
铸造排碳	0.9～1.0	kg/kg
铸造轧制耗能	14～15	MJ/kg
铸造轧制排碳	1.1～1.2	kg/kg

废料处理

回收处理耗能	78～96	MJ/kg
回收处理排碳	4.7～5.7	kg/kg
回收率	21～24	%

典型用途:航空航天用材料(如飞机涡轮叶片),导弹燃料箱,耐压容器,高性能汽车部件(如连杆),换热器,压缩机,阀体,光泉,船用五金,体育运动器材(如高尔夫球杆和自行车),纸浆模设备,化学工程,生物工程,医疗仪器,外科植入体。

8. 铜合金

材料介绍: 维多利亚时代的铜质洗衣盆缸多经火上加热后使用,就是因为铜合金有很高的延展性和热导率。铜合金在人类文明史上占有杰出的地位,它是青铜时代技术发展的标志(公元前3000年至公元前1000年)。铜合金以多种形式被使用:纯铜、黄铜(铜锌合金)、青铜(铜锡合金)、铜镍、铜铍合金等。当材料中的铜百分含量大于99.3%时,可称之纯铜。

成分

　　$Cu+40\%Zn$ 或 $Cu+30\%$ Sn, Al, Ni

基本数据

密度	8 930～9 140	kg/m³
价格	7.0～7.6	USD/kg

机械性能

杨氏模量	112～148	GPa
屈服强度	30～350	MPa
拉伸强度	100～400	MPa
延伸率	3～50	%
维氏硬度	44～180	HV
疲劳强度(10^7 周次)	60～130	MPa
断裂韧性	30～90	MPa · m$^{1/2}$

热性能

熔点	982～1 080	℃
最高使用温度	180～300	℃
热导体或绝热体?	好的热导体	
热导率	160～390	W/m · K
比热容	372～388	J/kg · K
热膨胀系数	16.9～18	μstrain/℃

电性能

导电体或绝缘体?	好的导电体	
电阻率	1.74～5.01	$\mu\Omega$ · cm

铜和黄铜有极好的延展性,可以用来制作复杂形状的产品

材料生产对环境的影响

全球年生产总值	$15×10^6$	t/y
储量	$540×10^6$	t
初次生产耗能	56～62	MJ/kg
初次生产排碳	3.5～3.9	kg/kg
耗水量	268～297	l/kg
节能指数	2 170	millipoints/kg

材料加工对环境的影响

铸造耗能	8.6～9.5	MJ/kg
铸造排碳	0.65～0.72	kg/kg
加工成型耗能	0.7～1.2	MJ/kg
加工成型排碳	0.11～0.2	kg/kg

废料处理

回收处理耗能	12～15	MJ/kg
回收处理排碳	0.75～0.9	kg/kg
回收率	40～45	%

典型用途:输电线电缆,高强、高导铜丝线和铜截面,母线,塔顶线,导线,焊接电阻电极,仪器终端,高温下使用的高导电率材料,换热器,造币,家用铜器,水壶和锅炉,板蚀刻用版和雕刻板,屋顶和建筑,铜塑像,泵,阀门,船用螺旋桨。

9.铅合金

材料介绍:当公元 43 年罗马人征服英国后,发现了当地的富铅矿,并开始开采和提炼,这一产业一直持续了 1000 年。铅主要用于管道、蓄水池和屋顶材料(而作为屋顶材料铅的使用一直延续到今天)。目前,70% 的铅作为铅酸电池中的电极被使用。

成分

Pb+0～25%Sb 或 0～60%Sn,有时也含有 Ca

基本数据

密度	11 300～11 400	kg/m³
价格	2.35～2.5	USD/kg

机械性能

杨氏模量	12.5～15	GPa
屈服强度	8～14	MPa
拉伸强度	12～20	MPa
延伸率	30～60	%
维氏硬度	3～6.5	HV
疲劳强度(10^7 周次)	2～9	MPa
断裂韧性	5～15	MPa·m$^{1/2}$

热性能

熔点	183～31	℃

最高使用温度	70～120	℃
热导体或绝热体？	好的热导体	
热导率	22～36	W/m·K
比热容	122～145	J/kg·K
热膨胀系数	18～32	μstrain/℃
电性能		
导电体或绝缘体？	好的导电体	
电阻率	20～22	$\mu\Omega$·cm

铅制品对环境腐蚀的抵抗力极强，所以可用来制作屋顶

材料生产对环境的影响

全球年生产总值	3.9×10^6	t/y
储量	79×10^6	t
初次生产耗能	26～28	MJ/kg
初次生产排碳	1.8～2.2	kg/kg
耗水量	175～525	l/kg
节能指数	290	millipoints/kg

材料加工对环境的影响

铸造耗能	5.1～5.7	MJ/kg
铸造排碳	0.38～0.43	kg/kg
加工成型耗能	0.32～0.38	MJ/kg
加工成型排碳	0.024～0.03	kg/kg

废料处理

回收处理耗能	6.7～8.2	MJ/kg
回收处理排碳	0.406～0.49	kg/kg
回收率	69～76	%

典型用途：屋顶，墙面，管道工程，窗户密封，建筑物地板，雕塑和含铅（含锡）餐具，电路和机械连接的焊料，轴承，铅字印刷，弹药，颜料，X 射线屏蔽，化工中的抗腐蚀和耐热材料，以及铅酸电池的电极。

10. 压铸锌合金

材料介绍：锌是一种蓝白色的金属，熔点低（420℃）。在法语俗语中，"锌馆"是酒吧的代名词，因为法国酒吧柜台曾用锌皮覆盖，以保护柜台免受葡萄酒和啤酒的侵蚀。酒吧柜台表面造型复杂：表面要平,轮廓呈弧形,边缘呈圆形。由此可以推测出锌的一些特性:延展性好(便于加工),食物与其接触后无毒性,抗酸(酒类),耐碱(清洁剂),还能抵抗各种人为的柜台受损(因不良客户所为)。这是锌皮柜台迄今仍然被使用的原因之一。另外,锌合金熔点低、流动性大的特点使其成为"铸性高"类材料,它们在压铸领域保持领先地位。

成分

    Zn+3～30% Al,有时还添加 3%Cu

基本数据

密度	4 950～7 000	kg/m³
价格	2.4～2.6	USD/kg

机械性能

杨氏模量	68～100	GPa
屈服强度	80～450	MPa
拉伸强度	135～510	MPa
抗压强度	80～450	MPa
延伸率	1～30	%
维氏硬度	55～160	HV
疲劳强度(10^7 周次)	20～160	MPa
断裂韧性	10～70	MPa·m$^{1/2}$

热性能

熔点	375～492	℃
最高使用温度	80～110	℃
热导体或绝热体?	好的热导体	
热导率	100～130	W/m·K
比热容	405～535	J/kg·K
热膨胀系数	23～28	μstrain/℃

电性能

导电体或绝缘体?	好的导电体	
电阻率	5.4～7.2	μΩ·cm

锌压铸件价廉物美,具有很好的表面光洁度,并可以压铸成形状复杂的器件
左图为螺旋形开瓶器中压铸锌合金材料的使用(螺旋部分除外),右图为化油器机身

材料生产对环境的影响

全球年生产总值	$1.1×10^7$	t/y

储量	1.8×10^9	t
初次生产耗能	57～63	MJ/kg
初次生产排碳	3.9～4.3	kg/kg
耗水量	160～521	l/kg
节能指数	472	millipoints/kg
材料加工对环境的影响		
铸造耗能	6.5～7.2	MJ/kg
铸造排碳	0.48～0.53	kg/kg
加工成型耗能	1.2～2.5	MJ/kg
加工成型排碳	0.1～0.2	kg/kg
废料处理		
回收处理耗能	10～12	MJ/kg
回收处理排碳	0.62～0.72	kg/kg
回收率	21～25	%

典型用途:压铸件,汽车零件和工具,齿轮,家庭用品,办公设备,建筑五金,挂锁,玩具,商务机,音响设备,液压阀,气动阀门,焊接,手柄。

11. 镍铬合金

材料介绍:镍和其他金属元素可以在很大的成分范围内形成合金。镍合金的耐腐蚀性使其在化学工程和食品加工产业的用材中占主导地位,其高温(高达1 200℃)强度又颇得高炉和高温设备制造商们的青睐。镍铬合金(经常含有部分铁)是其中的范例。镍中加铬使得本已拥有很好抗腐蚀、抗氧化性能的镍更是锦上添花,因为铬的加入可使镍铬合金的表面产生一层Cr_2O_3氧化层,进而使该材料更加坚固抗蚀(不锈钢的抗蚀性也是同样的道理)。以下给出镍铬合金的性能数据。

成分
  Ni+10－30% Cr+0－10% Fe
基本数据

密度	8 300～8 500	kg/m³
价格	33～36	USD/kg
机械性能		
杨氏模量	200～220	GPa
屈服强度	365～460	MPa
拉伸强度	615～760	MPa
延伸率	20～35	%
维氏硬度	160～200	HV
疲劳强度(10^7 周次)	245～380	MPa
断裂韧性	80～110	MPa·m$^{1/2}$
热性能		
熔点	1 350～1 430	℃

最高使用温度	900～1 000	℃
热导体或绝热体?	差的热导体	
热导率	9～15	W/m・K
比热容	430～450	J/kg・K
热膨胀系数	12～14	μstrain/℃

电性能

导电体或绝缘体?	好的导电体	
电阻率	102～114	$\mu\Omega$・cm

烘干机和烤面包机的加热元件是镍铬合金。它们的抗氧性能好

材料生产对环境的影响

全球年生产总值	1.5×10^6	t/y
储量	63×10^6	t
初次生产耗能	173～190	MJ/kg
初次生产排碳	11～12	kg/kg
耗水量	564～620	l/kg
节能指数	2 800	millipoints/kg

材料加工对环境的影响

铸造耗能	10.4～11.5	MJ/kg
铸造排碳	0.78～0.85	kg/kg
锻造轧制耗能	3.3～6.5	MJ/kg
锻造轧制排碳	0.25～0.53	kg/kg

废料处理

回收处理耗能	30～36	MJ/kg
回收处理排碳	1.8～2.2	kg/kg
回收率	29～32	%

典型用途:加热元件与炉绕组,双金属片,热电偶,弹簧,食品加工设备,化工设备。

12. 镍基超合金

材料介绍:既然被称为"超合金"(又称"高温合金"——译者注),就一定是有特殊性能的合金。超合金是指特殊成分的镍-铁-钴合金,可为镍基、铁基或钴基。超合金具有耐高温的超高强度和优异的抗腐蚀、抗氧化特性。超合金的发明使得喷气发动机得以诞生,它们的使用温度高达 1 200℃。镍基超合金可谓十足的金属大杂烩:除了镍外,还有 10%～25% 铬,其余为钴、铝、钛、钼、锆、铁等。以下提供的数据主要是镍基超合金的功能。

成分

$\quad$ Ni+10～25% Cr+Ti, Al, Co, Mo, Zr, B, Fe 等少量元素

基本数据

密度	7 750～8 650	kg/m³
价格	31～33	USD/kg

机械性能

杨氏模量	150～245	GPa
屈服强度	$300～1.9×10^3$	MPa
拉伸强度	$400～2.1×10^3$	MPa
抗压强度	$300～1.9×10^3$	MPa
延伸率	0.5～60	%
维氏硬度	200～600	HV
疲劳强度(10^7 周次)	135～900	MPa
断裂韧性	65～110	MPa·m$^{1/2}$

热性能

熔点	1 280～1 410	℃
最高使用温度	900～1 200	℃
热导体或绝热体?	好的热导体	
热导率	8～17	W/m·K
比热容	380～490	J/kg·K
热膨胀系数	9～16	μstrain/℃

电性能

导电体或绝缘体?	差的导电体	
电阻率	84～240	μΩ·cm

镍是高温涡轮机和化工设备用材

左图为燃气轮机(图片由川崎电机组提供),右图为超合金叶片

材料生产对环境的影响

全球年生产总值	$1.5×10^6$	t/y
储量	$7.0×10^7$	t
初次生产耗能	221～244	MJ/kg

初次生产排碳	$11\sim12.1$	kg/kg
耗水量	$134\sim484$	l/kg
节能指数	2830	millipoints/kg
材料加工对环境的影响		
铸造耗能	$10.0\sim11.0$	MJ/kg
铸造排碳	$0.75\sim0.80$	kg/kg
锻造轧制耗能	$4.2\sim4.5$	MJ/kg
锻造轧制排碳	$0.31\sim0.34$	kg/kg
废料处理		
回收处理耗能	$33.8\sim37.5$	MJ/kg
回收处理排碳	$1.97\sim2.3$	kg/kg
回收率	$22\sim26$	%

典型用途：涡轮机和喷气发动机中的叶片、组盘和燃烧室，火箭发动机，航空航天结构用材，轻弹簧，高温化学工程装备，生物工程和医疗。

13. 银

材料介绍：如果说，金是金属之王，银则是王后。银是一种软质白色金属，其电导率和热导率均为金属之最。天然银固然存在，但大多数银是作为炼铜、炼铅或炼锌的副产品而产生的。银作为贵金属，用于珠宝首饰、餐具、乐器和货币交换。银的工业用途为：导体，电焊接点和无铅焊料，照相胶片和医药中的催化剂，核反应堆中的控制棒和制作光伏电池的主要原材料。银的重要性还在于它可以抵挡通货膨胀。银无毒性，并具有抗菌效果。

成分

> 99.9Ag

基本数据

| 密度 | $10\,500\sim10\,600$ | kg/m³ |
| 价格 | $1\,850\sim2\,000$ | USD/kg |

机械性能

杨氏模量	$69\sim73$	GPa
屈服强度	$190\sim300$	MPa
拉伸强度	$255\sim340$	MPa
延伸率	$1\sim2$	% strain
维氏硬度	$90\sim110$	HV
疲劳强度（10^7 周次）	$100\sim170$	MPa
断裂韧性	$40\sim60$	MPa·m$^{1/2}$

热性能

熔点	$957\sim967$	℃
最高使用温度	$100\sim190$	℃
热导体或绝热体？	好的热导体	
热导率	$416\sim422$	W/m·℃
比热容	$230\sim240$	J/kg·℃

热膨胀系数	19.5～19.9	μstrain/℃
电性能		
导电体或绝缘体?	好的导电体	
电阻率	1.67～1.81	μΩ·cm

银条和固体银导体

材料生产对环境的影响		
全球年生产总值	21 800	t/y
储量	495 000	t
初次生产耗能	1 400～1 550	MJ/kg
初次生产排碳	95～105	kg/kg
耗水量	1 150～3 460	l/kg
材料加工对环境的影响		
铸造耗能	6.8～7.3	MJ/kg
铸造排碳	0.5～0.56	kg/kg
加工成型耗能	1.7～3.5	MJ/kg
加工成型排碳	0.13～0.26	kg/kg
废料处理		
回收处理耗能	140～170	MJ/kg
回收处理排碳	8.4～10.2	kg/kg
回收率	65～67	%

典型用途:电焊接点,化学反应容器和重型轴颈轴承的内衬,珠宝,餐具,摄影显影液,电池,药物,无铅焊料和核反应堆的控制棒。

14. 金

材料介绍:金是金属之王。语言表达中"金"字是"完美、成功、吉祥和安全"的象征。比如,黄金年代、黄金比例、黄金规则、黄金标准、黄金贵冠、金发女郎(幸运女郎),夺取金牌,以及金色人生等。当经济不景气和投资缺乏安全感时,投资者也会转向保值的金条。金,鲜亮的色彩、优越的延展性、极高的耐腐蚀性和其特有的稀缺性之结合,使之成为人们最渴望得到的金属。全球约90%的金产量用于制作金条和珠宝,其余10%用于电子行业中至关重要的电路板互连和连接器的表面涂层。金优越的导电性和耐腐蚀性可以使含金器件微小型化。金也曾大量用于镶牙,但如今已过时。

成分

>99.5% Au

基本数据

密度	19 300～19 350	kg/m³
价格	53 100～53 500	USD/kg

机械性能

杨氏模量	77～81	GPa
屈服强度	165～205	MPa
拉伸强度	180～220	MPa
延伸率	2～6	% strain
维氏硬度	50～70	HV
疲劳强度（10^7 周期）	70～110	MPa
断裂韧性	40～70	MPa · m$^{1/2}$

热性能

熔点	1 060～1 065	℃
最高使用温度	130～220	℃
热导体或绝热体？	好的热导体	
热导率	305～319	W/m · ℃
比热容	125～135	J/kg · ℃
热膨胀系数	13.5～14.5	μstrain/℃

电性能

导电体或绝缘体？	好的导电体	
电阻率	2～3	$\mu\Omega$ · cm

金条（左）和金在印刷电路板中的应用（右，可以回收）

材料生产对环境的影响

全球年生产总值	24 000	t/y
储量	50 000	t
初次生产耗能	240 000～265 000	MJ/kg
初次生产排碳	25 000～28 000	kg/kg
耗水量	126 000～378 000	l/kg

材料加工对环境的影响

铸造耗能	6.0～6.6	MJ/kg
铸造排碳	0.45～0.5	kg/kg

加工成型耗能	1.0～1.7	MJ/kg
加工成型排碳	0.11～0.14	kg/kg
废料处理		
回收处理耗能	650～719	MJ/kg
回收处理排碳	41～45	kg/kg
回收率	40～44	%

典型用途：珠宝,金条,铸币,灵敏器件间的互连（如印刷电路板间的互连）,电焊接点,化工设备的衬套,太空卫星设备中的电镀层,在银液中加金可使摄影上彩。

14.3　聚合物材料

聚合物的使用是化学家对材料科学发展的一大贡献。然而,聚合物的两大特点导致一种观念认为"聚合物是破坏环境的罪魁祸首之一",这是因为,①聚合物大都是石油的副产品,而石油是一种不可再生的资源;②聚合物不容易降解,所以废料很难处理。这种观念有一定的道理,但当今的聚合物产业行情已大为改观。首先,使用石油来制造聚合物总比将其燃烧生热的用途要大的多,而且热是可以从聚合物废品中提取的。其次,聚合物的合成已逐渐摆脱对石油的单一依赖性:通过农产品（尤其是淀粉和糖）可合成甲醇和乙醇。再者,热塑性塑料在未被污染的情况下,也是可以在某种程度上被回收利用。

热塑性塑料（thermoplastics）具有加热后软化、冷却后固化并可再度软化等特性。这一特性使得该类材料可以被"模制"成诸多复杂形状的器件。热塑性塑料可以是结晶体,也可以是非晶体,间或两者的混合物。而且热塑性塑料大多可接受着色和填充,其混合体具有相当广泛的应用,还有视觉和触觉上的额外效果。热塑性塑料对太阳光敏感,但这种敏感性可通过添加UV过滤剂而减缓;热塑性塑料易燃,但其燃烧性可通过填加阻燃剂而降低。热塑性塑料的性能是通过链长（由分子量测定）、支链、结晶度以及混合、塑化等方法来调控的。随着分子量的增加,热塑性塑料变得更坚韧、更抗化学腐蚀,但也使得它们更加难以成型。结晶度越高,聚合物越耐化学腐蚀、性能也越稳定,特别是在高温下其抗蠕变性能大大优越于非晶热塑性塑料。然而,对透明度（transparency）要求高的聚合物必须是非晶的;部分结晶的热塑性塑料仅给出部分透明度。

热固性塑料（thermosetting plastics 或 thermoset）。如果你是一个动手能力很强的人,在你的工具箱里一定会有爱牢达（Araldite,为全球环氧树脂胶粘剂名牌—译者注）:这种胶粘剂分两管,一管是粘接树脂,另一管是硬化剂。将两者混合加热并涂在需要粘接的物品表面,冷却后会因高分子反应而形成坚硬、牢固和耐用的聚合物。爱牢达环氧树脂属于典型的热固性塑料:树脂一经催化和加热即形成聚合物,但重新加热时性能会降低。若按体积来计算,聚氨酯（polyurethane）是热固性塑料中产量最大的,聚酯（polyester）次之,酚醛树脂（电木,Bakelite）排在第3位,随后是环氧树脂（epoxy）和硅胶（silicone）——该类材料的成本也随同一顺序而上升。热固性塑料由于固化成型后形成交联结构,不能再次融化成型,很难被回收利用。

弹性体（elastomer）最初被称为"橡胶（rubber）",是因为它可以用来抹掉铅笔痕迹,但这只是弹性体许多优良特性和广泛用途中的很小一部分。不同于其他固体材料,当施加于弹性体的拉伸形变力释放后,它可自动恢复原状。弹性体的这一"顺应性"（conformability）使其成为制造密封件和垫圈的理想材料。顺应性还使得弹性体在粗糙的物体表面具有很高的摩擦系数，所以这类材料最大的用途在于制造轮胎和鞋底。高阻尼弹性体回复原状缓慢，而低阻尼弹性体几乎是弹回原状，并同时释放被拉伸时所接受的能量。低阻尼弹性体的这一特性可用于制造弹簧、弹射器（如投石机、弹弓等）、货物捆绑绳索等物品和器件。

弹性体属热固性材料，只能一次成型并很难回收利用，这是汽车轮胎业"环保"的主要难题。但经过一些特殊处理仍可使弹性体在某些方面有类似热塑性塑料的性能，如热塑性弹性体（TPE），其中乙烯-醋酸乙烯共聚物（简称 EVA）就是很好的一例。弹性体分子与热塑性塑料（如 PP）共混或共聚合，经过动态硫化形成一种兼具塑料加工特性和橡胶物理性能的新型弹性体（商品名为"山都平"，Santoprene）。该材料遇热后可使 PP 熔化重塑，甚至可以回收再利用。

本章节将按表 14.1 中的顺序，给出 17 种聚合物材料的性能数据。

1. 丙烯腈-丁二烯-苯乙烯共聚物（ABS）

材料介绍：丙烯腈-丁二烯-苯乙烯共聚物（英文 acrylonitrile butadiene styrene copolymers，简称 ABS），是一种强度高、韧性好、易于加工成型的热塑型聚合物材料。ABS 通常不透明，但现在也有一些 ABS 牌号可以透明，而且还具有鲜亮的色彩。ABS 和 PVC 组合构成的塑料合金比普通 ABS 更坚韧，可用来制造电动工具的外壳。

成分

$(CH_2-CH-C_6H_4)_n$

基本数据

密度	1 010～1 210	kg/m^3
价格	2.4～2.6	USD/kg

机械性能

杨氏模量	1.1～2.9	GPa
屈服强度	18.5～51	MPa
拉伸强度	27.6～55.2	MPa
延伸率	1.5～100	%
维氏硬度	5.6～15.3	HV
疲劳强度（10^7 周次）	11～22.1	MPa
断裂韧性	1.19～4.29	$MPa \cdot m^{1/2}$

热性能

玻璃转化温度	88～128	℃
最高使用温度	62～77	℃
热导体还是绝热体？	好的绝热体	
热导率	0.188～0.335	W/m・K
比热容	1 390～1 920	J/kg・K
热膨胀系数	84.6～234	$\mu strain/℃$

电性能

导电体还是绝缘体？	好的绝缘体	

电阻率	$3.3 \times 10^{21} \sim 3 \times 10^{22}$	$\mu\Omega \cdot cm$
介电常数	$2.8 \sim 3.2$	
耗散因数	$0.003 \sim 0.007$	
介电强度	$13.8 \sim 21.7$	$10^6 V/m$

ABS产品可以做得很精美,且牢固结实、色彩纯正、无毒性

材料生产对环境的影响

全球年产总值	5.7×10^6	t/y
储量	$90 \sim 99$	MJ/kg
初次生产耗能	$3.6 \sim 4.0$	kg/kg
耗水量	$250 \sim 277$	l/kg
节能指数	350	millipoints/kg

材料加工对环境的影响

聚合物成型耗能	$18 \sim 20$	MJ/kg
聚合物成型排碳	$1.4 \sim 1.5$	kg/kg
聚合物挤压成型耗能	$5.8 \sim 6.4$	MJ/kg
聚合物挤压成型排碳	$0.44 \sim 0.48$	kg/kg

废料处理

回收处理耗能	$42 \sim 51$	MJ/kg
回收处理排碳	$2.5 \sim 3.1$	kg/kg
回收率	$3.8 \sim 4.2$	%
燃烧热	$37.6 \sim 39$	MJ/kg
燃烧排碳	$3.1 \sim 3.2$	kg/kg
回收标志		

典型用途: 安全帽,小家电和家庭安全装置的外壳,通信设备,商务机,水暖五金,汽车格栅,汽车仪表板等内饰部件,轮罩,后视镜外壳,冰箱内衬和垫层,行李外壳,传输运送盒,割草机机罩,船壳,休旅车中的大型部件,密封圈,玻璃珠串,导管以及排水—排渣—放气(DWV)管道系统。

2. 尼龙(PA)

材料介绍: 香烟和尼龙是1945年欧洲二战结束后最奢侈的两个消费品。尼龙或聚酰胺

（英文 polyamides，缩写 PA，商品名 Nylon）可以拉成细如真丝的纤维，曾被广泛用作天然绸（silk）的替代品。如今，新的合成纤维已替代了尼龙在服装业的主导地位，但尼龙绳、尼龙加固橡胶（用于汽车轮胎）和其他尼龙加固聚合物（如尼龙加固聚四氟乙稀屋顶）依然占有重要地位。此外，尼龙还用于制作部件外壳、框架和手柄。经玻璃纤维增强后的尼龙还可用来制作轴承齿轮和其他承重部件。尼龙有许多等级（尼龙 6，尼龙 66，尼龙 11……），其性能略有不同。

成分

$$(NH(CH_2)_5CO)_n$$

基本数据

密度	1 120～1 140	kg/m³
价格	3.9～4.3	USD/kg

机械性能

杨氏模量	2.62～3.2	GPa
屈服强度	50～94.8	MPa
拉伸强度	90～165	MPa
延伸率	30～100	%
维氏硬度	25.8～28.4	HV
疲劳强度（10^7 周次）	36～66	MPa
断裂韧性	2.2～5.6	MPa·m$^{1/2}$

热性能

熔点	210～220	℃
最高使用温度	110～140	℃
热导体还是绝热体？	好的绝热体	
热导率	0.23～0.25	W/m·K
比热容	1 600～1 660	J/kg·K
热膨胀系数	144～149	μΩ·℃

电性能

导电体还是绝缘体？	好的绝缘体	
电阻率	$1.5×10^{19}$～$1.4×10^{20}$	μΩ·cm
介电常数	3.7～3.9	
耗散因数	0.014～0.03	
介电强度	15.1～16.4	10^6 V/m

尼龙坚韧、耐磨、耐腐蚀，而且可以被着色

材料生产对环境的影响

全球年产总值	3.7×10^6	t/y
储量	$116 \sim 129$	MJ/kg
初次生产耗能	$7.6 \sim 8.3$	kg/kg
耗水量	$250 \sim 280$	l/kg
节能指数	495	millipoints/kg

材料加工对环境的影响

聚合物成型耗能	$21 \sim 23$	MJ/kg
聚合物成型排碳	$1.55 \sim 1.7$	kg/kg
聚合物挤压成型耗能	$5.9 \sim 6.5$	MJ/kg
聚合物挤压成型排碳	$0.44 \sim 0.49$	kg/kg

废料处理

回收处理耗能	$38 \sim 47$	MJ/kg
回收处理排碳	$2.31 \sim 2.8$	kg/kg
回收率	$0.5 \sim 1$	%
燃烧热	$30 \sim 32$	MJ/kg
燃烧碳排	$2.3 \sim 2.4$	kg/kg
回收标志		

典型用途:轻型齿轮,链轮和轴承,轴衬,电气设备外壳,容器(包括番茄酱瓶),储罐,傢器脚轮,运输管和下水管道连接,自行车车轮盖,椅子,牙刷刷毛,把手,食品包装。尼龙作为纤维用来制作绳索、钓鱼线、地毯、汽车内饰,其中的芳香族尼龙纤维用来制作电缆、绳索、防护服,空气过滤袋和电绝缘体;尼龙还可作为热熔粘合剂来装帧书籍。

3. 聚乙烯（PE）

材料介绍:聚乙烯(英文 polyethylene,缩写 PE),其分子链 $(\text{—CH}_2\text{—})_n$ 于1933年首次合成。$(\text{—CH}_2\text{—})$这个貌似最简单的分子单元,却能以不同的连接方式衍生出多种多样的巨大分子链。它是由聚烯烃族(polyolefin)的热塑性高分子合成,在整个聚合物材料消费市场中占主导地位。聚乙烯呈惰性,并且耐大多数酸碱的侵蚀,常温下不溶于一般溶剂,吸水性小。正因为如此,它被广泛用于家具、食品容器和菜板。聚乙烯价格低廉,易于模制和加工,也易于上色,其产品可以是透明、半透明或不透明的,手感似蜡,可用作工业织物或金属涂层,但很难在其表面印制。

成分

$(\text{—CH}_2\text{—CH}_2\text{—})_n$

基本数据

密度	$939 \sim 960$	kg/m³
价格	$1.7 \sim 1.9$	USD/kg

机械性能

杨氏模量	$0.62 \sim 0.86$	GPa

屈服强度	18～29	MPa
拉伸强度	21～45	MPa
延伸率	200～800	%
维氏硬度	5.4～8.7	HV
疲劳强度（10^7 周次）	21～23	MPa
断裂韧性	1.4～1.7	MPa·$m^{1/2}$

热性能

熔点	125～132	℃
最高使用温度	90～110	℃
热导体还是绝热体？	好的绝热体	
热导率	0.4～0.44	W/m·K
比热容	1 810～1 880	J/kg·K
热膨胀系数	126～198	μstrain/℃

电性能

导电体还是绝缘体？	好的绝缘体	
电阻率	3.3×10^{22}～3×10^{24}	$\mu\Omega$·cm
介电常数	2.2～2.4	
耗散因数	3×10^{-4}～6×10^{-4}	
介电强度	17.7～19.7	10^6 V/m

低密度 PE 瓶（左图）和中密度 PE 管（右图）

材料生产对环境的影响

全球年产总值	69×10^6	t/y
储量	77～85	MJ/kg
初次生产耗能	2.6～2.9	kg/kg
耗水量	38～114	l/kg
节能指数	287	millipoints/kg

材料加工对环境的影响

高分子成型耗能	22.7～25.1	MJ/kg
高分子成型排碳	1.7～1.9	kg/kg
高分子挤压成型耗能	6.0～6.6	MJ/kg
高分子挤压成型排碳	0.45～0.49	kg/kg

废料处理

回收处理耗能	45～55	MJ/kg
回收处理排碳	2.7～3.0	kg/kg
回收率	8～9.5	%

| 燃烧热 | 44～46 | MJ/kg |
| 燃烧排碳 | 3.1～3.2 | kg/kg |

回收标志

典型用途：储油容器，路边安全岛，奶瓶，玩具，啤酒瓶箱，食品包装，伸缩膜，挤压管，一次性衣物，塑料袋，纸张涂料，电缆绝缘层，人工关节，廉价绳索，打包胶带。

4．聚丙烯（PP）

材料介绍：聚丙烯（英文 polypropylene，缩写 PP）是聚乙烯的"弟弟"，其产品于 1958 年首次问世。聚丙烯和聚乙烯具有非常相似的分子链，所以它们的生产方式、用途、乃至价格也都非常相似。如同聚乙烯，聚丙烯的年产量也非常大（2010 年的年产量超过 4000 万吨），并以每年近 10％的速率增长；聚丙烯的分子长度和支链也可以通过巧妙的催化接枝而改变性能，并精确地控制其冲击强度和成型、拉伸等性能。纯聚丙烯属易燃品，阳光照射会损坏其性能。通常需要添加阻燃剂和稳定剂来克服这些缺点，使聚丙烯能够抗紫外辐射，并与大多数水溶剂（包括淡水和咸水）无交互作用而保持稳定。

成分

$(CH_2—CH(CH_3))_n$

基本数据

| 密度 | 890～910 | kg/m³ |
| 价格 | 1.85～2.05 | USD/kg |

机械性能

杨氏模量	0.9～1.55	GPa
屈服强度	21～37	MPa
拉伸强度	28～41	MPa
延伸率	100～600	％
维氏硬度	6.2～11	HV
疲劳强度（10^7 周次）	11～17	MPa
断裂韧性	3～4.5	MPa·m$^{1/2}$

热性能

熔点	150～175	℃
最高使用温度	100～115	℃
热导体还是绝热体？	好的绝热体	
热导率	0.11～0.17	W/m·K
比热容	1 870～1 960	J/kg·K
热膨胀系数	122～180	μstrain/℃

电性能

导电体还是绝缘体？	好的绝缘体	
电阻率	3.3×10^{22}～3×10^{23}	$\mu\Omega$·cm
介电常数	2.1～2.3	
耗散因数	3×10^{-4}～7×10^{-4}	
介电强度	22.7～24.6	10^6 V/m

聚丙烯广泛用于家用产品

材料生产对环境的影响

全球年产总值	44×10^6	t/y
储量	75～83	MJ/kg
初次生产耗能	2.9～3.2	kg/kg
耗水量	189～209	l/kg
节能指数	254	millipoints/kg

材料加工对环境的影响

聚合物成型耗能	20.4～22.6	MJ/kg
聚合物成型排碳	1.5～1.7	kg/kg
聚合物挤压成型耗能	5.9～6.5	MJ/kg
聚合物挤压成型排碳	0.44～0.49	kg/kg

废料处理

回收处理耗能	45～55	MJ/kg
回收处理排碳	2.0～22	kg/kg
回收率	5～6	%
燃烧热	44～46	MJ/kg
燃烧排碳	3.1～3.2	kg/kg
回收标志		

典型用途：绳索,普通聚合物的工程应用,汽车空调管道,包裹货架和空气清洁器,花园用具,洗衣机槽,湿芯电池槽,管道及管件,啤酒瓶箱,座椅外壳,电容器电介质,电缆绝缘层,加热水壶,汽车缓冲器,防碎玻璃框架,载物容器,手提箱,人造草坪,保暖内衣。

5. 聚碳酸酯(PC)

材料介绍：聚碳酸酯(英文 polycarbonate,缩写 PC)是一种"工程用"热塑性塑料,这意味着它们比廉价的"日用"塑料有更好的机械性能。聚碳酸酯中苯环和—OCOO—碳酸酯基的结合使 PC 具有独特的光学透明性和良好的韧性和刚性,而且可以在较高的温度下使用。根据聚碳酸酯的这些特性可用来制作电脑光盘、安全头盔和电动工具的外壳。

成分

$(O—(C_6H_4)—C(CH_3)_2—(C_6H_4)—CO)_n$

基本数据

密度	1 140～1 210	kg/m³
价格	3.8～4.2	USD/kg

机械性能

杨氏模量	2～2.44	GPa
屈服强度	59～70	MPa
拉伸强度	60～72.4	MPa
抗压强度	69～86.9	MPa
延伸率	70～150	％
维氏硬度	17.7～21.7	HV
疲劳强度（10^7 周次）	22.1～30.8	MPa
断裂韧性	2.1～4.6	MPa·m$^{1/2}$

热性能

玻璃转化温度	142～205	℃
最高使用温度	101～144	℃
热导体还是绝热体？	好的绝热体	
热导率	0.189～0.218	W/m·K
比热容	1 530～1 630	J/kg·K
热膨胀系数	120～137	μstrain/℃

电性能

导电体还是绝缘体？	好的绝缘体	
电阻率	$1×10^{20}$～$1×10^{22}$	μΩ·cm
介电常数	3.1～3.3	
耗散因数	$8×10^{-4}$～$1.1×10^{-3}$	
介电强度	15.7～19.2	10^6 V/m

聚碳酸酯坚韧并耐冲击,是制作安全帽、头盔、透明屋顶和防暴盾的优选材料

材料生产对环境的影响

储量	103～114	MJ/kg
初次生产耗能	5.7～6.3	kg/kg
耗水量	142～425	l/kg
节能指数	463	millipoints/kg

材料加工对环境的影响

聚合物成型耗能	17.6～19.5	MJ/kg
聚合物成型排碳	1.3～1.5	kg/kg
聚合物挤压成型耗能	5.8～6.4	MJ/kg
聚合物挤压成型排碳	0.43～0.48	kg/kg

废料处理

回收处理耗能	38～47	MJ/kg
回收处理排碳	2.3～2.8	kg/kg
回收率	0.5～1	%
燃烧热	21～22	MJ/kg
燃烧排碳	1.9～2.0	kg/kg
回收标志		

典型用途: 安全头盔,安全罩和护目镜,镜片,玻璃面板,商机壳体,仪器外壳,灯饰配件,电气开关,防弹玻璃的层压板,厨具和餐具,微波炊具,医疗(消毒)组件。

6. 聚酯

材料介绍: 聚酯(英文 polyester,俗称"涤纶")一词来源于"聚合"和"酯化反应"的组合。聚酯可以是热固性塑料、热塑性塑料或弹性体。不饱和聚酯是热固性树脂,而饱和聚酯是热塑性聚合物。不饱和聚酯大多用来制备玻璃纤维/聚酯复合材料。聚酯树脂没有环氧树脂那么坚硬,但它们在价格上要便宜得多。聚酯不能被回收再利用,但可用作地下填充。以下给出热固性聚酯的性能数据。

成分

$(OOC-C_6H_4-COO-C_6H_{10})_n$

基本数据

密度	1 040～1 400	kg/m³
价格	4.0～4.4	USD/kg

机械性能

杨氏模量	2.07～4.41	GPa
屈服强度	33～40	MPa
拉伸强度	41.4～89.6	MPa
抗压强度	36.3～44	MPa
延伸率	2～2.6	%
维氏硬度	9.9～21.5	HV
疲劳强度(10^7 周次)	16.6～35.8	MPa
断裂韧性	1.09～1.69	MPa·m$^{1/2}$

热性能

玻璃转化温度	147～207	℃

最高使用温度	130~150	℃
热导体还是绝热体?	好的绝热体	
热导率	0.287~0.299	W/m·K
比热容	1 510~1 570	J/kg·K
热膨胀系数	99~180	μstrain/℃
电性能		
导电体还是绝缘体?	好的绝缘体	
电阻率	$3.3 \times 10^{18} \sim 3 \times 10^{19}$	μΩ·cm
介电常数	2.8~3.3	
耗散因数	0.001~0.03	
介电强度	15~19.7	10^6 V/m

热固性聚酯用作纤维增强小船和汽车基体

材料生产对环境的影响		
全球年产总值	40×10^6	t/y
储量	68~75	MJ/kg
初次生产耗能	2.8~3.2	kg/kg
耗水量	100~264	l/kg
节能指数	437	millipoints/kg
材料加工对环境的影响		
聚合物成型耗能	26~28	MJ/kg
聚合物成型排碳	2.1~2.3	kg/kg
废料处理		
回收率	0	%
燃烧热	28~29	MJ/kg
燃烧排碳	2.5~2.6	kg/kg

典型用途:夹层结构,表面凝胶涂料,液体铸件,家具产品,保龄球,仿大理石,下水管道垫片,手枪握手,电视显像管内防爆障碍,船的外壳,卡车驾驶室,水泥支架,灯具外壳,天窗,钓鱼竿。

7. 聚对苯二甲酸乙二醇酯(PET)

材料介绍:聚对苯二甲酸乙二醇酯(英文 polyethylene terephthalate,缩写 PET,商品名"的确良"、"涤纶"、"达克纶"等),属饱和聚酯类,则为热塑性聚合物。PET 具有优良的韧性、拉伸和抗冲击强度和耐磨性,它易于成型,使用温度高达 175℃。PET 晶莹剔透,防渗水、抗二氧化碳,但部分氧气可以渗透。PET 材料卫生安全性高,还可消毒并重复性使用。不饱和聚酯为热固性塑料,其主要用途为玻璃纤维/聚酯复合材料的基体。

成分

$(CO-(C_6H_4)-CO-O-(CH_2)_2-O)_n$

基本数据

密度	1 290~1 400	kg/m³
价格	1.65~1.8	USD/kg

机械性能

杨氏模量	2.76~4.14	GPa
屈服强度	56.5~62.3	MPa
拉伸强度	48.3~72.4	MPa
抗压强度	62.2~68.5	MPa
延伸率	30~300	%
维氏硬度	17~18.7	HV
疲劳强度（10^7 周次）	19.3~29	MPa
断裂韧性	4.5~5.5	MPa·m$^{1/2}$

热性能

熔点	255~265	℃
玻璃转化温度	67.9~79.9	℃
最高使用温度	66.9~86.9	℃
热导体还是绝热体？	好的绝热体	
热导率	0.138~0.151	W/m·K
比热容	1 420~1 470	J/kg·K
热膨胀系数	115~119	μstrain/℃

电性能

导电体还是绝缘体？	好的绝缘体	
电阻率	$3.3×10^{20}$~$3.0×10^{21}$	μΩ·cm
介电常数	3.5~3.7	
耗散因数	0.003~0.007	
介电强度	16.5~21.7	10^6 V/m

PET 饮料容器——加压充气和非充气二者皆适用

（本图片由 Tee design and printing Ltd. 提供）

材料生产对环境的影响

全球年产总值	9.5×10^6	t/y
储量	81～89	MJ/kg
初次生产耗能	3.7～4.1	kg/kg
耗水量	14.7～44.2	l/kg
节能指数	276	millipoints/kg

材料加工对环境的影响

聚合物成型耗能	18.7～20.6	MJ/kg
聚合物成型排碳	1.4～1.55	kg/kg
聚合物挤压成型耗能	5.8～6.4	MJ/kg
聚合物挤压成型排碳	0.44～0.48	kg/kg

废料处理

回收处理耗能	35～43	MJ/kg
回收处理碳碳	2.1～2.6	kg/kg
回收率	20～22	%
燃烧热	23～24	MJ/kg
燃烧碳排	2.3～2.4	kg/kg

回收标志

典型用途: 电气接头和连接器,吹塑瓶,碳酸饮料容器,电容膜,包装膜,装饰膜,照相和 X 射线胶片,音频/视频磁带,摄影磁带,录像带,透明绘图板,PET 纤维,高强捆绑带,耐热炊具,信用卡,帆板帆,含金属的彩色气球。

8. 聚氯乙烯(PVC)

材料介绍: 聚氯乙烯(英文 polyvinyl chloride,缩写 PVC),如同聚乙烯(PE),是价格最便宜、使用最广泛的聚合物之一,这与它们的多样性是密切相关的。热塑聚氯乙烯(缩写 tp-PVC)坚硬但加工性差,只能作为廉价的大路货工程材料而使用。但是,若在 PVC 中掺入增塑剂,则可使材料的柔性增加,成为一种具有皮革状或橡胶状材料,从而可作为皮革和橡胶的替代品使用。相反,若在 PVC 中添加玻璃纤维,赋予其足够的刚、硬、韧性,则可用作屋顶、地板等建筑材料(这种 PVC 又称弹性 PVC,缩写 elPVC)。

成分

$(CH_2 CHCl)_n$

基本数据

密度	1 300～1 580	kg/m³
价格	1.36～1.5	USD/kg

机械性能

杨氏模量	2.14～4.14	GPa

屈服强度	35.4～52.1	MPa
拉伸强度	40.7～65.1	MPa
抗压强度	42.5～89.6	MPa
延伸率	11.9～80	%
维氏硬度	10.6～15.6	HV
疲劳强度（10^7 周次）	16.2～26.1	MPa
断裂韧性	1.46～5.12	MPa・$m^{1/2}$

热性能

玻璃转化温度	74.9～105	℃
最高使用温度	60～70	℃
热导体还是绝热体？	好的绝热体	
热导率	0.147～0.293	W/m・K
比热容	1 360～1 440	J/kg・K
热膨胀系数	100～150	μstrain/℃

电性能

导电体还是绝缘体？	好的绝缘体	
电阻率	1×10^{20}～1×10^{22}	$\mu\Omega$・cm
介电常数	3.1～4.4	
耗散因数	0.03～0.1	
介电强度	13.8～19.7	10^5 V/m

PVC 制作的船护舷显示出该材料的坚韧性、耐候性和易成型、易着色的特性

材料生产对环境的影响

全球年产总值	51×10^6	t/y
储量	56～62	MJ/kg
初次生产耗能	2.4～2.6	kg/kg
耗水量	77～85	l/kg
节能指数	170	millipoints/kg

材料加工对环境的影响

聚合物成型耗能	13.9～15.4	MJ/kg
聚合物成型排碳	1.05～1.16	kg/kg
聚合物挤压成型耗能	5.6～6.3	MJ/kg
聚合物挤压成型排碳	0.42～0.47	kg/kg

废料处理

回收处理耗能	32～40	MJ/kg

回收处理排碳	1.9～2.4	kg/kg
回收率	1.5～2.0	%
燃烧热	17.5～18.5	MJ/kg
燃烧排碳	1.37～1.44	kg/kg
回收标志		

典型用途: tpPVC:医疗管、花园软管和其他管材,配件,型材,路标,化妆品包装,独木舟材料,塑胶地板,窗户包层,黑胶唱片,玩具娃娃。

elPVC:人造革,电线绝缘,薄膜,片材,面料,汽车座垫。

9. 聚苯乙烯(PS)

材料介绍: 聚苯乙烯(英文 polystyrene,缩写 PS)是一种光学透明、易于成型且价格低廉的聚合物。大家最熟悉的产品是 CD 盒。但是,聚苯乙烯易碎,掺入聚丁二烯(polybutadiene)后其机械性能显著改善,但导致光学透明性丧失。含 10% 聚丁二烯的抗冲击聚苯乙烯可在低温下(低至－12℃)使用。聚苯乙烯最大的应用领域是作为泡沫状包装材料。

成分

$(CH(C_6H_5)—CH_2)n$

基本数据

| 密度 | 1 040～1 050 | kg/m³ |
| 价格 | 2.1～2.3 | USD/kg |

机械性能

杨氏模量	1.2～2.6	GPa
屈服强度	28.7～56.2	MPa
拉伸强度	35.9～56.5	MPa
抗压强度	31.6～61.8	MPa
延伸率	1.2～3.6	%
维氏硬度	8.6～16.9	HV
疲劳强度（10^7 周次）	14.4～23	MPa
断裂韧性	0.7～1.1	MPa · $m^{1/2}$

热性能

玻璃转化温度	73.9～110	℃
最高使用温度	76.9～103	℃
热导体还是绝热体?	好的绝热体	
热导率	0.121～0.131	W/m · K
比热容	1 690～1 760	J/kg · K
热膨胀系数	90～153	μstrain/℃

电性能

| 导电体还是绝缘体? | 好的绝缘体 | |

电阻率	$1\times10^{25}\sim1\times10^{27}$	$\mu\Omega\cdot cm$
介电常数	$3\sim3.2$	
耗散因数	$0.001\sim0.003$	
介电强度	$19.7\sim22.6$	$10^6\,V/m$

聚苯乙烯是无色透明的,容易成型并价格低廉

材料生产对环境的影响

全球年产总值	12.6×10^6	t/y
储量	$92\sim102$	MJ/kg
初次生产耗能	$3.6\sim4.0$	kg/kg
耗水量	$108\sim323$	l/kg
节能指数	320	millipoints/kg

材料加工对环境的影响

聚合物成型耗能	$16.5\sim18.3$	MJ/kg
聚合物成型排碳	$1.24\sim1.37$	kg/kg
聚合物挤压成型耗能	$5.7\sim6.4$	MJ/kg
聚合物挤压成型排碳	$0.43\sim0.48$	kg/kg

废料处理

回收处理耗能	$43\sim52$	MJ/kg
回收处理排碳	$2.6\sim3.1$	kg/kg
回收率	$5\sim6$	%
燃烧热	$40\sim42$	MJ/kg
燃烧排碳	$3.3\sim3.5$	kg/kg
回收标志		

典型用途:玩具,散光器,透镜和反射镜,烧杯,餐具,一般家用品,视频/音频盒,电子产品外壳,冰箱内衬。

10. 聚乳酸(PLA)

材料介绍:聚乳酸(英文 polylactide,缩写 PLA)是由天然乳酸(如玉米、牛奶)合成的、可生物降解的一种热塑性塑料。它类似于透明聚苯乙烯,具有良好的光泽和透明度,但聚乳酸硬而脆,需要添加增塑剂以改善其使用性能。如同大多数热塑性塑料一样,聚乳酸可经过加热成型或注射成型而制成纤维和薄膜。

基本数据
密度	1 210～1 250	kg/m³
价格	2.4～3	USD/kg

机械性能
杨氏模量	3.45～3.83	GPa
屈服强度	48～60	MPa
拉伸强度	48～60	MPa
抗压强度	48～60	MPa
延伸率	5～7	%
维氏硬度	14～18	HV
疲劳强度（10^7 周次）	14～18	MPa
断裂韧性	0.7～1.1	MPa·m$^{1/2}$

热性能
熔点	160～177	℃
玻璃转化温度	56～58	℃
最高使用温度	70～80	℃
热导体还是绝热体？	好的绝热体	
热导率	0.12～0.13	W/m·K
比热容	1 180～1 210	J/kg·K
热膨胀系数	126～145	μstrain/℃

电性能
导电体还是绝缘体？	好的绝缘体	
电阻率	$1×10^{17}～1×10^{19}$	μΩ·cm
介电常数	3.5～5	
耗散因数	0.02～0.07	
介电强度	12～16	10^6 V/m

Cargill Dow 牌聚乳酸食品包装盒

材料生产对环境的影响
储量	49～54	MJ/kg
初次生产耗能	3.4～3.8	kg/kg
耗水量	100～300	l/kg

节能指数	278	millipoints/kg
材料加工对环境的影响		
聚合物成型耗能	15.4～17	MJ/kg
聚合物成型排碳	1.15～1.27	kg/kg
聚合物挤压成型耗能	5.7～6.3	MJ/kg
聚合物挤压成型排碳	0.43～0.47	kg/kg
废料处理		
回收处理耗能	33～40	MJ/kg
回收处理排碳	2.0～2.4	kg/kg
回收率	0.5～1	%
燃烧热	18.8～20.1	MJ/kg
燃烧排碳	1.8～1.9	kg/kg
回收标志		

典型用途:食品包装盒,塑料袋,花盆,尿布,瓶子,冷饮杯,片材和薄膜。

11. 聚羟基烷基酸酯(PHA,PHB)

材料介绍:聚羟基烷基酸酯(英文 polyhydroxyalkanoate,缩写 PHA,商品名 Biopol 或 Biomer)是由糖或油脂(如大豆油、玉米油、棕榈油)经细菌发酵而自然合成的一种线性聚酯。PHA 可以完全生物降解。100 种以上的不同单体(monomer)可以在此类高分子结构中结合起来,使 PHA 具有非常广泛的特性,从硬脆的热塑性塑料到柔软的弹性体。PHA 的典型材料是 PHB (poly-3-hydroxybutyrate,聚羟基丁酸酯),下介绍的是 PHB 的性能数据。

成分		
$(CH(CH_3)—CH_2—CO—O)_n$		
基本数据		
密度	1 230～1 250	kg/m³
价格	3.2～4	USD/kg
机械性能		
杨氏模量	0.8～4	GPa
屈服强度	35～40	MPa
拉伸强度	35～40	MPa
抗压强度	40～45	MPa
延伸率	6～25	%
维氏硬度	11～13	HV
疲劳强度(10^7 周次)	12～17	MPa
断裂韧性	0.7～1.2	MPa·m$^{1/2}$
热性能		
熔点	115～175	℃

玻璃转化温度	4～15	℃
最高使用温度	60～80	℃
热导体还是绝热体？	好的绝热体	
热导率	0.13～0.23	W/m·K
比热容	1 400～1 600	J/kg·K
热膨胀系数	180～240	μstrain/℃
电性能		
导电体还是绝缘体？	好的绝缘体	
电阻率	$1 \times 10^{16} \sim 1 \times 10^{18}$	μΩ·cm
介电常数	3～5	
耗散因数	0.05～0.15	
介电强度	12～16	10^6 V/m

PHB 容器

(引自 Kumar 和 Minocha 的文章《转基因植物研究》,Harwood 出版社)

材料生产对环境的影响

储量	81～90	MJ/kg
初次生产耗能	4.1～4.6	kg/kg
耗水量	100～300	l/kg

材料加工对环境的影响

聚合物成型耗能	16.6～18.4	MJ/kg
聚合物成型排碳	1.25～1.38	kg/kg
聚合物挤压成型耗能	5.8～6.4	MJ/kg
聚合物挤压成型排碳	0.43～0.48	kg/kg

废料处理

回收处理耗能	35～43	MJ/kg
回收处理排碳	2.1～2.6	kg/kg
回收率	0.5～1	%
燃烧热	23～24	MJ/kg
燃烧排碳	2.0～2.1	kg/kg

回收标志

♲ 7 Other

典型用途:包装,容器,瓶。

12．环氧树脂

材料介绍：环氧树脂（英文 polyepoxide，又称 epoxy resin）是热固性聚合物。它除了有极好的粘结性外，还具有优异的机械和电气性能，以及耐热、耐化学侵蚀性。环氧树脂主要用于粘合剂（著名商品 Araldite 爱牢达）、表面涂层，并且可作为基体树脂与玻璃或碳纤维形成高强复合材料。通常情况下，作为粘合剂的环氧树脂被用于不同材料间高强度的粘接；作为涂料的环氧树脂被用作封装电气线圈和电子元件；作为小体积成型的热塑性工装夹具被用作复合材料基底。

成分

$(O—C_6H_4—CH_3—C—CH_3—C_6H_4)_n$

基本数据

密度	1 110～1 400	kg/m³
价格	8.0 ～10.0	USD/kg

机械性能

杨氏模量	2.35～3.08	GPa
屈服强度	36～71.7	MPa
拉伸强度	45～89.6	MPa
抗压强度	39.6～78.8	MPa
延伸率	2～10	%
维氏硬度	10.8～21.5	HV
疲劳强度（10^7 周次）	22.1～35	MPa
断裂韧性	0.4～2.22	MPa·m$^{1/2}$

热性能

玻璃转化温度	66.9～167	℃
最高使用温度	140～180	℃
热导体还是绝热体？	好的绝热体	
热导率	0.18～0.5	W/m·K
比热容	1 490～2 000	J/kg·K
热膨胀系数	58～117	μstrain/℃

电性能

导电体还是绝缘体？	好的绝缘体	
电阻率	$1×10^{20}$～$6×10^{21}$	$\mu\Omega$·cm
介电常数	3.4～5.7	
耗散因数	$7×10^{-4}$～$1.5×10^{-2}$	
介电强度	11.8～19.7	10^6 V/m

材料生产对环境的影响

全球年产总值	$0.14×10^6$	t/y
储量	127～140	MJ/kg
初次生产耗能	6.8～7.5	kg/kg
耗水量	107～322	l/kg

环氧树脂涂料极其稳定可形成非常好的保护膜,很容易着色。

环氧树脂可用于高性能复合材料的基体和高强粘合剂

节能指数	650	millipoints/kg
材料加工对环境的影响		
聚合物成型耗能	21～23	MJ/kg
聚合物成型排碳	1.7～1.85	kg/kg
废料处理		
回收率	0～%	
燃烧热	30～31	MJ/kg
燃烧排碳	2.4～2.55	kg/kg

典型用途:纯环氧模塑料:电气线圈和电子元件的封装;

环氧层压复合材料:拉挤棒材,建筑用梁,特殊工装夹具,机械零件(如齿轮);

环氧粘合剂:异种材料的高强粘接,热塑性塑料成型模具。

13. 酚醛

材料介绍:酚醛(英文 phenolic,学名 phenol formaldehyde,商品名 Bakelite,俗称"电木")作为合成塑料于 1909 年的问世,引发了聚合物产品设计的一次革命。酚醛坚硬,强度较高,还可以适当着色,它最大的特点是易于模制,这使得旧时只能用手工制作的产品(如木雕、锻铸、乃至象牙雕刻)现在可以快速而廉价地利用模制而成批生产了。一时间,酚醛的生产量超过了 PE,PS 和 PVC 生产量的总和。现在,这一状况虽然发生了变化,但酚醛塑料仍具有其唯一性。酚醛,作为价格低廉的塑料,刚性高、化学性能稳定、具有良好的电性能,还防火、耐热、易脱模。将模制酚醛树脂研磨成细粉末,添加到原材料中(添加 4%～12% 酚醛粉末不会降低材料性能),可以制成高流量低阻力器件。热固性酚醛树脂还可以回收利用。

基本数据		
密度	1 240～1 320	kg/m³
价格	1.65～1.87	USD/kg
机械性能		
杨氏模量	2.76～4.83	GPa
屈服强度	27.6～49.7	MPa
拉伸强度	34.5～62.1	MPa

抗压强度	30.4～54.6	MPa
延伸率	1.5～2	%
维氏硬度	8.3～14.9	HV
疲劳强度（10^7 周次）	13.8～24.8	MPa
断裂韧性	0.787～1.21	MPa·$m^{1/2}$

热性能

玻璃转化温度	167～267	℃
最高使用温度	200～230	℃
热导体还是绝热体？	好的绝热体	
热导率	0.14～0.15	W/m·K
比热容	1470～1530	J/kg·K
热膨胀系数	120～125	μstrain/℃

电性能

导电体还是绝缘体？	好的绝缘体	
电阻率	$3.3×10^{18}$～$3×10^{19}$	$\mu\Omega$·cm
介电常数	4～6	
耗散因数	0.005～0.01	
介电强度	9.84～15.7	10^6 V/m

酚醛是好的绝缘体，极耐热、耐化学侵蚀，是制造电气开关（如电话和分电器盖）的优选材料（电话图片由英国 Eurocosm 公司提供）

材料生产对环境的影响

全球年产总值	$11×10^6$	t/y
储量	75～83	MJ/kg
初次生产耗能	3.4～3.8	kg/kg
耗水量	94～282	l/kg

材料加工对环境的影响

| 聚合物成型耗能 | 26～29 | MJ/kg |
| 聚合物成型排碳 | 2.1～2.3 | kg/kg |

废料处理

回收率	0	%
燃烧热	32～33	MJ/kg
燃烧排碳	2.8～3.0	kg/kg

典型用途：电气部件（如插座，开关，连接器），轴承，水润滑轴承，继电器，泵叶轮，刹车活塞，刹车片，微波炊具，把手，瓶子顶部，涂料，粘合剂，泡沫和夹层结构。

14．天然橡胶(NR)

材料介绍：天然橡胶在几个世纪前就被秘鲁土著人所使用,现在是马来西亚的主要出口产品之一。1825 年 Giles Macintosh 因发明橡胶涂层防水衣而发财,迄今为止,这类雨衣还是以他的名字命名。胶乳,是橡胶树液通过硫化而交联合成的,交联量决定胶乳的性能。胶乳是使用最广泛的弹性体,其生产量占弹性体生产总量的 50％以上。

成分

$(CH_2—C(CH_3)—CH—CH_2)_n$

基本数据

密度	920～930	kg/m^3
价格	3.6～4.9	USD/kg

机械性能

杨氏模量	0.001 5～0.002 5	GPa
屈服强度	20～30	MPa
拉伸强度	22～32	MPa
抗压强度	22～33	MPa
延伸率	500～800	％
疲劳强度（10^7 周次）	4.2～4.5	MPa
断裂韧性	0.15～0.25	$MPa \cdot m^{1/2}$

热性能

玻璃转化温度	−78.2～−63.2	℃
最高使用温度	68.9～107	℃
热导体还是绝热体？	好的绝热体	
热导率	0.1～0.14	$W/m \cdot K$
比热容	1 800～2 500	$J/kg \cdot K$
热膨胀系数	150～450	$\mu strain/℃$

电性能

导电体还是绝缘体？	好的绝缘体	
电阻率	$1×10^{15}～1×10^{16}$	$\mu\Omega \cdot cm$
介电常数	3～4.5	
耗散因数	$7×10^{-4}～3×10^{-3}$	
介电强度	16～23	$10^6 V/m$

材料生产对环境的影响

全球年产总值	$8.2×10^6$	t/y
储量	64～71	MJ/kg
初次生产耗能	2.0～2.2	kg/kg
耗水量	15 000～20 000	l/kg
节能指数	24	millipoints/kg

材料加工对环境的影响

聚合物成型耗能	15～17	MJ/kg

天然橡胶大量用于医疗设备、时尚用品、油管和轮胎

聚合物成型排碳	1.2～1.4	kg/kg

废料处理

回收率	0	％
燃烧热	42～45	MJ/kg
燃烧排碳	3.2～3.3	kg/kg

典型用途：手套，汽车轮胎，密封件，安全带，防振动支架，电气绝缘，管道，管道和泵的内衬。

15. 丁基橡胶(BR)

材料介绍：丁基橡胶（英文 butyl rubbers，缩写 BR）是合成橡胶，却具有类似天然橡胶的性质。丁基橡胶有良好的耐磨性、抗撕裂性、抗弯曲性，还具有极低的透气性，使用温度可达150℃。丁基橡胶的低介电常数和低损耗之特点，使它们成为电力工业中的工程材料。

成分

$(CH_2—C(CH_3)—CH—(CH_2)_2—C(CH_3)_2)_n$

基本数据

密度	900～920	kg/m³
价格	3.8～4.1	USD/kg

机械性能

杨氏模量	0.001～0.002	GPa
屈服强度	2～3	MPa
拉伸强度	5～10	MPa
抗压强度	2.2～3.3	MPa
延伸率	400～500	％
疲劳强度（10^7 周次）	0.9～1.35	MPa
断裂韧性	0.07～0.1	MPa·m$^{1/2}$

热性能

玻璃转化温度	−73.2～−63.2	℃

最高使用温度	96.9～117	℃
热导体还是绝热体?	好的绝热体	
热导率	0.08～0.1	W/m・K
比热容	1 800～2 500	J/kg・K
热膨胀系数	120～300	μstrain/℃
电性能		
导电体还是绝缘体?	好的绝缘体	
电阻率	$1\times10^{15}\sim1\times10^{16}$	$\mu\Omega\cdot cm$
介电常数	2.8～3.2	
耗散因数	0.001～0.01	
介电强度	16～23	$10^6\,V/m$

丁基橡胶是制作内胎的最重要材料之一

材料生产对环境的影响		
全球年产总值	11×10^6	t/y
储量	112～124	MJ/kg
初次生产耗能	6.3～6.9	kg/kg
耗水量	63.8～191	l/kg
节能指数	309	millipoints/kg
材料加工对环境的影响		
聚合物成型耗能	14～16	MJ/kg
聚合物成型排碳	1.2～1.4	kg/kg
废料处理		
回收率	2～4.1	%
燃烧热	42～44	MJ/kg
燃烧排碳	3.2～3.3	kg/kg

典型用途:内管,密封件,皮带,防振动支架,电气绝缘,管道,刹车片,衬胶管道和衬胶泵。

16. 氯丁橡胶(CR)

材料介绍:聚氯丁二烯(英文 polychloroprene,缩写 CR,商品名 Neoprene,又称氯丁橡胶)是最先工业化生产的合成橡胶品种,于 1930 年问世,是由氯丁二烯(2-氯-1,3-丁二烯)缩聚制成的。氯丁橡胶的性能可以通过硫调或与其他氯丁二烯共聚合而得以改善,从而扩大使用范围。聚氯丁二烯的特征在于它的高化学稳定性、抗水、抗油和防紫外线辐射。氯丁橡胶是制作防水器具的优选材料。

成分

$(CH_2—CCl—CH_2—CH_2)_n$

基本数据

密度	1 230～1 250	kg/m³
价格	5.2～5.7	USD/kg

机械性能

杨氏模量	$7×10^{-4}～2×10^{-3}$	GPa
屈服强度	3.4～24	MPa
拉伸强度	3.4～24	MPa
抗压强度	3.72～28.8	MPa
延伸率	100～800	%
疲劳强度（10^7 周次）	1.53～12	MPa
断裂韧性	0.1～0.3	MPa·m$^{1/2}$

热性能

玻璃转化温度	−48.2～−43.2	℃
最高使用温度	102～112	℃
热导体还是绝热体？	好的绝热体	
热导率	0.1～0.12	W/m·K
比热容	2 000～2 200	J/kg·K
热膨胀系数	575～610	μstrain/℃

电性能

导电体还是绝缘体？	好的绝缘体	
电阻率	$1×10^{19}～1×10^{23}$	μΩ·cm
介电常数	6.7～8	
耗散因数	$1×10^{-4}～1×10^{-3}$	
介电强度	15.8～23.6	10^6 V/m

氯丁橡胶制作的潜水服以灵活和舒展性高而著称

材料生产对环境的影响

储量	61～68	MJ/kg
初次生产耗能	1.6～1.8	kg/kg

耗水量	126～378	l/kg
材料加工对环境的影响		
聚合物成型耗能	17.2～18.5	MJ/kg
聚合物成型排碳	1.37～1.5	kg/kg
废料处理		
回收率	0	%
燃烧热	16.8～17.1	MJ/kg
燃烧排碳	1.4～1.46	kg/kg

典型用途：制动密封材料，隔膜，软管和 O 型圈，履带车垫，鞋类，雨衣。

17. 乙烯-醋酸乙烯共聚物(EVA)

材料介绍：乙烯-醋酸乙烯共聚物(英文 ethylene-vinyl-acetate，缩写 EVA)是柔软、灵活和坚韧的热塑性弹性体，并具有良好的阻隔性，使用温度可低至 $-60\,℃$。经 FDA 批准可直接与食品接触。EVA 的生产流程犹如大部分热塑性材料的生产：共挤成膜，吹塑，滚塑，注塑和传递模塑。

成分
$(CH_2)_n—(CH_2—CHR)_m$

基本数据		
密度	945～955	kg/m³
价格	2.0～2.2	USD/kg
机械性能		
杨氏模量	0.01～0.04	GPa
屈服强度	12～18	MPa
拉伸强度	16～20	MPa
抗压强度	13.2～19.8	MPa
延伸率	730～770	%
疲劳强度(10^7 周次)	12～12.8	MPa
断裂韧性	0.5～0.7	MPa・m$^{1/2}$
热性能		
玻璃转化温度	$-73.2～-23.2$	℃
最高使用温度	46.9～51.9	℃
热导体还是绝热体？	好的绝热体	
热导率	0.3～0.4	W/m・K
比热容	2 000～2 200	J/kg・K
热膨胀系数	160～190	μstrain/℃
电性能		
导电体还是绝缘体？	好的绝缘体	
电阻率	$3.1×10^{21}～1×10^{22}$	μΩ・cm
介电常数	2.9～2.95	

耗散因数	$0.005\sim0.022$	
介电强度	$26.5\sim27$	$10^6\,\text{V/m}$

EVA 材料既可以呈柔色也可以呈深色。它具有良好的透明度、光泽度以及阻隔性能,还能抗紫外线,基本无味(拖鞋照片由中国漳州永信贸易有限公司提供,跑鞋照片由阿迪达斯公司提供)

材料生产对环境的影响

储量	$75\sim83$	MJ/kg
初次生产耗能	$2.0\sim2.2$	kg/kg
耗水量	$100\sim289$	l/kg
节能指数	268	millipoints/kg

材料加工对环境的影响

聚合物成型耗能	$13.8\sim15.2$	MJ/kg
聚合物成型排碳	$1.1\sim1.2$	kg/kg
聚合物挤压成型耗能	$5.4\sim6.0$	MJ/kg
聚合物挤压成型排碳	$0.43\sim0.48$	kg/kg

废料处理

回收处理耗能	$42\sim52$	MJ/kg
回收处理排碳	$2.5\sim3.1$	kg/kg
回收率	$6\sim10$	%
燃烧热	$40\sim42$	MJ/kg
燃烧排碳	$2.8\sim3.0$	kg/kg

典型用途:医用管,牛奶包装瓶,啤酒分配器,包装袋,收缩膜,冰柜袋,共挤/层压薄膜,闭合器,冰盘,垫片,手套,电缆绝缘层,可充气部件,跑鞋。

14.4　陶瓷和玻璃材料

陶瓷既代表过去也代表未来。因为它们非常耐用,公元前 5000 年的陶瓷盆器和装饰品如今仍可见。罗马时代的水泥墙在意大利别墅中屡见不鲜。陶瓷的耐久性,特别是高温耐久,是当今陶瓷材料的主要应用特性。它们硬度极高(金刚石是最硬的陶瓷),并且比任何金属材料都更能承受高温。陶瓷总体来说属于晶体无机化合物。典型的陶瓷材料如高技能氧化铝陶瓷片(用于电子基板、喷嘴和切割工具),陶瓷砖和白色洁具(用于浴缸、水槽和厕所)以及水合陶瓷(用于建筑)。陶瓷硬而脆,具有高熔点和低热膨胀系数,大多数陶瓷是良好的电绝缘体。近乎完美的陶瓷强度是很高的。然而,一旦材料中含有微小缺陷(这几乎是不可避免的),当该材料在张力或弯力的作用下,微小缺陷即会成为裂纹源并扩展增大,从而大大降低陶瓷的强度。尽管如此,陶瓷材料的抗压强度仍可保持很高的水平(它们是拉伸强度的 $8\sim18$ 倍)。另外,陶瓷的耐冲击性能低,温度梯度大所造成的应力或热冲击力会导致破坏性损害 。

玻璃由埃及人发现、罗马人完善,是最古老的人造材料之一。在人类悠久的历史上,大部分玻璃制品是财富的象征,如玻璃珠子、装饰器皿和陶器表面的玻璃釉等。用玻璃造窗始于15世纪,但直到17世纪才开始被普遍使用。如今,玻璃制品比比皆是,玻璃瓶普及而廉价,人们已有随手扔掉的习惯了。

玻璃是多种氧化物的混合体,其主要含量是二氧化硅(SiO_2)。玻璃熔化后冷却形成非晶态的固体。纯玻璃有水晶般的清晰。添加不同的金属氧化物会产生不同的色彩:镍呈紫色,钴呈蓝,铬呈绿,铀呈黄绿,铁呈蓝绿。加入铁还可以使材料在红外范围内吸收波长而达到吸收热辐射的效果。无色及非金属颗粒(如氟化物或磷酸盐)的加入,可使玻璃产生半透明或几乎不透明的白色乳光用于玻璃涂层。日照会使变色玻璃随紫外线而变色。滤光玻璃可防强光和紫外线辐射(适用于焊接护目镜)。

本章节将按表14.1中的顺序给出6种陶瓷和玻璃的信息数据。

1.砖

材料介绍:砖如同巴比伦一样古老(公元前4000年),它是所有人造建筑材料中最古老一个。有规则和成比例的特点使得砖很容易组合成各种建筑模式,加之其耐久性好,所以是非常理想的建筑材料。制造砖的原材料——黏土几乎无处不在,但提供烧结砖所需要的能源却是未来环保所需要考虑的问题。纯黏土是灰白色的。砖的红色大都来源于氧化铁杂质。

成分

黏土烧结而制成砖。黏土由铝硅酸盐的细颗粒组成,它们是经岩石风化得到的。

基本数据

密度	1 600～2 100	kg/m³
价格	0.62～1.7	USD/kg

机械性能

杨氏模量	15～30	GPa
屈服强度	5～14	MPa
拉伸强度	5～14	MPa
延伸率	0	%
维氏硬度	20～35	HV
疲劳强度(10^7周次)	6～9	MPa
断裂韧性	1～2	MPa·m$^{1/2}$

热性能

熔点	927～1 230	℃
最高使用温度	600～1 000	℃
热导体还是绝缘体?	差的绝缘体	
热导率	0.46～0.73	W/m·K
比热容	750～850	J/kg·K
热膨胀系数	5～8	μstrain/℃

电性能

电导体还是绝缘体？	好的绝缘体	
电阻率	$1\times10^{14}\sim3\times10^{16}$	$\mu\Omega\cdot cm$
介电常数	$7\sim10$	
耗散因数	$0.001\sim0.01$	
介电强度	$9\sim15$	$10^6\,V/m$

极有规则和成比例的砖,使它们很容易组合成各种建筑模式。
砖抗风化,其质地和颜色也有视觉上的吸引力

材料生产对环境的影响

全球生产总值	51×10^6	t/y
初次生产耗能	$2.2\sim3.5$	MJ/kg
初次生产排碳	$0.2\sim0.23$	kg/kg
耗水量	$2.8\sim8.4$	l/kg
节能指数	11	millipoints/kg

材料加工对环境的影响

建筑节能	$0.054\sim0.066$	MJ/kg
建筑排碳	$0.009\sim0.011$	kg/kg

废料处理

回收率	$15\sim20$	%

典型用途:民居和工业建筑,围墙和道路。

2. 石头

材料介绍:石头是所有建筑材料中最耐用的一个。埃及金字塔(公元前 3000 年)、希腊帕台农神庙(公元前 5 世纪)和欧洲的大教堂(公元 1000~1600 年)能够保留至今,证明石头对风吹雨打和各种攻击有着极其顽强的抵抗力。直到 20 世纪初,石头依旧是重要建筑、乃至土木工程的主要材料。如果没有石制旱桥和其他石制支撑结构,铁路也无法畅通无阻。然而,石头的价格越来越昂贵,而砖的价格越来越廉价,因此石头趋向用作外表材料,比如为水泥结构作贴面。致密而无缺陷的石头有非常大的压缩强度(可高达 1 000 MPa)。但建筑用石总是包含许多缺陷,以至于它们的平均强度要降低许多。下面提供的信息是含有 5%~30% 孔隙的大

型砂岩（sandstone）的数据。相比之下，花岗岩（granite）的数据值要高些，而石灰岩（limestone）的数据值要低些。

成分

　　砖的成分有多种。最常见的是碳酸钙，硅酸盐和铝酸盐。

基本数据

密度	2 240～2 650	kg/m^3
价格	0.3～1	USD/kg

机械性能

杨氏模量	20～60	GPa
屈服强度	2～25	MPa
拉伸强度	2～25	MPa
延伸率	0	％
维氏硬度	12～80	HV
疲劳强度（10^{7}周次）	2～18	MPa
断裂韧性	0.7～1.4	MPa·m$^{1/2}$

热性能

熔点	1 230～1 430	℃
最高使用温度	350～900	℃
热导体还是绝缘体？	差的绝缘体	
热导率	5.4～6	W/m·K
比热容	840～920	J/kg·K
热膨胀系数	3.7～6.3	μstrain/℃

石头（如同木头），是人类最古老、最耐用的建筑材料之一

电性能

电导体还是绝缘体？	差的绝缘体	
电阻率	$1×10^{10}$～$1×10^{14}$	μΩ·cm
介电常数	6～9	
耗散因数	0.001～0.01	
介电强度	5～12	10^6 V/m

材料生产对环境的影响

初次生产耗能	0.4～0.6	MJ/kg

初次生产排碳	0.03~0.04	kg/kg
耗水量	1.7~5.1	l/kg
节能指数	3	millipoints/kg
材料加工对环境的影响		
建筑节能	0.364~0.44	MJ/kg
建筑排碳	0.054~0.066	kg/kg
废料处理		
回收率	1~2	%

典型用途: 建筑,覆层,雕塑,支撑精密仪器或对振动敏感的设备(如显微镜)之工作台。

3. 混凝土

材料介绍: 混凝土是一种复杂的复合材料,其基体材料为水泥,掺入砂子和石子("聚集体",约占混凝土体积的 60%~80%)以强化水泥的刚性和强度,并降低其成本。混凝土抗压强度很高,但拉伸时极易产生裂纹,一般需要加入线形、网状或棒状钢材来抵抗裂纹(形成"钢筋"混凝土)。利用钢筋与混凝土接触面上的化学吸附作用力可提高混凝土的粘结锚固能力。这样,即便内部有裂纹开裂,钢筋混凝土也可携重载荷。如果将钢筋事先进行预拉伸,然后掺入混凝土,还可以进一步改善钢筋混凝土的性能,因为当拉伸应力在混凝土内部释放时,会使混凝土受到进一步挤压而更加牢固。

成分

水-水泥-细灰-粗灰的比例为 6:1:2:4

基本数据

密度	2 300~2 600	kg/m³
价格	0.042~0.062	USD/kg

机械性能

杨氏模量	15~25	GPa
屈服强度	1~3	MPa
拉伸强度	1~1.5	MPa
延伸率	0	%
维氏硬度	5.7~6.3	HV
疲劳强度(10^7 周次)	0.54~0.84	MPa
断裂韧性	0.35~0.45	MPa·m$^{1/2}$

热性能

熔点	972~1 230	℃
最高使用温度	480~510	℃
热导体还是绝缘体?	差的绝缘体	
热导率	0.8~2.4	W/m·K
比热容	835~1 050	J/kg·K
热膨胀系数	6~13	μstrain/℃

电性能

电导体还是绝缘体?	差的绝缘体	

电阻率	$1.8\times10^{12}\sim1.8\times10^{13}$	$\mu\Omega\cdot cm$
介电常数	$8\sim12$	
耗散因数	$0.001\sim0.01$	
介电强度	$0.8\sim1.8$	$10^{6}\,V/m$

钢筋混凝土在大型结构和复杂形状建筑中广泛使用

材料生产对环境的影响

全球生产总值	16×10^{9}	t/y
储量	1×10^{12}	t
初次生产耗能	$1.0\sim1.3$	MJ/kg
初次生产排碳	$0.09\sim0.12$	kg/kg
耗水量	$1.7\sim5.1$	l/kg
节能指数	4	$millipoints/kg$

材料加工对环境的影响

建筑节能	$0.018\,2\sim0.022$	MJ/kg
建筑排碳	$0.001\,8\sim0.002\,2$	kg/kg

废料处理

回收耗能	$0.7\sim0.8$	MJ/kg
回收排碳	$0.063\sim0.07$	kg/kg
回收率	$12.5\sim15$	$\%$

典型用途：土建工程施工和建筑。

4. 氧化铝

材料介绍：氧化铝（Al_2O_3）作为工业陶瓷，相当于低碳钢作为金属材料：它们价格低廉、易于加工，是同类材料中的主力军。氧化铝是火花塞绝缘体、电绝缘体和微电路陶瓷基片的主要材料。单晶氧化铝（又称"蓝宝石"，sapphire）可装饰手表表面，还可用作高速飞机驾驶舱的窗口。氧化铝陶瓷的制备通常是将 Al_2O_3 粉末进行挤压和烧结而形成，陶瓷中含有 $80\%\sim99.9\%$ 不等的 Al_2O_3（其余为孔隙、玻璃状杂质或特意添加的成分）。纯净的氧化铝是白色的，但添加杂质后，可使其呈粉红色或绿色。氧化铝陶瓷的工作温度随陶瓷中氧化铝含量的增加而增高。氧化铝造价成本低、却有着非常广泛的使用性能,如电绝缘性好,机械强度高,耐磨,耐热,化学稳定性优越,热导率优良。氧化铝陶瓷的缺点是抗冲击性能差。添加铬氧化物可改善氧化铝陶瓷的耐磨损性能;添加硅酸钠可改善其加工性能,但与此同时,氧化铝的电阻率将会适当降低。氧化镁、氧化硅和硼硅酸盐玻璃是氧化铝陶瓷的竞争对手。

成分

Al_2O_3 外加少量孔隙和玻璃状杂质

基本数据

密度	3 800～3 980	kg/m^3
价格	18.2～27.4	USD/kg

机械性能

杨氏模量	343～390	GPa
屈服强度	350～588	MPa
拉伸强度	350～588	MPa
挤压强度	690～5 500	MPa
延伸率	0	%
维氏硬度	1 200～2 060	HV
疲劳强度(10^7 周期)	200～488	MPa
断裂韧性	3.3～4.8	$MPa \cdot m^{1/2}$

热性能

熔点	2 000～2 100	℃
最高使用温度	1 080～1 300	℃
热导体还是绝缘体?	好的热导体	
热导率	26～38.5	W/m · K
比热容	790～820	J/kg · K
热膨胀系数	7～7.9	μstrain/℃

左图为高温耐磨氧化铝部件(Kyocera Industrial Ceramics 公司产品),
右图为氧化铝火花塞绝缘体

电性能

电导体还是绝缘体?	好的绝缘体	
电阻率	1×10^{20}～1×10^{22}	$\mu\Omega \cdot cm$
介电常数	6.5～6.8	
耗散因数	1×10^{-4}～4×10^{-4}	

介电强度	10～20	10^6 V/m
材料生产对环境的影响		
全球生产总值	$1.2×10^6$	t/y
初次生产耗能	49.5～54.7	MJ/kg
初次生产排碳	2.67～2.95	kg/kg
耗水量	29.4～88.1	l/kg
材料加工对环境的影响		
制造陶瓷粉末耗能	25.3～27.8	MJ/kg
制造陶瓷粉末排碳	2.02～2.23	kg/kg
废料处理		
回收率	0.5～1	％

典型用途：电绝缘体和绝缘连接器件，基体，高温部件，水龙头阀门，机械密封器材，真空室和容器，离心机衬里，直齿轮，保险丝主体，加热元件，滑动轴承和其他耐磨零件，刀具，微电路厚膜，火花塞绝缘体，钠蒸汽灯管，热障涂层。

5. 钠钙玻璃

材料介绍：钠钙玻璃是应用极为广泛的一种玻璃，门窗、瓶子和灯泡等都是由钠钙玻璃制成的。顾名思义，其成分中含有 13％～17％ NaO（苏打），5％～10％ CaO（石灰）和 70％～75％ SiO_2（玻璃）。钠钙玻璃熔点低，易于吹模，而且很廉价。纯的钠钙玻璃透明而无色，不纯时会呈绿色或棕色。如今的门窗用玻璃都是很平滑的，但做到这一点乃是 1950 年之后的事情——在锡液床中固化玻璃和浮法玻璃工艺，使"板状"玻璃的制造变得高效和廉价。

成分
    73％ SiO_2＋1％ Al_2O_3＋17％ Na_2O＋4％ MgO＋5％ CaO

基本数据		
密度	2 440～2 490	kg/m³
价格	0.8～1.7	USD/kg
机械性能		
杨氏模量	68～72	GPa
屈服强度	30～35	MPa
拉伸强度	31～35	MPa
延伸率	0	％
维氏硬度	439～484	HV
疲劳强度（10^7 周次）	29.4～32.5	MPa
断裂韧性	0.55～0.7	MPa·$m^{1/2}$
热性能		
最高使用温度	443～673	K
热导体还是绝缘体？	差的绝缘体	
热导率	0.7～1.3	W/m·K
比热容	850～950	J/kg·K

热膨胀系数	9.1～9.5	μstrain/℃

电性能

电导体还是绝缘体？	好的绝缘体	
电阻率	$7.94\times10^{17}\sim7.94\times10^{18}$	$\mu\Omega\cdot cm$
介电常数	7～7.6	
耗散因数	0.007～0.01	
介电强度	12～14	10^6 V/m

玻璃,既可以具有实用性,又可以具有装饰性

材料生产对环境的影响

全球生产总值	84×10^6	t/y
储量	1×10^{12}	t
初次生产耗能	10～11	MJ/kg
初次生产排碳	0.7～0.8	kg/kg
耗水量	14～20.5	l/kg
节能指数	75	millipoints/kg

材料加工对环境的影响

玻璃成型耗能	8.2～9.2	MJ/kg
玻璃成型排碳	0.66～0.73	kg/kg

废料处理

回收耗能	7.4～9.0	MJ/kg
回收排碳	0.44～0.54	kg/kg
回收率	22～26	%

典型用途:窗子,瓶子,容器,管道,灯泡,透镜和反射镜,铃铛,陶器和瓦片的釉料。

6. 硼硅玻璃

材料介绍:硼硅玻璃是将钠钙玻璃中大部分氧化钙由硼砂(B_2O_3)取代而形成的。它比钠钙玻璃的熔点高,故更难以加工,但它的膨胀系数较低,且耐热冲击,所以适用于制作玻璃器皿和实验室设备。

成分

74% SiO_2 /1% Al_2O_3 /15% B_2O_3 /4% Na_2O /6% PbO

基本数据

| 密度 | 2 200～2 300 | kg/m³ |
| 价格 | 4.2～6.2 | USD/kg |

机械性能

杨氏模量	61～64	GPa
屈服强度	22～32	MPa
拉伸强度	22～32	MPa
挤压强度	264～384	MPa
延伸率	0	%
维氏硬度	83.7～92.5	HV
疲劳强度（10^7周次）	26.5～29.3	MPa
断裂韧性	0.5～0.7	MPa·m$^{1/2}$

热性能

玻璃转化温度	450～602	℃
最高使用温度	230～460	℃
热导体还是绝缘体？	差的热绝缘体	
热导率	1～1.3	W/m·K
比热容	760～800	J/kg·K
热膨胀系数	3.2～4	μstrain/℃

电性能

电导体还是绝缘体？	好的电绝缘体	
电阻率	$3.16×10^{21}$～$3.16×10^{22}$	μΩ·cm
介电常数	4.65～6	
耗散因数	0.01～0.017	
介电强度	12～14	10^6 V/m

硼硅玻璃（耐热玻璃 Pyrex）用于器皿和化工设备

材料生产对环境的影响

初次生产耗能	27～30	MJ/kg
初次生产排碳	1.6～1.8	kg/kg
耗水量	26～37.5	l/kg
节能指数	174	millipoints/kg

材料加工对环境的影响

玻璃成型耗能	8.8～8.98	MJ/kg
玻璃成型排碳	0.64～0.72	kg/kg

废料处理

回收耗能	20～23	MJ/kg
回收排碳	1.2～1.4	kg/kg
回收率	18～23	%

典型用途:炉用或实验室器皿,管道,透镜和反射镜,密封光灯,密封钨丝,铃铛。

14.5 复合材料,泡沫,木材和纸张

复合材料是 20 世纪材料发展的重大里程碑之一。具有最高强度和刚度的复合材料为玻璃、碳或芳纶纤维嵌入热固性树脂(如聚酯或环氧树脂)的组合体。机械载荷由组合体中的各种纤维所承受,而基体材料提供良好的延展性和韧性,并保护纤维免受触摸损害和环境破坏。复合材料的使用温度和加工条件都受限于基体材料。就价格而论,玻璃纤维增强复合材料(俗称玻璃钢,英文缩写 GFRP)最廉价,碳纤维增强复合材料(CFRP)和芳纶纤维增强复合材料(KFRP)最昂贵。近来的一项创新是将热塑性塑料(如聚丙烯)的纤维与玻璃纤维共织加热,成为玻璃纤维增强聚丙烯复合材料。

具有长纤维丝的 CFRP 和 GFRP 是复合材料王国中的国王和王后,王国中的臣民则是经短玻璃纤维(SMC)、碳纤维(BMC),或添加硅砂、滑石或木粉(作为填料)而强化的聚合物。它们用量之多、用途之广,往往让普通人忽视了其复合特性。如果没有这些材料的存在,我们的日常生活将会有许多不便。

复合材料具有很大的发展潜力。但是,复合材料的本性——即两个性能迥异的材料之杂交——使得它们几乎无法回收再利用。这一缺点对于使用寿命长而产量相对低的产品(如飞机)来说不是主要问题——轻质复合材料的使用节省了大量能源供给,这与无法回收再利用所造成的极少量能源损失相比重要得多。但同一缺点对使用寿命短而产量相对高的产品(如低档汽车)来说,则是大批量生产的障碍。人造纤维(玻璃、碳和芳纶等)复合材料之废品对环境的负面影响,可以通过使用天然纤维代替来部分抵消。在本书第 14.6 节中,将重点介绍天然纤维材料。

泡沫塑料的制作犹如面包的制作:将未聚合树脂(面团)与固化剂和发泡剂(酵母)混合后搁置一段时间,混合物起反应后形成微小气泡并分散在树脂中形成泡沫。制作泡沫塑料的方法还有:用强烈的搅拌将空气卷入树脂液中(如同制作鸡蛋清泡沫),或以制做肥皂泡沫的方式从基体下面发泡。用弹性聚合物制成的泡沫材料,柔软并呈糊状,很适用于靠垫的制作和精致物品的包装。而用热塑性或热固性塑料制成的泡沫刚性强,主要在能够吸收能量和承载重物的领域中使用(如防护头盔,磁芯结构夹芯板)。因为泡沫材料内有大量不能逸出的气体存在,所以它们是极好的热绝缘体。

然而,泡沫塑料废品对环境的影响则是喜忧参半。早期使用过的发泡剂(如氟氯化碳,氯化烃和氟化烃)因会造成大气中臭氧层的损害已被取代。少数泡沫材料可以回收利用,但鉴于有价值的实用材料仅占泡沫体的 1%～10%,若考虑到收集、运输和处理废物所需要的成本投

资,回收该类材料有些得不偿失。

天然材料:木材,胶合板和纸张。木材是人类最早有史记录的天然建筑用材。古埃及人早在公元前 2500 年以前就用木材制作家具、雕塑和棺材。希腊人和罗马人都在其帝国的高峰期(公元前 700 年和约公元 0 年)使用木材制作建筑、桥梁、船舶,车辆和武器,其家具制作工艺延续至今。中世纪的木材的使用范围出现多样化:可作大规模的建筑和机械构件,如马车、泵、风车,乃至钟表。直到 17 世纪末,木材依旧是主要使用的工程材料。此后,铸铁、钢和混凝土等材料逐渐取代了它的独霸地位,但木材仍然被大规模使用着,特别是在民居和小型商业建筑领域。

胶合板也叫多层材,它由许多单板木材胶合而成,其相邻的两层木纹需要相互垂直,以便在纵横两个方向上都得到足够的强度和刚度。层的数量不等,但总是以奇数结束,以得到相对于中心层板的双边对称性,否则遇热、遇湿都会发生胶合板扭曲现象。一般来说,3～5 层胶合板的强度和刚度就明显高于单层板(主要在外部)。如果继续增加,材料的性能会变得愈加均匀。高质量的胶合板是用合成树脂胶合而成的。

作为**造纸**术前身的纸莎草纸(papyrus),其使用已有 5000 年的历史,它是由原产于埃及,由芦苇花茎制成的。真正的造纸术是中国人在公元 105 年发明的,它的原材料是木材、棉或亚麻中的纤维素。造纸需要使用烧碱(氢氧化钠)以及大量的水——这一组合释放到环境中会很糟糕。现代化造纸厂所释放出的废水,据造纸商说,如同使用水一样清洁。

本章节将按表 14.1 中的顺序,给出 13 种复合材料的信息数据。

1. 碳纤维增强复合材料

材料介绍:碳纤维增强复合材料(carbon fibre-reinforced polymer,简称 CFRP)是以长碳纤维丝为增强体,以聚酯或环氧树脂为基体所形成的复合材料,其刚度和强度比任何其他材料都要优越,但其价格也相对昂贵。复合材料是 20 世纪最重要的材料进展之一。具有高强和高刚度的复合材料是将长纤维(玻璃、碳或芳纶纤维)包埋在热固性树脂(聚酯或环氧树脂)中得到的,其中的纤维负责承受机械载荷,而基体则提供良好的延展性和韧性,并保护纤维免受操作时的损害和环境的袭击。纤维增强复合材料的使用温度和其加工条件取决于基体材料的抗热和加工性能。

成分
环氧树脂＋高强并各向同性的长碳纤维丝

基本数据

密度	1 500～1 600	kg/m^3
价格	40.0～44.0	USD/kg

机械性能

杨氏模量	69～150	GPa
屈服强度	550～1 050	MPa
拉伸强度	550～1 050	MPa
延伸率	0.32～0.35	％
维氏硬度	10.8～21.5	HV

疲劳强度（10^7 周次）	150～300	MPa
断裂韧性	6.12～20	MPa · m$^{1/2}$
热性能		
最高使用温度	140～220	℃
热导体或绝热体？	差的绝热体	
热导率	1.28～2.6	W/m · K
比热容	902～1 037	J/kg · K
热膨胀系数	1～4	μstrain/℃
电性能		
电导体或绝缘体？	差的电导体	
电阻率	1.65×10^5～9.46×10^5	$\mu\Omega$ · cm

用碳纤维增强复合材料制作的自行车架（图片由 TREK 提供）

材料生产对环境的影响		
全球年产总值	2.8×10^4	t/y
初次生产耗能	450～500	MJ/kg
初次生产排碳	33～36	kg/kg
耗水量	360～1 367	l/kg
材料加工对环境的影响		
简单复合材料成型耗能	9～12.9	MJ/kg
简单复合材料成型排碳	0.77～0.89	kg/kg
复杂复合材料成型耗能	21～23	MJ/kg
复杂复合材料成型排碳	1.7～1.8	kg/kg
废料处理		
回收率	0～	%
燃烧热	31～33	MJ/kg
燃烧排碳	3.1～3.3	kg/kg

典型用途：航空航天工业中的轻型结构构件，地面交通和体育器材（如自行车，高尔夫球杆，桨，小船和球拍），弹簧，压力容器。

2. 玻璃纤维增强复合材料

材料介绍：玻璃纤维增强复合材料（glasss fibre-reinforced polymer，简称 GFRP，俗称"玻

璃钢")是以长玻璃纤维丝为增强体,以聚酯或环氧树脂为基体所形成的复合材料。它的价格便宜、用途广泛。近来的一项创新是将热塑性塑料(如聚丙烯)的纤维与玻璃纤维共织,加热成型为玻璃纤维增强聚丙烯复合材料。如果采用比较昂贵的高温热塑性树脂(如聚醚醚酮,poly ethe retherketone,缩写 PEEK)作基体,所形成的玻璃纤维增强复合材料可耐高温、抗冲击。玻璃钢中的纤维越长,复合材料的性能越高,价格也越昂贵。玻璃钢产品包括微型电子线路板、大型船体、汽车车身和车内显示板、家用产品及配件。

成分
　　环氧树脂+高强并各向同性的长碳纤维丝

基本数据

密度	1 750～1 970	kg/m^3
价格	19～21	USD/kg

机械性能

杨氏模量	15～28	GPa
屈服强度	110～192	MPa
拉伸强度	138～241	MPa
延伸率	0.85～0.95	%
维氏硬度	10.8～21.5	HV
疲劳强度(10^{7}周期)	55～96	MPa
断裂韧性	7～23	MPa · m$^{1/2}$

热性能

最高使用温度	413～493	℃
热导体或绝热体?	差的绝热体	
热导率	0.4～0.55	W/m · K
比热容	1 000～1 200	J/kg · K
热膨胀系数	8.6～32.9	μstrain/℃

电性能

电导体或绝缘体?	好的绝缘体	
电阻率	2.4×10^{21}～1.91×10^{22}	$\mu\Omega$ · cm
介电常数	4.86～5.17	
耗散因数	0.004～0.009	
介电强度	11.8～19.7	10^6 V/m

英国 MAS Design 公司制造的玻璃钢车体

材料生产对环境的影响

初次生产耗能	$107\sim118$	MJ/kg
初次生产排碳	$7.47\sim8.26$	kg/kg
耗水量	$105\sim309$	l/kg

材料加工对环境的影响

简单复合材料成型耗能	$9\sim12.9$	MJ/kg
简单复合材料成型排碳	$0.77\sim0.89$	kg/kg
复杂复合材料成型耗能	$21\sim23$	MJ/kg
复杂复合材料成型排碳	$1.7\sim1.8$	kg/kg

废料处理

回收率	0	%
燃烧热	$12\sim13$	MJ/kg
燃烧排碳	$0.9\sim1.0$	kg/kg

典型用途:体育器材(如滑雪板、球拍、滑板和高尔夫球杆),船体,机身外壳,汽车零部件,建筑包层和配件,化工企业用品。

3. 片状模塑料

材料介绍:片状模塑料(英文 sheet molding compounds,缩写 SMC)是指含有增稠剂和廉价微粒(如碳酸钙或二氧化硅粉尘)的聚酯树脂与短纤维(玻璃纤维体积约占 $15\%\sim50\%$)的混合体,通常呈片状。SMC 成形法,是在上下冲模内叠放数层片状混合体材料,将模具加热加压,使树脂软化流动充满于模具而聚合硬化。数分钟后开启模具,可得产品。SMC 成形法较一般热模造法可省略补强材料预浸型步骤,一次成型,节省了人力,便于大量生产。

成分

$(OOC—C_6H_4—COO—C_6H_{10})_n$ + $CaCO_3$ 或 SiO_2 填充物 + $15\%\sim50\%$ 短玻璃丝(以下数据为含有 40% 短玻璃丝的 SMC)

基本数据

密度	$1\ 800\sim2\ 000$	kg/m³
价格	$5.0\sim5.5$	USD/kg

机械性能

杨氏模量	$10.5\sim12.5$	GPa
屈服强度	$89\sim108$	MPa
拉伸强度	$89\sim108$	MPa
挤压强度	$223\sim270$	MPa
延伸率	$1.35\sim1.65$	%
维氏硬度	$17\sim35$	HV
疲劳强度(10^7 周次)	$44\sim56$	MPa
断裂韧性	$56\sim9$	MPa·m$^{1/2}$

热性能

玻璃转化温度	$150\sim197$	℃

最高使用温度	140~170	℃
热导体或绝热体？	好的绝热体	
热导率	0.71~1.1	W/m·K
比热容	1050~1210	J/kg·K
热膨胀系数	16~20	μstrain/℃

电性能

电导体或绝缘体？	好的绝缘体	
电阻率	9×10^{18}~11×10^{18}	$\mu\Omega$·cm
介电常数	4.2~4.7	
耗散因数	0.009~0.01	
介电强度	9~11	10^6 V/m

片状模材料用于制作自行车存放室（图片由加拿大马克马斯特大学提供）

材料生产对环境的影响

初次生产耗能	109~121	MJ/kg
初次生产排碳	7.7~8.5	kg/kg
耗水量	68~280	l/kg

材料加工对环境的影响

简单复合材料成型耗能	3.5~4.0	MJ/kg
简单复合材料成型排碳	0.27~0.29	kg/kg

废料处理

回收率	0	%
燃烧热	14~15	MJ/kg
燃烧排碳	1.25~1.3	kg/kg

典型用途：各类板材冲压件，汽车机身面板，围罩，行李箱和包装箱。

4. 块状模塑料

材料介绍：块状模塑料（英文 bulk molding compounds，缩写 BMC，又称 DMC）是指含有增稠剂和廉价微粒（如碳酸钙或二氧化硅粉尘）的聚酯树脂与短纤维（玻璃纤维体积约占10%～30%）的混合体，通常呈片状。BMC成形法，也是在上下冲模内叠放数层混合体材料，将模具加热加压，使树脂软化流动充满于模具而聚合硬化。数分钟后开启模具，可得产品。BMC

成形法与 SMC 成形法不同点在于,SMC 成形前需把玻璃纤维无序排列在一个二维的平面里,而 BMC 成形前的玻璃纤维在三维基体中无序排列。后者可冲压出更复杂形状的产品,如门柄,弯形杆,清洗机部件等。以下介绍的性能数据是含有 25％玻璃纤维的块状模塑料信息。

成分

$(OOC—C_6H_4—COO—C_6H_{10})_n$＋ $CaCO_3$ 或 SiO_2 填充物＋10％～30％短玻璃丝

基本数据

密度	1 800～2 000	kg/m^3
价格	4.5～5.0	USD/kg

机械性能

杨氏模量	11～12	GPa
屈服强度	30～48	MPa
拉伸强度	30～48	MPa
挤压强度	138～166	MPa
延伸率	0.5～1.0	％
维氏硬度	7～16	HV
疲劳强度(10^7周次)	132～15	MPa
断裂韧性	2～4	$MPa·m^{1/2}$

热性能

玻璃转化温度	150～200	℃
最高使用温度	140～170	℃
热导体或绝热体?	好的绝热体	
热导率	0.6～1.1	W/m·K
比热容	1 010～1 420	J/kg·K
热膨胀系数	20～28	$\mu strain/℃$

块状模塑料用于制作马桶盖

电性能

电导体或绝缘体?	好的绝缘体	
电阻率	$50×10^{18}～70×10^{18}$	$\mu\Omega·cm$
介电常数	6.8～7.2	
耗散因数	0.009～0.018	
介电强度	10～16	$10^6 V/m$

材料生产对环境的影响

初次生产耗能	109～121	MJ/kg

初次生产排碳	7.6～8.4	kg/kg
耗水量	89～280	l/kg
材料加工对环境的影响		
简单复合材料成型耗能	3.3～0.3	MJ/kg
简单复合材料成型排碳	0.27～0.99	kg/kg
废料处理		
回收率	0	%
燃烧热	14～15	MJ/kg
燃烧排碳	1.25～1.3	kg/kg

典型用途：汽车用电池盒，门柄和窗柄，洗衣机盖，分电器盖，汽车通风口部件等小型模具制件，电话、煤气表和电表的外壳。

5．呋喃基复合材料

材料介绍：呋喃(furan)是由四个碳原子和一个氧原子所构成的五元芳环挥发性有机物。它是通过含纤维素材料(特别是玉米和松木)的热分解而得到。呋喃高分子聚合形成呋喃树脂(BioRes)。若用亚麻、剑麻，木纤维或玻璃纤维来增强，则得到呋喃基复合体(furolite)，其性能可与天然纤维增强的环氧树脂相媲美。呋喃基复合材料具有良好的耐火性和抗化学侵蚀性。工业生产呋喃可以在钯的催化下对糠醛脱羰基，或者在氯化铜的催化下氧化1,3-丁二烯。实验室中，制取呋喃可以先将糠醛氧化为呋喃-2-甲酸，再对之脱羧。它也可由戊糖的热分解获得。

成分
    呋喃树脂 70 wt% ＋亚麻或剑麻 30 wt%

基本数据		
密度	1 200～1 350	kg/m³
价格	7.0～9.0	USD/kg
机械性能		
杨氏模量	8～12	GPa
屈服强度	30～35	MPa
拉伸强度	70～80	MPa
延伸率	3～3.5	% strain
热性能		
玻璃转化温度	135～145	℃
最高使用温度	127～147	℃
热导体或绝热体？	差的绝热体	
热导率	0.16～0.2	W/m・℃
比热容	1 500～1 600	J/kg・℃
热膨胀系数	80～110	μstrain/℃
电性能		
电导体或绝缘体？	好的绝缘体	

亚麻和剑麻增强呋喃用于室内门板制作

（图片由比利时 TransFurans Chemicals 公司提供）

材料生产耗能

　未知

　典型用途：Daimler 和 BMW 牌汽车内的显示板，小船，结构板

　其他信息：比利时 TransFurans Chemicals 公司信息：bvba，Industriepark Leukaard 2，2440 GEEL

6. 硬质泡沫塑料

　材料介绍：泡沫塑料是由大量气体微孔分散于固体塑料中而形成的一类高分子材料。发泡方法可以是物理法、化学法或机械法。所得到的多孔材料具有较母体低的密度、硬度和强度。一般用"相对密度"（固体母体在材料中所占的体积百分比）来描述泡沫塑料的特性。硬质泡沫是由聚苯乙烯、酚醛树脂、聚乙烯、聚丙烯或聚甲基丙烯酸为基体而制成的。它们质轻、强硬，并具有良好的机械性能，因此适用于节能装置及包装和其他轻型化结构。其中，开孔泡沫可用作过滤器，闭孔泡沫可作浮选，而自结皮泡沫具有致密并富弹性的表皮。硬质泡沫塑料被广泛用作夹心结构的芯板。

成分

　聚苯乙烯，酚醛树脂，聚乙烯，聚丙烯或聚甲基丙烯酸甲酯，外加发泡剂。以下数据描述聚苯乙烯泡沫的性能，其相对密度 0.05。

基本数据

密度	47～53	kg/m^3
价格	3.0～10	USD/kg

机械性能

杨氏模量	0.025～0.03	GPa
屈服强度	0.8～1.0	MPa
拉伸强度	1.0～1.2	MPa
挤压强度	0.8～1.0	MPa
延伸率	4～5	%
维氏硬度	0.08～0.1	HV
疲劳强度（10^7 周次）	0.48～0.6	MPa
断裂韧性	0.01～0.02	MPa·m$^{1/2}$

热性能

玻璃转化温度	82~92	℃
最高使用温度	90~110	℃
热导体或绝热体?	好的绝热体	
热导率	0.033~0.034	W/m·K
比热容	1 200~1 250	J/kg·K
热膨胀系数	60~80	μstrain/℃

硬质聚苯乙烯泡沫塑料用于包装、热绝缘和消音

电性能

电导体或绝缘体?	好的绝缘体	
电阻率	10×10^{18}~1×10^{21}	μΩ·cm
介电常数	1.05~1.1	
耗散因数	0.003~0.005	
介电强度	1.9~2.1	10^6 V/m

材料生产对环境的影响

初次生产耗能	96~107	MJ/kg
初次生产排碳	3.7~4.1	kg/kg
耗水量	299~865	l/kg
环保指数	370	millipoints/kg

材料加工对环境的影响

聚合物成型耗能	19~22	MJ/kg
聚合物成型排碳	1.6~1.8	kg/kg
聚合物挤压成型耗能	7.7~8.5	MJ/kg
聚合物挤压成型排碳	0.6~0.7	kg/kg

废料处理

回收率	0.5~1.0	%
燃烧热	40~42	MJ/kg
燃烧排碳	3.3~3.5	kg/kg

典型用途：热绝缘，镶板，嵌板，夹层结构的芯板，隔板，制冷，能量吸收，包装，漂浮件。

7．软质泡沫塑料

材料介绍：泡沫塑料是由大量气体微孔分散于固体塑料中而形成的一类高分子材料。发泡方法可以是物理法、化学法或机械法。所得到的多孔材料具有较母体低的密度、硬度和强度。一般用"相对密度"（固体母体在材料中所占的体积百分比）来描述泡沫塑料的特性。软质泡沫材料大多数由聚氨酯制成，但胶乳（天然橡胶）和其他的弹性体也可以发泡。软质泡沫主要用来制作坐垫、床垫，以及填充衣物。

成分

    相对密度为 0.16 的聚氨酯

基本数据

密度	70～85	kg/m³
价格	8.2～10.4	USD/kg

机械性能

杨氏模量	0.003 3～0.004	GPa
屈服强度	0.025～0.03	MPa
拉伸强度	0.125～0.15	MPa
挤压强度	0.025～0.03	MPa
延伸率	300～350	%
维氏硬度	0.002 5～0.003	HV
疲劳强度（10^7 周次）	0.09～0.1	MPa
断裂韧性	0.006～0.007	MPa·m$^{1/2}$

热性能

玻璃转化温度	－33～－23	℃
最高使用温度	72～77	℃
热导体或绝热体？	好的绝热体	
热导率	0.024～0.028	W/m·K
比热容	1720～1790	J/kg·K
热膨胀系数	150～160	μstrain/℃

电性能

电导体或绝缘体？	好的绝缘体	
电阻率	1×10^{18}～1×10^{19}	μΩ·cm
介电常数	1.14～1.2	
耗散因数	0.000 7～0.001	
介电强度	5.5～6.5	10^6 V/m

软质泡沫用于床垫（图片由英国 Sumed 国际有限公司提供）

材料生产对环境的影响

初次生产耗能	104～114	MJ/kg

初次生产排碳	4.3～4.7	kg/kg
耗水量	181～544	l/kg
环保指数	385	millipoints/kg

材料加工对环境的影响

聚合物成型耗能	17～18.7	MJ/kg
聚合物成型排碳	1.36～1.5	kg/kg
聚合物挤压成型耗能	6.6～7.3	MJ/kg
聚合物挤压成型排碳	0.5～0.58	kg/kg

废料处理

回收率	0	%
燃烧热	21～23	MJ/kg
燃烧排碳	2.0～2.1	kg/kg

典型用途: 包装,浮力,减震,床垫,软装饰,人造皮肤,海绵,墨水和染料载体。

8. 顺纹软木

材料介绍: 软木来源于针叶树材(conifer),大都常绿,如云杉、松木、杉木和红木。软木在使用前必须经过干燥处理,以除去内部的天然水分,保证使用时的性能稳定。自然干燥是将木材堆垛进行气干。人工干燥主要用干燥窑法,亦可用简易的烘、烤方法。干燥窑是一种装有循环空气设备的干燥室,能调节和控制空气的温度和湿度。木材是最早被使用的建筑材料之一,它依然被大规模使用着,特别是民居和商业建筑。

成分

纤维素—半纤维素—木质素＋12%水

基本数据

密度	440～600	kg/m³
价格	0.7～1.4	USD/kg

机械性能

杨氏模量	8.4～10.3	GPa
屈服强度	35～45	MPa
拉伸强度	60～100	MPa
挤压强度	35～43	MPa
延伸率	1.99～2.43	%
维氏硬度	3～4	HV
疲劳强度(10^7周次)	19～23	MPa
断裂韧性	3.4～4.1	MPa·m$^{1/2}$

热性能

玻璃转化温度	77～102	℃
最高使用温度	120～140	℃
热导体或绝热体?	好的绝热体	
热导率	0.22～0.3	W/m·K

比热容	1 660～1 710	J/kg·K
热膨胀系数	2.5～9	μstrain/℃
电性能		
电导体或绝缘体？	差的绝缘体	
电阻率	$6\times10^{13}\sim2\times10^{14}$	$\mu\Omega\cdot$cm
介电常数	5～6.2	
耗散因数	0.05～0.1	
介电强度	0.4～0.6	10^6 V/m

木材仍是世界上主要的建筑材料之一，也应用于制造家具和乐器等较为细腻的物品

材料生产对环境的影响		
全球年产总值	9.7×10^8	t/y
初次生产耗能	8.8～9.7	MJ/kg
初次生产排碳	0.36～0.40	kg/kg
耗水量	500～750	l/kg
环保指数	42	millipoints/kg
材料加工对环境的影响		
建筑耗能	0.455～0.55	MJ/kg
建筑排碳	0.022～0.027	kg/kg
废料处理		
回收率	8～10	%
燃烧热	21～22	MJ/kg
燃烧排碳	1.76～1.85	kg/kg

典型用途：地板，家具，容器，枕木，建筑，箱子和调色板，胶合板，刨花板，纤维板等。

9．横纹软木

材料介绍：软木来源于针叶树材（conifer），大都常绿，如云杉、松木、杉木和红木。软木在使用前必须经过干燥处理，以除去内部的天然水分，减小木材使用中发生变形和开裂。自然干燥是将木材堆垛进行气干。人工干燥主要用干燥窑法，亦可用简易的烘、烤方法。干燥窑是一种装有循环空气设备的干燥室，能调节和控制空气的温度和湿度。木材是最早被使用的建筑材料之一，它依然被大规模使用着，特别是民居和商业建筑。

成分

纤维素—半纤维素—木质素＋12％水

基本数据

密度	440～600	kg/m³
价格	0.7～1.4	USD/kg

机械性能

杨氏模量	0.6～0.9	GPa
屈服强度	1.7～2.6	MPa
拉伸强度	3.2～3.9	MPa
挤压强度	3～9	MPa
延伸率	1～1.5	％
维氏硬度	2.6～3.2	HV
疲劳强度（10^7周次）	0.96～1.2	MPa
断裂韧性	0.4～0.5	MPa $\cdot$ m$^{1/2}$

热性能

玻璃转化温度	77～102	℃
最高使用温度	120～140	℃
热导体或绝热体？	好的绝热体	
热导率	0.08～0.14	W/m $\cdot$ K
比热容	1 660～1 710	J/kg $\cdot$ K
热膨胀系数	26～36	μstrain/℃

电性能

电导体或绝缘体？	差的绝缘体	
电阻率	2.1×10^{14}～7×10^{14}	$\mu\Omega \cdot$ cm
介电常数	5～6.2	
耗散因数	0.03～0.07	
介电强度	1～2	10^6 V/m

木材仍是世界上主要的建筑材料之一，也应用于制造家具和乐器等较为细腻的物品

材料生产对环境的影响

全球年产总值	9.7×10^8	t/y
初次生产耗能	8.8～9.7	MJ/kg
初次生产排碳	0.36～0.4	kg/kg
耗水量	500～750	l/kg

环保指数	42	millipoints/kg

材料加工对环境的影响

建筑耗能	0.455~0.55	MJ/kg
建筑排碳	0.022~0.027	kg/kg

废料处理

回收率	8~10	%
燃烧热	21~22	MJ/kg
燃烧排碳	1.76~1.85	kg/kg

典型用途:地板,家具,容器,枕木,建筑,箱子和调色板,胶合板,刨花板,纤维板等。

10. 顺纹硬木

材料介绍:硬木来自于阔叶树材,大都落叶,如白蜡木,榆木,悬铃木和桃花心木。虽然大多数硬木比软木要硬,但也有例外:如筏木。如同软木,硬木在使用前也必须经过干燥处理,以除去内部的天然水分,减小木材使用中发生变形和开裂。自然干燥是将木材堆垛进行气干。人工干燥主要用干燥窑法,亦可用简易的烘、烤方法。干燥窑是一种装有循环空气设备的干燥室,能调节和控制空气的温度和湿度。

成分

纤维素—半纤维素—木质素+12%水

基本数据

密度	850~1 030	kg/m³
价格	3.0~11	USD/kg

机械性能

杨氏模量	20.6~25.2	GPa
屈服强度	43~52	MPa
拉伸强度	132~162	MPa
挤压强度	68~83	MPa
延伸率	1.7~2.1	%
维氏硬度	13~15.8	HV
疲劳强度(10^7周次)	42~52	MPa
断裂韧性	9~10	MPa · m$^{1/2}$

热性能

玻璃转化温度	77~102	℃
最高使用温度	120~140	℃
热导体或绝热体?	好的热导体	
热导率	0.41~0.5	W/m · K
比热容	1 660~1 710	J/kg · K
热膨胀系数	2.5~9	μstrain/℃

电性能

电导体或绝缘体?	差的绝缘体	
电阻率	6×10^{13}~2×10^{14}	$\mu\Omega$ · cm
介电常数	5~6	

| 耗散因数 | 0.1～0.15 | |
| 介电强度 | 0.4～0.6 | 10^6 V/m |

木材仍是世界上主要的建筑材料之一,但也应用于制造家具等较为细腻的物品

材料生产对环境的影响

全球年产总值	$9.6×10^8$	t/y
初次生产耗能	9.8～10.9	MJ/kg
初次生产排碳	0.8～0.94	kg/kg
耗水量	500～750	l/kg
环保指数	19	millipoints/kg

材料加工对环境的影响

| 建筑耗能 | 0.455～0.55 | MJ/kg |
| 建筑排碳 | 0.022～0.027 | kg/kg |

废料处理

回收率	8～10	%
燃烧热	21～22	MJ/kg
燃烧排碳	1.76～1.85	kg/kg

典型用途：地板,楼梯,家具,手柄,贴面,雕塑,木门,木框等。

11. 横纹硬木

材料介绍：硬木来自于阔叶树材,大都落叶,如白蜡木,榆木,悬铃木和桃花心木。虽然大多数硬木比软木要硬,但也有例外:如筏木。如同软木,硬木在使用前也必须经过干燥处理,以除去内部的天然水分,减小木材使用中发生变形和开裂。自然干燥是将木材堆垛进行气干。人工干燥主要用干燥窑法,亦可用简易的烘、烤方法。干燥窑是一种装有循环空气设备的干燥室,能调节和控制空气的温度和湿度。

成分
纤维素－半纤维素－木质素＋12％水

基本数据

| 密度 | 850～1 030 | kg/m³ |
| 价格 | 3.0～11 | USD/kg |

机械性能

| 杨氏模量 | 4.5～5.8 | GPa |

屈服强度	4～5.9	MPa
拉伸强度	7.1～8.7	MPa
挤压强度	12.7～15.6	MPa
延伸率	1～1.5	%
维氏硬度	10～12	HV
疲劳强度(10^7 周次)	2.1～2.6	MPa
断裂韧性	0.8～1	MPa · $m^{1/2}$

热性能

玻璃转化温度	77～102	℃
最高使用温度	120～140	℃
热导体或绝热体?	好的绝热体	
热导率	0.16～0.2	W/m · K
比热容	1 660～1 710	J/kg · K
热膨胀系数	37～49	μstrain/℃

电性能

电导体或绝缘体?	差的绝缘体	
电阻率	2.1×10^{14}～7×10^{14}	μΩ · cm
介电常数	5～6	
耗散因数	0.1～0.15	
介电强度	0.4～0.6	10^6 V/m

木材仍是世界上主要的建筑材料之一,也应用于制造家具等较为细腻的物品
(图片由英国 Jia Design 公司提供)

材料生产对环境的影响

全球年产总值	9.6×10^8	t/y
初次生产耗能	9.8～10.9	MJ/kg
初次生产排碳	0.8～0.94	kg/kg
耗水量	500～750	l/kg
环保指数	19	millipoints/kg

材料加工对环境的影响

建筑耗能	0.455～0.55	MJ/kg
建筑排碳	0.022～0.027	kg/kg

废料处理

回收率	8～10	%
燃烧热	21～22	MJ/kg
燃烧排碳	1.76～1.85	kg/kg

典型用途：地板，楼梯，家具，手柄，贴面，雕塑，木门，木框等。

12. 胶合板

材料介绍：胶合板也叫多层材，它由许多单板木材胶合而成，其相邻的两层木纹需要相互垂直，以在两个方向上都得到强度和刚度。层的数量不等，但总是以奇数结束，以得到相对于中心层板的双边对称性。否则遇热、遇湿都会发生胶合板扭曲的现象。一般来说，3～5 层胶合板的强度和刚性就明显提高了（主要在外部）。如果继续增加，材料的性能会变得愈加均匀。高质量的胶合板是用合成树脂胶合的。以下介绍的是 5 层板的平面性能。

成分

　　纤维素－半纤维素－木质素＋12％水＋胶粘剂

基本数据

密度	700～800	kg/m³
价格	0.5～1.1	USD/kg

机械性能

杨氏模量	6.9～13	GPa
屈服强度	9～30	MPa
拉伸强度	10～44	MPa
挤压强度	8～25	MPa
延伸率	2.4～3	%
维氏硬度	3～9	HV
疲劳强度（10^7 周次）	7～16	MPa
断裂韧性	1～1.8	MPa·m$^{1/2}$

热性能

玻璃转化温度	120～140	℃
最高使用温度	100～130	℃
热导体或绝热体？	好的绝热体	
热导率	0.3～0.5	W/m·K
比热容	1 660～1 710	J/kg·K
热膨胀系数	6～8	μstrain/℃

电性能

电导体或绝缘体？	差的绝缘体	
电阻率	6×10^{13}～2×10^{14}	$\mu\Omega$·cm
介电常数	6～8	
耗散因数	0.05～0.09	
介电强度	0.4～0.6	10^6 V/m

材料生产对环境的影响

初次生产耗能	13～16	MJ/kg
初次生产排碳	0.78～0.87	kg/kg
耗水量	500～1 000	l/kg
环保指数	270	millipoints/kg

材料加工对环境的影响

建筑耗能	0.455～0.55	MJ/kg

胶合板在木制结构建筑中占主导地位

建筑排碳	0.022～0.027	kg/kg
废料处理		
回收率	1～2	%
燃烧热	19～21	MJ/kg
燃烧排碳	1.7～1.8	kg/kg

典型用途: 家具,建筑,航海船舶,包装,运输和车辆,乐器,飞机,造模。

13. 纸张和纸板

材料介绍: 作为造纸术前身的纸莎草纸(papyrus),其使用已有 5000 年的历史,它是由原产于埃及的芦苇花茎制成的。真正的造纸术是中国人在公元 105 年发明的。它的原材料是木材、棉或亚麻中的浆状纤维素。纸张和纸板有多种类型:纸巾,报纸,包装用牛皮纸,办公用纸,精细信笺,纸板等,其性能也略有不同。以下给出报纸/牛皮纸的性能数据。

成分

纤维素纤维,通常添加填料和着色剂

基本数据

密度	480～860	kg/m³
价格	0.9～1.1	USD/kg

机械性能

杨氏模量	3～8.9	GPa
屈服强度	15～34	MPa
拉伸强度	23～51	MPa
挤压强度	41～55	MPa
延伸率	0.75～2	%
维氏硬度	4～9	HV
疲劳强度(10^7 周期)	13～24	MPa
断裂韧性	6～10	MPa·m$^{1/2}$

热性能

玻璃转化温度	$47 \sim 67$	℃
最高使用温度	$77 \sim 130$	℃
热导体或绝热体?	好的绝热体	
热导率	$0.06 \sim 0.17$	W/m·K
比热容	$1\,340 \sim 1\,400$	J/kg·K
热膨胀系数	$5 \sim 20$	μstrain/℃

电性能

电导体或绝缘体?	好的绝缘体	
电阻率	$1 \times 10^{13} \sim 1 \times 10^{14}$	$\mu\Omega$·cm
介电常数	$2.5 \sim 6$	
耗散因数	$0.015 \sim 0.04$	
介电强度	$0.2 \sim 0.3$	10^6 V/m

将被回收利用的纸板

材料生产对环境的影响

全球年产总值	3.6×10^8	t/y
初次生产耗能	$49 \sim 54$	MJ/kg
初次生产排碳	$1.1 \sim 1.2$	kg/kg
耗水量	$500 \sim 1\,500$	l/kg
环保指数	110	millipoints/kg

材料加工对环境的影响

建筑耗能	$0.475 \sim 0.525$	MJ/kg
建筑排碳	$0.023 \sim 0.026$	kg/kg

废料处理

回收耗能	$18 \sim 21$	MJ/kg
回收排碳	$0.72 \sim 0.8$	kg/kg
回收率	$70 \sim 74$	%
燃烧热	$19 \sim 20$	MJ/kg
燃烧排碳	$1.8 \sim 1.9$	kg/kg

典型用途:包装,过滤,书写,印刷,制货,电/热绝缘,垫片。

14.6 人造纤维和天然纤维

人造纤维 20 世纪以来,以纤维强化为目的的复合材料之快速发展,造就了 3 种异军突起的优异工程材料:芳纶(aramid),碳纤维和玻璃纤维。它们的共性是刚性强,而芳纶和碳纤维又非常轻巧,极适合于强化航天航空材料、运动器材、乃至地面交通系统的性能。玻璃纤维价格便宜,常添加在汽车和家用品的复合材料中。芳纶和碳纤维则比较昂贵,更多地用于战略物资和不计成本的高消费领域。

天然纤维 几千年来,天然纤维一直用来做布料、绳索和麻线。植物纤维的主要成分是纤维素(cellulose),可由植物的种子、果实、茎、叶等处获得。鉴于某些植物生长速度快,从中提取纤维素的效率高,因而是一种很好的可再生性资源。哺乳动物的纤维(如羊绒和毛发)主要提供角蛋白(protein keratin)。

鉴于人造纤维的使用对环境有不利的一面,人们开始重新认识天然纤维的优越性(其实,早在 1910 年,亨利·福特就开始研究使用天然纤维了)。许多天然纤维的强度很高,但它们的密度比碳纤维或玻璃纤维的要低。其他弱点还在于:天然纤维的性能不如人造纤维的稳定,因为其纤维长度、刚性和强度等随气候而变化。

本章节将按表 14.1 中的顺序,给出 13 种纤维的信息数据。

1. 芳纶(凯夫拉)

材料介绍: 芳纶(学名:芳香族聚酰胺纤维,英文 aramid fiber,由杜邦公司首先发明研制成功,其商品名为"凯夫拉 Kevlar"),其高分子链与芳纶纤维轴平行,其化学单元是具有环状结构的芳香族聚酰胺,因此有很高的刚度,而其主链上的共价键又使芳纶具有很高的强度。著名芳纶品牌,如凯夫拉 29,具有高强低密的特点,凯夫拉 49 属高模量纤维,凯夫拉 149 则属超高模量纤维。凯夫拉 29 主要用于绳索、电缆和铠甲;凯夫拉 49 用于航空航天、船舶和汽车零部件聚合物的强化。诺美克斯(Nomex)纤维具有优异的阻燃性和耐磨性,它们以薄纸形式用于制作蜂窝性构件,这种材料的性能非常稳定,在 170℃下仍具有良好的强度、韧性和刚性。以下给出凯夫拉 49 芳纶的性能数据。

成分
  对齐芳香族聚酰胺
基本数据

密度	1 440~1 450	kg/m³
价格	70.3~198	USD/kg

机械性能

杨氏模量	125~135	GPa
屈服强度	2 250~2 750	MPa
拉伸强度	2 500~3 000	MPa
延伸率	2.7~2.9	% strain

热性能

熔点	500~530	℃
最高使用温度	200~300	℃
热导体或绝热体	差的绝热体	
热导率	0.2~0.3	W/m·℃

比热容	1 350~1 450	J/kg·℃
热膨胀系数	—4~—2	μstrain/℃

电性能

电导体或绝缘体　　　　　　　　好的绝缘体

左图:芳纶纤维编制品,右图:凯夫拉材料制作的帆船布

(图片由澳大利亚 Ultimate Sails 公司提供)

材料生产对环境的影响

全球年产总值	$41×10^3$	t/y
初次生产耗能	1 110~1 230	MJ/kg
初次生产排碳	82.1~90.8	kg/kg
耗水量	890~980	l/kg

材料加工对环境的影响

面料生产耗能	2.48~2.73	MJ/kg
预浸料生产耗能	38.1~42	MJ/kg
面料生产排碳	0.198~0.218	kg/kg
预浸料生产排碳	3.05~3.36	kg/kg

废料处理

回收率	0	%
净燃烧热	27.4~28.8	MJ/kg
燃烧排碳	2.52~2.65	kg/kg

典型用途:作为梭织布,可作防弹衣,与碳化硼陶瓷的组合用于制作防弹背心。作为芳纶纸,可作夹心板蜂窝芯。作为纤维和编织品,主要用来强化聚合物复合材料。芳纶还被用来作为防爆特殊建筑围墙的组件(美国五角大楼的建筑即用这种结构外加焊接空心钢管架而得以强化加固)。

2. 高强碳纤维

材料介绍:碳纤维可通过热解有机纤维(如粘胶纤维、人造丝或聚丙烯腈)或由石油沥青而制成。聚丙烯腈(俗称晴纶,英文 polyacrylonitrile,缩写 PAN)类碳纤维具有优越的机械性能,但石油沥青造价低廉。聚丙烯腈碳纤维首先被拉伸排列,并在空气中加热氧化,继而在惰性气体保护下高温碳化,最终在张力和极高温度的作用下,完全转换为石墨型晶体结构。碳纤维具有很高的强度和刚度,而且密度低,但它们高温下易氧化,需要还原气氛的保护。碳纤维分 4 个等级:高弹性模量,高强度,超高弹性模量和超高强度碳纤维,其成本也按该顺序递增。单个碳纤维非常薄(直径小于 10 μm),它们一般被纺成纤维束或织成纺织品,主要用作强化聚合物、金属或碳基材料。以下给出单一高强碳纤维的性能数据。

成分
  碳

基本数据

密度	1 800～1 840	kg/m³
价格	40～50	USD/kg

机械性能

杨氏模量	225～260	GPa
屈服强度	3 750～4 000	MPa
拉伸强度	4 400～4 800	MPa
延伸率	0	% strain

热性能

熔点	3 690～3 830	℃
最高使用温度	530～580	℃
热导体或绝缘体?	好的热导体	
热导率	80～200	W/m·℃
比热容	705～715	J/kg·℃
热膨胀系数	0.2～0.4	μstrain/℃

电性能

电导体或绝缘体	好的电导体	

碳纤维线轴用来编织轻质高强材料(本图由 Dusty Cline/Dreamstime.com 提供)

材料生产对环境的影响

全球年产总值	50×10³	t/y
初次生产耗能	380～420	MJ/kg
初次生产排碳	23.9～26.4	kg/kg
耗水量	399～441	l/kg

材料加工对环境的影响

面料生产耗能	2.48～2.73	MJ/kg
预浸料生产耗能	38.1～42	MJ/kg

面料生产排碳	0.198~0.218	kg/kg
预浸料生产排碳	3.05~3.36	kg/kg
废料处理		
回收率	4.73~5.22	%
净燃烧热	32~33.6	MJ/kg
燃烧排碳	3.58~3.76	kg/kg

典型用途：强化聚合物（CFRP）、金属和陶瓷基材料。用碳纤维强化的碳基材料用于赛车和飞机的刹车片。

3. 玻璃纤维

材料介绍：玻璃纤维是通过高温熔制、拉丝等工艺而得到的，其直径一般在 $10\sim100~\mu m$ 之间。玻璃纤维的拉伸强度极高，同时也有一定的弯曲性。它们可以聚合成松散的、具有非常低热传导率的毛毡。因此，可用于建筑物中的热绝缘品。玻璃纤维还可以被制成织物或印刷及着色，以得到耐火窗帘或遮盖布（当玻璃纤维织物进行硅化处理后，使用温度可高达 250℃）。无论是短丝细纱，还是连续的纤维，间或纤维束，玻璃纤维都能增强聚合物的强度。玻璃纤维的成分和强度不同，等级也不同。E 玻璃（又称"无碱玻璃"）是常用的加固材料。C 玻璃（又称"中碱玻璃"）比 E 玻璃耐腐蚀性好，R 玻璃（又称"高硅氧玻璃"）和 S 玻璃（又称"高强玻璃"）的机械性能优越于 E 玻璃，但 R 和 S 都比较贵。AR 玻璃（又称"耐碱玻璃"）抗碱腐蚀，可用来强化水泥。以下给出 E 玻璃纤维的性能数据。

成分

SiO_2 53%~55 %＋Al_2O_3 14%~15,5%＋CaO－MgO 20%~24%＋B_2O_3 5%~9 %

基本数据

密度	2 550~2 600	kg/m³
价格	1.63~3.26	USD/kg

机械性能

杨氏模量	72~85	GPa
拉伸强度	1 900~2 050	MPa
延伸率	0	% strain

热性能

最高使用温度	347~377	℃
热导体或绝热体？	差的绝热体	
热导率	1.2~1.35	W/m·℃
比热容	800~805	J/kg·℃
热膨胀系数	4.9~5.1	μstrain/℃

电性能

电导体或绝缘体？	好的绝缘体	

材料生产对环境的影响

全球年产总值	3.9×10^6	t/y
初次生产耗能	62.2~68.8	MJ/kg

玻璃纤维无捻粗纱

初次生产排碳	3.34～3.69	kg/kg
耗水量	89～99	l/kg
材料加工对环境的影响		
面料生产耗能	2.48～2.73	MJ/kg
预浸料生产耗能	38.1～42	MJ/kg
面料生产排碳	0.198～0.218	kg/kg
预浸料生产排碳	3.05～3.36	kg/kg
废料处理		
回收率	0.1	%

典型用途：玻璃纤维用于隔热、阻燃织物和聚合物的强化（GFRP）。E 玻璃是专门用来强化聚合物基材料的。

4. 椰壳纤维

材料介绍：椰壳纤维（coir，来自马来亚语 kayar，意为绳线），是一种从椰果外壳中提取出来的粗纤维。单根椰纤细胞窄而空，其厚壁由纤维素组成。未成熟的椰壳呈乳白色，成熟后逐渐硬化并泛黄，有一层木质素（lignin）沉积在壳上。椰壳纤维分两种：白椰和棕椰。白椰（或浅棕椰）是在椰子未成熟之前获取的，其纤维光滑而细腻，一般纺丝成纱线，用于制垫或绳索。棕椰则是从完全成熟的椰子中获取的，其纤维粗而壮，而且比白棕纤维具有更好的耐磨性，通常用于制垫、制刷、制麻袋或帆布。椰壳纤维防水性较好，是天然纤维中少数耐盐水侵蚀的材料之一。椰壳纤维的弹性模量和拉伸强度在很大程度上取决于纤维的结构（束或单丝）和水分含量。

成分

　　纤维素 $(C_6-H_{10}-O_5)_n$

基本数据

密度	1 150～1 220	kg/m³
价格	0.25～0.5	USD/kg
机械性能		
杨氏模量	4～6	GPa

屈服强度	100～150	MPa
拉伸强度	135～240	MPa
抗弯强度(断裂模量)	135～240	MPa
延伸率	15～35	％ strain

热性能

热导体或绝热体？	差的绝热体 (其纺织品因内有空气而致使导电率低)	
热膨胀系数	37.4～49.3	μstrain/℃

电性能

电导体或绝缘体？	好的绝缘体	

单根椰壳纤维的直径为 50～400 μm，长度为 3.5～15 mm

(图片由澳大利亚墨尔本博物馆提供)

材料生产对环境的影响

全球年产总值	0.25×10^6	t/y
初次生产耗能	7.2～7.96	MJ/kg
初次生产排碳	0.427～0.472	kg/kg
耗水量	2 320～3 100	l/kg
节能指数	6.6	millipoints/kg

材料加工对环境的影响

面料生产耗能	2.48～2.73	MJ/kg
面料生产排碳	0.198～0.218	kg/kg

废料处理

回收率	8.55～9.45	％
净燃烧热	14.2～14.9	MJ/kg
燃烧排碳	1.39～1.46	kg/kg

典型用途：白椰纤维用于制绳和制造渔网，编织后可制垫席。棕椰纤维用于制作地毯、地垫、刷子，床垫，地砖、麻袋和麻线。棕椰垫喷上橡胶胶乳后，可用作汽车坐垫的填充物。

5. 棉纤维

材料介绍：棉纤维是从植物棉(英文 gossypium，在炎热气候条件下生长)的花果部分提取出来的。尽管植物棉有许多种类，但大都由 95％ 的纤维素外加少许的蜡组成。棉纤维的长度和细度决定了其质量的高低。棉花一般用来制造种类繁多的布料：帆布、棉布、棉纱、绉纱、蝉翼纱、衬布、平纹/斜纹布和绸缎等。布料的种类和质量取决于棉纤维的质量以及编织方式。以下给出单根棉纤维的性能数据。

成分

纤维素（$C_6-H_{10}-O_5)_n$

基本数据

密度	1 520～1 560	kg/m³
价格	2.1～4.2	USD/kg

机械性能

杨氏模量	7～12	GPa
屈服强度	100～350	MPa
拉伸强度	350～800	MPa
延伸率	5～12	% strain

热性能

玻璃转化温度	110～130	℃
热导体或绝热体？	差的绝热体	
热导率	0.57～0.61	W/m·℃
	（其纺织品因内有空气而致使导电率低）	
比热容	1 200～1 230	J/kg·℃
热膨胀系数	15～30	μstrain/℃

电性能

电导体或绝缘体？	好的绝缘体	

棉纤维和羊毛

（左图由 Olympus America Inc. 公司的 Michael W. Davidson 和 Mortimer Abramowitz 提供,右图由 American Fiber & Finishing, Inc. 提供 www.affinc.com）

材料生产对环境的影响

全球年产总值	$27×10^6$	t/y
初次生产耗能	44～48	MJ/kg
初次生产排碳	2.4～2.7	kg/kg
耗水量	7 400～8 200	l/kg

材料加工对环境的影响

面料生产耗能	2.48～2.73	MJ/kg
面料生产排碳	0.198～0.218	kg/kg

废料处理

回收率	0.1	%
净燃烧热	17～17.9	MJ/kg
燃烧排碳	1.39～1.46	kg/kg

典型用途：布料和绳索，绷带，纺织品，强化网状织物。

6. 大麻

材料介绍：大麻纤维（学名 cannabis sativa，英文俗名 hemp）来自于杂草属的大麻茎部，通过水浸解过程（同时散发出难闻的气味）而得到。它的化学特性与棉花几乎相同，但其纤维较棉花要粗、要强。大麻织品的性能十分依赖于编制方式。以下给出单根大麻纤维的性能数据。

成分

纤维素 $(C_6—H_{10}—O_5)_n$ 外加 高达 12 wt% H_2O

基本数据

密度	1 470～1 520	kg/m³
价格	1.0～2.1	USD/kg

机械性能

杨氏模量	55～70	GPa
屈服强度	200～400	MPa
拉伸强度	550～920	MPa
延伸率	1.4～1.7	% strain

热性能

玻璃转化温度	96.9～107	℃
最高使用温度	110～130	℃
热导体或绝热体？	差的绝热体	
热导率	0.25～0.3	W/m · ℃
	（其纺织品因内有空气而致使导电率低）	
比热容	1 200～1 220	J/kg · ℃
热膨胀系数	15～30	μstrain/℃

电性能

电导体或绝缘体？	好的绝缘体	

材料生产对环境的影响

全球年产总值	83×10³	t/y
初次生产耗能	9.5～10.5	MJ/kg
初次生产排碳	0.29～0.33	kg/kg
耗水量	2 500～2 780	l/kg

材料加工对环境的影响

面料生产耗能	2.48～2.73	MJ/kg
面料生产排碳	0.198～0.218	kg/kg

废料处理

回收率	0.1	%

大麻绳线

| 净燃烧热 | 17.8～18.7 | MJ/kg |
| 燃烧排碳 | 1.54～1.62 | kg/kg |

典型用途：绳索和粗纤维。

7．亚麻

材料介绍：亚麻纤维（学名 linum usitatissimum，英文俗名 flax 或 linen）来自于亚麻植物的茎部韧皮。如同大麻纤维的制作，亚麻纤维也是通过露天水浸解过程（同时散发出难闻的气味）而得到。在 19 世纪的房屋里面可以看到许多亚麻包盖物和壁挂。

大麻、亚麻、红麻、苎麻和黄麻均属韧皮植物（bast plant），其特点是外茎具有 10％～40％ 的强纤维束、内含稍弱的纤维杆。韧皮植物都具有很好的强度和耐久性，主要用来生产麻织品和绳索。

成分

纤维素（C_6—H_{10}—O_5）$_n$ 外加高达 12 wt％ H_2O

基本数据

| 密度 | 1 420～1 520 | kg/m³ |
| 价格 | 2.1～4.2 | USD/kg |

机械性能

杨氏模量	75～90	GPa
屈服强度	150～338	MPa
拉伸强度	750～940	MPa
延伸率	1.2～1.8	％ strain

热性能

玻璃转化温度	110～130	℃
热导体或绝热体	差的绝热体	
	（其纺织品因内有空气而致使导电率低）	
热导率	0.25～0.3	W/m・℃
比热容	1 220～1 420	J/kg・℃

热膨胀系数	15～30	μstrain/℃

电性能

电导体或绝缘体	好的绝缘体

亚麻纤维和亚麻捻线

（左图由 Olympus America Inc. 公司的 Michael W. Davidson 和 Mortimer Abramowitz 提供，右图由 Vestal Design 公司提供 www.vestaldesign.com）

材料生产对环境的影响

全球年产总值	0.75×10^6	t/y
初次生产耗能	10～12	MJ/kg
初次生产排碳	0.37～0.41	kg/kg
耗水量	2 900～3 250	l/kg

材料加工对环境的影响

面料生产耗能	2.48～2.73	MJ/kg
面料生产排碳	0.198～0.218	kg/kg

废料处理

回收率	0.1	%
净燃烧热	17～17.9	MJ/kg
燃烧排碳	1.39～1.46	kg/kg

典型用途：制布和绳索，地面覆盖，室内和家具装饰。亚麻也被用作强化聚合物基复合材料的天然纤维或强化、固化混凝土（当然，钢筋加固混凝土仍是必要的）

8. 黄麻纤维

材料介绍：黄麻纤维（学名 corchorus，英文俗名 jute）来自于锦葵属的黄麻植物茎部韧皮。如同大麻、亚麻、红麻和苎麻，黄麻也属韧皮纤维，具有细长、柔软并带光泽的植物纤维。黄麻是最廉价的天然纤维之一，其产量仅次于棉花的生产并有多种用途。它可纺成粗而强的绳线，用来做粗麻布。工业界正使用越来越多的黄麻纤维，替代玻璃纤维来强化复合材料。

成分

$(C_6—H_{10}—O_5)n$＋木质素

基本数据

密度	1 440～1 520	kg/m³
价格	0.35～1.5	USD/kg

机械性能

杨氏模量	35～60	GPa
屈服强度	145～530	MPa
拉伸强度	400～860	MPa
延伸率	1.7～2	% strain

热性能

玻璃转化温度	107～117	℃
最高使用温度	127～147	℃
热导体或绝热体?	差的绝热体	
热导率	0.25～0.35	W/m.℃
	(其纺织品因内有空气而致使导电率低)	
比热容	1 200～1 220	J/kg·℃
热膨胀系数	15～30	μstrain/℃

电性能

电导体或绝缘体?	好的绝缘体	

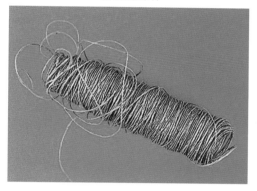

单根黄麻纤维的直径约 200 μm (图片来自 orientaltrading.com)

材料生产对环境的影响

全球年产总值	2.8×10^6	t/y
初次生产耗能	30～33	MJ/kg
初次生产排碳	1.2～1.4	kg/kg
耗水量	2 680～3 700	l/kg
节能指数	6.6	millipoints/kg

材料加工对环境的影响

面料生产耗能	2.48～2.73	MJ/kg
面料生产排碳	0.198～0.218	kg/kg

废料处理

回收率	8.55～9.45	%
净燃烧热	16.9～17.7	MJ/kg
燃烧排碳	1.39～1.46	kg/kg

典型用途:棉花包装袋,窗帘,椅套,地毯,麻袋布和油毡支撑。

9．大麻槿

材料介绍：大麻槿（又称"洋麻"，"红麻"，学名 hibiscus cannabinus，英文俗名 kenaf）是一种生长迅速的纤维植物，其高度可达 2.5～6m，可从其茎部提取纤维。洋麻纤维用于工业纺织品和绳索的制造。洋麻还是使用最为广泛的韧皮纤维之一。

成分

纤维素$(C_6—H_{10}—O_5)n$ 外加 0～12 wt％ H_2O

基本数据

密度	1 435～1 500	kg/m³
价格	0.26～0.52	USD/kg

机械性能

杨氏模量	60～66	GPa
屈服强度	195～666	MPa
拉伸强度	217～740	MPa
延伸率	1.3～5.5	％ strain

热性能

玻璃转化温度	107～117	℃
最高使用温度	127～147	℃
热导体或绝热体？	差的绝热体	
	（其纺织品因内有空气而致使导电率低）	
热导率	0.25～0.35	W/m・℃
比热容	1 200～1 220	J/kg・℃
热膨胀系数	15～30	μstrain/℃

电性能

电导体或绝缘体？	好的绝缘体	

红大麻槿植物和纤维

（左图由 ATTRA-National Sustainable Agriculture Information Service 提供，右图来自 N-Fibre-Base，www.n-fibrebase.net）

材料生产对环境的影响

全球年产总值	2.7×10^6	t/y

初次生产耗能	31～34	MJ/kg
初次生产排碳	1.3～1.4	kg/kg
耗水量	500～1 300	l/kg
节能指数	6.6	millipoints/kg
材料加工对环境的影响		
面料生产耗能	2.48～2.73	MJ/kg
面料生产排碳	0.198～0.218	kg/kg
废料处理		
回收率	8.55～9.45	%
净燃烧热	17～17.9	MJ/kg
燃烧排碳	1.39～1.46	kg/kg

典型用途：绳索，合股线，粗布（类似于黄麻制品）和纸张。洋麻纤维的新兴用途包括工程用木，绝缘体，高档服装和聚合物基复合材料的强化纤维。

10. 苎麻

材料介绍：苎麻（学名 boehmeria nivea，英文俗名 ramie）是荨麻科的开花植物。苎麻是最强的天然纤维之一。作为最古老的纤维植物，其使用历史至少有六千年，主要用于绳索和织物。如同大麻、亚麻和黄麻，苎麻也富有韧皮纤维，可从植物的茎部提取。

成分
纤维素（C_6—H_{10}—O_5）n 外加高达 12 wt% H_2O

基本数据

密度	1 450～1 550	kg/m³
价格	1.5～2.5	USD/kg

机械性能

杨氏模量	38～44	GPa
屈服强度	450～612	MPa
拉伸强度	500～680	MPa
延伸率	2～2.2	% strain

热性能

玻璃转化温度	117～127	℃
最高使用温度	127～147	℃
热导体或绝热体？	差的绝热体	
热导率	0.25～0.35	W/m·℃
	（其纺织品因内有空气而致使导电率低）	
比热容	1 200～1 220	J/kg·℃
热膨胀系数	15～30	μstrain/℃

电性能

电导体或绝缘体	好的绝缘体	

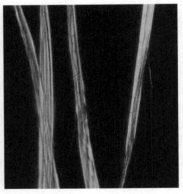

芒麻纤维

（左图由伦敦的 the Victoria and Albert Museum 博物馆提供，右图由 Olympus America Inc. 公司的 Michael W. Davidson 和 Mortimer Abramowitz 提供）

材料生产对环境的影响

全球年产总值	0.28×10^6	t/y
初次生产耗能	7.2～8.0	MJ/kg
初次生产排碳	0.43～0.47	kg/kg
耗水量	3 750～4 250	l/kg
节能指数	6.6	millipoints/kg

材料加工对环境的影响

面料生产耗能	2.48～2.73	MJ/kg
面料生产排碳	0.198～0.218	kg/kg

废料处理

回收率	8.55～9.45	%
净燃烧热	16.8～17.7	MJ/kg
燃烧排碳	1.39～1.46	kg/kg

典型用途：工业缝纫线，包装材料，渔网，过滤布，家居装饰用布，油画用帆布和服装，与其他纺织纤维混合使用，短芒麻纤维和废芒麻纤维被用于纸张制造。

11．剑麻

材料介绍：剑麻（学名 agave sisalana，英文俗名 Sisal），其纤维是从龙舌兰属植物和剑麻中得到的。剑麻纤维质地坚韧、耐磨、抗盐水腐蚀，并容易上色。主要用来制作绳索。

成分

纤维素 70 wt％＋木质素 12 wt ％

基本数据

密度	1 400～1 450	kg/m³
价格	0.6～0.7	USD/kg

机械性能

杨氏模量	10～25	GPa

屈服强度	495~711	MPa
拉伸强度	550~790	MPa
延伸率	4~6	% strain

热性能

玻璃转化温度	107~117	℃
最高使用温度	127~147	℃
热导体或绝热体?	差的绝热体	
热导率	0.25~0.35	W/m · ℃
	(其纺织品因内有空气而致使导电率低)	
比热容	1 200~1 220	J/kg · ℃
热膨胀系数	15~30	μstrain/℃

电性能

电导体或绝缘体?	好的绝缘体

龙舌兰和剑麻纤维制成的绳索。单根纤维直径为 50~300 μm,长度为 10~30 mm

材料生产对环境的影响

全球年产总值	$0.24×10^6$	t/y
初次生产耗能	7.2~8.0	MJ/kg
初次生产排碳	0.42~0.47	kg/kg
耗水量	7 400~8 300	l/kg
节能指数	7	millipoints/kg

材料加工对环境的影响

面料生产耗能	2.48~2.73	MJ/kg
面料生产排碳	0.198~0.218	kg/kg

废料处理

回收率	8.55~9.45	%
净燃烧热	19.3~20.2	MJ/kg
燃烧排碳	1.5~1.58	kg/kg

典型用途:根据 www.sisal.ws 网站信息,工业用剑麻分三档:较低级剑麻纤维用于造纸业,因为它具有高含量的纤维素和半纤维素;中档剑麻纤维用于制造绳索,包括打包机和粘合剂麻线(绳索和麻线被广泛用于船舶、农业和普通工业);高档剑麻纤维经处理后制成纱线,用于地毯行业。剑麻现在也用来强化聚合物基的复合材料。

12. 羊毛

材料介绍: 羊毛是羊亚科动物(绵羊,山羊,羊驼,骆驼,长毛兔,)身上的毛皮纤维。即使在人造纤维被广泛使用的今天,羊毛仍旧是一个重要的纤维商品,因为羊毛制品十分耐磨(用作羊毛地毯)、绝热性能好(可作御寒羊毛衫),属高档纤维,尤其是羊羔毛绒、马海毛和羊驼毛。羊毛纤维被广泛用于地毯、座垫套、羊绒衫和毛毯。

羊毛内含有角蛋白(keratin),其纤维易于卷曲而形成许多微型空气袋,因而手感类似海绵。羊毛纤维的表层由一系列相互重叠的、类似锯齿状鱼鳞片的纤维组成,它们相互紧扣,适用于制作毛毡(羊毛产品若洗涤不当,会因相互紧扣的鱼鳞片纤维而收缩,只能靠拉伸使其恢复到原始位置)。羊毛独特的性能使其适于裁剪和成型并织构成各种各样的精美衣物,如斜纹、格子、绒布和精纺织品。羊毛耐污、抗燃,而且在许多织物中还抗磨损和撕裂。

成分
    角蛋白

基本数据

密度	1 250~1 340	kg/m³
价格	2.1~4.2	USD/kg

机械性能

杨氏模量	3.8~4.2	GPa
屈服强度	70~115	MPa
拉伸强度	190~230	MPa
延伸率	35~55	% strain

热性能

热导体或绝热体?	好的绝热体	
热导率	0.19~0.22	W/m·℃
比热容	1 320~1 380	J/kg·℃
热膨胀系数	15~30	μstrain/℃

电性能

电导体或绝缘体?	差的绝缘体	

羊毛(图片来自美国农业部网站)

材料生产对环境的影响

全球年产总值	1.6×10^6	t/y
初次生产耗能	51～56	MJ/kg
初次生产排碳	3.2～3.5	kg/kg
耗水量	160 000～180 000	l/kg

材料加工对环境的影响

面料生产耗能	2.48～2.73	MJ/kg
面料生产排碳	0.198～0.218	kg/kg

废料处理

回收率	0.1	%
净燃烧热	20～21	MJ/kg
燃烧排碳	1.39～1.46	kg/kg

典型用途：服装，地毯，窗帘，沙发布，毯子和隔热棉。

13. 秸秆

材料介绍：秸秆是谷物收获后的剩余部分。作为农业副产品，秸秆有以下几个特点：①种植业原本就耗能就低；②在粮食生产地区，秸秆极为廉价；③秸秆不能被用于喂养牲畜，所以有过剩问题。举例来说，北美每年大约有1.28亿吨的秸秆，对建筑业有吸引力。事实上，秸秆早在古埃及时代就被用作建筑材料。如今，在许多建筑中都采用秸秆作为外围保护材料，甚至将秸秆作为建筑结构用材。通常情况下，秸秆首先被打成捆，继而被切割成一定尺寸的方堆，作为厚的绝缘墙壁用于中小型建筑。秸秆拱门和拱顶可跨越连接相对远的距离。

成分

　　木质素和半纤维素

基本数据

密度	80～191	kg/m³
价格	0.1～0.15	USD/kg

机械性能

杨氏模量	0.000 5～0.002	GPa
屈服强度	0.16～0.48	MPa
拉伸强度	0.01～0.02	MPa
挤压强度	0.16～0.48	MPa
延伸率	10～20	% strain
维氏硬度	0.016～0.048	HV

热性能

玻璃转化温度	90～102	℃
最高使用温度	90～110	℃
热导体或绝热体	好的绝热体	
热导率	0.05～0.06	W/m·K
比热容	1.66×10^3～1.71×10^3	J/kg·℃

热膨胀系数	2～11	μstrain/℃
电性能		
电阻率	$6×10^{13}～2×10^{14}$	μΩ·cm
介电常数	7～8	
耗散因数	0.05～0.1	
介电强度	0.2～0.4	MV/m

使用秸秆填充法修建房屋（图片来源于 www.indymedia.org.uk）

材料生产对环境的影响		
初次生产耗能	0.1～0.3	MJ/kg
初次生产排碳	－1.1～－0.9	kg/kg
材料加工对环境的影响		
拢合和建筑耗能	0.47～0.52	MJ/kg
拢合和建筑排碳	0.038～0.042	kg/kg
废料处理		
回收率	0.1	%
净燃烧热	19.8～21.3	MJ/kg
燃烧排碳	1.19～1.28	kg/kg

典型用途：墙面，承重和非承重建筑部件，民居和其他小型建筑。

索 引